Fritz Leonhardt

Vorlesungen über Massivbau

Fünfter Teil

Spannbeton
Von F. Leonhardt

mit Beiträgen über

Nachweise der Schwind- und Kriecheinflüsse
von D. Schade

Grenznachweise mit der Plastizitätstheorie
von R. Walther

Springer-Verlag
Berlin · Heidelberg · New York 1980

Dr.-Ing. Dr.-Ing. E. h. dr. techn. h. c. FRITZ LEONHARDT
em. Professor am Institut für Massivbau der Universität Stuttgart

Mit 219 Abbildungen

6. Nachdruck 2004

ISBN-13: 978-3-540-10070-6   e-ISBN-13: 978-3-642-61847-5
DOI: 10.1007/978-3-642-61847-5

CIP-Kurztitelaufnahme der Deutschen Bibliothek
Leonhardt, Fritz: Vorlesungen über Massivbau / Fritz Leonhardt. -
Berlin, Heidelberg, New York : Springer.
Teil 5. Spannbeton / von F. Leonhardt. - 1980.

Springer ist ein Unternehmen von Springer Science+Business Media

2362/3020 – 10 9 8 7 6 SPIN 11303848

Vorwort

Der fünfte Teil dieser "Vorlesungen über Massivbau" behandelt den Spannbeton, an dessen
Entwicklung der Verfasser im Laufe der letzten 30 Jahre maßgeblich beteiligt war. Obwohl
Vorlesungsumdrucke aus vergangenen Jahren vorhanden waren, wurde der Text fast voll-
kommen neu bearbeitet, weil einerseits durch Versuche und andererseits durch praktische
Erfahrungen mit dem Verhalten von Spannbeton-Bauwerken viele neue Einsichten gewonnen
wurden, die hier ihren Niederschlag finden mußten. So wurde vor allem erkannt, daß für
ein günstiges Verhalten der Bauwerke die früher bevorzugte volle Vorspannung mit sehr
schwachen, schlaffen Bewehrungen meist nicht die günstigste Lösung ist, sondern daß eine
teilweise Vorspannung mit verstärkter schlaffer Bewehrung die Bauwerke widerstandsfähiger
macht gegen ungewöhnliche Beanspruchungen.

Die Einteilung des Spannbetons in Klassen des Vorspanngrades - volle Vorspannung und beschränkte Vorspannung mit begrenzten Betonzugspannungen - wurde verlassen, wie dies
auch in der Mustervorschrift von 1978 des Euro-Internationalen Beton Komitees (CEB/FIP)
geschehen ist. Dort werden Klassen der Anforderungen für die Gebrauchsfähigkeit und
Dauerhaftigkeit definiert, die auch Anforderungen hinsichtlich der Rissefreiheit oder der
Rißbreitenbeschränkung enthalten. Dem Ingenieur ist dann freigestellt, ob er die Anforderungen mit einem hohen Vorspanngrad mit wenig schlaffer Bewehrung oder mit weniger Vorspannung und mehr schlaffer Bewehrung erfüllen will. Damit wird der ganze Bereich zwischen voller Vorspannung und normalem Stahlbeton geöffnet.

Diese im internationalen Bereich bereits anerkannte Einstufung des Vorspanngrades fand
leider bei der Bearbeitung der DIN 4227 (1979) noch keinen Eingang, es darf jedoch erwartet werden, daß auch die deutschen Vorschriften diesen zweifellos richtigen Weg bald be-
schreiten.

Für den Lernenden werden zunächst die Grundgedanken der Vorspannung und die zum Spannbeton gehörigen Begriffe erläutert. Es folgen dann ergänzende Angaben über Baustoffe und
Bauteile, die für Spannbeton verwendet werden. Beim Verbund konnten wertvolle neue Versuchsergebnisse über das Verbundverhalten der üblichen, mit Zementmörtel verpreßten
Spannglieder mitgeteilt werden.

Das Tragverhalten von Spannbetonträgern bis zum Bruch wurde anhand von charakteristi-
schen Versuchen ausführlich beschrieben, weil dieses bei den verschiedenen Beanspruchungsarten für die jeweilige Bemessung und für die konstruktiven Richtlinien von großer Bedeutung ist.

Zur Wahl des zweckmäßigen Vorspanngrades konnten einfache praktische Hinweise gegeben
werden. Die verschiedenen Möglichkeiten der Verankerungen und Stöße der hochfesten Spannstähle wurden weitgehend beschrieben, weil sie in mancher Hinsicht technisch interessant
sind,und ihre Kenntnis auch außerhalb des Spannbetons nützlich sein kann. Bei den Spannverfahren konnte man sich auf wenige Angaben beschränken. Die Vorgänge beim Vorspannen
wurden soweit beschrieben, wie sie der in der Praxis stehende Ingenieur kennen muß.

Bei der Behandlung der erforderlichen rechnerischen Nachweise beschränkte sich der Verfasser im wesentlichen auf all das, was von Nachweisen für nicht vorgespannte Stahlbeton-
Tragwerke abweicht. Die Entwicklung der Schnittkräfte infolge Vorspannung wurde insbesondere für statisch unbestimmte Tragwerke ausführlich behandelt, weil sich daraus wichtige
Erkenntnisse für die Spanngliedführung ergeben. Für die Einflüsse des Schwindens und

Kriechens wurden in Kapitel 17 nur die üblichen Gebrauchsformeln angegeben. Die theoretischen Grundlagen hierzu wurden in einem besonderen Kapitel 23 von Professor Dr.-Ing. habil. H. S c h a d e ausführlich behandelt, weil hierüber in der Praxis vielfach Unklarheit besteht. Die Schwind- und Kriechwerte und die zugehörigen Einflußfaktoren wurden in diesem Kapitel 23 erneut mitgeteilt, weil sie in der neuen DIN 4227 (1979) von den Angaben im ersten Teil dieser Vorlesungen abweichen.

Die neueren Erkenntnisse über Mindestbewehrung und Rißbreitenbeschränkung sind hier in knapper Form wiederholt, obwohl sie im vierten Teil ausführlich behandelt wurden. Bei der Mindestbewehrung wurde ein einfacher Bemessungsweg für die Praxis aufgezeigt.

Das Kapitel über konstruktive Regeln ist hier kurz gefaßt, weil im sechsten Teil "Massivbrücken" alles Erforderliche über die Spanngliedführung gesagt ist. Die Bemerkungen zur Bauausführung und Bauüberwachung verdienen Beachtung durch all diejenigen, die mit Bauleitungen betraut sind.

Als letztes Kapitel wurde ein Beitrag von Professor Dr.-Ing. René W a l t h e r , Lausanne, über Grenznachweise mit der Plastizitätstheorie, (Traglastverfahren) angefügt, den Herr Walther über viele Jahre hinweg als Lehrbeauftragter unseres Stuttgarter Institutes im Rahmen der Vorlesungen über Spannbeton vorgetragen hat. In der Schweiz und in manchen anderen Ländern sind solche Traglastverfahren auch in der Praxis schon weit verbreitet. Es ist zu erwarten, daß sie auch bei uns künftig mehr Eingang finden werden und daher beim Studium Beachtung verdienen.

Der Band ist bewußt für den Vertiefer auf dem Gebiet des Massivbaus und für den in der Praxis stehenden Ingenieur geschrieben und teilt vieles mit, was aus praktischer Erfahrung heraus entstanden ist.

Bei der Bearbeitung hat Herr Dipl.-Ing. E.-O. W o i d e l k o die Hauptlast am Institut getragen. Herrn Professor Dr.-Ing. K. S c h ä f e r danke ich für manche kritische Bemerkung. Frau M. M a r t e n y i hat die vielen Figuren mustergültig gezeichnet. Frau I. P a e c h t e r schrieb die Texte in bewährter Weise vorbildlich sauber. Bei der druckreifen Fertigstellung der Blätter waren die Herren cand. ing. A. B u r m e i s t e r und cand. ing. B. O t t behilflich. Allen Beteiligten sei herzlich gedankt. Besondere Anerkennung verdient wieder der Verlag für seine Bereitwilligkeit diese "Vorlesungen" preisgünstig zu veröffentlichen, so daß sie für Studenten und für die Ingenieure in der Praxis persönlich leicht erschwinglich sind.

Der Verfasser hofft mit diesem Band, der als letzter der sechs Bände geschrieben wurde, nochmals der Entwicklung und Anwendung der Spannbetonbauweise und den damit befaßten Ingenieuren gedient zu haben.

Stuttgart, Februar 1980   F r i t z   L e o n h a r d t

Inhaltsverzeichnis

Inhalt der weiteren Teile zum Werk LEONHARDT
«Vorlesungen über Massivbau»

0. Besondere Zeichen im Spannbetonbau

Für die Zeichen gilt in der Regel DIN 1080, Ausgabe Juni 1976, in der leider die von CEB erarbeiteten internationalen Zeichen nicht vollständig übernommen wurden. Zur klaren Darstellung sind zusätzliche Zeichen erforderlich:

Fußzeiger:

Bezeichnung der Ursache:	v =	Vorspannung
	$s+k$ =	Schwinden und Kriechen
Bezeichnung des Ortes:	z =	Spannstahl oder Spannglied
Bezeichnung des Zeitpunktes:	o =	Zeitpunkt $t = 0$, also vor S u. K
	∞ =	Zeitpunkt $t = \infty$, also nach S u. K

Kopfzeiger:

	$^{(o)}$ =	auf Spannbett bezogen
	^{o} =	dem stat. best. Grundsystem zugeordnet

Kräfte:

	V =	Vorspannkraft, Ankerkraft auf den Beton wirkend, als Druckkraft negativ
	$V^{(o)}$ =	Vorspannkraft im Spannbett
	Z_v =	Vorspannkraft als Zugkraft im Spannstahl
	u, U =	Umlenkkraft eines Spanngliedes
	r, R =	Reibungskräfte am Spannglied
	D =	Druckkraft (immer negativ)
	Z =	Zugkraft (immer positiv)
	Z_{s+k} =	Spannkraftverlust inf. S u. K (als Verminderung der Schnittkraft Z_v im Spannstahl negativ)
	M_D =	Dekompressionsmoment, das in der vorgedrückten Zugzone die Druckspannung am Rand $\sigma_b = 0$ werden läßt
	M_R =	Rißmoment, das im Zuggurt zum 1.Riß führt
	M', Q' =	Schnittkräfte inf. behinderter Verformung am stat. unbest. System = Zwängungs-Schnittkräfte
	M_z =	Schnittmoment, bezogen auf Schwerlinie der Spannstahleinlagen = $D_b \cdot z = M - N \cdot e$

Formänderungen:

	$\Delta \ell$ =	Spannweg
	$\varepsilon_z^{(o)}$ =	Spannbettdehnung des Spannstahles

Spannungen: $\sigma^{(o)}$ =   Spannung im Spannbett

                                     $\sigma_{b,v}$ =   Betonspannung inf. Vorspannung

                                     $\sigma_{z,v}$ =   Spannstahlspannung infolge Vorspannung

                                     $\sigma_{s,v}$ =   Betonstahlspannung infolge Vorspannung

Winkel: α =   planmäßiger Umlenkwinkel eines Spanngliedes

                                     β =   Welligkeit = ungewollter Umlenkwinkel des Spanngliedes je Längeneinheit

                                     γ = $\Sigma\,(\alpha + \beta \ell_z)$ = Summe der Umlenkwinkel des Spanngliedes auf seiner Länge ℓ_z

Beiwerte: $\varkappa$ =   Vorspanngrad $\dfrac{M_D}{M_{g+p}}$

1. Schrifttum und Vorschriften

1.1 Aus den Anfängen des Spannbetons

Freyssinet, E.: Une Révolution dans l'art de bâtir. Les constructions
précontraintes.
Travaux 25 (1941), Nov., S. 335 - 359

Gyon, Y.: Béton précontraint. Etude théorique et expérimentale.
Paris, Editions Eyrolles, Bd. 1, Généralités, 3. Aufl.,
1958. Bd. 2, Constructions hyperstatiques, 1. Aufl., 1958

Mörsch, E.: Spannbetonträger.
Stuttgart, Wittwer, 1943

Magnel, G.: Le béton précontraint.
Gent, Editions Fecheyr, 1948

Leonhardt, F.: Spannbeton für die Praxis.
1. Aufl., Berlin, W. Ernst u. Sohn, 1955

Abeles, P.W.: The principles and practice of prestressed concrete.
London, Corsby Lockwood & Son Ltd., 1949

1.2 Neueres Schrifttum

Leonhardt, F.: Spannbeton für die Praxis.
3. Aufl., Berlin, W. Ernst u. Sohn, 1973

Guyon, Y.: Constructions en béton précontraint, Classes-Etats limites.
Paris, Editions Eyrolles, 1968

Abeles, P.W.; Bardhan-Roy, B.K.; Tumer, F.H.:
Prestressed concrete designer's handbook.
2nd Ed., Viewpoint Publication, Wexham Springs,
Cement and Concrete Association, 1976

Hampe, E.: Spannbeton. Lehrbuch
Berlin, VEB Verlag für Bauwesen, 1978

Lin, T.Y.: Design of prestressed concrete structures.
2nd Ed., New York, London, J. Wiley and Sons Inc., 1966

Rüsch, H.: Stahlbeton-Spannbeton Bd. 1, Werkstoffeigenschaften
und Bemessungsverfahren.
Werner-Verlag, Düsseldorf, 1972

Rüsch, H.; Kupfer, H.: Bemessung von Spannbetonbauteilen. Im Beton-
Kalender verschiedener Jahrgänge

1.3 Vorschriften

DIN 4227   Spannbeton
Teil 1. Bauteile aus Normalbeton mit beschränkter und voller Vorspannung (Ausg. Dez. 1979)

CEB/FIP   Mustervorschrift für Tragwerke aus Stahlbeton und Spannbeton.
Internationale CEB/FIP Richtlinien, 3. Ausgabe 1978

SIA 162   Schweizer Norm für die Berechnung und Ausführung von Bauwerken aus Beton, Stahlbeton und Spannbeton

2. Grundgedanke und Begriffe

2.1 Der Grundgedanke der Vorspannung

Die mangelhafte Zugfestigkeit des Betons führte schon früh auf den Gedanken, die Zugzonen der Betontragwerke durch eine Vorspannung unter
Druck zu setzen, so daß die Zugkräfte im Tragwerk erst diese Druckspannungen abbauen müssen, bevor Zugspannungen im Beton entstehen.

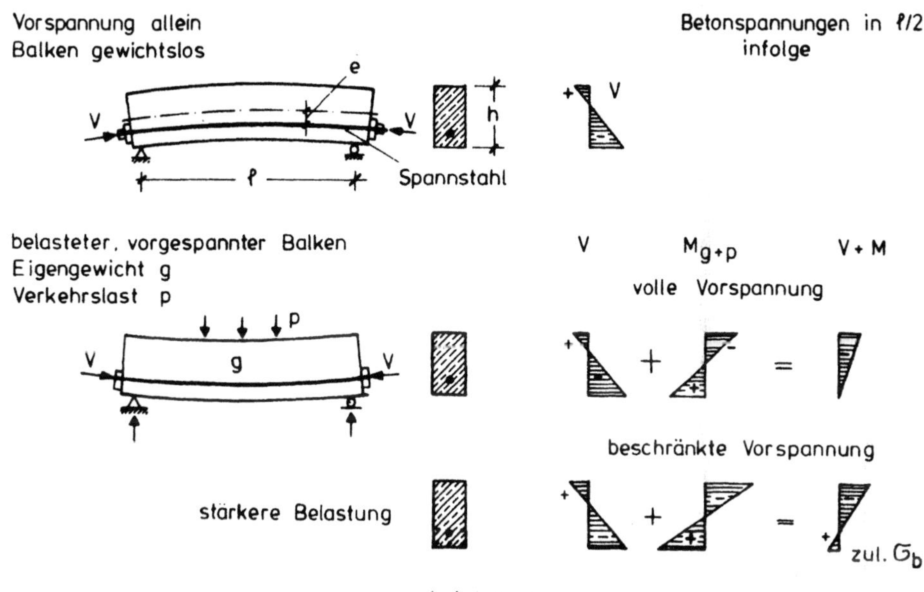

Bild 2.1   Mit Vorspannkraft V werden Betonspannungen $\sigma_{b,v}$ erzeugt,
die in der Überlagerung mit Lastspannungen $\sigma_{b,g+p}$ aus den Lastmomenten M_{g+p} die Betonzugspannungen aufheben oder stark vermindern

In Bild 2.1 ist am einfeldrigen Balken erläutert, wie diese Druckvorspannung im Prinzip verwirklicht wird. Im Zuggurt des Balkens werde
ein Stahlstab gleitfähig eingelegt und an beiden Enden mit Ankerplatte,
Gewinde und Mutter versehen. Spannt man diesen Stab durch Anziehen
der Muttern an, so wirkt die im Stahlstab erzeugte Zugkraft über die
Ankerplatten als Vorspannkraft V ausmittig auf den Beton. Der gewichtslos gedachte Balken wird durch die Längsdruckkraft V und durch das
Vorspannmoment $M_v = V \cdot e$ nach oben gebogen, im Beton entstehen im
Zuggurt große Druckspannungen, am oberen Rand des Druckgurtes kleine Zugspannungen, wenn die Ausmittigkeit des Stahlstabes $e > \frac{h}{6}$ (Kernweite) ist.

Lassen wir nun das Eigengewicht g und eine Verkehrslast p wirken, so
überlagern sich die dadurch entstehenden Biegespannungen σ_{g+p} den
durch Vorspannung erzeugten Spannungen σ_v.

Der Grad der Vorspannung kann so gewählt werden, daß bei voller Gebrauchslast am unteren Rand des "vorgedrückten Zuggurtes" die Spannung σ_b gleich Null wird. Wir sprechen dann von v o l l e r   V o r s p a n n u n g .

Für ein einwandfreies Verhalten der Tragwerke ist es jedoch nicht nötig, Biegezugspannungen im Beton bis zur vollen Gebrauchslast zu vermeiden, zudem in der Regel neben dem vorgespannten Stahlstab gerippter Betonstahl ohne Vorspannung (schlaff) einbetoniert wird, mit dem etwaige Risse haarfein gehalten werden, so daß bei voller Gebrauchslast im Zuggurt auch Betonzugspannungen zugelassen werden können. Man spricht dann von b e s c h r ä n k t e r   V o r s p a n n u n g , wenn diese Biegezugspannungen eine in Vorschriften festgelegte Grenze nicht überschreiten, oder von t e i l w e i s e r   V o r s p a n n u n g , wenn die Betonzugspannung nicht begrenzt ist und die Bewehrung in der Zugzone für eine zulässige Rißbreite bemessen wird.

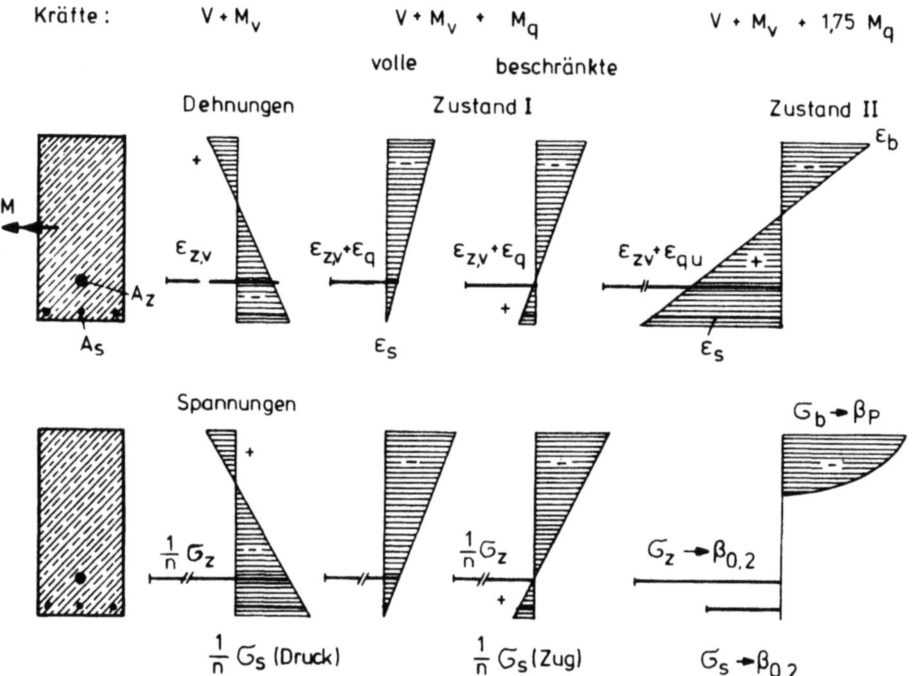

Bild 2.2   Entwicklung der Dehnungen und Spannungen im vorgespannten Balken bei Laststeigerung bis zur Traglast mit zugehörigem M_u . Vorspannkraft V bleibt konstant

Wird die Belastung des vorgespannten Balkens über die Gebrauchslast hinaus gesteigert, so wird in jedem Fall die vorgedrückte Zugzone aufreißen. (Bild 2.2). Für den Nachweis der Tragfähigkeit, also für die erforderliche Traglast, muß dann der Spannstahl zusammen mit dem Betonstahl im Rißquerschnitt die Gurtzugkraft aufnehmen; die Tragfähigkeit der Biegedruckzone muß wie beim nicht vorgespannten Stahlbetonträger für die Aufnahme der Gurtdruckkraft ausreichen. Daraus ist ersichtlich, daß der Tragfähigkeitsnachweis für Stahlbeton- und Spannbetonträger im Prinzip gleich ist. Der Unterschied besteht nur darin, daß beim Spannbeton im Spannstahl ein Teil der Dehnung, die im Stahlbeton der Stahl unter Last erleiden würde, durch die Vorspannung als sogenannte 'Vordehnung' ε_v vorweggenommen wird, ohne daß sich der Beton der Zugzone mitdehnen muß und dabei reißt. Diese Vordehnung des Spannstahles ermöglicht es, hochfeste Stähle zu verwenden, die ohne diese Vorspannung nicht ausgenutzt werden könnten, weil der Verbund zerstört würde und dadurch zu breite Risse entstehen.

Der Spannstahl dehnt sich beim Spannen um den Betrag

$$\Delta \ell_z = \frac{\sigma_{z,v}}{E_z} \ell_z$$

Durch die gleichzeitig im Beton erzeugten Druckspannungen verkürzt sich
dieser um

$$\Delta \ell_b = \frac{\sigma_{b,v}}{E_b} \ell_b \ ,$$

wobei $\sigma_{b,v}$ die Spannung der Betonfaser in Höhe des Spanngliedes ist
(Bild 2.3). Beim Vorspannen gegen den erhärteten Beton entsteht so der
S p a n n w e g $\Delta \ell_z + \Delta \ell_b$.

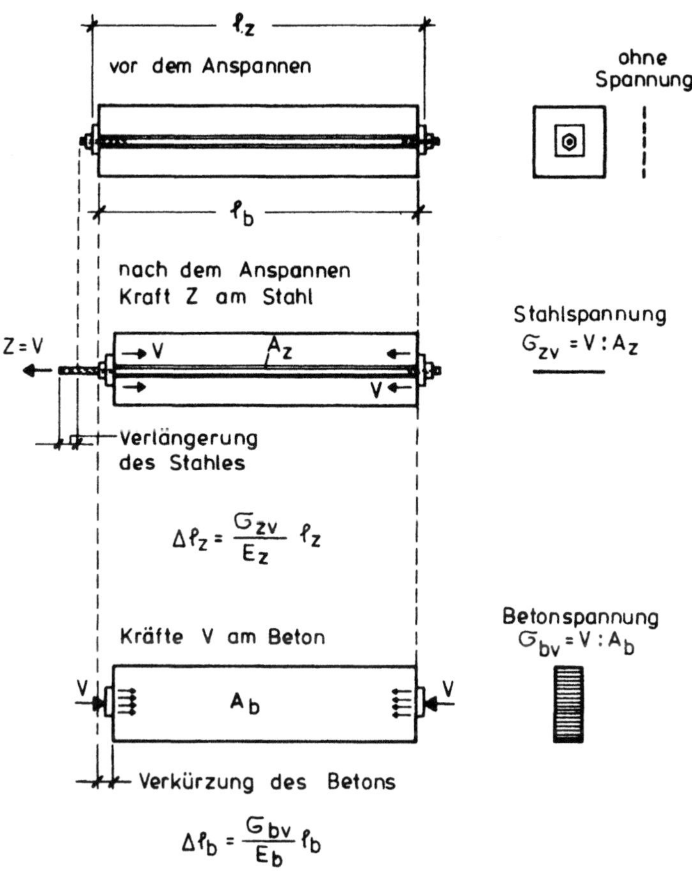

Bild 2.3 Längenänderung des Spannstahles und des Betons infolge der
Vorspannung, gezeigt an mittig vorgespannter Betonfaser

Durch Schwinden und Kriechen (S+K) des Betons tritt nach dem Vorspannen eine weitere zeitabhängige Verkürzung der Betonfasern entlang
der Spannglieder ein. Dadurch geht ein Teil der Stahlvordehnung verloren. So entstehen S p a n n k r a f t v e r l u s t e durch Schwinden und Kriechen. Diese Spannkraftverluste sind umso größer, je höher die Betondehnung $-\varepsilon_{b,vo}$ infolge der Druckvorspannung und je niedriger die Spannstahldehnung $\varepsilon_{z,vo}$ beim Vorspannen zur Zeit t = 0 war.

Die Verkürzung des Betons durch Schwinden und Kriechen kann leicht
0,4 bis 1,0 ‰ ausmachen, was einer Stahlspannung von 80 bis 200 N/mm^2
entspricht. Man erkennt daraus, daß hohe Stahlspannungen und entsprechend hochfeste Stähle angewandt werden müssen, wenn man eine ausreichende bleibende Wirkung der Vorspannung erreichen will. Bei den heute
üblichen hochfesten Spannstählen können die Spannkraftverluste durch S + K
immerhin noch 5 bis 20 % betragen, sie müssen daher berücksichtigt
werden.

Demnach haben wir bei Spannungsnachweisen den Zeitpunkt t_o des Vorspannens vom Zeitpunkt t_∞ nach dem Ausklingen der Schwind- und Kriechverkürzungen zu unterscheiden. Während bei t_o im Zuggurt die größten
Druckspannungen und im Druckgurt die kleinsten Druckspannungen, ja
eventuell sogar Zugspannungen auftreten, entstehen bei t_∞ im Druckgurt
die größten Druckspannungen und im Zuggurt die kleinsten Druckspannungen bzw. die größten Zugspannungen. Wir unterscheiden daher anfängliche Spannungen mit dem Fußzeiger vo und verbleibende Spannungen mit
dem Zeiger v∞.

2.2 Besondere Vorteile des Spannbetons

1. Spannbeton erlaubt durch die Ausnützung hochfester Baustoffe (Stahl
   und Beton) größere Spannweiten und schlankere Tragwerke mit geringerem Eigengewicht als Stahlbeton.

2. Die Vorspannung verbessert die Gebrauchsfähigkeit, dadurch daß
   Risse im Beton weitgehend verhütet oder mindestens die Rißbreiten
   zuverlässig auf ein unschädliches Maß begrenzt werden können.
   Das erhöht die Dauerhaftigkeit.

3. Die Verformungen bleiben sehr klein, weil die Tragwerke unter Gebrauchslasten auch bei teilweiser Vorspannung praktisch im Zustand I
   bleiben.

4. Spannbeton-Tragwerke haben eine hohe Ermüdungsfestigkeit, weil die
   Schwingbreiten der Stahlspannungen auch bei teilweiser Vorspannung
   klein und damit weit unter der Ermüdungsfestigkeit bleiben.

5. Spannbeton-Tragwerke können erhebliche Überlastungen ohne blei-
   benden Schaden ertragen. Bei Überlastung entstandene Risse schließen sich wieder ganz, solange die Stahlspannungen unter der 0,01-%
   Dehngrenze bleiben.

2.3 Zum Spannbeton gehörende Begriffe

2.3.1 Mittel zur Vorspannung

Bei der ersten Bearbeitung der DIN 4227 für Spannbeton (1949 - 1953)
wurde für den gleitfähig eingebauten Spannstahl mit seinen Verankerungen
der Sammelbegriff "Spannglied" geprägt, um den Spannstahl
klar von der Bewehrung des Betons mit Betonstahl zu unterscheiden.
Leider haben sich einige Ingenieure der Praxis nicht an diese Sprachre-
gelung gehalten und von "Spannbewehrung" gesprochen. Dies bedingte
zur Unterscheidung den Begriff "schlaffe Bewehrung", woraus im Bau-
stellen-Jargon der sprachlich ganz unsinnige Begriff "Schlaffstahl" ent-

standen ist. Hier werden die genormten Begriffe **S p a n n g l i e d**, **S p a n n - s t a h l** und **B e t o n s t a h l** verwendet; englisch: tendon, prestressing steel and reinforcing steel or rebars.

2.3.2 Arten der Vorspannung

Spannbettvorspannung (pretensioning) oder **Vorspannung mit sofortigem Verbund** entsteht durch Spannen des Spannstahls vor dem Erhärten des Betons. Spanndrähte werden zwischen festen Ankerblöcken gespannt und in diesem Zustand einbetoniert (Bild 2.4). So entsteht unmittelbarer Verbund zwischen Spannstahl und Beton. Nach ausreichendem Erhärten des Betons werden die Drahtenden von den Ankerblöcken gelöst, so daß die Spannkraft sich durch Verbund oder über Ankerkörper auf den Beton überträgt.

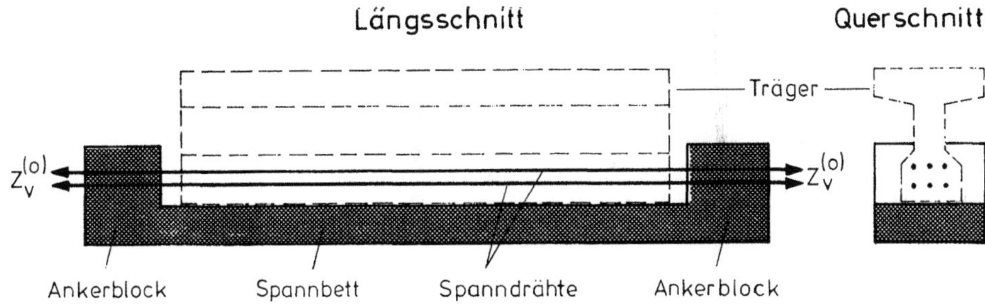

Bild 2.4

Spannen nach dem Erhärten des Betons (posttensioning) oder **Vorspannung mit nachträglichem Verbund** (Bild 2.1)

Der Spannstahl wird in Gleit- oder Spannkanälen meist in einbetonierten Hüllrohren (ducts) lose verlegt und nach dem Erhärten des Betons an den Enden gespannt und verankert. Der Verbund wird nach dem Vorspannen durch Auspressen der Spannkanäle mit Zementmörtel = Einpreßmörtel (grout, injection mortar), der auch gegen Korrosion schützt, hergestellt. Andere Verbundmittel siehe Kapitel 6.

Spannbeton mit Verbund (prestressed concrete = p.c., with bonded tendons) ist die Regel.

Spannbeton ohne Verbund (p.c. with unbonded tendons)
Der Spannstahl bleibt in den Hüllrohren gleitfähig. Diesen Zustand haben wir unter anderem auch während der Bauzeit zwischen Vorspannen und Herstellen des nachträglichen Verbundes. Man kann auf den Verbund verzichten, wenn die schlaffe Bewehrung reichlich bemessen wird, um die Tragfähigkeit und die Gebrauchsfähigkeit sicherzustellen. Der Spannstahl muß dann im Hüllrohr gegen Korrosion geschützt werden. Spannglieder ohne Verbund lassen sich bei Bedarf auswechseln.

2.3.3 Arten der Verankerung der Spannglieder (types of anchoring the tendons)

Endverankerung durch den Verbund mit dem Beton: **V e r b u n d a n k e r**.

Endverankerung mit **A n k e r k ö r p e r n**, meist Stahlplatten, gegen die die Spannstähle mit Muttern, Keilen, Köpfchen oder dergleichen festgelegt werden.
Endverankerung durch einbetonierte Schlaufen, Haken oder dergleichen.

2.3.4 Grad der Vorspannung (degree of prestressing)

Volle Vorspannung (full prestressing) liegt vor, wenn bei voller Gebrauchslast Biegezugspannungen im Beton in der Haupttragrichtung vermieden werden. Man nimmt jedoch Zugspannungen aus der Einleitung der Vorspannkraft im Verankerungsbereich der Spannglieder, schiefe Hauptzugspannungen durch Schub oder Torsion sowie Querzugspannungen durch Verbundwirkung oder Zugspannungen durch Temperaturgradienten usw. in Kauf. Es ist daher falsch zu glauben, daß bei voller Vorspannung kein Zug im Beton auftritt oder keine Risse möglich sind.

Beschränkte Vorspannung (limited prestressing) liegt vor, wenn bei voller Gebrauchslast die Zugspannungen im Beton in der Haupttragrichtung einen als zulässig erachteten Wert nicht überschreiten.

Teilweise Vorspannung (partial prestressing) ist gegeben, wenn die bei voller Gebrauchslast auftretenden Zugspannungen in der Haupttragrichtung (z.B. im Biegezuggurt) nicht begrenzt sind. Die Rissebeschränkung wird durch schlaffe Bewehrung sichergestellt.

Mäßige Vorspannung oder konstruktive Vorspannung (in Österreich: schwache Vorspannung) liegt vor, wenn bei nicht freitragenden Bauwerken die Vorspannung nur zur Vermeidung von Dehnfugen, zur Verhütung von Trennrissen oder dergleichen, - zum Beispiel bei massigen Wasserbauten - verwendet wird oder wenn Spannglieder nur zur Verminderung der Rißbildung oder der Verformungen eingelegt werden, ohne für die Tragfähigkeit mitgerechnet zu werden.

Definitionen des Vorspanngrades siehe Kap. 7

2.3.5 Grad der Federung der Vorspannung

Diese Unterscheidung findet man in Vorschriften nicht, sie muß jedoch dem entwerfenden Ingenieur bewußt sein.

Stark federnde Vorspannung liegt vor, wenn Spannstahl sehr hoher Festigkeit mit großem Dehnweg (= Federweg) benützt wird und so die Spannkraftverluste durch S + K klein bleiben.

Schwach federnde Vorspannung ergibt sich bei Spannstählen mit mäßiger Festigkeit. Große Spannkraftverluste sind möglich.

Nicht federnde Vorspannung haben wir, wenn das Betontragwerk zwischen starren Widerlagern, zum Beispiel Fels, etwa mit flachen hydraulischen Pressen vorgespannt wird, so daß als Federweg nur die elastische Verkürzung des Betons und des Felswiderlagers auftritt. Diese Vorspannung geht durch S + K oder Temperaturrückgang fast völlig verloren. Man muß daher eine Nachspannmöglichkeit vorsehen.

2.3.6 Verformungsabhängige Begriffe

Formtreue Vorspannung: Die Lage der Spannglieder wird so gewählt, daß sich die Tragwerksachse unter Eigengewicht + Vorspannung nicht verbiegt.

Zwängungsfreie oder konkordante Vorspannung ergibt sich bei statisch unbestimmt gelagerten Tragwerken, wenn die Vorspannung allein keine Änderung der Auflagerreaktionen hervorruft.

2.3.7 Die von den Spanngliedern auf den Beton ausgeübten äußeren Kräfte

Die Vorspannkraft V ist die in der Regel mit hydraulischen Spannpressen
erzeugte Zugkraft Z des Spanngliedes, die über die Anker als Druckkraft V auf den Beton wirkt (prestressing force).

Hierbei ist zu unterscheiden zwischen der a n f ä n g l i c h e n (initial) Spannkraft V_o zur Zeit t = 0 beim Vorspannen und der v e r b l e i b e n d e n
(permanent, final) Spannkraft V_∞ nach Abzug der Spannkraftverluste
durch S + K des Betons und gegebenenfalls durch Relaxation des Stahles
zur Zeit t $= \infty$.

U m l e n k k r ä f t e u, U, die das Spannglied bei jedem Richtungswechsel
auf den Beton ausübt (Bild 2.5) (forces due to change of direction).

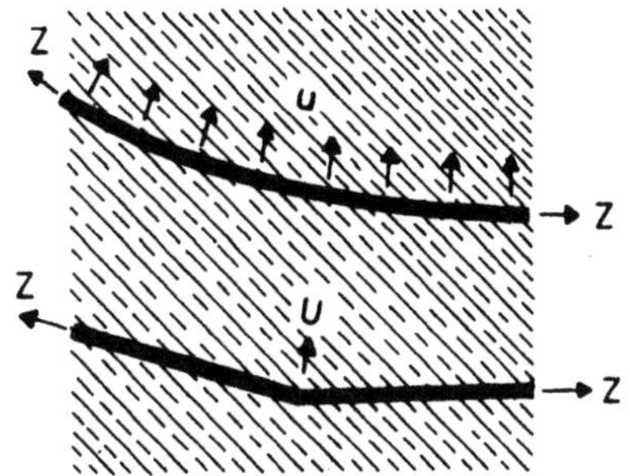

Bild 2.5   Umlenkkräfte infolge Rich-
tungsänderung der Spannglieder

R e i b u n g s k r ä f t e : Bei der Spannbewegung der Spannstähle in den Gleitkanälen entstehen an allen Umlenkstellen Reibungswiderstände, die am
Beton in Spannrichtung wirken. Sie werden mit r und R bezeichnet und
in ihrer Wirkung auf das Tragwerk meist vernachlässigt. Die Reibungswiderstände bewirken aber eine Verminderung der Spannkraft, einen
S p a n n k r a f t v e r l u s t d u r c h R e i b u n g (loss due to friction), der
berücksichtigt werden muß. (Der Ausdruck "Reibungsverlust" ist sprachlich falsch, man verliert nicht Reibung, sondern Spannkraft).

3. Geschichtliches

Eine ausführliche Darstellung der Geschichte des Spannbetons bis etwa
1954 wurde in Kapitel 20 des Buches "Spannbeton für die Praxis" von
F. L e o n h a r d t mit Quellenangaben gegeben [1] . Der heutige Stand
des Spannbetons beruht auf den Ideen, Arbeiten und Erfahrungen vieler
Ingenieure und Wissenschaftler aus den letzten 90 Jahren.

Der Gedanke der Vorspannung ist uralt, man denke an gespannte Faß-
reifen und aufgeschrumpfte Reifen auf Holzrädern. Der erste Vorschlag,
Beton vorzuspannen, wurde 1886 von P.H. J a c k s o n , San Francisco,
gemacht. 1888 meldete W. D ö h r u n g , Berlin, ein Patent an, das
Spannbettvorspannung vorsah. 1906 hat M. K o e n e n , Berlin, die ersten
Versuche mit einer in gespanntem Zustand einbetonierten Bewehrung
durchgeführt. Weitere Anmeldungen und Versuche folgten, doch war
ihnen kein Erfolg beschieden, weil die Vorspannung durch das damals
noch nicht bekannte Schwinden und Kriechen des Betons wieder verloren
ging. 1919 hat der Böhme K. W e t t s t e i n dünne Betonbretter, sogenannte Wettstein-Bretter, mit einbetonierten, stark gespannten Klaviersaitendrähten hergestellt. Er war der erste, der hochfesten Stahl mit
hoher Spannung verwendete, ohne sich darüber im klaren zu sein, daß
dies die maßgebenden Voraussetzungen für den Erfolg des Spannbetons
sind. Als erster hat wohl R.H. D i l l , Alexandria, Nebraska, USA,
1923 erkannt, daß hochfeste Drähte mit hoher Spannung verwendet werden müssen.

Die für den Erfolg des Spannbetons erforderlichen Voraussetzungen hat
jedoch erst der Franzose Eugène F r e y s s i n e t einwandfrei begründet
und beschrieben, der sich 1928 die Vorspannung mit Stahlspannungen
über 400 N/mm^2 patentieren ließ. Freyssinets besonderes Verdienst ist
es, daß er das Wesen des Kriechens und Schwindens des Betons erforscht
hat und daraus die richtigen Folgerungen für den Spannbeton zog. Freyssinet hat dann auch die ersten Spannbetonbauwerke errichtet. 1941 ent-
warf er die überaus kühne und sehr flache Zweigelenk-Rahmenbrücke
über die Marne bei Lucancy, die jedoch erst nach Beendigung des Krie-
ges fertiggestellt werden konnte. Weitere fünf Marnebrücken gleicher
Bauart folgten.

Es folgten nun rasch weitere Erfindungen und Beiträge, hauptsächlich von
deutschen Ingenieuren, so von F. D i s c h i n g e r , Berlin, der sich außerhalb des Betonquerschnittes liegende hängewerkartige Spannglieder patentieren ließ. 1938 wurden die ersten deutschen Spannbetonbrücken als
Überführungsbauwerke über Autobahnen errichtet. Die ersten Spannverfahren wurden entwickelt. Zunächst gab es das Freyssinet-Verfahren mit
Bündeln aus 5 mm Drähten, für das die Firma Wayss & Freytag AG die
deutsche Lizenz erworben hatte, und das Verfahren von D y c k e r h o f f
& W i d m a n n (Dywidag) mit Stahlstäben $\varnothing$ 25 mm aus St 600/900. Dann
folgten die Leoba-Verfahren von L e o n h a r d t und B a u r mit Sonder-
verankerungen der Drahtbündel bzw. mit sogenannten konzentrierten
Spanngliedern für sehr große Spannkräfte.

1940 bis 1942 entwickelte Gustave M a g n e l , Belgien, ein eigenes Verfahren, mit dem er 1948 die erste Brücke mit Durchlaufträgern über die Maas bei Sclayn mit 2 x 62 m Spannweite errichtet hat. (Spannbeton ohne Verbund). G. Magnel schrieb auch das erste Buch über Spannbeton (1948).

Der von E. H o y e r , Hamburg, entwickelte "Stahlsaitenbeton" (im Spannbett hergestellte Träger mit dünnen Klaviersaitendrähten $\emptyset$ 0, 5 bis 2 mm, Festigkeit 1600 bis 2800 N/mm^2) verdient Erwähnung. Es zeigte sich jedoch, daß selbst bei so dünnen Drähten der Haftverbund allein nicht genügt und mit der Zeit versagt.

Etwa ab 1949 überstürzte sich die Entwicklung des Spannbetons in vielen Anwendungen im Brücken- und Hochbau. Der Wettbewerb der Ingenieure und der Baufirmen führte zu zahlreichen neuen Spannverfahren. Hervorzuheben sind die heute noch in Gebrauch befindlichen Verfahren der Schweizer Ingenieure Birkenmaier, Brandestini, Roš und Vogt, die das BBRV Verfahren mit angestauchten Ankerköpfchen entwickelt haben. Die Verfahren von Dywidag und Leoba werden weiterentwickelt. Neue Spannstahlarten begünstigen die Entwicklung. Die meisten großen deutschen Bauunternehmen haben eigene Verfahren, die jedoch nach Ablauf der Patentlaufzeiten zum Teil wieder verschwinden und den technisch und wirtschaftlich günstigeren Verfahren Platz machen.

1949 und 1950 bauen F. L e o n h a r d t und W. B a u r die ersten großen deutschen mehrfeldrigen Durchlaufträger mit konzentrierten Litzenspanngliedern (Neckarkanalbrücke Obere Badstraße in Heilbronn mit Hauptspannweite 96 m) und die erste Eisenbahnbrücke über den Neckarkanal in Heilbronn (fünffeldrige, schiefwinklige Hohlplatte). 1950 führt U. F i n s t e r w a l d e r den ersten Freivorbau einer Balkenbrücke mit Vorspannung aus (Lahnbrücke Balduinstein), ein Bauverfahren, das sich rasch über die ganze Welt verbreitet und bei der Rheinbrücke Bendorf einen deutschen Rekord, bei der Hamana-Brücke in Japan mit 240 m Spannweite einen Weltrekord erzielt. In Deutschland verschwanden zunächst die beim Leonhardt-Baur-Verfahren bevorzugten Litzenspannglieder wieder, weil die Litzen zu teuer wurden. In der übrigen Welt setzten sich jedoch die Litzen durch, so daß dort Spannverfahren mit Litzen rasche Verbreitung fanden, so das schweizerische VSL-Verfahren. Auch die Freyssinet-Gruppe verwendet heute weitgehend Litzen.

Zahlreiche Ingenieure müßten noch erwähnt werden, die wertvolle Beiträge geleistet haben, so vor allem der Nachfolger Freyssinets in F r a n k reich, Yves G u y o n , dessen 1951 erschienenes Buch "Béton Précontraint" wesentlich zur Verbreitung des Spannbetons beigetragen hat, ferner der Italiener R. M o r a n d i ; in London der aus der Wiener Schule (Emperger) hervorgegangene P.W. A b e l e s . In Deutschland hat sich H. R ü s c h , München, hauptsächlich durch seine Forschungsarbeiten und als Obmann des Arbeitsausschusses "Spannbeton" um den Spannbeton verdient gemacht, den er seit 1943 leitete und der 1953 die DIN 4227 herausbrachte.

1950 fand die erste internationale Spannbetontagung in Paris statt, wo die Fédération Internationale de la Précontrainte - FIP - gegründet wurde, die alle vier Jahre einen Kongreß abhält.

1954 veröffentlichte F. L e o n h a r d t das erste umfangreiche Buch "Spannbeton für die Praxis", das rasch in viele Sprachen, zuerst ins Russische, übersetzt wurde und das auch in englischer Sprache "Prestressed Concrete design and construction" zur Verfügung steht.

In den Jahren nach 1956 war die Entwicklung hauptsächlich durch Vergrößerung der Spanngliedeinheiten bis rund 1500 kN und durch Rationalisierung der Bauverfahren, insbesondere im Brückenbau gekennzeichnet. Forschung und Erfahrung brachten weiter die Erkenntnis, daß die teilweise Vorspannung in vielen Fällen hinsichtlich der Gebrauchsfähigkeit der vollen Vorspannung vorzuziehen ist.

4. Baustoffe und Bauteile

4.1 Beton

In Teil 1 der "Vorlesungen" ist das Wichtigste zum Baustoff Beton gesagt. Für Spannbeton sollte in der Regel hochfester Beton der Güten B 25 bis B 55 (bei Spannbettvorspannung mind. B 35) verwendet werden, schon um die Schwind- und Kriechverkürzungen klein zu halten, die Spannkraftverluste ergeben. Im Spannbetonbau kann außerdem die hohe Druckfestigkeit dieser Betongüten besser ausgenützt werden als im Stahlbetonbau. Hohe Betongüten sind auch widerstandsfähiger gegen Korrosionsangriffe. Das Anmachwasser darf möglichst kein Chlorid enthalten (Cl-gehalt < 600 mg/Liter). Betonzusatzmittel bedürfen einer besonderen Zulassung für Spannbeton.

Auch Leichtbeton der Güten LB 25 bis LB 45 eignet sich für Spannbeton-Tragwerke. Bei der konstruktiven Durchbildung muß man jedoch beachten, daß insbesondere die Spaltzugfestigkeit des Leichtbetons niedriger ist als bei Normalbeton. Spaltrisse gehen einfach quer durch die Leichtzuschläge hindurch. Der Spaltwirkung muß entsprechend durch Querbewehrung aus dünnen Stäben entgegengewirkt werden (vgl. Teil 2 der "Vorlesungen", Kapitel 7).

Schwinden und Kriechen des Betons spielen bei Spannbeton wegen der Spannkraftverluste eine wesentliche Rolle; Berechnungsgrundlagen siehe [0] Teil 1, Kap. 2.9.3.7.

Zur Auswirkung von Schwinden und Kriechen ist ergänzend ein Unterschied zwischen Stahlbeton und Spannbeton festzustellen. Betrachten wir zunächst das Schwinden (S für Schwinden, abweichend von Norm, zur Unterscheidung von s = Betonstahl).

Bei Stahlbeton wird die Verkürzung $\epsilon_S\ell$ durch die Stahleinlagen behindert, der Beton leistet dabei Arbeit und erzeugt dank dem Verbund Druck im Stahl, dem Zug im Beton entspricht, der zu Schwindrissen führen kann. Die Verkürzung wird durch die Bewehrung um $\Delta\epsilon_S\ell$ vermindert (Bild 4.1). $\Delta\epsilon_S$ hängt dabei von $\mu_s = A_s/A_b$ und $n = E_s/E_b$ ab

und ist $\Delta\epsilon_S = \dfrac{n\mu_s}{1+n\mu_s}\,\epsilon_S$.

Bei Spannbeton leistet umgekehrt der Spannstahl Arbeit, indem er bei der Verkürzung durch ϵ_S einen Teil der durch Vorspannung gespeicherten Energie an den Beton abgibt und damit die Schwindverkürzung begünstigt. Dabei wird der Verbund nicht beansprucht. Durch den vom Schwinden verursachten Spannkraftverlust V_S wird die durch die anfängliche Vorspannkraft V_0 erzeugte Druckspannung $\sigma_{b,vo}$ und die zugehörige Kürzung des Betons $\epsilon_{b,vo}$ vermindert um ein $\Delta\epsilon_b$, das nach Umformung von V_S bei $\varphi = 0$ den gleichen Ausdruck annimmt wie das obige $\Delta\epsilon_S$, nämlich

$\Delta\epsilon_b = \dfrac{n\mu_z}{1+n\mu_z}\,\epsilon_S$, wenn man das Kriechen vernachlässigt ($\varphi = 0$). Dabei ist allerdings in der Regel $\mu_z \ll \mu_s$. Der Beton bleibt jedoch unter Druck und der Stahl unter Zug, solange die Vorspannung wirkt. Das gleiche gilt für die Wirkung des Kriechens.

F o l g e r u n g:

Die an unbewehrten Betonkörpern ermittelten Schwind- und Kriechverkürzungen müssen bei Spannbetontragwerken mit ihren vollen Werten berücksichtigt werden. Eine Abminderung ist nur zulässig, wenn die betrachtete Zone stark schlaff bewehrt ist.

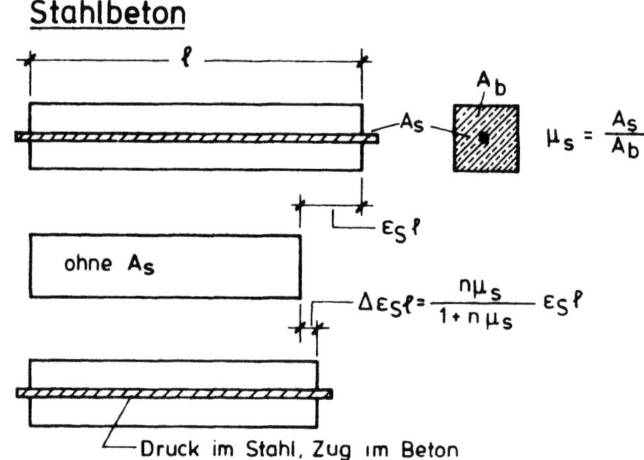

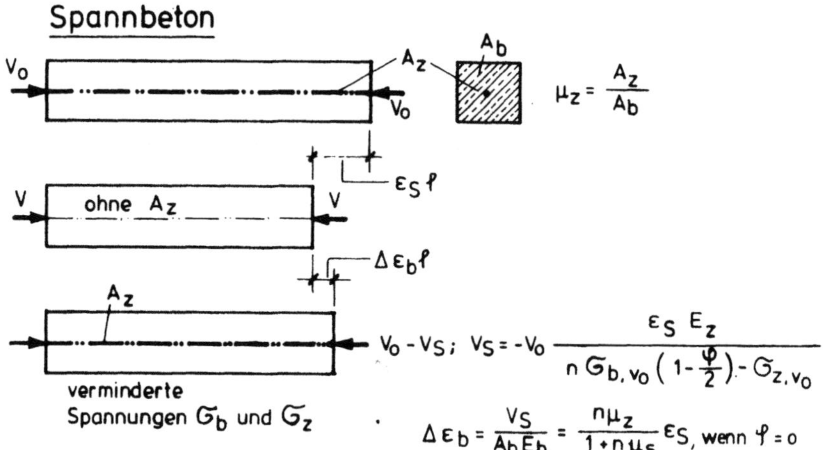

Bild 4.1   Unterschiedliche Auswirkung des Schwindens bei Stahlbeton und Spannbeton

4.2 Spannstähle

4.2.1 Anforderungen an Spannstähle

1. Hohe Festigkeitswerte, um die Spannkraftverluste durch Schwinden und Kriechen des Betons oder durch Relaxation des Stahles klein zu halten. Die 0,01 %-Dehngrenze (Elastizitätsgrenze) soll hoch liegen, damit die Relaxation des gespannten Stahles klein bleibt (siehe 4.2.6). Die 0,2-%-Dehngrenze soll hoch liegen, damit der Stahl sich bei Überlastungen noch elastisch verhält und sich für die erforderliche Traglast hoch ausnützen läßt.

2. Gute Zähigkeit, damit die Spannstähle bei mechanischen Beschädigungen
   (Kerben) und bei Kaltverformung an Verankerungen oder dergleichen
   nicht spröde brechen.

3. Geringe Empfindlichkeit gegen Korrosion, insbesondere gegen Spannungskorrosion.

4. Kleine Toleranzen der Querschnittswerte, damit die Kontrolle der erzielten Vorspannung erleichtert wird; dabei werden Spannglieddehnun-
   gen gemessen und mit vorausberechneten Werten verglichen, die mit
   Nennwerten der Querschnitte gerechnet sind.

5. Große Lieferlängen, um Stöße und Materialverlust bei langen Spanngliedern zu vermeiden.

6. Für Spannbett-Vorspannung und Verbundanker müssen die Voraussetzungen für hohe Verbundfestigkeit gegeben sein.

4.2.2 Erforderliche Prüfung der Spannstähle

Spannstähle sind in Deutschland bisher nicht genormt und bedürfen daher
der bauaufsichtlichen Zulassung (unter Mitwirkung der deutschen Stellen
ist für Spannstähle die EURO-Norm 138 erarbeitet und eingeführt worden).
Die Rahmenbedingungen für die Zulassung von Spannstählen und Prüfvor-
schriften sind geregelt in "Vorläufige Richtlinien für die Prüfung bei Zu-
lassung, Herstellung und Lieferung von Spannstählen für Spannbeton nach
DIN 4227", veröffentlicht im Ministerialblatt NW, Ausgabe A vom 9.8.1966.
Ergänzend zu diesen Vorschriften werden laufend durch das Institut für
Bautechnik für den Bedarf des "Sachverständigenausschuß Spannstähle"
Änderungen und Erweiterungen vorgenommen.

Nach dem gegenwärtigen Stand ist für die Zulassung eine Prüfung an Proben aus mindestens drei Schmelzen durchzuführen, die sich auf folgende
Kennwerte bezieht:

1.) Geometrische Werte
    Durchmesser, Querschnitt, Oberflächengestalt, einschließlich der
    Abweichungen,

2.) Mechanische Eigenschaften

    2.1 Verhalten im Zugversuch (nach DIN 50 145): Elastizitätsgrenze,
        Streckgrenze (0,2 % Dehngrenze), Zugfestigkeit, Elastizitäts-
        modul, Bruchdehnung, Brucheinschnürung und Gleichmaßdeh-
        nung.

        Zusätzlich wird die Zugfestigkeit nach einmaligem Hin- und Her-
        biegen festgestellt und der Arbeitsmodul ermittelt sowie ein
        Kerbzugversuch an Proben mit einem Tangentialkerb durchgeführt.

    2.2 Technologische Werte
        Hin- und Herbiegeversuch nach DIN 51211 (für Drähte bis ein-
        schließlich 12,2 mm Durchmesser),Faltversuch nach DIN 50111
        (für Drähte > 12,2 mm Durchmesser und für Stäbe).

    2.3 Langzeiteigenschaften
        Die Dauerschwingfestigkeit wird für zwei Oberspannungen ent-
        sprechend 55 % der Zugfestigkeit und 90 % der Streckgrenze nach
        dem Wöhler-Verfahren ermittelt. Die Relaxation wird für die
        drei Anfangsspannungen von 60, 70 und 80 % der Zugfestigkeit
        bei Raumtemperatur bestimmt. Das Korrosionsverhalten wird
        in verschiedenen Prüflösungen geprüft.

2.4 Verbundverhalten

Sofern die Spannstähle auch für die Verwendung im Spannbett bzw. für eine Endverankerung durch Verbund oder auf Haftung und Reibung vorgesehen sind, wird zusätzlich das Verbundverhalten überprüft.

Prüfung:

Die laufende Produktion wird durch ein Verfahren, bestehend aus Eigenüberwachung und Fremdüberwachung durchgreifend geprüft. Für die Fremdüberwachung sind vom Institut für Bautechnik besondere Prüfstellen ausgewählt worden. Mit einer dieser Prüfstellen hat das Herstellerwerk nach Erteilung der Zulassung einen Überwachungsvertrag abzuschließen. Die Produktionsaufnahme setzt die Zustimmung des Instituts für Bautechnik zu diesem Vertrag voraus.

Gewährleistung: Das Einhalten der zu gewährleistenden Werte der Zulassung wird im Rahmen der Überwachungsprüfungen nach statistischen Methoden an der Gesamtproduktion überprüft. Maßgebend ist die 5 %-Fraktile der Grundgesamtheit.

Folgende Mindestwerte bestimmter Eigenschaften sollten nicht unterschritten werden: Die Bruchdehnung δ_{10} (Meßlänge = 10-facher Durchmesser) sollte mindestens 4 bis 6 %, die Gleichmaßdehnung (gleichmäßige Dehnung außerhalb des Einschnürbereiches) 2 % betragen. Der Abfall der Zugfestigkeit durch einmaliges Hin- und Herbiegen sollte 5 % nicht überschreiten. Die zum Versand auf Ringe bzw. Coils gewickelten Drähte und Litzen sollten sich nach dem Abhaspeln gerade auslegen. Das setzt voraus, daß der Durchmesser der Ringe und Coils so gewählt wird, daß die Biegerandspannungen infolge der Krümmung die Elastizitätsgrenze nicht überschreiten.

4.2.3 Arten der Spannstähle

4.2.3.1 Naturharte Stabstähle (hot rolled steel bars)

Die verlangte hohe Festigkeit wird bei den naturharten Stählen durch Legierung mit Mangan, Silizium und Vanadin bei gleichzeitig verhältnismäßig hohem Kohlenstoffgehalt eingestellt. So enthält die Stahlsorte St 835/1030 etwa 0,7 % C, 1,5 % Mn und 0,7 % Si und die Sorte St 1080/1230 zusätzlich etwa 0,3 % Vanadin. Beide Stahlsorten weisen ein perlitisches Gefüge auf und werden mit glatter Oberfläche und als Gewindestahl mit warmgewalzten Rippen hergestellt. Nach dem Warmwalzen werden diese Stabstähle noch gereckt und bei etwa 300 °C angelassen, um die Streckgrenze und die Elastizitätsgrenze gegenüber dem Walzzustand anzuheben. Der übliche Durchmesserbereich liegt zwischen 26 und 36 mm.

4.2.3.2 Spannstahl-Drähte

Bei den Spannstahl-Drähten stehen zwei unterschiedliche Herstellungsarten nebeneinander: Das Vergüten legierter Drähte (heat treated steel) und das Ziehen unlegierter warmgewalzter Drähte (cold drawn wires).

Beim Vergüten wird ein leicht legierter warmgewalzter Draht mit etwa 0,5 % C, 1,6 % Si, 0,6 % Mn und 0,4 % Cr durch mehrstufige Wärmebehandlung auf die gewünschten Eigenschaften gebracht. Dabei werden die Drahtringe im Durchlaufverfahren auf Härtetemperatur (ca. 900 °C) erhitzt, anschließend in einem Ölbad abgeschreckt und dann in einem Bleibad so hoch angelassen (ca. 450 °C), daß sich bei guten Zähigkeitseigenschaften Mindeststreckgrenzen bis 1420 N/mm^2 und Mindestzugfestigkeiten bis 1570 N/mm^2 ergeben. Die Behandlungstemperaturen müssen

der jeweils vorliegenden Legierung angepaßt werden. Im Verlaufe des
Vergütevorganges entstehen erhebliche Umwandlungen des Gefüges, das
im Endzustand sehr feinkörnig vorliegt.

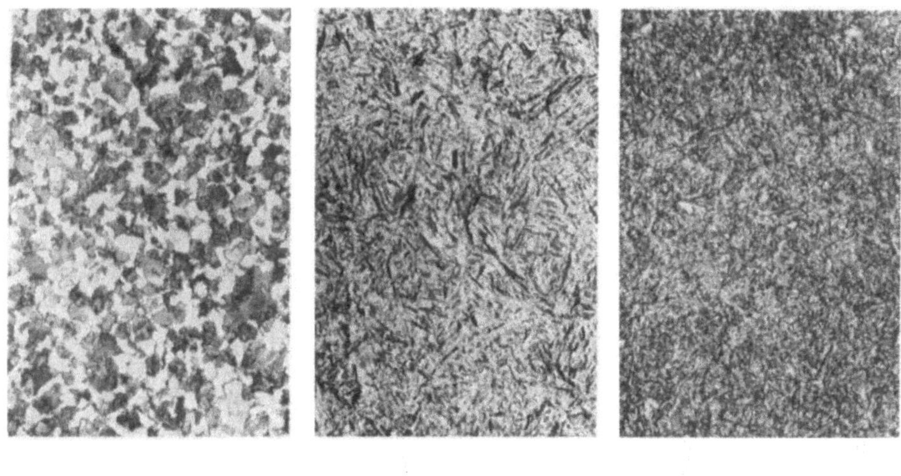

Walzzustand   gehärtet   angelassen

Bild 4.2   Durch Vergütung entstehende Umwandlung des Gefüges von
Sigma-Stahl

Die k a l t g e z o g e n e n Drähte werden durch einen Mehrfachziehvor-
gang mit einer Querschnittsverminderung von etwa 90 % eines Walzdrahtes mit etwa 0,8 % C, 0,2 % Si und 0,7 % Mn auf die gewünschten Festigkeitseigenschaften gebracht. Für den Ziehvorgang ist es erforderlich,
ein besonderes sorbitisches Gefüge durch Patentierung (Erhitzen auf
900 - 1000 °C, Abkühlen im Blei- oder Salzbad von 450 - 550 °C) des
Walzdrahtes einzustellen bzw. die Querschnittsabnahme des Drahtes beim
Walzen und seine Abkühlung nach dem Walzen so zu steuern, daß ein dem
Patentierungsprozeß entsprechendes Gefüge sich ergibt.

Durch den Ziehvorgang erhalten die Drähte eine zu niedrige Elastizitätsgrenze, deshalb wird der gezogene Draht bei ca. 400 °C angelassen, um
die Elastizitätsgrenze und die Streckgrenze auf das gewünschte Maß anzuheben. Gegenüber den vergüteten Drähten verbleibt eine erhöhte Relaxation. Sie kann durch eine zusätzliche Stabilisierung verbessert werden.
Dabei wird der Anlaßvorgang unter Zugbeanspruchung durchgeführt.

Bei den gezogenen Drähten mit profilierter Oberfläche (indented wires)
schließt sich an den Ziehvorgang noch die Profilierung an, bei der der
Draht unter hohem Querdruck durch profilierte Rollen hindurchläuft.

Bei der Herstellung von Litzen werden gezogene glatte Drähte von 4 bis
5 mm Durchmesser auf sogenannten Verlitzmaschinen zu 7-drähtigen
Litzen mit einer bestimmten Schlaglänge (10 bis 14-facher Durchmesser
des Einzeldrahtes) verlitzt. Geschweißte Stöße der Einzeldrähte werden
versetzt angeordnet, so daß große Längen ohne wesentliche Beeinträchtigung der Tragfähigkeit hergestellt werden können. Die Litzen werden
in der Regel nach dem Verlitzen nochmals angelassen (stress relieved),
damit die hohe Streckgrenze erreicht wird.

Bei Litzen liegt die Bruchlast unter der Summe der Bruchlasten der Einzeldrähte, daher muß die Zugfestigkeit auf die fertige Litze bezogen
werden.

Spannstahl	Querschnittsangaben		Durchmesser bzw. Fläche	Elastizitätsgrenze $\beta_{0,01}$	Streckgrenze $\beta_{0,2}$	Zugfestigkeit β_z	Bruchdehnung δ_{10}	Elastizitätsmodul E_s
Art	Güte	Form	mm bzw. mm^2	N/mm^2	N/mm^2	N/mm^2	%	N/mm^2
warmgewalzt, gereckt, angelassen	St 835/1030	rund, glatt	26 - 32 - 36	735	835	1030	7	
	St 835/1030	rund mit Gewinderippen	26,5 - 32 - 36	735	835	1030	7	
	St 1080/1230	rund, glatt	26 - 32 - 36	950	1080	1230		
	St 1080/1230	rund mit Gewinderippen	26,5 - 32 - 36	950	1080	1230		
vergütet	St 1325/1470	rund mit Gewinderippen	16	1175	1325	1470		
vergütet	St 1420 / 1570	rund, glatt	6 - 7 - 8 - 10 - 12,2 - 14	1220	1420	1570	6	
	St 1420 / 1570	rund, gerippt	6,2 - 7,2 - 8,0 - 10 - 12 - 14	1220	1420	1570	6	
	St 1420 / 1570	flach, gerippt	4,5 x 10,0 ≙ 40 5,4 x 11,0 ≙ 50 7,9 x 15,5 ≙ 114	1220	1420	1570		
kaltgezogen	St 1375 / 1570	rund, glatt	8 - 9 - 10 - 12,2	1130	1375	1570		2,05 · 10^5
kaltgezogen und angelassen	St 1470 / 1670	rund, glatt	6 - 6,5 - 7 - 7,5	1225	1470	1670		
	St 1470 / 1670	rund, profiliert	5,5 - 6 - 6,5 - 7 - 7,5	1200	1470	1670		
	St 1570 / 1770	rund, glatt	5 - 5,5	1325	1570	1770		
	St 1570 / 1770	rund, profiliert	5	1300	1570	1770		
Litzen kaltgezogen u. angelassen	St 1570 / 1770	7 Drähte verlitzt	9,3 - 11 - 12,5 - 12,9 - 15,3	1150	1570	1770	6	1,95 · 10^5
			18,3	1350	1570	1770	6	1,95 · 10^5

Tabelle 4.I   Verzeichnis der wichtigsten in Deutschland zugelassenen Spannstähle

Beim Spannen von Litzen entsteht zunächst eine unelastische Dehnung,
der sogenannte Seilreck, daher sollten Dehnungsmessungen nicht von
einem spannungslosen Zustand, sondern von einer etwa 0,2 σ_{vo} betra-
genden Anfangsspannung aus durchgeführt werden.

Die wichtigsten, in Deutschland zugelassenen Spannstähle sind in der bei-
liegenden Tabelle 4.I zusammengestellt. Das vollständige Verzeichnis
der zugelassenen Spannstähle wird beim Institut für Bautechnik, Berlin,
geführt.

In Bild 4.3 sind die Spannungsdehnungslinien der verschiedenen Spannstähle im Vergleich zu dem Betonstahl B St 420/500 dargestellt.

Kaltverformung setzt die Streckgrenze und Elastizitätsgrenze aller Spannstähle deutlich herab. Im Bild 4.4 ist als Beispiel der Einfluß einer Kaltverformung durch Hin- und Herbiegen auf die Spannungsdehnungslinie
eines vergüteten Stahles angegeben.

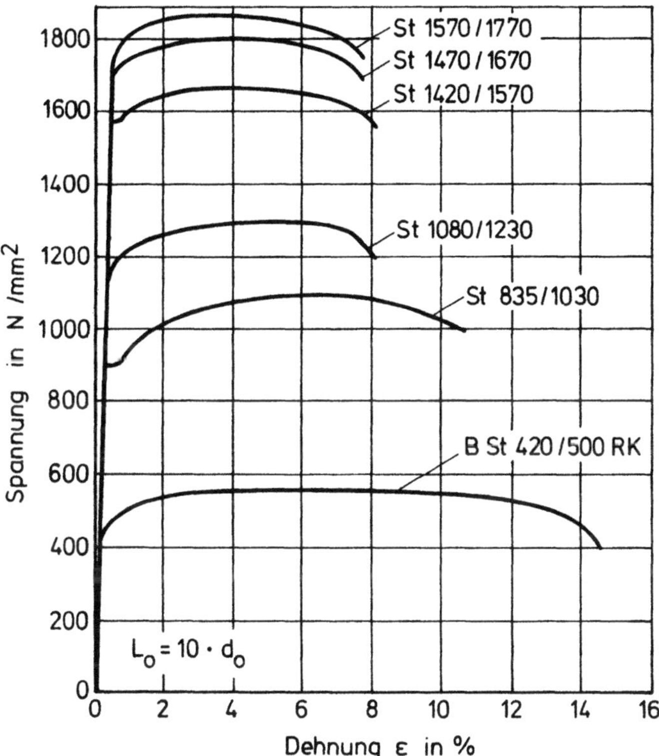

Bild 4.3 Spannungs-Dehnungs-Linien üblicher Spannstahlsorten im Vergleich zu dem Betonstahl B St 420/500

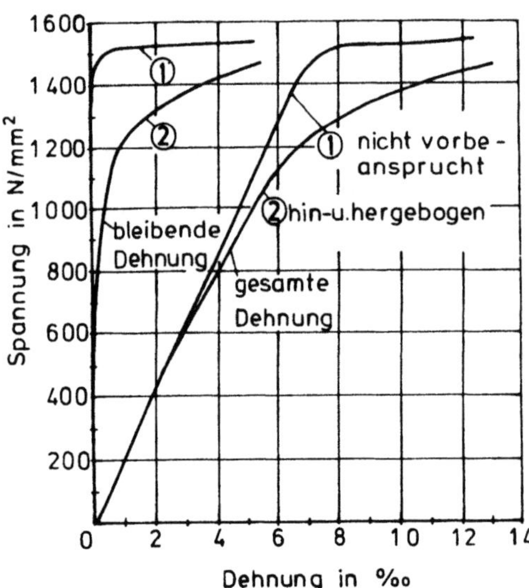

Bild 4.4   Änderung der Spannungsdehnungs-Linie eines vergüteten
Stahles St 1430/1570 nach Kaltverformung (Hin- und Herbiegen)

4.2.4 Korrosion der Spannstähle (corrosion of prestressing steel)

Die abtragende Korrosion ist ein elektrochemischer Vorgang.
Sie entsteht, wenn ein elektrisches Potential durch Feuchtigkeit und chemi-
sches Agens (z.B. Säure) oder Sauerstoff zur Wirkung kommt. Sie wird
durch eine angelegte chemische Spannung beschleunigt. Durch abtragende
Korrosion entstehende Korrosionsnarben wirken wie Kerben, so daß an gespannten Stählen gefährliche Spannungsspitzen entstehen. Bei Spannstahl-
Drähten mit kleinen Querschnitten kann ein Korrosionsgrad schon bedenk-
lich sein, der bei schlaffer Bewehrung mit dickeren, weichen Betonstählen
noch unschädlich ist. Als Beispiel sei erwäht, daß bei einer Brücke Spann-
seile aus kaltgezogenem 5 mm Draht, die zunächst ohne Korrosionsschutz
in Blechrohren verlegt waren, 6 - 7 Monate nach dem Spannen brachen.
Die Stähle waren schon vor dem Spannen etwa 3 - 4 Monate der Korrosion
ausgesetzt gewesen.

Gefährlicher als die abtragende Korrosion sind die sogenannte interkristal-
line Spannungskorrosion (stress corrosion) und die Wasserstoff-
versprödung, die auch als kathodische Spannungskorrosion bezeichnet wird.
Sie kann bei gleichzeitiger Anwesenheit von Feuchtigkeit, Zugspannung
und gewissen Chemikalien (z.B. Chloride, Nitrate, Sulfide, Sulfate und
einige Säuren) entstehen. Diese von außen nicht erkennbare Korrosions-
art verursacht feine Anrisse und kann nach einiger Zeit zu einem Sprödbruch führen. Sie kam bisher nur in wenigen Fällen vor, führte dann
aber meist zum Versagen der ganzen Spannglieder [2].

Es hat sich in der Praxis gezeigt, daß unter den nach DIN 4227 vorgeschriebenen Anwendungsbedingungen für alle zugelassenen Spannstähle
eine ausreichend große Sicherheit gegen Spannungsrißkorrosion besteht.

Erforderlicher Schutz vor Korrosion

Infolge der Empfindlichkeit der Spannstähle gegen Korrosion müssen diese im Werk, beim Transport und an der Baustelle gegen Korrosion geschützt werden. Sie müssen unter Dach warm, trocken und luftig gelagert und zusammengebaut werden, damit kein Schwitzwasser entsteht.
Jedes Herumziehen der Drähte auf dem Boden (Humussäure!) oder die

Berührung mit den genannten Chemikalien muß vermieden werden. Beim
Zusammenbau der Spannglieder in Hüllrohren müssen diese gut abge-
dichtet werden.

Der gesamte Zeitraum zwischen Herstellen des Spanngliedes und dem
Einpressen des Zementmörtels ist eng zu begrenzen. Die unter günstigen Bedingungen zulässigen Zeiträume sind in DIN 4227 angegeben.
Werden diese Zeiträume überschritten oder liegen ungünstige Bedingungen vor, sind geeignete Maßnahmen zu ergreifen, die sicherstellen, daß
die Spannstähle in den Hüllrohren trocken bleiben.

Im fertigen Bauwerk besteht keine Korrosionsgefahr (entgegen der An-
sicht mancher Forscher), wenn das Verpressen mit Zementmörtel nach
den Richtlinien sorgfältig gemacht wurde und wenn die Regeln gemäß
Kap. 8 beachtet wurden.

<u>4.2.5 Kriechen und Relaxation der Spannstähle</u> (creep and relaxation
of prestressing steel)

K r i e c h e n des Stahles liegt vor, wenn die Dehnung trotz konstanter Spannung nicht endet, sondern zeitabhängig zunimmt. Zu der anfänglichen
elastischen Dehnung ε_{el} kommt also eine plastische Kriechdehnung ε_k
hinzu. Von R e l a x a t i o n spricht man, wenn die gedehnte Länge eines
gespannten Stahlstabes konstant gehalten wird und sich die anfängliche
Stahlspannung vermindert, also eine Entspannung σ_k auftritt. Gemein-
same Ursache für diese Erscheinungen sind Bewegungen von Versetzun-
gen im Kristallgitter, wenn der Stahl dauernd beansprucht wird. Dabei
sind das Herstellungsverfahren und die Stahlgüte von Einfluß. Je höher
die 0,01 %-Dehngrenze über der angelegten Spannung liegt, umso weniger kriecht der Stahl. Gezogene Drähte kriechen daher mehr als vergü-
tete oder angelassene Drähte. Neben der Spannung hat auch die Temperatur einen erheblichen Einfluß auf die Größe und den zeitlichen Verlauf
des Kriechens (Bild 4.5, 4.6).

Für Spannbeton ist die Kriechdehnung (creep strain) unter konstanter
Spannung nicht maßgebend, da im vorgespannten Tragwerk nicht die Stahlspannung, sondern die nach dem Vorspannen erzielte gedehnte Länge etwa konstant ist. Diese vermindert sich allerdings geringfügig durch
Schwinden und Kriechen des Betons.

Die zeitabhängigen Verformungen des Spannstahles wurden früher fast
ausschließlich durch Kriechversuche ermittelt, weil diese weniger aufwendig als Relaxationsversuche sind. Die Relaxation wurde dann rechnerisch aus den ermittelten Kriechwerten bestimmt. Als Ergebnis der
Kriechversuche mit verschiedenen Spannungen und Zeiten wurde die
"technische Kriechgrenze" als die Spannung definiert, bei der der Spannstahl in der Zeit von der 6. Minute nach dem Aufbringen der Belastung
bis zur 1000. Stunde eine Zeitdehnung von 3 % der bei zügiger Belastung
auftretenden Dehnung erreicht. Bei Spannungen bis zur technischen
Kriechgrenze sind zeitabhängige Spannungsverluste des Spannstahles im
allgemeinen nicht berücksichtigt worden.

Heute ist es üblich, die Relaxation der Spannstähle durch direkte Versuche zu ermitteln. Entsprechend enthalten die Spannstahlzulassungen heute unmittelbar die Rechenwerte für die Relaxation für verschiedene Anfangsspannungen und Zeiten.

Das Bild 4.5 a zeigt Kriechdehnungen eines gezogenen Spannstahles für
verschiedene Spannungen, das Bild 4.5 b zeigt den Einfluß der Temperatur bei niedriger Spannung. Bild 4.5 c zeigt Relaxationskurven für einen

vergüteten SIGMA-Draht für verschiedene Anfangsspannungen und Temperaturen aus Versuchen bis zu 10 000 h Dauer, extrapoliert bis zu
100 Jahren.

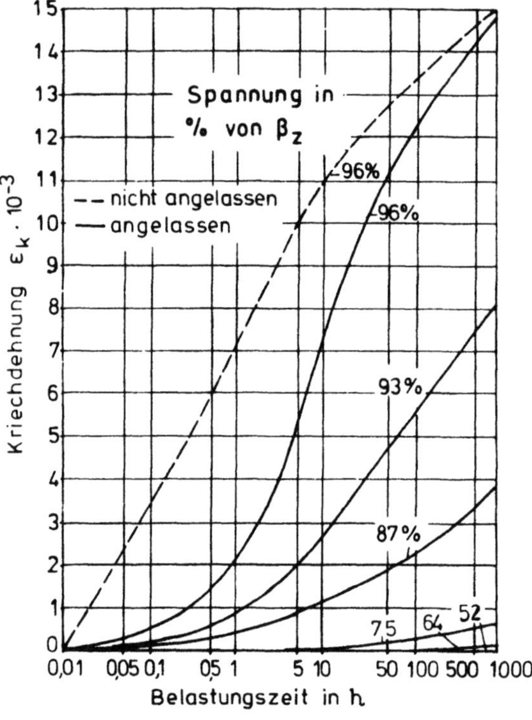

Bild 4.5 a
Kriechdehnung eines ange-
lassenen Spannstahles
St 1400/1700 bei verschieden
hoher Spannung $\sigma = n\%$ von β_z
abhängig von der Belastungs-
zeit. Zum Vergleich ist für
nicht angelassenen Stahl die
Kurve für $\sigma = 0,96 \beta_z$ eingetragen.

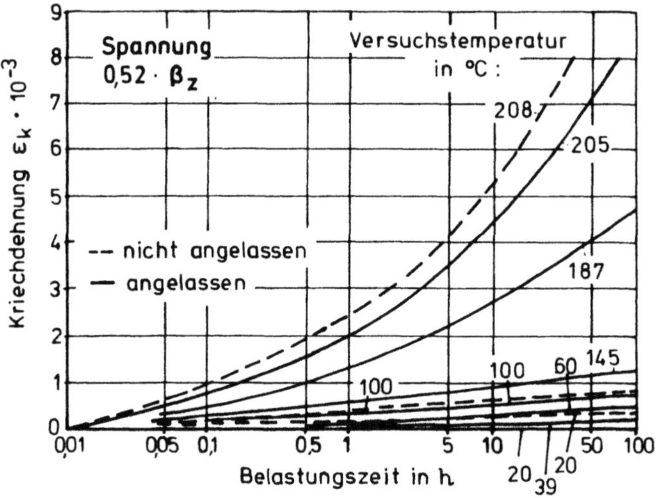

Bild 4.5 b   Einfluß der Temperatur auf die Kriechdehnung bei einer
Spannung von $\sigma = 0,52 \beta_z$ für St 1240/1670 abhängig von der Belastungs-
zeit (nach A. Pfützenreuter, Eisen und Stahl 1960, S. 1321)

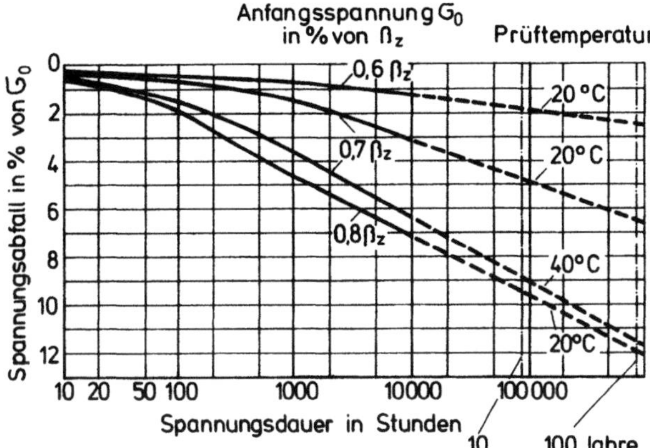

Bild 4.5 c   Relaxation eines vergüteten Drahtes in Abhängigkeit von Anfangsspannung und Temperatur

Kriech- und Relaxationsversuche werden im allgemeinen nur bis 1000 h durchgeführt, obwohl die zeitabhängigen Verformungen bzw. Spannungsverluste noch nicht zum Stillstand gekommen sind. Für höhere Spannungen und längere Zeiten bilden sich die Dehnungen bzw. Spannungsverluste über einer logarithmischen Zeitachse etwa linear ab, entsprechend der Beziehung

$$\varepsilon_k = k_1 + k_2 \log t \quad (k_1,\, k_2 = \text{Konstante})$$

Daher ist es möglich, die Ergebnisse für lange Zeiten zu extrapolieren.

In Bild 4.6 sind die Spannungsverluste nach 1000 h für verschiedene Anfangsspannungen der üblichen Spannstähle dargestellt. Die wesentlichen, in den Zulassungen enthaltenen Rechenwerte für die Relaxation der wichtigen Spannstahlsorten sind in der nachfolgenden Tabelle 4.II angegeben. Aus beiden Darstellungen geht hervor, daß wesentliche Unterschiede in der Relaxation in Abhängigkeit von der Stahlsorte bestehen. Nach DIN 4227, Teil 1, Ausgabe Dezember 1979, sind bei der Berechnung der Bauwerke diese Relaxationswerte zu berücksichtigen.

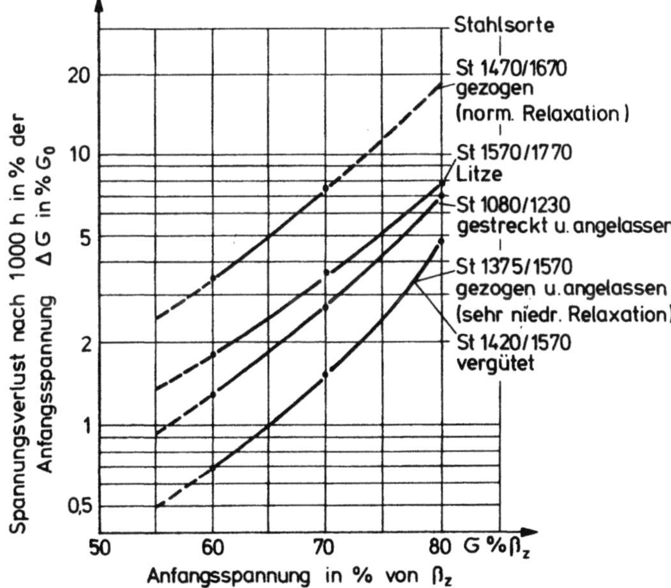

Bild 4.6   Relaxation der üblichen Spannstähle nach 1000 h

Tabelle 4. II   Rechenwerte für die Spannungsverluste $\Delta\sigma_{z,t}$ in % der Anfangsspannung σ_o für die üblichen Spannstähle entsprechend den Zulassungen

Sorte	σ_o	1	Zeitspanne nach dem Vorspannen in Std.				
			10	1000	5000	500 000	10^6
Drähte vergütet und gezogen mit sehr niedriger Relaxation	$0,55\ \beta_z$	<1	<1	<1	<1	1,0	1,2
	$0,65\ \beta_z$	<1	<1	1,3	2,0	4,5	5,0
	$0,75\ \beta_z$	<1	1,2	3,0	4,5	9,0	10,0
Drähte gezogen mit normaler Relaxation	$0,55\ \beta_z$	<1	<1	2,5	3,4	7,3	8,0
	$0,65\ \beta_z$	<1	2,0	5,8	7,4	13,0	13,5
	$0,75\ \beta_z$	1,6	3,2	9,0	11,5	19,0	21,0
Stabstähle	$0,55\ \beta_z$	<1	<1	<1	1,5	2,8	3,2
	$0,65\ \beta_z$	<1	1,1	2,0	3,1	4,8	5,0
	$0,75\ \beta_z$	<1	2,0	5,0	5,5	7,0	7,5

4.2.6 Einfluß hoher und niedriger Temperaturen auf Spannstähle

Naturharte und kaltverformte Stähle verhalten sich bei und nach Erwär-
mung stark unterschiedlich. In Bild 4.7 ist das Verhältnis der Streckgrenze im oder nach dem Versuch zur Streckgrenze im Anlieferungszustand in Abhängigkeit von der Versuchstemperatur aufgetragen.

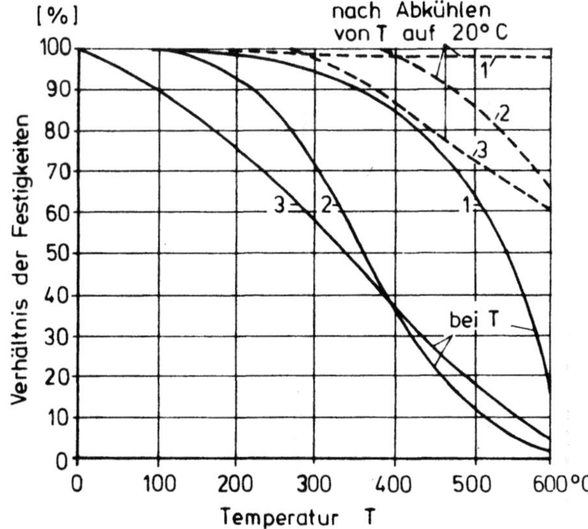

Bild 4.7   0,2 %-Dehngrenze ($\beta_{0,2}$) bei hoher Temperatur (2 1/2 bis
3 1/2 Stunden Anheizzeit und 1 Stunde Glühzeit) und nach dem Abkühlen
von der hohen Temperatur, jeweils bezogen auf den ursprünglichen Wert
bei + 20 °C (Anlieferungszustand)
(1)   naturharter, warmgewalzter Stabstahl St 600/900, $\emptyset$ 26 mm
(2)   vergüteter Spanndraht St 1450/1650, $\emptyset$ 5,2 mm
(3)   gezogener, angelassener Spanndraht etwa St 1500/1700, $\emptyset$ 5,0 mm

Nicht nur für den Brandschutz, sondern auch beispielsweise im kerntech-
nischen Ingenieurbau ist die Kenntnis der Eigenschaften der Spannstähle
bei hohen Temperaturen von Bedeutung. Das gleiche gilt für Tragwerke,
für die Lagerung und den Transport von Flüssiggasen in Bezug auf niedrige Temperaturen.

Bei erhöhten Temperaturen bleibt die Zugfestigkeit je nach Stahlsorte bis
zu etwa 250 °C unbeeinflußt, allerdings nehmen die zeitabhängigen Spannungsverluste (Relaxation) erheblich zu.

Wirken hohe Temperaturen nur vorübergehend ein, ist der Einfluß auf
die Eigenschaften bis zu ca. 300 °C im allgemeinen von geringer Bedeutung. Ein z.B. im Brandfall vorübergehend hohen Temperaturen ausgesetzter Spannstahl kann hinsichtlich der nach Abkühlung vorliegenden
Eigenschaften gemäß Bild 4.7 und 4.8 a abgeschätzt werden. Aus diesen
Bildern ist u.a. zu entnehmen, daß die Änderungen der Streckgrenze und
der Zugfestigkeit in erheblichem Umfange von der Stahlsorte abhängig und
bei den naturharten Stabstählen am geringsten sind.

Die Abhängigkeit der Festigkeitseigenschaften von der Prüftemperatur in
einem Bereich von - 200 bis + 400 °C am Beispiel eines vergüteten Drahtes
geht aus Bild 4.8 b hervor. In Bild 4.8 c sind die Spannungsdehnungslinien
dieses Spannstahles bei Raumtemperatur und bei niedrigen Temperaturen
angegeben. Aus den Ergebnissen geht hervor, daß bei Anwendungstempe-
raturen unterhalb der Raumtemperatur Streckgrenze und Zugfestigkeit und

Bruchdehnung des untersuchten Stahles anwachsen. Ähnliche Ergebnisse
liegen von in- und ausländischen Untersuchungen an gezogenen Drähten
vor. Für die Bemessung kann daher mindestens mit den Festigkeitseigenschaften bei Raumtemperatur gerechnet werden. Bei vergüteten Stählen
haben die o.a. Versuche ergeben, daß die Brucheinschnürung im Gegensatz zu den an gezogenen Drähten gewonnenen Ergebnissen nicht abnimmt.
Diese Stähle haben sich auch in der Praxis beim Bau von Behältern bewährt.

Stoßartige Belastungen und hohe punktförmige Pressungen oder scharfe
Abbiegungen sind zu vermeiden [20].

Für das Verhalten der Spannstähle in Spannbeton-Tragwerken bei F e u e r
wird auf den FIP-CEB-"Report on methods and assessments of the fire
resistance of concrete structural members" 1978 verwiesen.

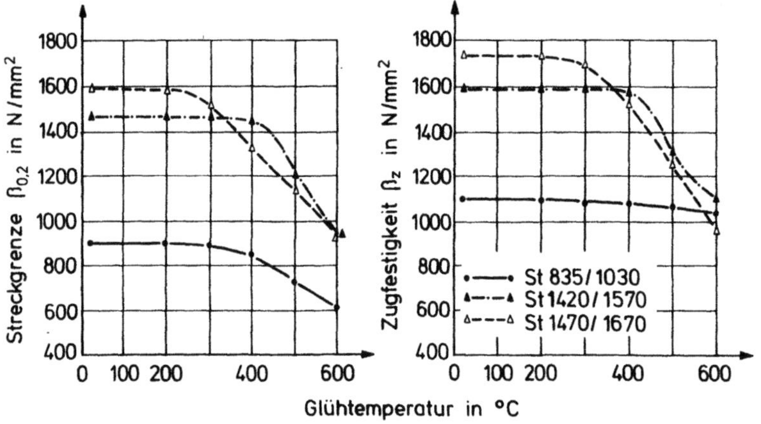

Bild 4.8 a   Einfluß einer Glühung von 1 h bei verschiedenen Temperaturen
auf Streckgrenze und Zugfestigkeit von zugelassenen Spannstählen nach
dem Abkühlen

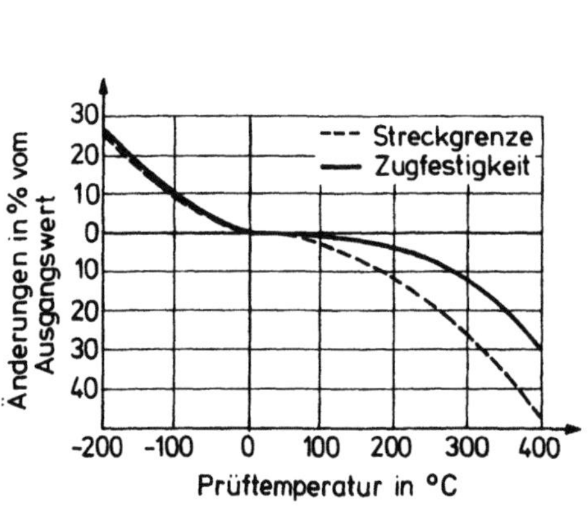

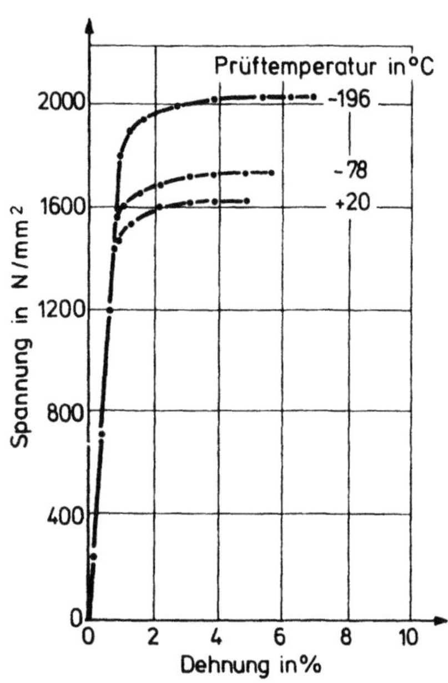

Bild 4.8 b   Änderung der mechanischen Eigenschaften eines vergüteten Drahtes bei Temperaturen im
Bereich von - 200 bis + 400 °C

Bild 4.8 c   Einfluß tiefer Temperaturen auf die Spannungs-Dehnungs-
Linie eines vergüteten Drahtes

4.2.7 Einfluß der Querpressung auf die Festigkeit der Spannstähle
(influence of lateral pressure on the tensile strength of prestressing steel)

Jeder ernsthafte Querdruck vermindert die Zugfestigkeit eines Stabes.

Versuchsergebnisse: Zangenartiger Querdruck mit gehärteten runden Schneiden auf vergüteten Draht ϕ 5,2 mm, St 1600, ergab folgende Festigkeitsminderungen: (Bild 4.9)

Anordnung nach	Querdruck in kN						
	0	1	2	3	4	5	6
	Verminderung der Festigkeit in %						
Bild 4.9 a) (gerade)	-	2,4	2,4	5,9	8,9	10,7	13,7
Bild 4.9 b) (6° Ablenkung)	2,4	5,4	7,7	9,5	13,7	16,1	19,1

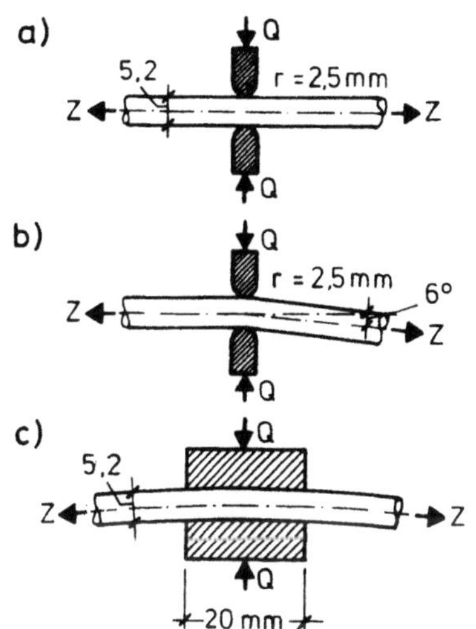

Bild 4.9

Versuchsanordnung zur Bestimmung der Festigkeitsminderung durch Querdruck Q an vergüteten Runddrähten ϕ 5,2 mm

Bei flächigem Querdruck war die Verminderung der Festigkeit bei 5 kN Querdruck nur 0,6 %. Die Drähte sind also auf Querdruck nicht besonders empfindlich, wenn eine flächige Lagerung aus weicherem Stahl gewählt wird.

Litzen liegen auf ebenen Flächen nur punktweise auf, die Querpressung kann bei Litzen daher hoch werden. Sich schräg kreuzende 7-drähtige Litzen, Drahtdurchmesser 2,5 mm, St 1800, über ein Rad mit 1,26 m Durchmesser gespannt, zeigten keine feststellbare Verminderung der Bruchfestigkeit.

Folgerung: Die Spannstähle sind gegen flächigen Querdruck nicht besonders empfindlich. Bei 5 mm Drähten sollte die Querpressung rund 300 N/mm Drahtlänge nicht überschreiten. Bei Litzen sollte man die Querpressung unter 120 N/mm halten. Kanten von Lagerflächen sind abzurunden. Die Lagerflächen sollen aus weicherem Stahl sein als die Spanndrähte.

4.2.8 Biegespannungen in Spanngliedern (bending stresses in tendons)

Spannglieder werden oft gekrümmt geführt, so daß die Spannstäbe bzw. Spanndrähte gebogen werden. Die max. Biegespannung eines kreisrunden Drahtes mit dem Durchmesser d und dem Radius der Biegelinie r ist $\sigma = \dfrac{d \cdot E}{2\,r}$. Für r = 5 m wird die Biegespannung bereits $\sigma = 105\ \text{N/mm}^2$ in einem Draht von ϕ 5 mm und in einem Stab mit ϕ 25 mm sogar $\sigma = 525\ \text{N/mm}^2$.

Gemäß Bild 4.10 wird die Biegespannung bei fortschreitender Zugspannung infolge Z durch das Fließen des Stahles plastisch abgebaut, so daß nach Überschreiten der 0,2 %-Dehngrenze eine mehr und mehr gleichförmige Spannung entsteht. Die Biegespannung vermindert demnach die Zugfestigkeit eines über eine gekrümmte Unterlage gespannten Drahtes oder Stabes nicht. <u>Biegespannungen brauchen daher in Spanngliedern nicht berücksichtigt werden.</u> Der über eine Krümmung gespannte Stab weist jedoch eine etwas höhere Dehnung auf als der gerade Stab, wenn die Summe aus Zug- und Biegespannung die Elastizitätsgrenze $\beta_{0,0,1}$ überschreitet, was besonders bei dickeren Stäben für den Spannweg nicht ohne weiteres vernachlässigt werden kann.

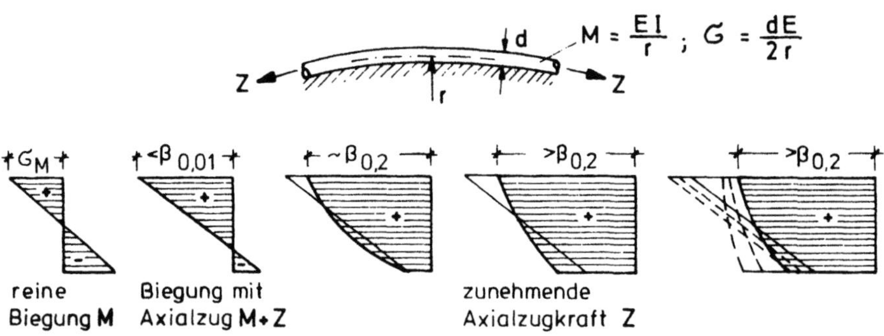

Bild 4.10   Abbau der Biegespannungen durch plastische Verformung bei Steigerung der Längskraft an einem gekrümmten Stab. Die Zugfestigkeit wird durch Biegespannungen praktisch nicht vermindert.

Die Krümmungsradien der Spannglieder werden durch Richtlinien begrenzt, was technisch nicht berechtigt ist, solange die Querpressung für den Beton nicht zu hoch wird.

Dicke Spannstäbe werden für Krümmungen meist k a l t v o r g e b o g e n. Man beachte dabei die Veränderung der Spannungs-Dehnungs-Linie durch diese Kaltverformung im Falle angelassener Stähle (Vergrößerung der Spanndehnung) gemäß Bild 4.4.

S t a r k e B i e g u n g mit bleibender Verformung kommt an Verankerungen vor, z.B. bei Haken- oder Schlaufenverankerungen. Dort muß mit einer kleinen Verminderung der Zugfestigkeit am Beginn der Krümmung gerechnet werden. Der Grad der Verminderung hängt wesentlich davon ab, welche Biegewerkzeuge benützt werden (Kerben!). Die hochfesten Drähte oder Stäbe sollten zwischen leicht drehbaren Rollen mit glatten, nicht zu harten Oberflächen gebogen werden. Die Verminderung der Zugfestigkeit bleibt dann bis zu Krümmungsradien von etwa r = 4 d unter 3 %.

Nach dem Biegen von 5 mm-Drähten St 1500 um einen feststehenden Dorn mit r = 4 d mit g l e i t e n d e m Biegehebel betrug die Bruchlastminderung bei kaltgezogenem Stahl 6 bis 8 %, bei vergütetem 1 bis 2 % [1], Kap. 2.1.6.

In L i t z e n u n d S e i l e n gleichen sich die Biegespannungen durch kleine Längsverschiebungen der Drähte aus, die ja teils auf der Zugseite und nach einer halben Schlaglänge teils auf der Druckseite liegen. Für Ankerschlaufen 7-drähtiger Litzen sind nach bisheriger Erfahrung Krümmungshalbmesser bis herab zu etwa 50 d unschädlich (d = Außendurchmesser der Litze oder des Seils), wenn die Litze in Beton weich gebettet ist.

4.2.9 Die Dauerschwingfestigkeit der Spannstähle (fatigue strength of prestressing steel)

Das Verhalten der Spannstähle unter statischen Dauerlasten ist ohne besondere Bedeutung, weil die Sicherheit gegen Erreichen der Streckgrenze definiert wird. Die Streckgrenze verschiebt sich unter statischen Dauerlasten nur unwesentlich zu kleineren Werten als sie bei Kurzzeitbeanspruchung im üblichen Zugversuch ermittelt werden. Diese Unterschiede können außer Betracht bleiben.

Das Verhalten der Spannstähle unter häufig wiederkehrenden dynamischen Belastungen ist in DIN 50 100 durch den Begriff der Dauerschwingfestigkeit genormt worden. Das ist der um eine gegebene Mittelspannung schwingende größte Spannungsausschlag $\pm \sigma_A$, den eine Probe unendlich oft ohne Bruch oder unzulässige Verformung erträgt. Für Spannstähle ist es, wie für Baustähle, üblich und hinreichend, den 2×10^6 mal ertragenen Spannungsausschlag als Dauerfestigkeit zu bewerten.

Trägt man gemäß Bild 4.11 a die für einen Stahl auf diese Weise ermittelten Schwingbreiten der Dauerfestigkeit über der Mittelspannung auf, so erhält man das Dauerfestigkeitsschaubild nach Smith, hier dargestellt für den Wechsel- und Zugschwellbereich.

Während für Bauwerke aus Stahlbeton in einzelnen Fällen auch die Dauerschwingfestigkeit im Wechselbereich von Bedeutung sein kann, ist für die Beurteilung der Spannbetonbauwerke infolge der Vorspannung allein der Zugschwellbereich von Bedeutung, der über der durch die Vorspannkraft erzeugten Spannung σ_u liegt. Mit steigender unterer Spannung nimmt die ertragbare Schwingbreite der Dauerfestigkeit leicht ab. Die maximale Oberspannung wird durch die Streckgrenze begrenzt.

Für Spannstähle hat es sich eingebürgert, die Schwingbreite der Dauerfestigkeit für zwei Horizonte zu bestimmen und zwar einmal für die Nennvorspannung und zum zweiten für 90 % der Streckgrenze als Oberspannung. Zwischen diesen beiden Werten verläuft das Smith-Schaubild in guter Näherung geradlinig. Das Bild 4.11 b gibt für diesen Bereich die Smith-Schaubilder einiger wesentlicher Spannstahlsorten wieder. Daraus geht u.a. hervor, daß die Dauerschwingfestigkeit praktisch ausschließlich von der Oberfläche der Stähle und nicht von der Festigkeit bestimmt wird.

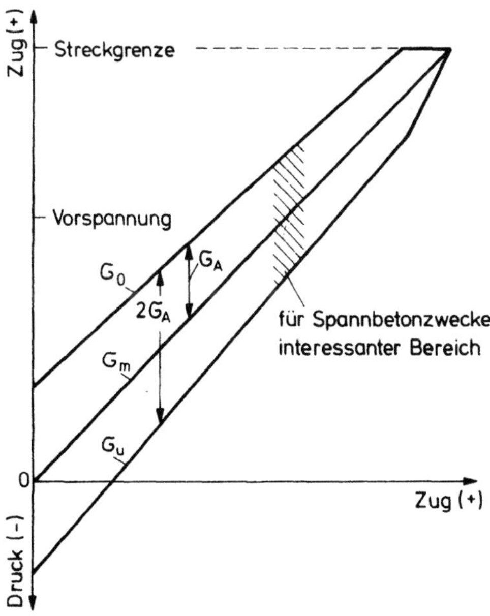

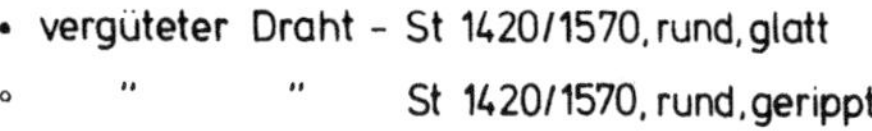

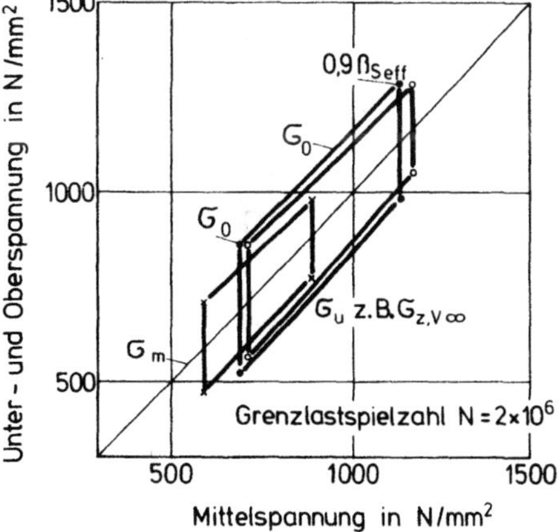

Bild 4.11 a Dauerfestigkeitsschaubild nach Smith für den Wechsel- und Zugschwellbereich

Bild 4.11 b Teil-Dauerfestigkeitsschaubild nach Smith für Spannstähle mit verschiedenen Oberflächen

Die bei den Zulassungsuntersuchungen an den Spannstählen ermittelten
Schwingbreiten der Dauerfestigkeit für die genannten Versuchsbedingungen
sind als Richtwerte in der Zulassung angegeben. Als Garantiewerte für
die üblichen Spannstähle kommen etwa die in der nachfolgenden Tabelle
aufgeführten Schwingbreiten in Betracht.

Schwingbreite der Dauerfestigkeit für übliche Spannstähle Oberspannungen von $0,9\,\beta_S$ bzw. $0,8\,\beta_z$	
Spannstahlsorte	Schwingbreite der Dauerschwingfestigkeit $2\,\sigma_A$
Draht glatt Stabstahl	$240\ \text{N/mm}^2$
Draht — gerippt Draht — profiliert Litzen	$200\ \text{N/mm}^2$
Gewindedraht Gewindestab	$190\ \text{N/mm}^2$

Die verfügbare Schwingbreite muß man mit den bei Spannbeton maximal
auftretenden Spannungswechseln im Spannstahl vergleichen: Bei voller
Vorspannung beträgt die Zunahme der Stahlspannung unter voller Gebrauchslast höchstens:

$$\Delta\sigma_z = n\left(\text{zul}\ \sigma_{b,vo} - \sigma_{b,s+k}\right)$$

Setzt man den für B 45 zugelassenen Wert von zul $\sigma_{b,vo} = 18\ \text{N/mm}^2$ ein
und berücksichtigt einen Spannungsverlust durch Schwinden und Kriechen
von $4\ \text{N/mm}^2$, so ergibt sich mit n = 6:

$$\max \Delta\sigma_z = 6\,(18-4) = 84\ \text{N/mm}^2.$$

Das heißt, bei voller Vorspannung ist eine mind. 2-fache Sicherheit gegen Ermüdungsbruch des Spannstahles gegeben. Dieser Wert liegt weit
höher als die Ermüdungssicherheiten von Stahl- oder normalen Stahl-
betonkonstruktionen.

In Kapitel 7 wird gezeigt, daß auch bei teilweiser Vorspannung für Vorspanngrade $\varkappa > 0,3$ die Zunahme der Spannstahlspannungen selbst bei
voller Verkehrslast unter $\Delta\sigma_z = 150\ \text{N/mm}^2$ bleibt. Die Ermüdungsfestigkeit der Spannstähle ist also auch bei teilweiser Vorspannung ausreichend, wenn der Vorspanngrad über $\varkappa = 0,3$ gewählt wird.

Der Einfluß von Querpressungen oder dergl. an Anker- oder Stoßstellen
auf die Ermüdungsfestigkeit des Spannstahls wird im Zusammenhang mit
den Verankerungen behandelt. Er ist an Koppelstellen von Spanngliedern
zu beachten.

4.3 Hüllrohre

Für die Vorspannung mit nachträglichem Verbund müssen die Spannstähle
gleitfähig in Rohre - sog. Hüllrohre (ducts) - eingelegt werden. Diese
werden heute in der Regel aus 0,20 bis 0,35 mm dicken, kalt gewalzten
Stahlblechbändern hergestellt. Sie werden wendelartig quer gewellt, damit an Stößen Muffen gewindeartig aufgeschraubt werden können (Bild 4.12).

Bild 4.12   Gebräuchliche Hüllrohre

Die Querwellen versteifen das Rohr und verbessern den Verbund zwischen
Beton und Einpreßmörtel durch die Profilierung. Sie erlauben ferner Bie-
gekrümmungen mit verhältnismäßig kleinen Radien, so daß lange Spannglieder aufgerollt und auf Haspeln transportiert werden können (Bild 4.13).

Bild 4.13   Längsspannglied mit Hüllrohr, zum Transport aufgerollt

Anofrderungen an Hüllrohre

Die DIN 18 553 für Hüllrohre ist in Vorbereitung (Entwurf Juli 1978).

Gute Steifigkeit trotz Biegsamkeit, sie dürfen beim Betreten
(1000 N-Last) nicht einbeulen.

Dichtheit der Nähte (am besten Längs-Schweißnaht) und der Stöße,
damit keine Zementmilch eindringt.

G r o ß e   L i e f e r l ä n g e n , um die Zahl der Stöße zu reduzieren.

Stabil angefügte E i n p r e ß s t u t z e n oder E n t l ü f t u n g s s t u t z e n .
Zuleitungen hierzu sind heute meist gerippte Kunststoffrohre aus PE
(Bild 4.14).

Bild 4.14   Einpreßstutzen am Hüllrohr [Werkfoto HYDRA]

Für Spannbeton ohne Verbund werden auch glatte Kunststoff-Hüllrohre
verwendet.

Die Durchmesser der Hüllrohre sollen nur wenig größer sein als der
Durchmesser des Spannstabes oder der eng zusammengelegten Draht-
oder Litzenbündel.

Wenn der Spannstahl nachträglich in einbetonierte Hüllrohre "eingeschossen" wird, dann sollte der Durchmesser reichlicher gewählt werden.

Für konzentrierte Groß-Spannglieder (Verfahren Baur-Leonhardt) werden die Gleitkanäle in Form rechteckiger Blechkasten ausgeführt, siehe
[1], Kap. 7.13.

4.4 Einpreßmörtel

Der Einpreßmörtel dient zur Herstellung des nachträglichen Verbundes
des Spannstahles mit dem Beton und als Korrosionsschutz. Er ist ein
wichtiges Bestandteil für alle Spannbetonbauwerke mit nachträglichem
Verbund. Nach jahrelanger Forschung und Erprobung entstanden die
"Richtlinien für das Einpressen von Zementmörtel in Spannkanäle",
letzte Ausgabe 1979 als Teil 5 der DIN 4227.

Anforderungen an Einpreßmörtel aus Zement

1. Möglichst geringes Absetzen des Mörtels infolge Sedimentation und
   Schrumpfung, die Raumverminderung darf höchstens 2 % betragen.

2. Gutes Fließvermögen, das bis zur Beendigung des Einpressens ausreichend bleiben muß.

3. Druckfestigkeit an Zylindern ($\emptyset$ 10 cm, 12 cm hoch) nach 7 Tagen
   20 N/mm^2, nach 28 Tagen 30 N/mm^2.

4. Frostbeständigkeit: keine Volumenvergrößerung bei einmaligem Ge-
   frieren bis - 20°C an 3 Tage alten und bei + 5° gelagerten Proben.

Diese Anforderungen werden im allgemeinen erfüllt mit Portland-Zementen
Z 25 oder Z 35 mittlerer Mahlfeinheit (Tonerdeschmelzzement ist ver-
boten). Verflüssigende und treibende (Aluminiumpulver treibt) Zusatzmittel sind empfohlen, sie müssen speziell für Einpreßmörtel zugelassen
sein.

Im Hinblick auf die Spannungskorrosion dürfen weder der Zement noch die
Zusatzmittel Chloride enthalten. Auch vor anderen chemischen Zusätzen
muß gewarnt werden, sofern sie nicht ausdrücklich geprüft sind.

Die W a s s e r z u g a b e , so niedrig wie möglich, richtet sich nach dem
mindestens nötigen Fließvermögen, etwa 36 - 44 kg Wasser auf 100 kg
Zement, entsprechend $W/Z = 0,35 - 0,44$.

Zuschläge in Form von Gesteinsmehl bringen meist keine Vorteile und
sollen nicht mehr als 20 % des Zementgewichtes ausmachen.

Sand bis 1 mm Korngröße ist bei Spanngliedern mit großen Hohlräumen
erlaubt. Große Hohlräume in Gleitkanälen, z.B. Trompeten vor Fächerankern, werden mit trockenem Kies 3 bis 7 mm oder 7 bis 15 mm gefüllt
und dann injiziert.

Der Mörtel wird mindestens 4 Minuten lang in rasch umlaufenden Sonder-
mischern (Mixopreß oder Colcrete-Trommelmischer) gemischt.

Eignungs- und Güteprüfungen sind verlangt und in den Richtlinien beschrieben.

Kunststoff-Einpreßmittel

Wenn im Winter niedrige Temperaturen die Verwendung von Zementmörtel verbieten, wurde wiederholt mit Kunstharzen injiziert (siehe
Anleitung hierzu in [17]). Dieses Mittel ist jedoch rund 10-mal so teuer
wie Zementmörtel und erfordert das Beiziehen erfahrener Spezialfirmen.

5. Verbund

5.1 Verbundfestigkeit

Wir knüpfen an Kap. 4 des Teiles 1 der Vorlesungen an, insbesondere
4.2.3. Dort ist dargestellt, wie sehr die Verbundfestigkeit von der Profilierung der Betonstahl-Stäbe, von der Lage beim Betonieren und von
der Betonfestigkeit abhängt. Für normalen deutschen Rippenstahl und
B 35 betragen die Verbundfestigkeiten im günstigen Bereich B

$$\tau_{1R} \approx 0,15\,\beta_w \approx 5\ \mathrm{N/mm}^2 \ \text{für } \Delta = 0,1 \text{ mm } (\Delta = \text{Verschiebung})$$

$$\beta_{\tau 1} \approx 0,23\,\beta_w \approx 8\ \mathrm{N/mm}^2 \ \text{für } \Delta \approx 0,4 \text{ mm}$$

Dabei handelt es sich um Scherverbund.

Für Spannbettvorspannung ist ähnlicher Scherverbund nötig.
(Das Institut für Bautechnik spricht in Zulassungen versehentlich von
"Haftverbund", der zur Verankerung von Spannstählen nie ausreicht -
siehe Erfahrungen mit Stahlsaitenbeton-Hoyer). Die dafür verwendeten
Spannstähle sind daher gerippt. Litzen aus Runddrähten ergeben durch
ihre "Profilierung" auch Scherverbund über die sog. Korkzieherwirkung.
Dabei darf die Schlaglänge nicht zu groß sein. M. Birkenmaier gibt
in [4] für Litzen aus Runddraht eine Formel an, die den Scherwider-
stand der Litzen gleich ausdrückt wie das f_R von Rehm, das als "bezogene" Rippenfläche eingeführt ist. Demnach ist für Litzen (Bild 5.1)

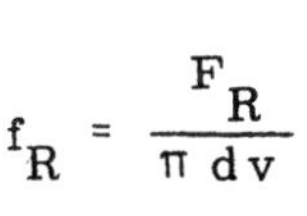

$$f_R = \frac{F_R}{\pi\,d\,v}$$

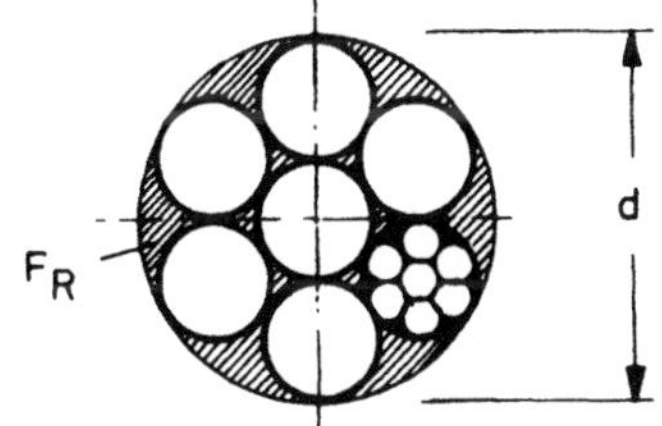

Querschnitt
durch 7-dräht.
Litze

Bild 5.1

Dabei ist F_R die schraffierte Fläche zwischen dem umfüllenden Kreis
und den Drähten, d ist der Durchmesser dieses Kreises und v die
Schlaglänge = Länge eines Wendelumlaufes der Außendrähte, meist gleich
12 ⌀ der Litze.

Die Ankerlänge zur Verankerung der anfänglichen Vorspannkraft wird in
den Zulassungen der betreffenden Spannstähle angegeben.

Für Vorspannung mit nachträglichem Verbund hängt die
Verbundfestigkeit der Spannglieder in jedem Fall von den Eigenschaften
des Einpreßmörtels ab. Bei glattem Spannstahl, z.B. mehrere glatte
Drähte, wird die Haftfestigkeit maßgebend, die sehr niedrig sein kann
(bis herab zu 0,5 N/mm²).

Bei gerippten Stäben oder Drähten und auch bei Litzen entsteht sowohl am
Spannstahl, wie auch gegenüber den gewellten Hüllrohren Scherverbund.
Dieser Scherverbund des erhärteten Zementmörtels, der kein grobes Korn,
noch nicht einmal Sandkorn enthält, ist aber niedriger als bei normalem
Beton. R. W a l t h e r hat 1960 den Einfluß des Mehlkorngehaltes normalen Betons auf die Verbundfestigkeit am Otto-Graf-Institut, Stuttgart,
untersucht [3] und festgestellt, daß sie mit zunehmendem Mehlkorngeh-
halt stark abfällt. Dies ist leicht zu erklären, weil im Beton der Scher-
widerstand der kleinen Betonzähne stark von der Kornverzahnung abhängt.
Beim Einpreßmörtel haben wir aber nur Mehlkorn.

Man muß daher erkennen, daß die Verbundfestigkeit injizierter Spannglieder sehr viel niedriger liegen kann als diejenige einbetonierter Rip-
penstähle.

Versuche von Leonhardt mit injizierten Spanngliedern aus glatten Stäben
$\emptyset$ 26 mm St 600/900 ergaben trotz hoher Festigkeit des Mörtels von
etwa $\beta_{M\ddot{o}}$ = 40 N/mm^2 und Verguß in stehender Lage (günstige Lage!)

bei mittiger Lage des Stabes β_{T1} =   0,9 N/mm^2

bei einseitiger Lage des Stabes β_{T1} =   0,5 N/mm^2

(siehe OGI-Bericht Nr. B 23 869 im Jahre 1952).

Bei Ausziehversuchen an einem Litzenkabel in quer geripptem Spannkanal,
Einpreßmörtel $\beta_{M\ddot{o}}$ $\approx$ 42 N/mm^2 wurde beim Verschiebeweg von etwa
0,5 mm ein

$$\beta_{T1} = 2,9 \text{ N/mm}^2$$

erreicht. Bei üblicher Güte des Einpreßmörtels von $\beta_{M\ddot{o}}$ = 30 wäre also
mit
$$\beta_{T1} = 2,0 \text{ N/mm}^2$$

zu rechnen.

In neuerer Zeit sind in Aachen von H. Trost, Cordes, Hagen und Thor-
mählen umfangreiche und vorbildliche Versuche über das Verbundverhalten injizierter Spannglieder in gewellten Hüllrohren durchgeführt worden,
über die in Heft 310 des DAfStb berichtet wird. Dabei wurden u.a. folgende Spanngliedarten in Ausziehversuchen gemäß Bild 5.2 geprüft:

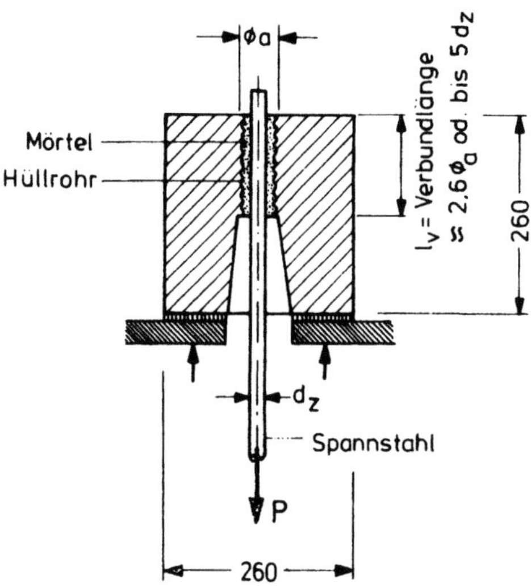

Bild 5.2   Prüfkörper für Ausziehversuche von H. Trost u.a.

Tafel 5.1 Auszug aus den Versuchen von H. Trost u.a.

Nr.	Spannstahl	Festigkeit	Hüllrohr $\emptyset_i$ mm $\emptyset_a$		Füllungsgrad %	zul.Spannkraft V_o in kN
①	$\emptyset$ 26,5 gerippt (Gewi-St.)	St 835/1050	39	43	49	315
②	$\emptyset$ 26,5 gerippt (Gewi-Stab)	St 835/1050	60	66	20	315
⑤	$\emptyset$ 26 glatt	St 835/1050	30	35	75	300
③	3 Litzen 7 $\emptyset$ 5	St 1570/1770	40	45	33	405
④	8 gerippte Flachdrähte 40	St 1420/1570	40	45	25	278
⑥	7 Runddrähte $\emptyset$ 7 glatt	St 1470/1670	35	42	28	246
⑦	61 Runddrähte $\emptyset$ 7 glatt	St 1470/1670	80	88	48	2196
⑧	24 Flachdrähte 114 gerippt	St 1420/1570	90	98	43	2408
⑨	19 Litzen 7 $\emptyset$ 5	St 1570/1770	90	98	42	2633

Der Spannstahl lag teils mittig im Hüllrohr, teils am Hüllrohr anliegend.
Der Einpreßmörtel hatte 28 Tage-Festigkeiten von $\beta_{M\ddot{o}}$ = 49 bis 57 N/mm^2,
wurde im liegenden Spannglied eingebracht und erhärtete unter einem Druck
von 0,25 N/mm^2, was günstiger ist als die in der Praxis vorliegenden Verhältnisse, wo die Spannglieder meist flach liegen und der Druck beim Erhärten unter 0,1 N/mm^2 bleibt.

Für die kleinen Spannglieder ① bis ⑥ ergaben sich die in Bild 5.3 dargestellten Kraft-Verschiebungsdiagramme, die deutlich zeigen, daß bei
glatten Stäben oder Drähten nur Haft- und Reibungsverbund wirken, wobei
der Reibungsverbund hier durch den im Prüfkörper entstehenden leichten
radialen Querdruck hervorgerufen wird. Bei gerippten Stäben entsteht
Scherverbund, indem sich im Einpreßmörtel zwischen geneigten Rissen
Druckstreben von Rippe zu Hüllrohrwellung ausbilden (Bild 5.4). Die bezogene Rippenfläche, die beim GEWI-Stab f_R = 0,07, bei gerippten Flachdrähten f_R = 0,02 betrug, hat etwa den gleichen Einfluß wie bei unmittelbar einbetonierten gerippten Stäben. Die 7-drähtigen Litzen verhielten
sich ähnlich wie gerippte Flachdrähte, sie führten aber bei den großen
Spanngliedern zu Längs-Spaltrissen, die den Verbund schon bei Verschiebewegen von $\Delta l \approx$ 0,2 mm zerstörten.

Die Rißbildung im Einpreßmörtel wurde nach der Goto-Methode sichtbar
gemacht. Bei glatten Stäben zeigen die Risse keine Neigung, weil sich
kein Scherverbund bildet.

Die Lage des Spannstahles - mittig oder seitlich anliegend hatte keinen
wesentlichen Einfluß auf den Verbundwiderstand, nur bei Litzen ergab die
seitliche Lage einen Abfall. Ein hoher Füllungsgrad $A_z : A_{H\ddot{u}llrohr}$ ist
günstiger als ein niedriger, d.h. eine dünne Mörtelschicht zwischen
Spannstahl und Hüllrohr erhöht den Scherverbund durch flachere Druckstreben.

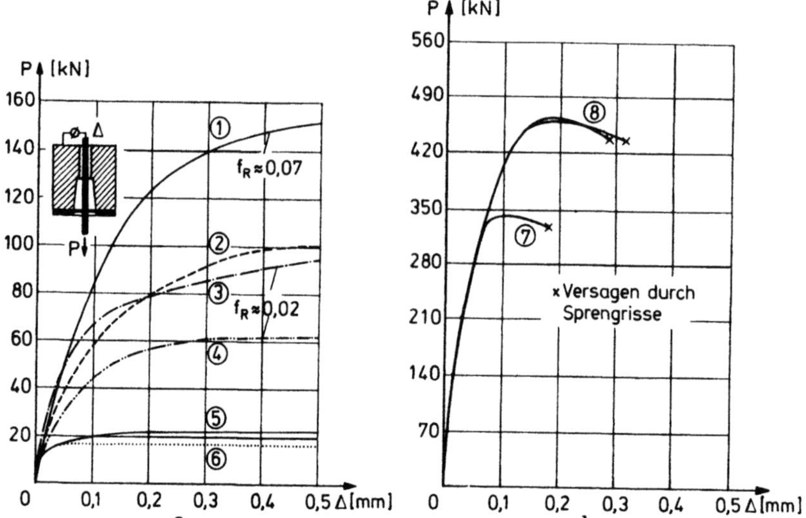

Bild 5.3   Kraft-Verschiebungsdiagramme, gemittelte Werte aus mehreren Versuchen (nach Trost u.a.) a) für Spannglieder ① bis ⑥ nach Tafel 5.1 b) für Litzenspannglieder mit zul V_o = 2630 kN gemäß ⑨ der Tafel 5.1

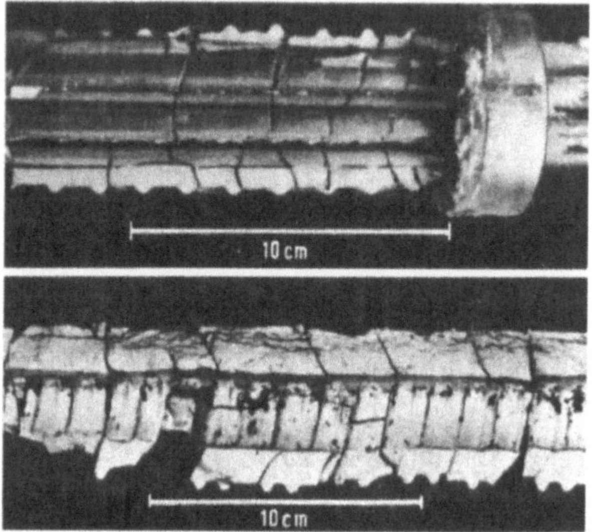

Bild 5.4   Risse im Einpreßmörtel, oben: bei glatten Stäben rechtwinklig = reine Zugrisse, unten: bei gerippten Stäben schiefwinklig = Druckstreben des Scherverbundes

Bild 5.5 zeigt noch das Verbundverhalten in Abhängigkeit von der auf $\beta_{Mö}$ bezogenen Verbundspannung τ_1, die mit dem "wirksamen Umfang u_{iz}" gerechnet wurde, wie er in 5.2 angegeben wird. Die großen Spannglieder mit zul. Spannkräften bis zu V_o = 2630 kN ergaben ähnliche Werte der Verbundspannung.

Die Güte des Betons war bei den Versuchen mit B 25 bewußt niedrig, dennoch versagte der Verbund in allen Fällen im Einpreßmörtel trotz dessen hoher Festigkeit von rd. 50 N/mm^2.

Trost empfiehlt, zwischen einer Verbundspannung beim Verschiebeweg Δ = 0,1 mm für Rißbeschränkungsnachweise und einem Grenzwert der Verbundfestigkeit für Δ = 0,5 mm zu unterscheiden. Bei Haft- und Reibungsverbund hängen diese Werte von $\sqrt{\beta_{Mö}}$, bei Scherverbund von $\beta_{Mö}$ ab.

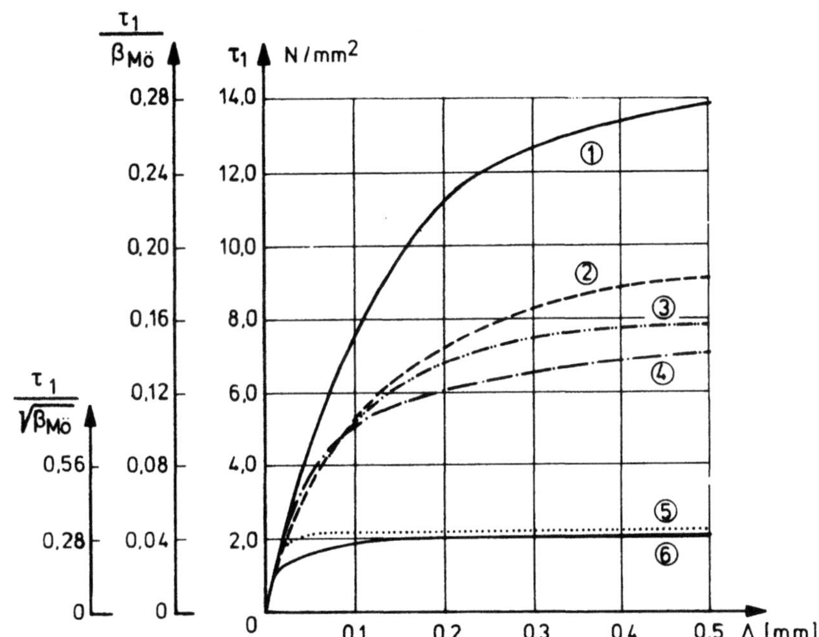

Bild 5.5   Verbundspannung-Verschiebungs-Diagramme der Versuche von
Trost u.a.   Nr. ① bis ⑥ (siehe Tafel 5.1)

Da die Versuchsbedingungen für die Zone des Einpreßmörtels günstiger
waren als die in der Praxis erzielbaren Verhältnisse, wo der Einpreßmörtel nicht unter einem so hohen ständigen Druck erhärtet, können in
der Praxis durchaus niedrigere Werte auftreten. Dies gilt vor allem für
die heute oft verwendeten großen Spanngliedeinheiten mit Druchmessern
der Hüllrohre bis zu 130 mm. Bei großen Spanngliedern ist das Verhältnis ihrer Querschnittsfläche zu ihrem Umfang und damit die aufnehmbare Verbundkraft im Verhältnis zur Spanngliedkraft ungünstiger als bei
kleineren Spanngliedeinheiten.

Für die Verhältnisse der Praxis kann mit folgenden Verbundwerten bei
$\beta_{Mö}$ = 30 N/mm^2 gerechnet werden.

Tafel 5.2

Untere Grenzwerte der Verbundspannungen bei $\beta_{Mö}$ = 30 N/mm^2			
Spannstahlart	bezog. Rippenfl. f_R	Gebrauchslast Δ = 0,1 mm τ_1 [N/mm^2]	Grenztraglast Δ = 0,5 mm $\beta_{\tau 1}$ [N/mm^2]	Abminderungswert für Δ = 0,1 $\zeta = \dfrac{\tau_{1,z}}{\tau_{1,s}}$
glatte Stäbe und Drahtbündel	0	1,0	1,0	0,2
gerippte Flach- drähte u. Litzen	0,02 bis 0,025	2,0	2,7	0,4
GEWI-Stäbe	0,065	3,0	4,5	0,6

Diese Werte entsprechen etwa den unteren Werten der Versuche von Trost u.a.
nach (Bild 5.6).

Für die rechnerische Behandlung der Verbundprobleme bei der Rißbeschränkung hat man sich entschlossen, in DIN 4227 Abminderungsbeiwerte ξ einzuführen, die das Verhältnis

$$\xi = \frac{\tau_{1,z}}{\tau_{1,s}} = \frac{\text{Verbundspannung Spannglied}}{\text{Verbundspannung gerippter Betonstahl}} \quad \text{für } \Delta = 0,1 \text{ mm}$$

angeben. Sie sind in der rechten Randspalte in Tabelle 5.2 eingetragen und stimmen mit den Versuchsergebnissen von Trost überein.

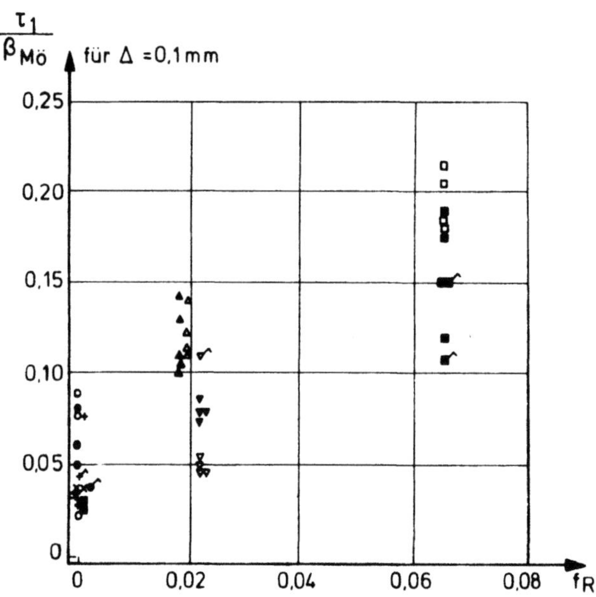

Bild 5.6   Bezogene Verbundspannungen τ_1 bei $\Delta = 0,1$ mm der Versuche von Trost, abhängig von der bezogenen Rippenfläche f_R gerechnet für den "wirksamen Verbundumfang u_{iz}" nach Abschnitt 5.2.

Die z.T. niedrigen Verbundfestigkeiten haben Folgen für die erzielbare Traglast (Grenzlast oder Bruchlast) und für den Beitrag der Spannglieder zur Rißbeschränkung der Spannbetonträger. Dies wird in Kapitel 6 und 19 behandelt werden.

5.2 Verbundspannungen

Für Verbundspannungen gilt im wesentlichen das gleiche, was in [0] Teil 1, Kap. 4 und in Teil 4, Kap. 2, gesagt wurde. Ein Unterschied besteht insofern, als Schwind- und Kriechverkürzungen des Betons ohne Verbundspannungen bereitwillig von den Spanngliedern mitgemacht werden, solange der Beton am Spannglied unter Längsdruck steht.

Im Zustand I sind die Verbundspannungen so gering, daß sie auch bei nachträglichem Verbund trotz niedriger Verbundfestigkeiten ertragen werden. Nachweise sind hier nicht erforderlich.

Im Zustand II treten an den Rissen Verbundspannungsspitzen auf, die in der Regel $\beta_{\tau 1}$ erreichen, so daß bei niedrigen $\beta_{\tau 1}$-Werten der Verbund auf eine größere Länge verlorengeht als bei schlaffer Bewehrung. Der mangelhafte Verbund der Spannglieder muß daher durch schlaffe Bewehrung ausgeglichen werden, wenn man kleine Rißbreiten sicherstellen will (siehe Kap. 19).

Wirksamer Umfang

Während für unmittelbar einbetonierte Beton- und Spannstähle die Verbundspannung τ_1 mit dem tatsächlichen Umfang $u = \pi d = \pi \cdot 1,13 \sqrt{A_z}$ gerechnet wird, hat man für injizierte Spannglieder aus Draht- oder Litzenbündeln einen erhöhten Wert

$$u_{iz} = \pi \cdot 1,6 \sqrt{A_z}$$

eingeführt [Heft 310], der jedoch in der Regel kleiner ist als der innere Umfang der gewellten Hüllrohre. Bei der Auswertung der Versuche von Trost wurde τ_1 und $\beta_{\tau 1}$ hiermit gerechnet.

Rechnerische Nachweise der Verbundspannungen an Spanngliedern für den Zustand II sind fragwürdig und täuschen meist Unzutreffendes vor. Sie sind dennoch dort angezeigt, wo große Querkräfte bei zunehmenden Momenten einen starken Zuwachs der Zugkraft im Spannstahl ΔZ_z^{II} auf die Länge $\Delta \ell$ zwischen zwei Schnitten bedingen. Überschreitet dann die Verbundspannung am Umfang u_z oder u_{iz}

$$\tau_1 = \frac{\Delta Z_z^{II}}{u_{iz} \Delta \ell}$$

die Verbundfestigkeit $\beta_{\tau 1}$ der gewählten Spanngliedart, dann ist Zulagebewehrung für kleine Rißbreiten dringend geboten. Liegt τ_1 weit über $\beta_{\tau 1}$, dann ist es angezeigt, nur die mit $\beta_{\tau 1}$ erreichbare Zunahme von Z_z beim Nachweis der Grenztraglast in Rechnung zu stellen. Solche Nachweise werden zweckmäßig mit geteilten Sicherheitsfaktoren nach CEB-FIP gemacht, also mit Lastfaktoren von zum Beispiel $\gamma_f = 1,4$.

Bei **S p a n n b e t t v o r s p a n n u n g** mit Spannstählen, die guten Scherverbund entwickeln, können die Verbundspannungen zum Beispiel zur Ermittlung der Ankerlängen oder Eintragungslängen für Spannkräfte wie in [0], Teil 1, Kap. 4, behandelt werden. Auch für Sicherheitsnachweise kann wie bei Stahlbeton gerechnet werden.

6. Tragverhalten von Spannbetonträgern

Das Tragverhalten von solchen Verbundträgern mit Stahleinlagen unterschiedlicher Verbundgüten kann nur durch Versuche an genügend großen
Versuchsträgern erforscht und erkannt werden. Deshalb wurden schon
zur Einführung des Spannbetons zahlreiche Versuche durchgeführt. Einige
dieser Versuche werden hier benützt, um das Tragverhalten zu erläutern.

6.1 Tragverhalten bei Biegebeanspruchung

Einfluß des Verbundes

Bei Trägern, die im Spannbett mit unmittelbarem Verbund zwischen profiliertem Spannstahl und dem Beton hergestellt wurden, ist das Tragverhalten bei Biegebeanspruchung fast gleich wie bei entsprechenden
Stahlbetonträgern, d.h. die Verbundgüte reicht aus, um das Ebenbleiben
der Querschnitte bis zur Grenzlast etwa aufrecht zu erhalten, so daß dem
Nachweis für die Traglast ein geradliniges Dehnungsdiagramm zugrunde-
gelegt werden kann.

Bei Trägern mit nachträglichem Verbund, insbesondere bei Verwendung
der heute üblichen großen Spanngliedeinheiten, muß die in Kapitel 5 be-
schriebene Verbundschwäche das Tragverhalten nachteilig beeinflussen.
Dies wurde schon sehr früh erkannt, und so wurden aus Anlaß der ersten
Spannbeton-Eisenbahnbrücke bei Heilbronn 1950 Großversuche an Balken mit Kastenquerschnitt durchgeführt, über die in Heft 115 des DAfStb
berichtet wurde. Um den Einfluß des Verbundes deutlich zu machen,
wurde ein Träger A m i t V e r b u n d und ein zweiter, sonst gleicher
Träger B o h n e V e r b u n d geprüft. Bild 6.1 zeigt die Versuchsträger
mit Lastanordnung. Die Vorspannung erfolgte mit 2 Spanngliedern für je

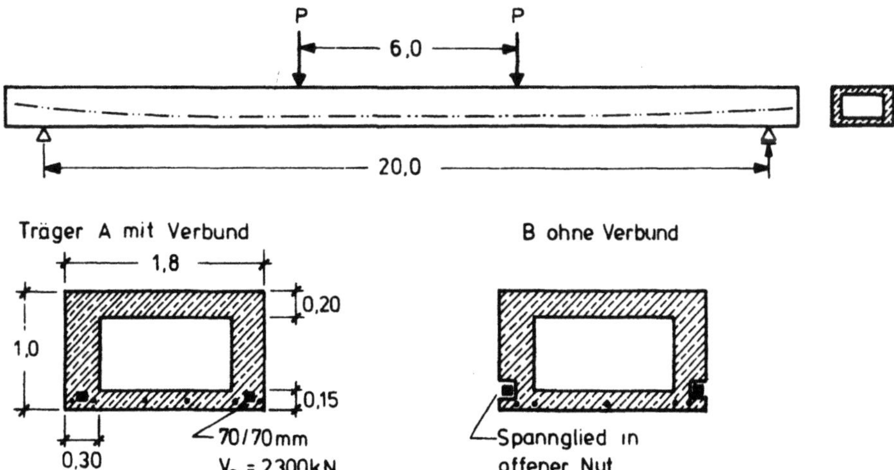

Bild 6.1   Kornwestheimer Versuchsträger für die erste Spannbeton-
Eisenbahnbrücke 1950

2 350 kN zulässiger Vorspannkraft aus Litzen $\emptyset$ 25 mm St 1350/1800 (nicht angelassen) in rechteckigen Hüllrohren mit 70/70 mm Querschnitt. Im Träger B lagen diese Litzenkabel in einer offenen Nut in den Seitenflächen des Kastenträgers, sie waren polygonartig geführt und an den Umlenkstellen mit Gleitblechen versehen. Am Tag der Belastung war der Beton 58 Tage alt und hatte eine Würfeldruckfestigkeit von im Mittel 65 N/mm^2, der Einpreßmörtel war 27 Tage alt und im Mittel 40 N/mm^2 fest.

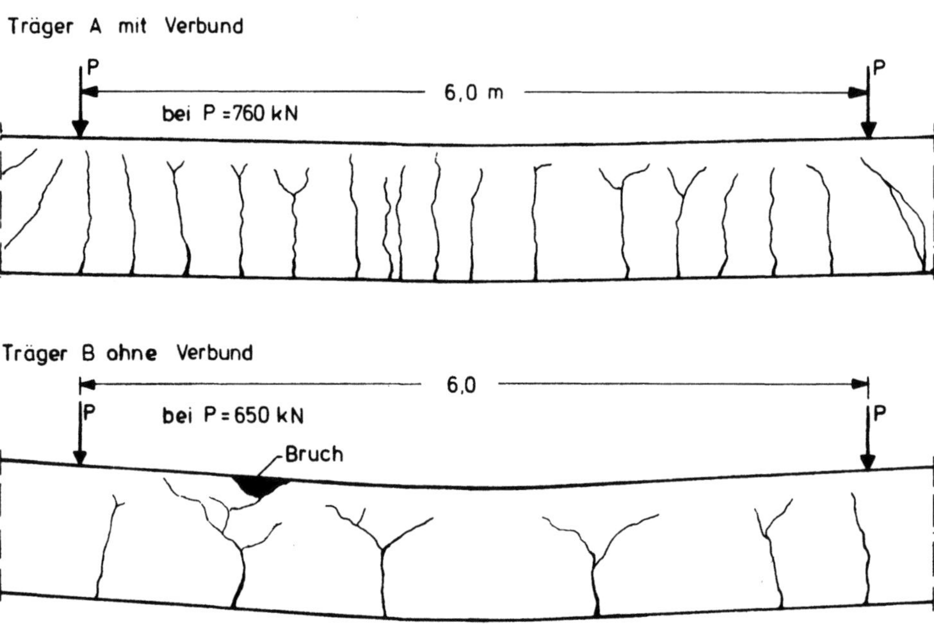

Bild 6.2   Rißbilder der Träger beim Erreichen der Grenzlast im Bereich zwischen den Lasten

Bild 6.2 zeigt den großen Unterschied der Rißbilder beim Erreichen der Grenzlast. Beim Träger A mit Verbund traten zwischen den Lasten 16 Risse in einem mittleren Abstand von 370 mm auf. Beim Träger B ohne Verbund entstanden nur wenige Risse in einem Abstand, der der 1,2 bis 1,6-fachen Trägerhöhe entspricht. Die Risse im Träger B klafften gleich nach ihrem Entstehen weit auf und gabelten sich im oberen Bereich. Die im Zuggurt eingelegte schlaffe Bewehrung aus 5 Stäben $\emptyset$ 10 mm war nicht in der Lage, das sofortige Aufklaffen der Risse zu verhüten, weil sie durch den Spannungssprung beim Entstehen des Risses schon über die Streckgrenze beansprucht wurde.

Das Diagramm der Durchbiegungen - abhängig von der Belastung - (Bild 6.3) zeigt den im Zustand II entstehenden beachtlichen Unterschied im Tragverhalten. Der Träger A mit Verbund bog sich weniger durch und erreichte eine Bruchlast von 900 kN, während der Träger B ohne Verbund schon bei 600 kN in der Druckzone versagte. Demnach führte der fehlende Verbund zu einer Verminderung der Traglast um rund 30 %. Bei Träger A wurde die Bruchlast allerdings erst nach extrem großer Durchbiegung erreicht, die bei vollem Verbund kleiner geblieben wäre.

Durch den mangelhaften Verbund öffnen sich die Risse mehr als bei vollem Verbund, die Nullinie steigt entsprechend weiter nach oben, die Dehnungen des Betons in der Biegedruckzone nehmen rascher zu, während die Dehnungen des Spannstahls in der Zugzone zurückbleiben. Das zugehörige Dehnungsdiagramm (Bild 6.4) weist einen deutlichen Knick in der Höhe der Nullinie auf. Die Spannstahlspannungen bleiben zurück und

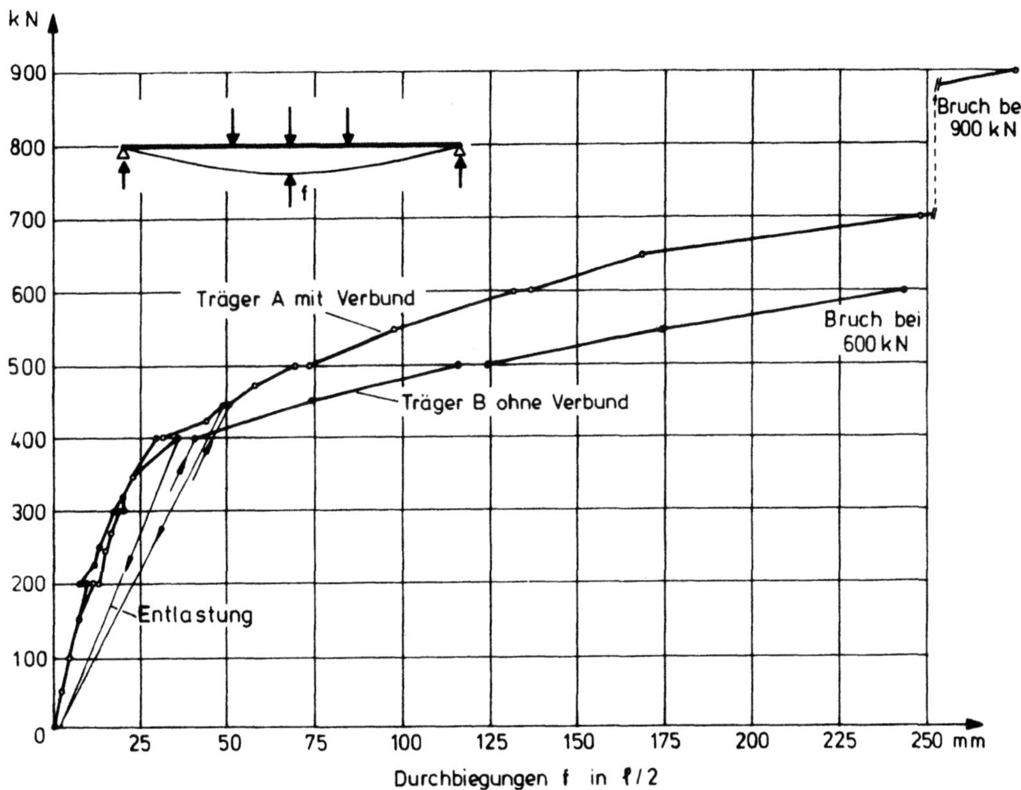

Bild 6.3   Belastungs-Durchbiegungs-Diagramm der Träger A und B

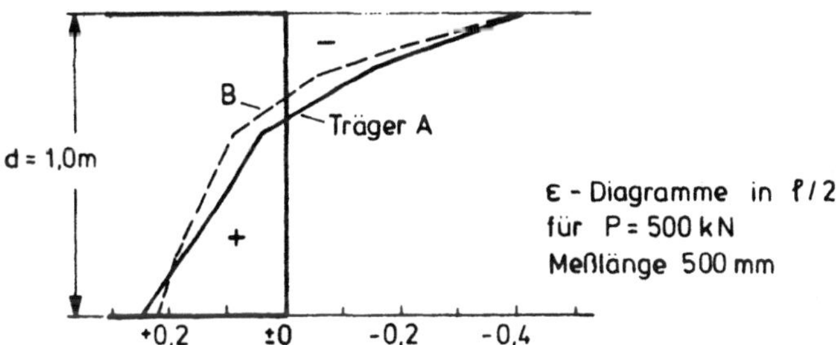

Bild 6.4   Dehnungsdiagramm über die Trägerhöhe in ℓ/2 bei etwa
1,4-facher Gebrauchslast

der Spannstahl kann in der Regel gar nicht voll ausgenützt werden, weil
die Biegedruckzone vorher versagt. Die hier behandelten Versuchsträger hatten wegen der hohen Betongüte B 65 eine ungewöhnlich hohe Tragfähigkeit der breiten Biegedruckzone, was die sehr große Durchbiegung
vor dem Erreichen des Bruches erklärt.

Interessant ist noch, daß sich selbst bei doppelter Rißlast trotz der sehr
schwachen schlaffen Bewehrung die Risse nach dem Entlasten wieder voll-
kommen schlossen und auch praktisch keine bleibende Durchbiegung ein-
trat. Dies zeigt, daß Spannbetonträger, die durch außergewöhnliche Lasten einmal über die Gebrauchslast hinaus belastet waren, sich wieder
erholen, solange die Rißbreiten klein geblieben sind.

Die Bundesbahn hatte damals zur gleichen Zeit noch weitere Versuchsträger mit anderen Spanngliedern untersucht, so zum Beispiel den in
Bild 6.5 dargestellten Versuchsträger C mit Plattenbalkenquerschnitt,

der mit 16 $\emptyset$ 26 mm St 600/900 (Dywidag-Spannglieder), die im Zuggurt
sehr dicht beeinander lagen, vorgespannt wurde. Der Träger war für eine
kleinere Gebrauchslast bemessen als die Träger A und B, so daß die
Bruchlast nur 580 kN betrug. Dabei traten 23 Risse zwischen den Last-
stellen auf, was einem mittleren Rißabstand von 260 mm entspricht
(Bild 6.6). Das Dehnungsdiagramm blieb hier bis zum Bruch fast geradlinig (Bild 6.7). Der Verbund war demnach ausreichend, um das Mitwir-
ken des Spannstahles zu erzwingen, obwohl die Verbundfestigkeit der verwendeten Spannglieder, gemäß den in Kapitel 5 angegebenen Versuchswer-
ten, auch weit unter der Verbundfestigkeit gerippter Betonstähle lag. Das
Günstige Verhalten ergibt sich daraus, daß die 16 Stäbe bezogen auf ihre
Bruchlast Z_u = 7600 kN einen Umfang in der Mörtelschicht zwischen Stahlstab und Hüllrohr von Σu = 16 · π · 28 mm = 1400 mm aufweisen. Der bezogene Umfang ist demnach $\frac{1400}{7600}$ = 0,18 mm/kN, während beim Träger A
dieser Wert nur 0,059 beträgt, also rund nur ein Drittel. Eine Aufteilung
der erforderlichen Vorspannkraft in viele kleine Spannglieder verbessert
also das Tragverhalten, weil die Verbundspannungen auf den verfügbaren
Umfang der Verbundflächen verteilt und damit kleiner werden. Dieser
Effekt tritt aber nur ein, wenn eine Zugzone verhältnismäßig dicht mit
Spanngliedern durchsetzt ist.

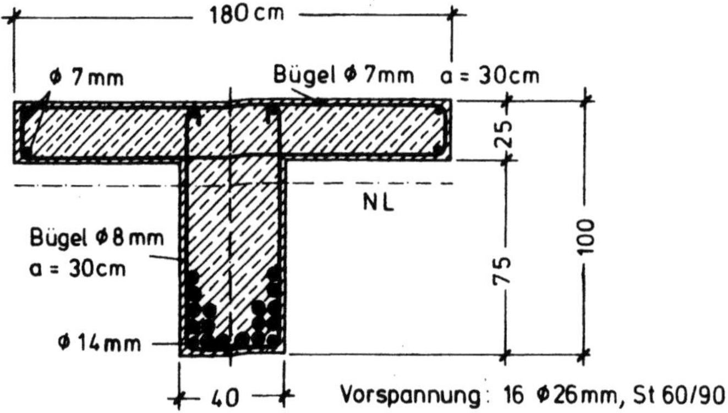

Bild 6.5   Querschnitt des Versuchsträgers C, sonst wie Bild 6.1
Vorspannung 16 $\emptyset$ 26 mm St 600/900, Dywidag-Spannglieder

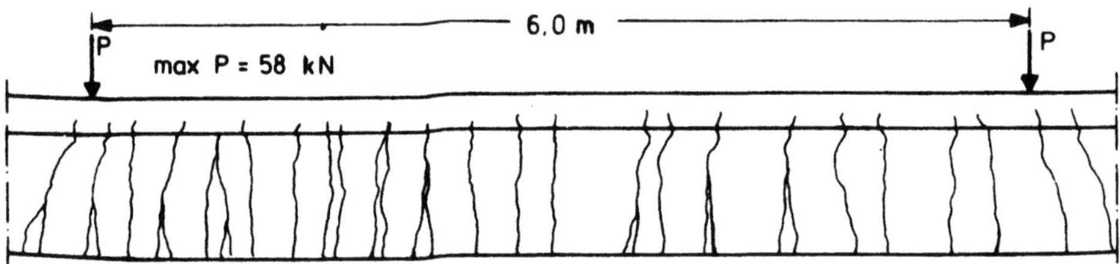

Bild 6.6 Rißbild des Trägers C unter der Grenzlast

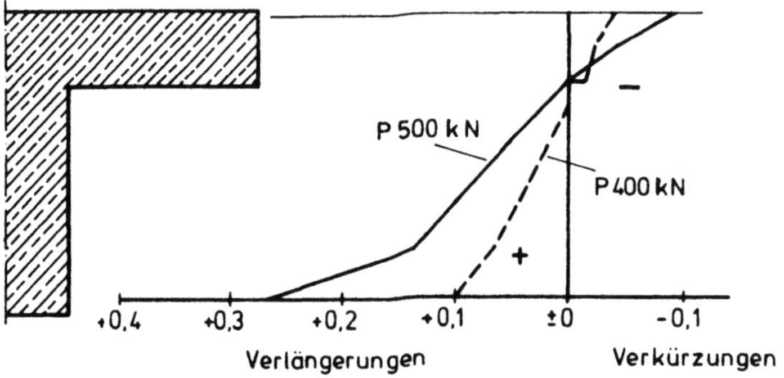

Bild 6.7   Dehnungsdiagramm des Versuchsträgers C für etwa 0,8 der
Grenzlast

H. T r o s t , Aachen, hat 1975 Versuche mit kleineren Balken durchgeführt, die mir nur einem Spannglied ϕ 26 mm St 600/900 vorgespannt und
zusätzlich nur mit 2 ϕ 6 bewehrt waren, entsprechend der damals in
DIN 4227 vorgesehenen Mindestbewehrung (Bild 6.8), siehe auch [22],
Träger I und III.

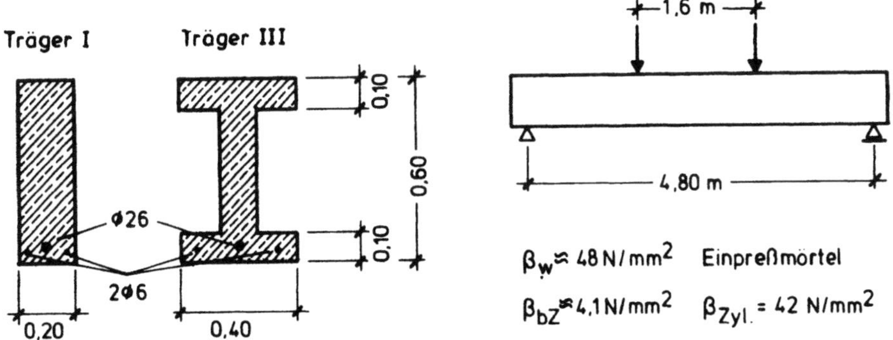

Bild 6.8   Querschnitte der Versuchsträger von H. Trost

Bei dem Träger III wurde beim Entstehen des ersten Biegerisses bereits
eine Rißbreite von 0,8 mm beobachtet. Aus den gemessenen Stahldehnungen und dieser Rißbreite konnte man errechnen, daß der Scherverbund
des Spanngliedes beim Entstehen des Risses auf einer Länge von rund 1,0 m
bereits zerstört war und daß die zu schwache Mindestbewehrung schon beim
ersten Riß über die Streckgrenze hinaus beansprucht wurde. Auch die Rißbilder (6.9) beweisen durch den großen Rißabstand und die obere Verzwei-
gung den mangelhaften Verbund und die zu schwache "Mindestbewehrung".

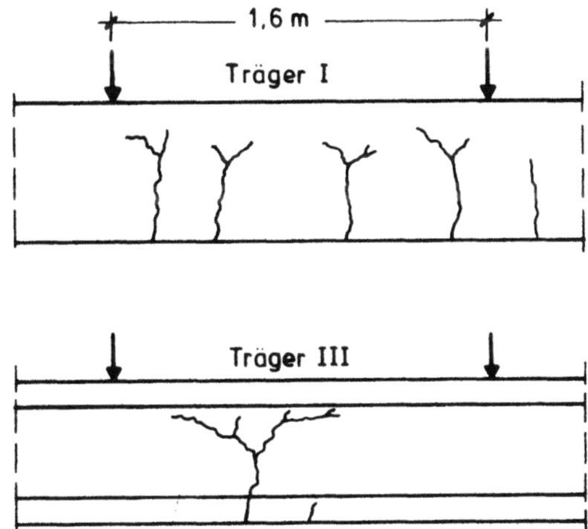

Bild 6.9   Rißbilder der Versuchsträger von H. Trost

Demnach führt die mangelhafte Verbundgüte injizierter Spannglieder auch
bei kleinen Spanngliedeinheiten zu einem unbrauchbaren Rißverhalten und
natürlich auch zu einer Abminderung der Tragfähigkeit.

A. B r e n n e i s e n , Liège, hat 1974 eine große Versuchsreihe mit I-Trä-
gern-Querschnitt (siehe Bild 6.10) durchgeführt, die für gleiche Tragfähigkeit bemessen waren. Im Träger 1 war nur ein Spannglied, bestehend aus
20 ϕ 7 mm, St 1400/1600, eingelegt, während im Träger 5 nur schlaffe
Bewehrung, bestehend aus 2 ϕ 22 + 4 ϕ 25 mm St 420/500, eingebaut war.
Die Träger 2 bis 4 hatten Spannglieder mit 17 ϕ 7, 14 ϕ 7 und 11 ϕ 7 und
ergänzende schlaffe Bewehrung aus 6 ϕ 8, 6 ϕ 12 und 6 ϕ 16 mm.

Bild 6.11 zeigt die aus je 6 zum Teil statisch, zum Teil dynamisch belasteten Trägern gemittelten Meßwerte der maximalen Rißbreiten, abhängig vom Biegemoment. Auch hier ist deutlich zu erkennen, daß das Spannglied allein trotz Verbund nicht in der Lage ist, die Rißbreiten zu begrenzen, daß vielmehr eine erhebliche Menge schlaffer Bewehrung nötig ist,
um dieses Ziel und damit ein ausreichend zähes Tragverhalten des Spannbetonträgers zu erreichen. Der Träger 2 hatte mit 6 $\emptyset$ 8 im Zuggurt einen
Bewehrungsgrad, auf die Betonzugzone bezogen, von immerhin μ_{bZ} = 1, 2 %.
In der Laststufe der zul. Gebrauchslast zeigt Träger 2 mit einem Vorspanngrad von etwa 0, 7 die kleinsten Rißbreiten.

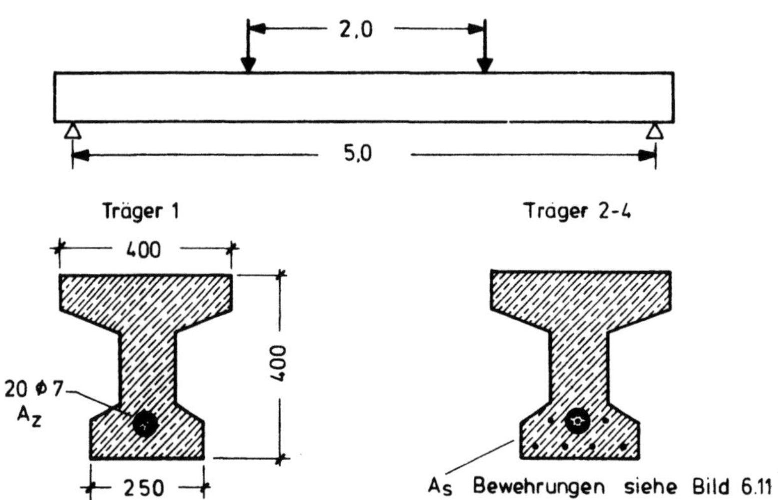

Bild 6.10 Versuchsreihe von A. Brenneisen, Liège, mit variablem
Vorspanngrad bei gleicher Tragfähigkeit. Querschnitte

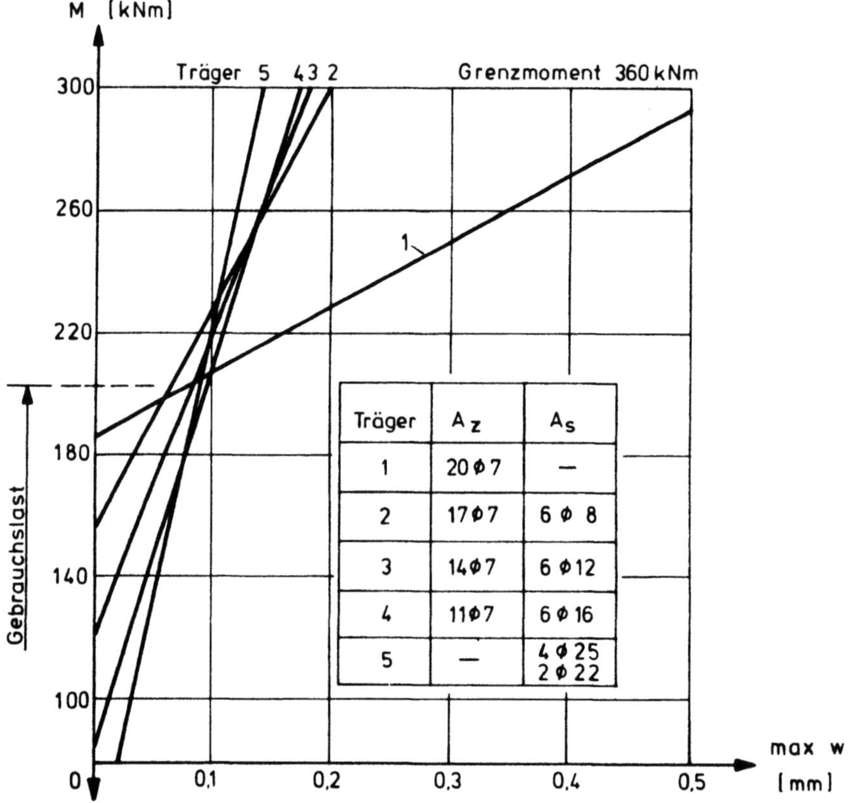

Träger	A_Z	A_S
1	20 $\emptyset$ 7	—
2	17 $\emptyset$ 7	6 $\emptyset$ 8
3	14 $\emptyset$ 7	6 $\emptyset$ 12
4	11 $\emptyset$ 7	6 $\emptyset$ 16
5	—	4 $\emptyset$ 25 2 $\emptyset$ 22

Bild 6.11 Max. Rißbreiten bei zunehmendem M für verschiedene Vorspanngrade, ausgedrückt durch μ_z/μ_s: Mittelwerte aus je 6 Balken nach
statischer und dynamischer Belastung (Versuche Brenneisen)

Folgerung

Aus dem in den Versuchen beobachteten Tragverhalten muß man schließen, daß die mangelhafte Verbundgüte injizierter Spannglieder durch eine ausreichende Menge begleitender schlaffer Bewehrung kompensiert werden muß, wenn man bei außergewöhnlichen Lasten oder nicht in Rechnung gestellten Zwangskräften erreichen will, daß die dabei trotz der vollen Vorspannung entstehenden Risse unschädlich fein bleiben. Die Notwendigkeit ergänzender schlaffer Bewehrung ergibt sich natürlich erst recht bei beschränkter oder teilweiser Vorspannung. Sie ist aber auch unabhängig vom Vorspanngrad nötig, um den Verlust an Traglast klein zu halten und so die üblicherweise für vollen Verbund berechnete Traglast und damit die der Bemessung zugrundeliegende Sicherheit auch zu gewährleisten.

In der DIN 4227, Ausgabe 1979, sind diese Erkenntnisse hinsichtlich der erforderlichen Mindestbewehrung noch nicht berücksichtigt. In Kapitel 18 und 19 dieser Vorlesungen werden hierfür entsprechende Regeln angegeben.

Stahlspannungen im Biegezuggurt

Für das Verständnis der Spannungszustände in Spannbetonträgern ist es wichtig, daß man eine klare Vorstellung über den Verlauf der Stahlspannungen bei Biegebeanspruchung hat. In Bild 6.12 ist der Verlauf der Spannung σ_z im Spannglied mit zunehmender Belastung dargestellt. Zunächst wird durch die Vorspannung die Spannung $\sigma_{z,vo}$ erzeugt. Durch Schwinden und Kriechen des Betons nimmt sie um σ_{s+k} ab. Beim Vorspannen hebt sich das Tragwerk in der Regel von seiner Unterlage (Rüstung oder Spannbett) ab, so daß das Eigengewicht schon beim Vorspannen wirksam wird und keine zusätzliche Spannung im Spannglied erzeugt. Dieses Abheben (negative Durchbiegung) hängt allerdings vom Vorspanngrad und besonders von der Rückfederung der Rüstung ab.

Belastet man das vorgespannte Tragwerk, so nehmen die Stahlspannungen im Zuggurt nur ganz geringfügig zu, nämlich nur um den Betrag $\Delta\sigma_z = n \cdot \sigma_b$. Dabei ist σ_b die in Spanngliedhöhe entstehende Betonbiegespannung, die die im vorgedrückten Zuggurt durch Vorspannung erzeugte Betondruckspannung abbaut. Sie liegt in der Regel zwischen 2 und 15 N/mm^2. Dementsprechend kann die Zunahme der Stahlspannung rund 6 x 15 = 90 N/mm^2 betragen, also wesentlich weniger als die im Betonstahl für Gebrauchslast übliche Spannung von rund 240 N/mm^2.

Bei voller und beschränkter Vorspannung bleibt die Zunahme der Stahlspannung im Spannglied bis zur vollen Gebrauchslast (G + P) so niedrig. Die weitere Laststeigerung führt zum Überschreiten der Biegezugfestigkeit des Betons, mit dem ersten Riß muß die Gurtzugkraft des Betons auf den Stahl im Zuggurt überspringen. Die Stahlspannung nimmt sprunghaft umso mehr zu, je höher die Biegezugfestigkeit des Betons und je schwächer die schlaffe Bewehrung ist. Die weitere Laststeigerung verursacht nun ein rasches Anwachsen der Stahlspannungen, wobei die Neigung der Q/σ-Linie vom Bewehrungsgrad des Zuggurtes ($\mu_z + \mu_s$, Spannstahl + Betonstahl) und von der Verbundgüte abhängig ist. Je niedriger die Verbundgüte, umso mehr entzieht sich der Spannstahl der Spannungszunahme, d.h. umso flacher verläuft die Spannungslinie. Dieser Spannungsentzug bewirkt, daß die Querschnitte nicht mehr eben bleiben, d.h. das Dehnungsdiagramm ist nicht mehr gerade (vgl. Bild 6.4). Die Verbundgüte kann durch die Menge und Verteilung des schlaff eingelegten Betonstahles verbessert werden. Die Mitwirkung des Betonstahls verhindert dann ein zu rasches Hochwandern der Nullinie. Der Bruch kann durch Versagen der Biegedruckzone eintreten, bevor der Spannstahl die Bruchfestigkeit erreicht.

In Bild 6.12 ist auch der zugehörige Verlauf der Stahlspannungen σ_s im
Betonstahl eingetragen. Die Vorspannung erzeugt hier zunächst Druckspannungen. Der Betonstahl bleibt unter Druck, bis in der zugehörigen
Betonfaser Zug entsteht. Wenn der Beton reißt, ist der Spannungssprung
etwa gleich groß wie $\Delta\sigma_z$. Die weitere Zunahme von σ_s verläuft jedoch
wegen des besseren Verbunds etwas steiler. Wenn genügend Betonstahl
eingelegt ist, können beide Stahlarten bis zur Streckgrenze ausgenützt
werden, vorausgesetzt, daß der Grenzwert der Druckkraft in der Biegedruckzone größer ist als der Grenzwert der Zuggurtkraft $A_z\beta_{z,02}$ +
$A_s\beta_{sS}$.

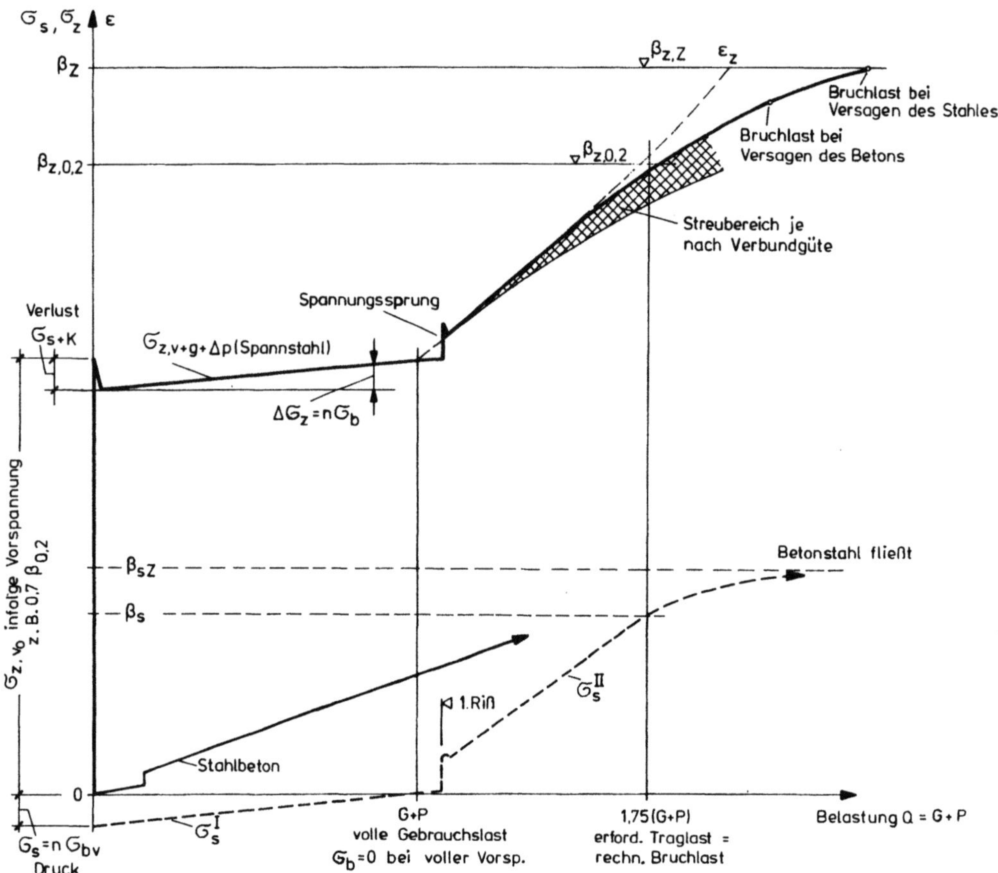

Bild 6.12   Spannungsverlauf im Spannstahl und Betonstahl in voll vorge-
spanntem Träger bei Laststeigerung bis zur Grenzlast und Bruchlast infolge Biegung

Wichtige Erkenntnis:

In Spannbetontragwerken verlaufen bei Biegung die Stahlspannungen der
Spannglieder nicht proportional zu den Lasten. Die zulässige Stahlspannung $\sigma_{z,vo}$ beim Vorspannen ergibt daher kein Bild für die Sicherheit,
sie kann vielmehr bei Biegung bewußt höher gewählt werden als bei Stahl-
Zuggliedern, wo unter Gebrauchslast zul $\sigma = \dfrac{\beta S}{1,75}$ gilt, wenn ein globa-
ler Sicherheitsfaktor von 1,75 angesetzt wird. Die beim Vorspannen zugelassenen Spannstahlspannungen liegen wesentlich über diesem Wert. Für
die Sicherheit der Spannbetontragwerke gegen Versagen des Stahles ist ein-
zig und allein maßgebend, daß die Grenzlast beim Erreichen von $\sigma_z = \beta_{0,2}$

um den globalen Sicherheitsfaktor über der in Rechnung zu stellenden Gebrauchslast liegt. Gleichzeitig kann die schlaffe Bewehrung mit $\sigma_s = \beta_S$ ausgenützt sein.

Der nicht geradlinige Verlauf der Stahlspannungen σ_z ergibt Vorteile in der Bemessung, wenn das Sicherheitskonzept mit geteilten Faktoren nach der Mustervorschrift von CEB-FIP von 1978 angewandt wird, in der bei der erforderlichen Traglast ein Lastfaktor von nur $\gamma_f = 1,4$ bis $1,5$ angesetzt wird und bei der Grenze der Tragfähigkeit der Festigkeitswert des Stahles $\beta_{0,2}$ mit dem Materialfaktor von nur $1,15$ vermindert wird.

Druckspannungen im Biege-Druckgurt

Auch die Druckspannungen im Beton verlaufen nicht proportional zur Last. Bei Spannbeton gibt daher das Einhalten zulässiger Spannungen für die Gebrauchslast kein Maß für die Sicherheit des Tragwerks. Nachweise der Grenztragfähigkeit- bzw. Bruchsicherheitsnachweise nach DIN 4227 sind bei Spannbeton daher unbedingt erforderlich. Auf Spannungsnachweise für Gebrauchslast, wie sie in DIN 4227 verlangt werden, kann verzichtet werden, wenn zulässige Grenzen der Verformung und der Rissebeschränkung eingehalten sind.

Momenten-Krümmungslinie

Für die Beurteilung des Tragverhaltens von Spannbetonträgern ist schließlich noch eine Betrachtung der Momenten-Krümmungslinien lehrreich (Bild 6.13 a).

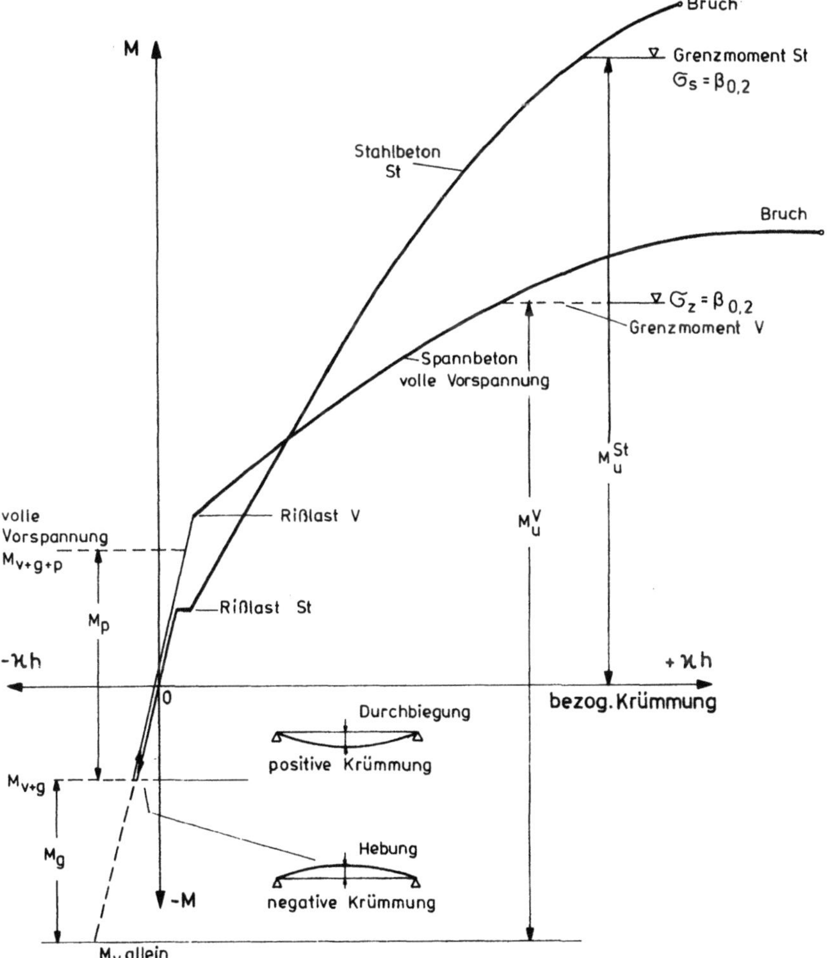

Bild 6.13 a   Momenten-Krümmungslinien für vorgespannte Balken und Stahlbetonbalken bei etwa gleicher Tragfähigkeit M_u

Zunächst entsteht beim Vorspannen eine negative Krümmung, die das
Eigengewicht zur Wirkung bringt, so daß sich negative M_v mit positiven
M_g überlagern. Bei voller Vorspannung verbleibt ein negatives M_{v+g}
und damit eine Hebung. Bei Nutzlast P geht die Hebung in eine Durchbiegung bei positiver Krümmung über, die M-$\varkappa$-Linie ist steil und geradlinig, weil die Biegesteifigkeit K_B^I im Zustand I hoch und konstant ist.
Der Übergang in den Zustand II durch Risse liegt bei Spannbeton dank der
Normalkraftwirkung der Vorspannung höher als bei Stahlbeton und ist
nicht sprunghaft, sondern stetig. Der weitere Verlauf hängt von der
Dehnsteifigkeit des Zuggurtes ab. Er ist flacher als bei einem
nicht vorgespannten Stahlbetonträger, in dessen Zuggurt wesentlich mehr
Stahl liegt als im Spannbetonträger, bei dem ein Teil des Zuggurtes aus
dem hochfesten Spannstahl besteht. Die Dehnsteifigkeit des Zuggurtes im
Spannbetonträger wird außerdem noch von der Verbundgüte beeinflußt.

Das Krümmungsverhalten wird anschaulicher, wenn man die Krümmung
von der Last und nicht vom Moment abhängig aufzeichnet (Bild 6.13 b).
Hier wird der Unterschied zwischen Spannbeton und Stahlbeton sehr deutlich. Während die Krümmung bei Gebrauchslast durch die Vorspannung
stark vermindert wird, weisen Spannbetonträger bei der Grenz-Tragfähigkeit etwa die gleiche Krümmung und damit auch etwa die gleiche
Durchbiegung auf wie Stahlbetonträger. Der Spannbetonträger hat jedoch
den Vorteil, daß er nach einer Überlastung trotz Rißbildung wieder in
das Verhalten des Zustandes I zurückkehrt, solange der Spannstahl nicht
über die Elastizitätsgrenze hinaus beansprucht war.

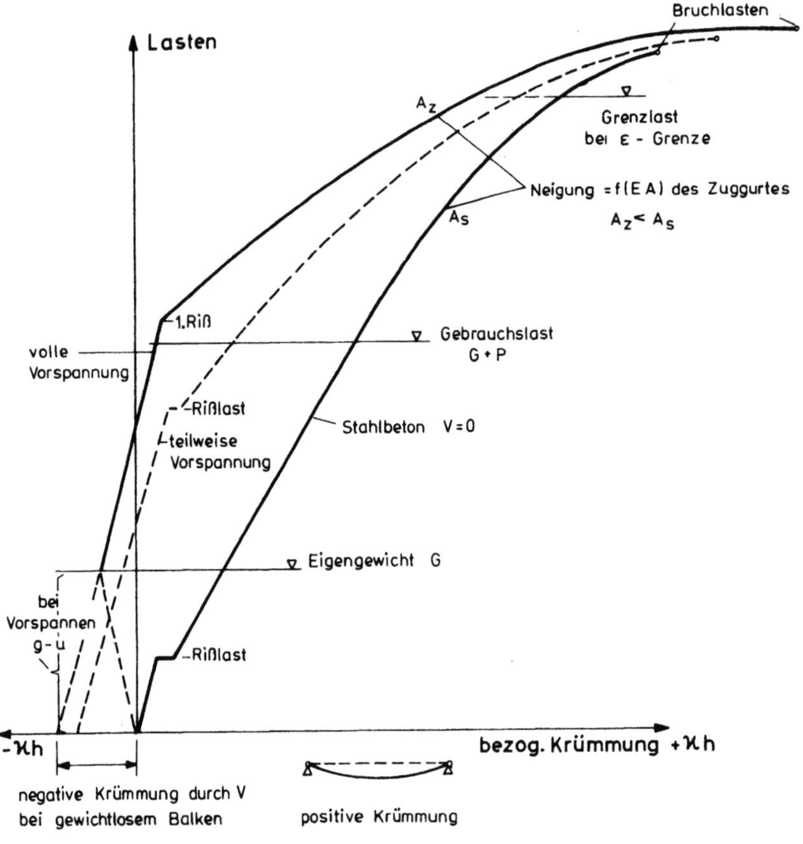

Bild 6.13 b Der Unterschied des Biege-Krümmungsverhaltens von
Spannbeton gegenüber Stahlbeton wird deutlich, wenn man Last-Krüm-
mungs-Linien aufträgt

6.2 Tragverhalten bei Querkraft-Schubbeanspruchung

Die Längsvorspannung von Balken vermindert die schiefen Hauptzugspannungen durch die $\sigma_{x,v}$-Komponente und vergrößert ihre Neigung gegenüber der Balkenachse, so daß Schubrisse in Spannbetonträgern flacher verlaufen als in Stahlbetonträgern. Entsprechend sind die Neigungen der Druckstreben mit nur 25 bis 35° sehr viel flacher als die 45°-Neigung der klassischen Fachwerkanalogie. Nur im Bereich konzentrierter Einzellasten oder über Zwischenauflagern von Durchlaufträgern stellen sich auch bei Spannbetonträgern fächerartige Rißbilder ein, so daß 45°-Risse und damit Druckstreben unter 45° unvermeidbar sind (Bild 6.14). Daraus folgerten manche Ingenieure, daß sich Spannbetonträger im Hinblick auf Schub nicht günstiger verhalten als Stahlbetonträger.

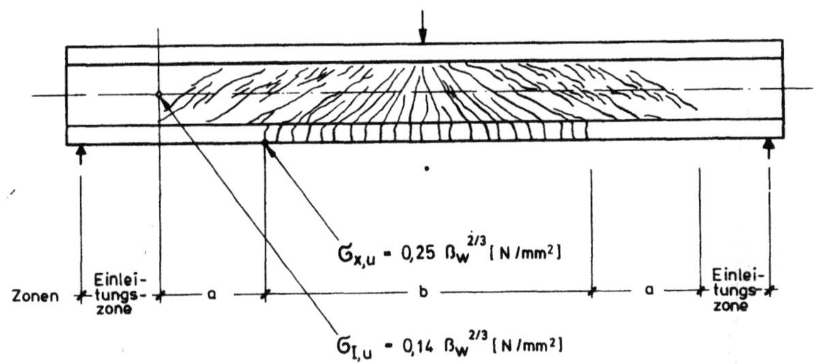

Bild 6.14   Schubrißbild eines Spannbetonträgers unter Einzellast kurz vor Erreichen der Grenzlast. Zonen der Schubrißarten

Schubversuche in Stuttgart, Zürich, Delft, Göteborg u.a.O. ergaben jedoch eindeutig, daß die Vorspannung die Stegzugkräfte mit zunehmendem Vorspanngrad immer mehr verringert, so daß in Spannbetonträgern weniger Schubbewehrung erforderlich ist als in Stahlbetonträgern.

Zum Beweis seien hier Ergebnisse der Stuttgarter [5] und Zürcher Schubversuche [6] kurz angeführt. Drei I-Balken gemäß Bild 6.15 wurden mit der gleichen Bewehrung und den gleichen zwei Spanngliedern mit je 12 Drähten ϕ 12,2 mm aus St 1250/1400 geprüft. Die Spannglieder wurden lediglich verschieden stark angespannt, und zwar auf 100 %, 50 % und 10 % der zulässigen Vorspannkraft. Die Rißbildung unter der Grenzlast zeigt Bild 6.16. Die fächerartigen Risse unter der konzentrierten Last sind fast gleich, außerhalb des Fächers verlaufen die Schubrisse jedoch bei 100 % V wesentlicher flacher; im auflagernahen Bereich entstanden Schubrisse, die nicht von Biegerissen ausgehen sondern nur im Steg auf kurze Länge auftreten.

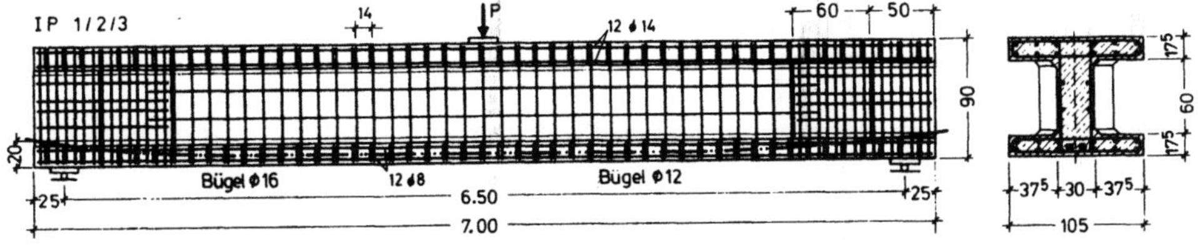

Bild 6.15   Stuttgarter Schubversuchsbalken zur Ermittlung des Einflusses des Vorspanngrades

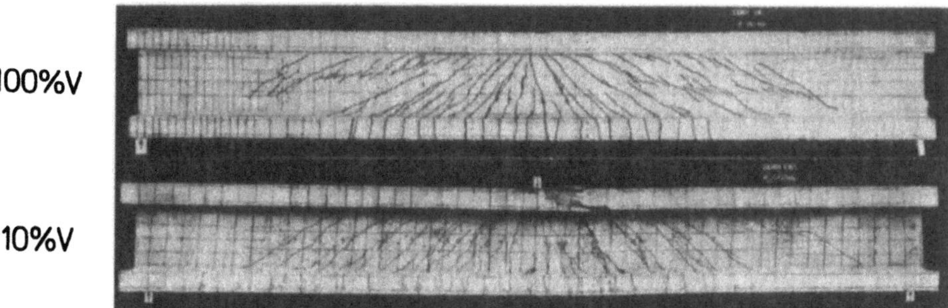

Bild 6.16   Vergleich der Schubrißbilder der Balken mit V = 100 % und
V = 10 % der zul. Vorspannkraft bei Grenzlast

Die Schubbewehrung bestand aus Bügeln im Abstand von 140 mm, die in
der linken Balkenhälfte mit ϕ 16 mm für volle Schubdeckung, in der rechten Balkenhälfte mit ϕ 12 mm für 52 %ige Schubdeckung η bemessen
waren.

Die gemessenen Bügelspannungen zeigen deutlich den starken Einfluß des
Vorspanngrades (Bild 6.17). Bei nur 10 %iger Vorspannung erreichten
die mit η = 0,52 bemessenen Bügel die Streckgrenze. Die gemessene Bü-
gelspannungslinie ist steiler als die Linie für das klassische Fachwerk,
was hier auf die niedrige Dehnsteifigkeit des Zuggurtes aus hochfestem
Stahl zurückgeht, der ohne Vorspannung gar nicht zulässig wäre. Sein
Bewehrungsgrad liegt mit μ_z = 0,39 % weit unter dem ohne Vorspannung
erforderlichen μ_s = 0,94 %.

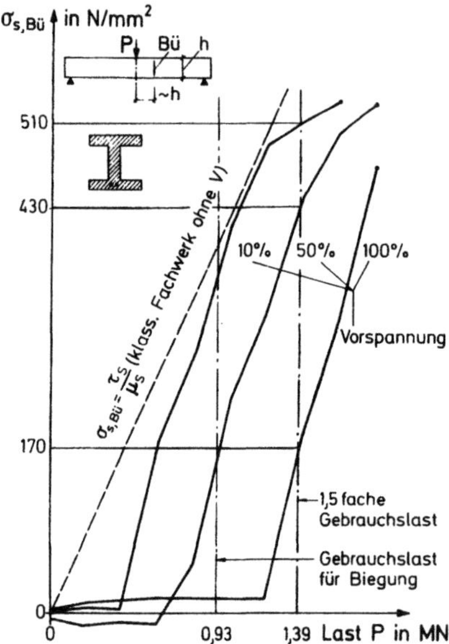

Bild 6.17   Größte Bügelspannungen
in der mit η = 0,52 bewehrten Balkenhälfte bei den drei Vorspanngraden

Auch die Zürcher Versuche von B. Thürlimann zeigen den starken Einfluß des Vorspanngrades auf die Stegzugkräfte (Bild 6.18). Hier wurden
Balken mit Vorspanngraden von 0 % bis 100 % geprüft, wobei im Zuggurt
Betonstahl und Spannstahl so kombiniert wurden, daß je die gleiche Tragfähigkeit der Gurtzugkraft Z beim Erreichen der Streckgrenze gegeben
ist. Das heißt, die Dehnsteifigkeit des Zuggurtes wurde hier vom Vorspanngrad abhängig variiert. Auch der Schubbewehrungsgrad wurde von

μ_S = 0,9 % bei Vorspannung = 0 bis μ_S = 0,38 % bei voller Vorspannung
(entsprechend Schubdeckungsgrad η = 0,6) variiert. Das Diagramm der
Bügelzugkräfte in Abhängigkeit von der Querkraft Q (Bild 6.18) zeigt
deutlich, daß diese mit zunehmendem Vorspanngrad erheblich abnehmen
und trotz stark verminderter Schubdeckung bei hohem Vorspanngrad die
Bügelspannungen bis zur Bruchlast weit unter der Streckgrenze bleiben.

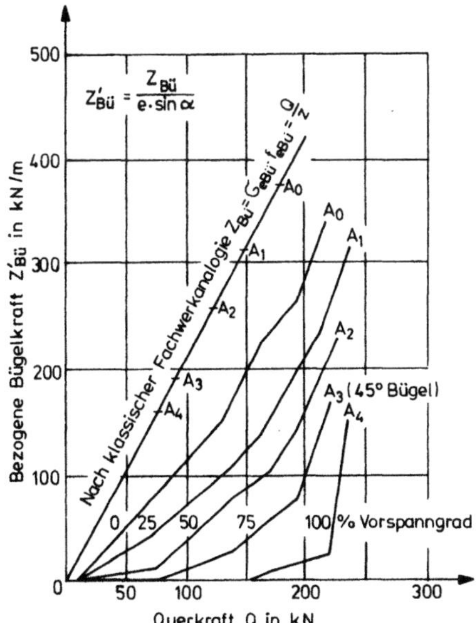

Balken	A_0	A_1	A_2	A_3	A_4
Vorspanngrad [%]	0	25	50	75	100
μ_{Ls} [%]	0,86	0,64	0,43	0,22	0,02
μ_{Lz} [%]	0	0,05	0,08	0,14	0,20
$\mu_{L(s+z)}$ [%]	0,86	0,69	0,51	0,36	0,22
μ_S Schubb. [%]	0,90	0,75	0,62	0,46	0,38

Bild 6.18   Abnahme der Bügelzugkräfte in Balken mit zunehmendem Vorspanngrad. Die Tabelle gibt die zu den Vorspanngraden gehörigen Bewehrungsgrade an. (Zürcher Versuche [8])

Diese günstige Wirkung der Vorspannung auf die Stegzugkräfte wird dadurch erklärt, daß die Druckstreben im Bereich kleiner Biegemomente
sehr flach verlaufen und daß im Bereich der großen Biegemomente, z.B.
an Zwischenstützen von Durchlaufträgern, ein mit der Vorspannkraft zunehmender Teil der Querkraft in der Biegedruckzone verbleibt und so die
Stegzugkraft trotz der dortigen 45°-Neigung der Druckstrebe weit unter
den Werten der klassischen Fachwerkanalogie bleibt.

Der in der Biegedruckzone aufgenommene Anteil der Querkraft verursacht
eine geringe Neigung der resultierenden Druckgurtkraft, die dadurch näher
an den Rand des Trägers kommt als bei reiner Biegung und damit auch die
Biegerandspannungen erhöht. Dies gilt auch bei stark profilierten Querschnitten für den stegnahen Bereich der Druckgurtplatte. Ein Beweis hierfür ergibt sich auch aus dem Verlauf des Dehnungsdiagrammes (Bild 6.19),
das in Höhe der Nullinie bei M+Q noch stärker geknickt ist als bei Biegung allein. Dieser geknickte Verlauf des ε-Diagrammes tritt auch in
Stahlbetonbalken mit gutem Verbund der Zugglieder auf, er ist hauptsächlich durch die Querkraft verursacht.

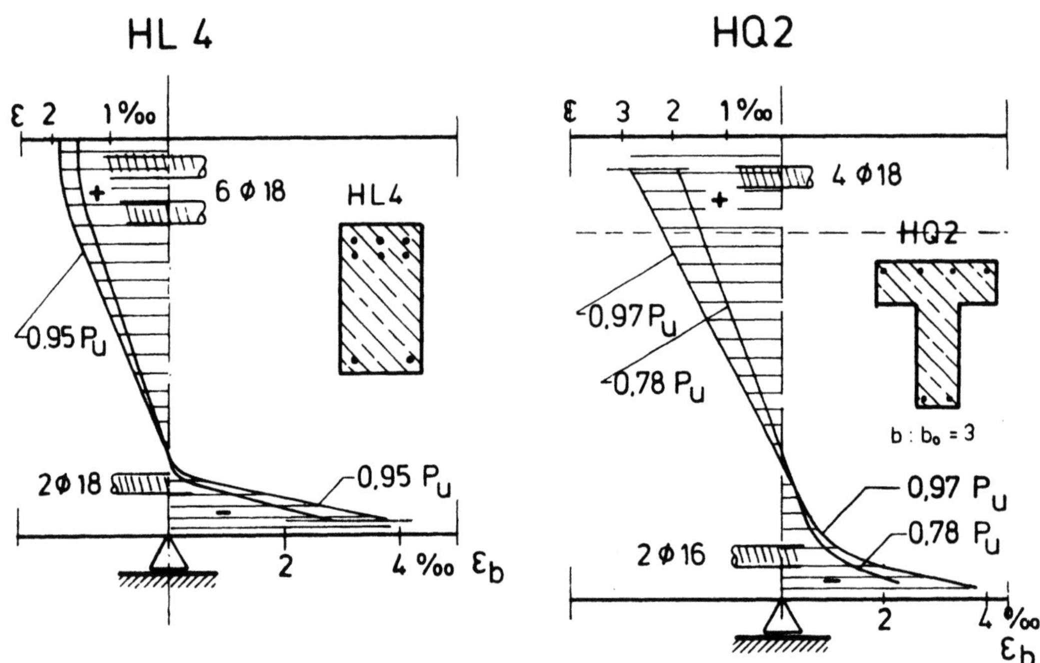

Bild 6.19 Dehnungsdiagramme im Schnitt über der Zwischenstütze von
Durchlaufträgern kurz vor Erreichen der Grenzlast. Geknickter Verlauf
durch Q im Bereich großer M

Bei der Bemessung der Schubbewehrung kann daher die günstige Wirkung
der Vorspannung, die die Zugkräfte im Steg vermindert, angesetzt werden, wie dies in der CEB-FIP Mustervorschrift bei der Standardmethode
geschieht, in DIN 4227, Ausgabe 1979, aber leider nicht berücksichtigt
ist.

Die Versuche zeigten auch, daß man bei Spannbetonträgern mit profiliertem Querschnitt (I- oder Kastenträgern) eine S c h u b r i ß z o n e a unterscheiden kann, in der die Schubrisse nicht von B i e g e r i s s e n ausgehen,
sondern im Steg beginnen (Bild 6.14). In dieser Zone sind die Stegzugkräfte zusätzlich abgemindert, weil sowohl der Druckgurt als auch der
vorgedrückte Zuggurt dank ihrer großen Steifigkeit im Zustand I einen
großen Teil der Querkräfte rissefrei übertragen. Die in Bild 6.20 dargestellten Meßergebnisse der Bügelspannungen bei konstantem μ_s zeigen,
wieviel die Stegzugkräfte dort kleiner sind.

In dieser Zone a kann daher die Schubbewehrung weiter abgemindert werden. Zone a beginnt dort, wo die für Zustand I errechnete Beton-Zug-
spannung σ_u am unteren Rand unter der erforderlichen Grenzlast

$$\sigma_u = 0,25 \; \beta_w^{2/3} \; [N/mm^2] \text{ erreicht.}$$

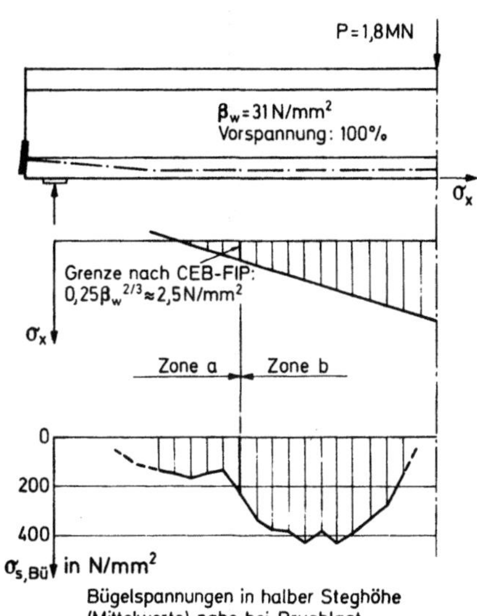

Bild 6.20 Die Bügelspannungen in Zone a sind deutlich kleiner als in Zone b; gezeigt am Träger nach Bild 6.15 mit 100 % V vorgespannt

Erfahrung in der Praxis

Der Verfasser hat in seiner rd. 30-jährigen Praxis an Spannbetonträgern - auch an weit gespannten Brückenträgern - unter Gebrauchslast nie mit bloßem Auge sichtbare Schubrisse in Stegen beobachtet, auch dann nicht, wenn die für Zustand I üblicherweise aus der vollen Querkraft errechneten Hauptzugspannungen die zul. σ_I-Werte der DIN 4227 erheblich überschritten. Die Versuchsergebnisse erklären diese Beobachtung und zeigen auch, daß wenn Risse auftreten, diese haarfein bleiben müssen, weil die Bügelspannungen bei Gebrauchslast auch bei teilweiser Vorspannung sehr niedrig bleiben (Bild 6.18). Eine Vorspannung der Stege mit besonderen Stegspanngliedern (auch Schub-Nadeln genannt) ist daher in der Regel nicht nötig, ja sogar in den Verankerungsbereichen durch örtliche Störungen des Spannungsflusses schädlich. Stegspannglieder sind jedoch sinnvoll, wenn Lasten am Untergurt angreifen.

Was die schiefen Druckkräfte in den Stegen anbelangt, so werden die dortigen Druckspannungen durch die Längsvorspannung natürlich vergrößert. Die Versuche ergaben, daß die Druckstrebenkräfte mit Hilfe des Fachwerkmodelles zutreffend ermittelt werden können, wobei in Bereichen großer Biegemomente dem Steg nur der Querkraftanteil zugewiesen wird, der nach Abzug des Anteiles der Biegedruckzone verbleibt.

Die Tragfähigkeit der Stege auf schiefen Druck wird durch im Steg liegende Spannglieder beeinträchtigt. Um jedoch einen Druckbruch zu erzeugen, mußten bei den Versuchen extrem dünne Stege gewählt werden, weil Druckstreben erst versagen, nachdem die Prismendruckfestigkeit fast erreicht ist. In der Regel werden daher bei Spannbetonträgern die Druckspannungen in den schiefen Druckstreben für die Bemessung nicht maßgebend.

6.3 Einfluß gekrümmter Spannglieder auf die Schubtragfähigkeit

Anfänglich war man der Meinung, daß beim einfachen Balken die parabelförmige Spanngliedführung die beste Lösung sei, weil die vertikalen Umlenkkräfte des gekrümmten Spanngliedes die auf den Beton wirkende Querkraft vermindern. Auch hier mußte erst durch Versuche geklärt werden,
daß beim Übergang zur Grenzlast diese Wirkung nachläßt. Man hatte über-
sehen, daß auch hier die Steifigkeitsverhältnisse eine entscheidende Rolle
spielen. Wenn das untere Zugband sehr schwach ist, stützt sich die zum
Auflager strebende Druckstrebe nicht mehr unten ab, sondern gegen den
Anker des höher gelegenen und steiferen Spanngliedes (Bild 6.21).

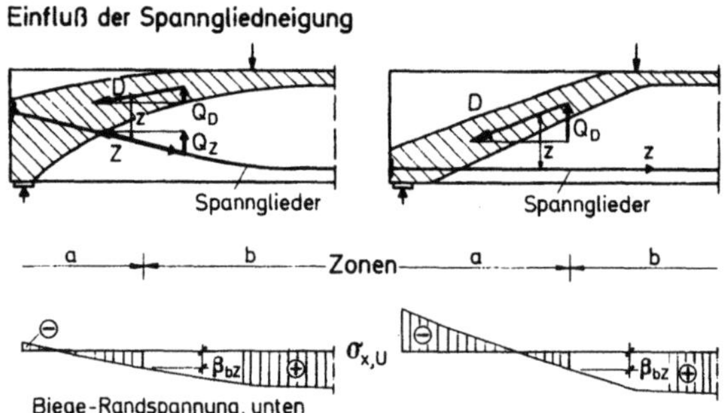

Bild 6.21   Einfluß der Spanngliedneigung auf die mögliche Neigung der
Resultierenden des Druckgurtes und auf die Grenze zwischen Zone a und b
nach Bild 6.14

Die Druckstrebe wird also flacher und der von der Biegedruckzone aufgenommene Anteil der Querkraft kleiner. Die Versuche ergaben deshalb
für den Träger mit geneigten Spanngliedern größere Bügelkräfte als im
Träger mit unten im Zuggurt gerade durchgeführten Spanngliedern (Bild
6.22).

Bei dem Versuch mit geneigtem Spannglied war im Zuggurt eine nur sehr
schwache schlaffe Bewehrung mit 2 $\emptyset$ 8 bis zum Auflager durchgeführt.
Durch weitere Versuche konnte gezeigt werden, daß schon eine geringe
Steigerung dieser im Zuggurt eingelegten schlaffen Bewehrung, hier auf
6 $\emptyset$ 8, genügte, um mit den hochgeführten Spanngliedern zu kleineren Bü-
gelkräften zu kommen als bei unten gerade geführten Spanngliedern
(Bild 6.23).

Man sieht daraus, daß dort, wo gekrümmte Spannglieder die äußere Gurt-
zone verlassen, eine genügend starke schlaffe Bewehrung eingebaut werden muß, um auch dort etwa entstehende Biegerisse fein zu halten. Bachmann, Zürich, hat dieses Problem eingehend untersucht [7]. Er kam
zu dem Ergebnis, daß bei geneigten Spanngliedern an Endauflagern eine
untere Gurtbewehrung durchgeführt werden muß, die mindestens für die
Zugkraft $Z_A = Q_A$ zu bemessen ist. Auch bei Durchlaufträgern muß dort,
wo die Spannglieder von Gurträndern, die Zug erhalten können, entfernt
liegen, eine schlaffe Bewehrung eingebaut sein, die auch dort aus der vorhandenen Querkraft zu bemessen ist (siehe Kap. 18.2).

Eine günstigere Wirkung wird schließlich dadurch erzielt, daß ein Teil der
Spannglieder in den Zuggurten am Rand gerade geführt wird, wobei sich
bei Durchlaufträgern die Spannglieder in den beiden Gurten im Bereich
des Momenten-Nullpunktes um ein reichliches Versatzmaß übergreifen
müssen.

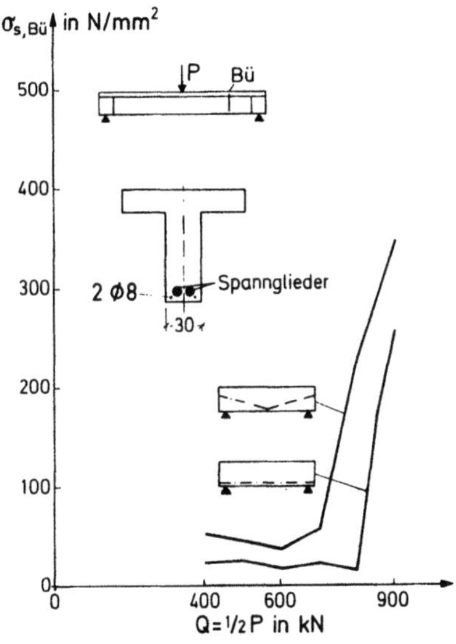

Bild 6.22   Bei schwacher Rand-Gurtbe-
wehrung sind die Bügelkräfte im Träger
mit geneigten Spanngliedern größer als
bei geraden Spanngliedern

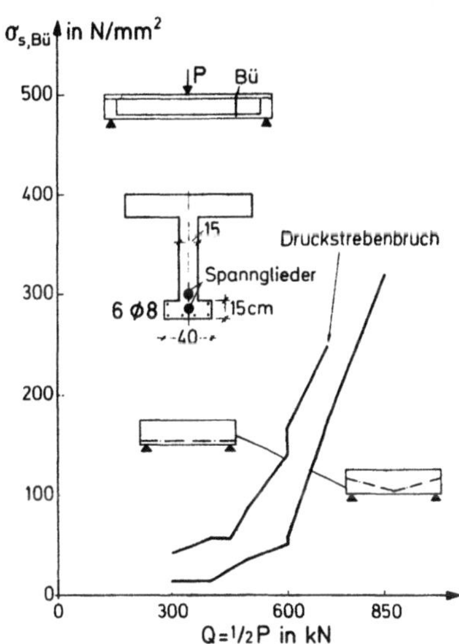

Bild 6.23   Bei verstärkter Rand-Gurtbe-
wehrung bleiben die Bügelkräfte im Träger mit geneigten Spanngliedern kleiner
als bei geraden Spanngliedern

Die Stuttgarter Versuche zeigten auch, daß die Spannungen des Spannstahls
in den geneigten Spanngliedern bei der Laststeigerung bis zum Bruch nur
wenig zunehmen. Man darf daher vom Spannglied auch bei der Grenzlast
nur die für die Vorspannkraft V_o berechnete Vertikalkomponente als Querkraftanteil zuschreiben. V_o soll dabei genähert den Zuwachs der Zugkraft
durch Laststeigerung über V_∞ berücksichtigen.

6.4 Tragverhalten bei Torsion

Torsions-Versuche an Spannbetonträgern sind 1963 zuerst in Stuttgart an
großen Hohlkastenträgern durchgeführt worden, die gleichzeitig auf Biegung und Querkraft beansprucht waren (siehe Heft 202 des DAfStb). Später wurden von Thürlimann und Lüchinger in Zürich systematische Tor-
sionsversuche durchgeführt [8] . Das beobachtete Tragverhalten ist bereits im Teil 4, Abschnitt 7.7, im Hinblick auf Verformungen kurz beschrieben worden und wird hier teilweise wiederholt.

Die Längsvorspannung vermindert die schiefen Hauptzugspannungen und
ändert ihre Richtung durch die Wirkung der σ_x-Druckkomponente. Die
Vorspannung erhöht die Rißlast auch für die schiefwinkligen Torsionsrisse. Das Tragwerk bleibt also auch bei Torsion bis zu einem höheren
Lastgrad im Zustand I als der nicht vorgespannte Träger. Bild 6.24 zeigt
den Vergleich der Verdrehung eines schlaff bewehrten und eines längs vorgespannten Kastenträgers, die beide für gleichzeitige Biegung bemessen
waren, so daß die Längsspannglieder nur im Biegezuggurt lagen. Man erkennt, wie bei starker Vorspannung der Zustand I auch bei Torsion bis zur
0,6-fachen Grenzlast erhalten bleibt.

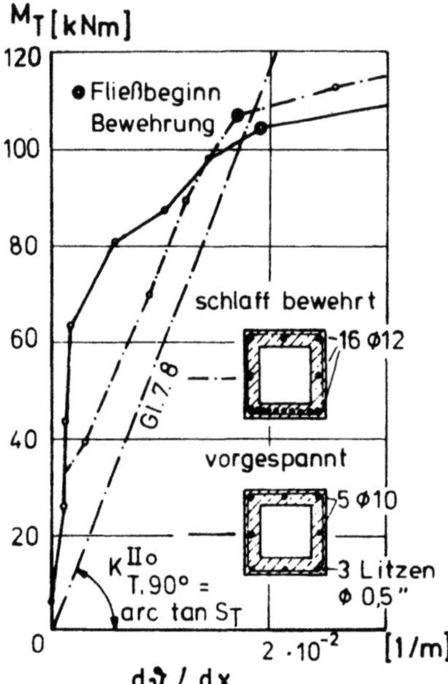

Bild 6.24
Vergleich der Torsions-Verdrehung
eines Spannbeton-Kastenträgers mit
derjenigen eines Stahlbetonträgers
gleichen Querschnitts mit gleicher
Fließkraft der Längs-Stahleinlagen:

$$A_z\beta_{0,2} + A_s\beta_s \quad \text{(Zürcher Versuche)}$$

Nach Thürlimann-Lüchinger kann man die für Torsion erforderliche Längsbewehrung gewissermaßen durch Spannstahl in Längsrichtung ersetzen.
Dabei ist es ohne Einfluß, wo der Spannstahl im Querschnitt eingelegt wird.
Der in der vorgedrückten Biegezugzone eingelegte Spannstahl erhält allerdings bei Torsion die torsionsbedingten Längsspannungen zusätzlich, was
bei der Bemessung natürlich zu berücksichtigen ist.

Interessant ist noch, daß sich beim Übergang zur Grenztraglast Risse aus
Torsionsbeanspruchung Rissen aus einer vorausgegangenen Biegebeanspruchung überlagern (Bild 6.25). Die Torsionsrisse kreuzen die Biegerisse,
als ob letztere nicht vorhanden gewesen wären. Dies setzt allerdings voraus, daß die Rißbreiten durch geeignete Bewehrung klein gehalten werden,
so daß die Kornverzahnung in den Rißflächen erhalten bleibt. Bei wech-
selnder Richtung der Torsionsmomente, wie sie bei Hohlkasten-Brücken-
trägern auftritt, kann eine dritte Rißrichtung auftreten, so daß zum Bei-

spiel der Beton der Bodenplatte des Kastenträgers in kleine Stücke zerlegt ist, die nur durch die Bewehrung zusammengehalten werden. Dieses
Rißverhalten muß man im Auge haben, wenn man Kastenträger mit hoher,
wechselseitiger Torsionsbeanspruchung entwirft. Hierfür ist zweifellos
ein Vorspanngrad zu empfehlen, der solche Rißbildungen unter den häufig
auftretenden Gebrauchslasten verhütet. Die Versuche zeigten andererseits,
daß die Tragfähigkeit der schiefen Druckstreben trotz sich kreuzender Risse erhalten bleibt.

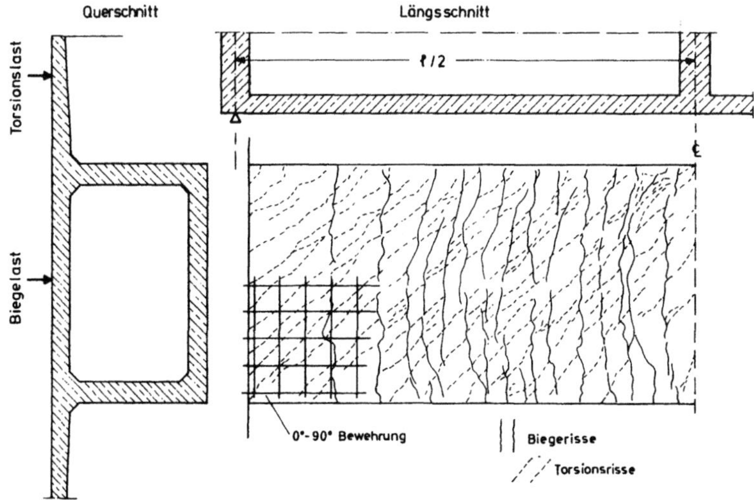

Bild 6.25   Sich kreuzende Risse in der Bodenplatte eines Spannbeton-
kastenträgers, der erst auf Biegung, dann auf Biegung mit Torsion beansprucht wurde (Stuttgarter Versuche, Heft 202)

6.5 Tragverhalten bei mittigem Zug

Reine Zugstäbe aus Spannbeton sind nur sinnvoll, wenn es darauf ankommt,
ihre Dehnung bzw. ihre Längenänderung sehr klein zu halten. Bei der Bemessung solcher Zugstäbe muß man jedoch beachten, daß beim Überschreiten der Betonzugfestigkeit der ganze Betonquerschnitt durchreißt (Trenn-
riß) und die Zugkraft dann nur noch von den Stahleinlagen aufgenommen
werden kann. Die Belastungs-Spannungslinie eines Zugstabes, der nur mit
Spannstahl vorgespannt ist, verläuft dabei wesentlich anders als bei einem
Biegeträger (Bild 6.26). Beim Erreichen der Rißlast entsteht ein Span-
nungssprung $\Delta\sigma = \dfrac{A_b \beta_{bZ}}{A_z}$, der vom Betonquerschnitt und der Betonzugfestigkeit abhängig ist und sehr groß sein kann.

Die weitere Zunahme der Stahlspannungen ist nun proportional zur Zugkraft, also anders als bei Biegeträgern. Die erforderliche Grenzlast wird
nicht erreicht, wenn bei der Bemessung die für den Spannbetonbau zulässige Spannstahlspannung ausgenützt wurde. Hier besteht für den Ingenieur
die Gefahr, diese Stahlspannungen einfach für die Bemessung anzuwenden,
ohne an den Nachweis der Tragfähigkeit zu denken. Wenn man den Zugstab
mit Spannstahl allein ausbilden will, dann muß man bei der Bemessung die
mit dem Sicherheitsfaktor multiplizierte maximale Gebrauchszugkraft
$1,75\ F_{g+p}$ mit $A_z \cdot \beta_{0,2}$ aufnehmen können. Es steht dabei nichts im Wege, den Betonstab dennoch unter Ausnützung von zul σ_{zv} vorzuspannen,
damit er über die Gebrauchslast hinaus unter Druck bleibt.

Hat man im wesentlichen nur mit Spannstahl und nachträglichem Verbund
vorgespannt, dann nimmt die Zugstabdehnung natürlich beim Übergang zum
Zustand II schlagartig zu, weil der Spannungssprung den Verbund zerstört
und nur wenige Risse auftreten (Bild 6.27).

Wenn diese Dehnung schädliche Auswirkungen auf das übrige Tragsystem
hat, dann muß für den Grenztraglastfall die Dehnung durch Zulage schlaffer
Bewehrung vermindert werden. In jedem Fall ist es zweckmäßig, solche
Spannbetonzugstäbe zusätzlich schlaff zu bewehren und gut zu verbügeln,
damit der Übergang vom Zustand I zum Zustand II gemildert und der Verbund der Spannglieder nicht gleich überbeansprucht wird.

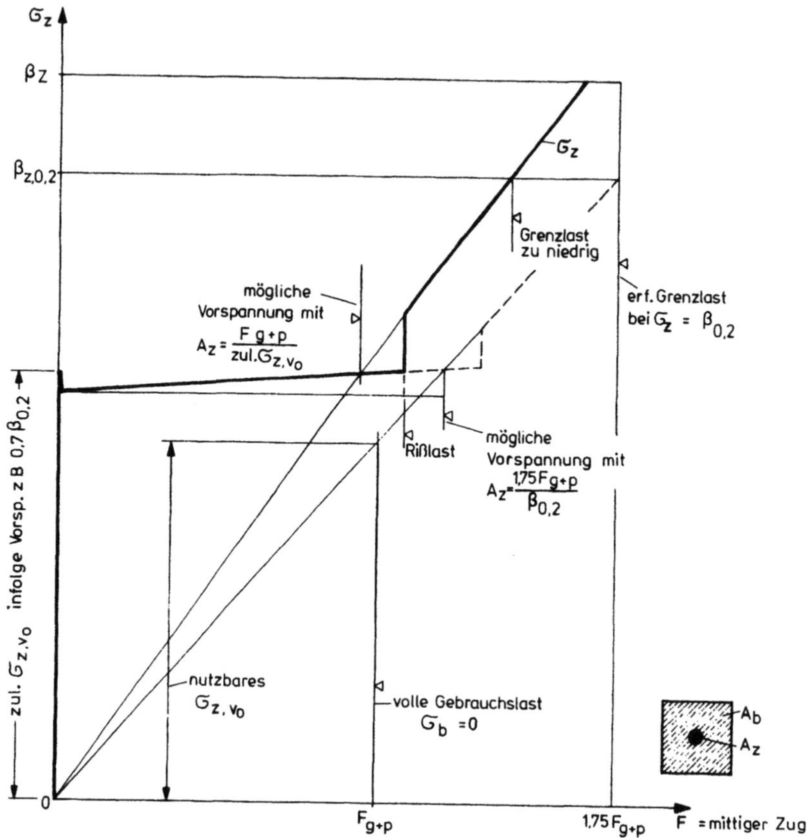

Bild 6.26   Bei Zugstäben aus Spannbeton darf A_z nicht mit zul $\sigma_{z,vo}$ für
volle Vorspannung (erf $V_{\infty} = F_{g+p}$) bemessen werden, weil dann die
erf. Grenzlast nicht erreicht wird. Richtige Bemessung

$$A_z = \frac{1{,}75\,F_{g+p}}{\beta_{0,2}} \ \text{oder} = (A_z + A_s)$$

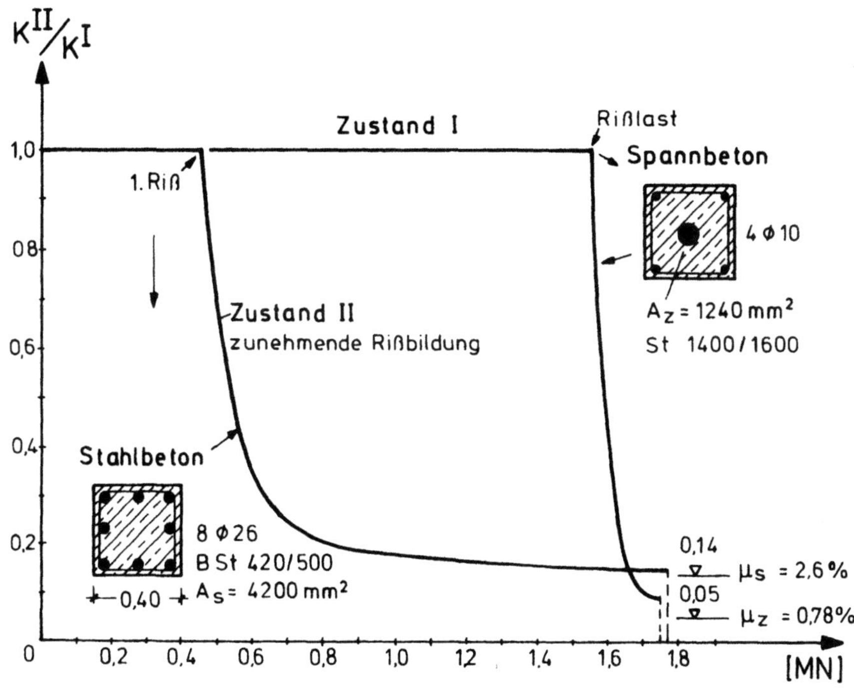

Bild 6.27 Vergleich der Entwicklung der Dehnsteifigkeit K bei zunehmender Zugbeanspruchung zwischen einem Spannbeton- und einem Stahlbeton-Zugstab für 1000 kN Zugkraft. Der schlagartige starke Verlust an Dehnsteifigkeit bei überwiegendem A_z kann die Sicherheit des Tragwerkes gefährden (vergl. Teil 4, Bild 4.4)

7. Wahl des Vorspanngrades

7.1 Definition des Vorspanngrades

Der Vorspanngrad $\varkappa$ wird zweckmäßig so definiert, daß er bei Biegeträgern für volle Vorspannung gleich 1,0 wird. Volle Vorspannung bedeutet, daß bei voller Gebrauchslast im Zustand nach Spannkraftverlusten durch Schwinden und Kriechen die Betonspannung an der äußeren Biegezugfaser $\sigma_b = 0$ ist. Das Biegemoment infolge voller oder teilweiser Gebrauchslast, welches zusammen mit V_∞ die Randspannung $\sigma_b = 0$ ergibt, wird als Dekompressionsmoment M_D bezeichnet. Demnach ist der

$$\text{Vorspanngrad } \varkappa = \frac{\text{Dekompressionsmoment infolge } g + \Delta p + V_\infty}{\text{volles Gebrauchslastmoment}} = \frac{M_D}{\max M_{g+p}}$$

B. Thürlimann, Schweiz, hat eine andere Definition eingeführt, die gelegentlich nützlich ist. Er wählt das Verhältnis des im Biegezuggurt vorhandenen Spannstahlquerschnittes zur Summe von Spannstahl + Betonstahl, je mit der zugehörigen Festigkeit multipliziert. Demnach ist der

$$\text{Vorspanngrad } \lambda = \frac{A_z \beta_{z,0,2}}{A_z \beta_{z,0,2} + A_s \beta_{s,S}}$$

Dieser Vorspanngrad λ kann auch für Zugstäbe benützt werden. Er hängt von den Festigkeiten der gewählten Stahlarten ab und gibt bei Biegeträgern erst über Umwege Auskunft darüber, bis zu welchem Belastungsgrad Betonzugspannungen vermieden werden.

Beide Definitionen der Vorspanngrade sind bei mäßiger Vorspannung massiger Betonbauwerke nicht brauchbar. Dort ist es üblich, den Vorspanngrad einfach dadurch anzugeben, daß man die durch die Vorspannung erzeugte mittlere Betondruckspannung als Maßstab wählt.

7.2 Beurteilung des Vorspanngrades

Es ist falsch zu glauben, daß volle Vorspannung ein besseres Bauwerk ergäbe als beschränkte oder teilweise Vorspannung; das Gegenteil kann der Fall sein. Wenn zum Beispiel das Verhältnis Verkehrslast : Eigengewicht $= p : g$ groß ist, dann muß in einem Plattenbalken für volle Vorspannung die Betondruckspannung im vorgedrückten Zuggurt sehr hoch gewählt werden (Bild 7.1).

Die Vorschriften lassen dort ungewöhnlich hohe Druckspannungen zu, weil diese bei Verkehrslast abnehmen. Die Folge dieser hohen Biegedruckspannungen im Zuggurt ist eine starke negative Durchbiegung, die im Laufe der Zeit durch Schwinden und Kriechen anwächst. Wiederholt wurde die Gebrauchsfähigkeit voll vorgespannter Tragwerke dadurch stark beeinträchtigt. Es besteht auch Gefahr, daß bei $g + V_o$ im Druck-

gurt Zug auftritt, vor allem wenn beim Vorspannen das volle Eigengewicht g noch nicht wirksam wird (fehlender Belag z.B.); dann entstehen oben Risse und die negativen Durchbiegungen wachsen stark an.
(Bild 7.2).

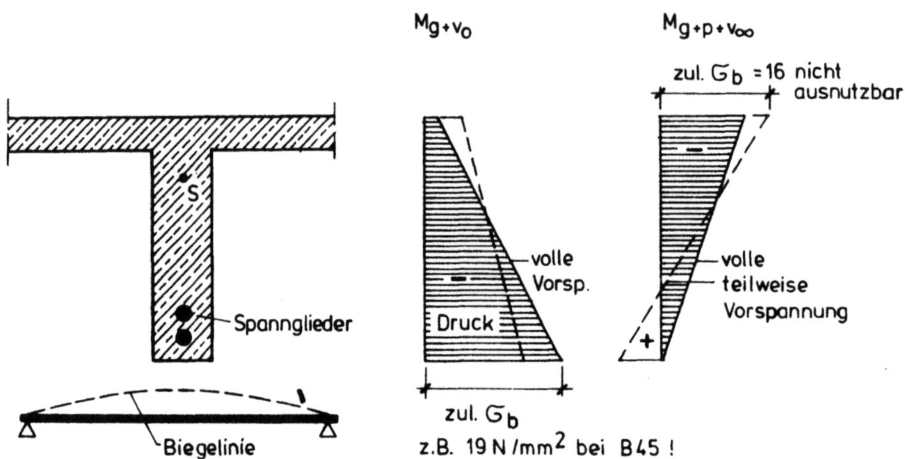

Bild 7.1   Querschnitt im Feld. Bei großem p : g kann die Druckspannung
σ_b im Zuggurt für volle Vorspannung sehr hoch gewählt werden und verursacht starke negative Durchbiegungen, vor allem durch Kriechen

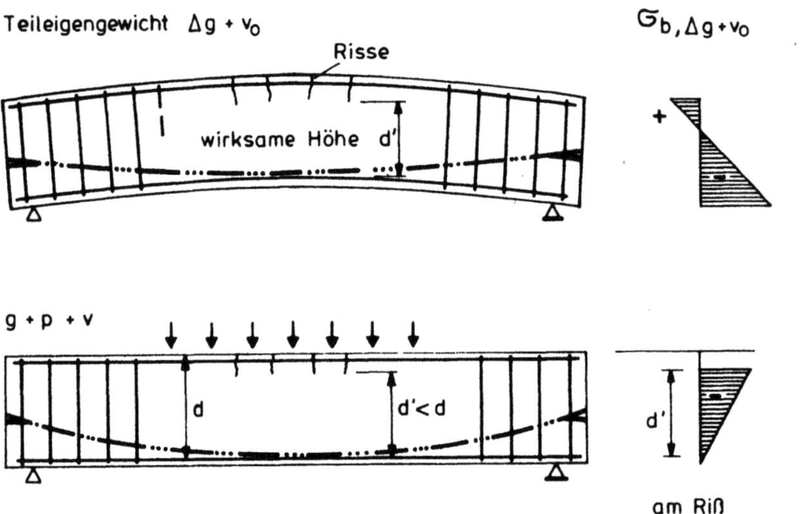

Bild 7.2   Hoher Vorspanngrad kann bei Teileigengewicht Δg zu Rissen
in der "Druckzone" führen, die sich durch Kriechen öffnen und später bei
Belastung nicht mehr ganz schließen. - Folge: verkleinerte wirksame
Höhe d

Bei Durchlaufträgern können bei voller Vorspannung die geometrisch möglichen größten Hebelarme der Spannglieder nicht ausgenützt werden. Im
Bereich der Stützmomente werden Zulage-Spannglieder nötig, die oft
schlecht unterzubringen sind und störende Verankerungen bedingen. Solche Zulage-Spannglieder können bei teilweiser Vorspannung entfallen.

Volle Vorspannung verleitet auch dazu, nur sehr wenig schlaffe Bewehrung zuzulegen, was die Vorschriften zum Nachteil der Bauwerke erlauben. Wenn dann Risse durch Zwangskräfte zum Beispiel infolge von Tem-
peraturdifferenzen oder ungleichen Stützensenkungen entstehen, dann haben diese unzulässige Rißbreiten, weil die mangelhafte Verbundfestigkeit

großer Spannglieder nicht ausreicht, um kleine Abstände und Breiten
der Risse zu sichern.

Die durch Schäden an Spannbetonbauwerken und durch Versuche in den
letzten 20 Jahren gewonnenen Erkenntnisse besagen eindeutig, daß für die
üblichen Tragwerke im Hoch- und Brückenbau die beschränkte oder teilweise Vorspannung zu einem günstigeren Verhalten der Bauwerke führt
als die volle Vorspannung. Dabei wird vorausgesetzt, daß die schwäche-
re Vorspannung durch mehr schlaffe Bewehrung, die nach Rißbeschrän-
kungsregeln zu bemessen ist, ausgeglichen wird. Die Kriechverformungen werden kleiner, für Gebrauchslastverformungen bleibt der Zustand I
weitgehend erhalten und wenn Risse auftreten, dann bleiben sie haarfein
und reduzieren die Steifigkeit nur geringfügig, weil die Vorspannung den
Spannungssprung im Betonstahl sehr klein hält und damit die Mitwirkung
des Betons auf Zug zwischen entstandenen Rissen erhalten bleibt. Insgesamt wird das Bauwerk zäher und widerstandsfähiger. Für die Gebrauchsfähigkeit ist daher häufig die teilweise Vorspannung günstiger als
die volle Vorspannung. Das gleiche gilt auch für die Sicherheit der Tragfähigkeit, weil die zusätzliche schlaffe Bewehrung beim Übergang zur
Grenzlast die Verbundschwäche injizierter Spannglieder ausgleicht und
so mithilft, daß auch der Spannstahl mit seiner ganzen Festigkeit ausgenützt wird.

Volle Vorspannung ist nur dort notwendig, wo Trennrisse unbedingt verhindert werden müssen, z.B. in Zugstäben oder in Wänden von Flüssig-
keitsbehältern. Da auch in solchen Bauwerken Zwangsbeanspruchungen
auftreten können, ist für sie sogar zu empfehlen, einen Vorspanngrad
$\varkappa > 1,0$ zu wählen und dennoch schlaffe Bewehrung zur Rißbeschränkung
bei außergewöhnlichen Beanspruchungen zuzulegen.

7.3 Kriterien zur Beurteilung des Vorspanngrades

7.3.1 Einfluß des Vorspanngrades auf die Stahlspannungen

H. Bachmann, ETH Zürich, hat in seiner Arbeit [9] den Einfluß des
Vorspanngrades auf verschiedene wesentliche Werte an einfachen Beispielen dargestellt: Für eine massive 0,30 m dicke und 1,0 m breite
Platte wird der aus Spannstahl A_z und Betonstahl A_s bestehende Zuggurt für die verschiedenen Vorspanngrade $\varkappa$ so bemessen, daß stets
die gleiche Grenzlast = 1,8 (g+p) erreicht wird (nach SIA ist der globale Sicherheitsfaktor $\nu = 1,8$, also geringfügig höher als nach DIN mit
$\nu = 1,75$). Für den Spannstahl wird zul $\sigma_{v\infty} = 1030$ N/mm^2 angenommen
(Stahlgüte $\beta_{z,0,2} = 1500$, zul $\sigma_{vo} = 0,75 \beta_{z,0,2}$), für den Betonstahl $\beta_{s,S} =$
460 N/mm^2.

Der erf. Stahlquerschnitt des Zuggurtes ist in Bild 7.3 abhängig vom
Vorspanngrad dargestellt. Das Minimum der Menge liegt bei $\varkappa = 0,6$.
Im Hinblick auf die höheren Kosten des Spannstahles wird das Kosten-
minimum etwa bei $\varkappa = 0,5$ liegen.

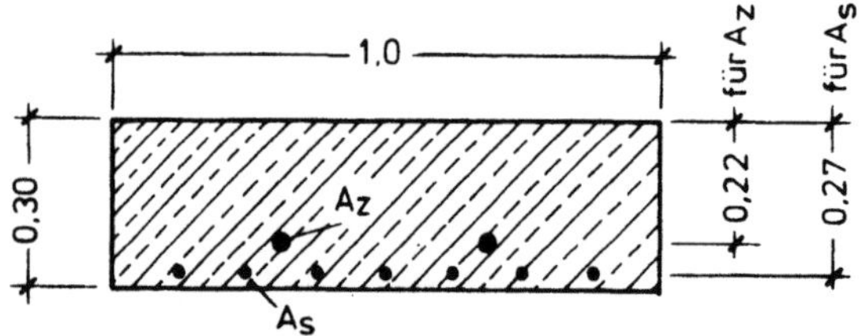

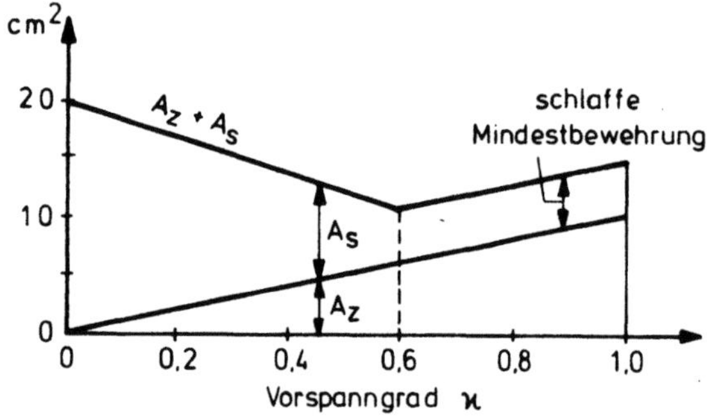

Bild 7.3   Erforderlicher Querschnitt des Zuggurtes $A_s + A_z$ abhängig vom Vorspanngrad $\varkappa$

Die Bedingung $\sigma_b = 0$ bei voller Gebrauchslast führt dazu, daß mehr Spannstahl eingelegt werden muß als für die Sicherheit der Tragfähigkeit nötig ist, demnach entsteht für $\varkappa > 0,6$ ein Überschuß an Sicherheit (Bild 7.4). Dieser Überschuß wird bei den in DIN 4227 unnötig niedrigen zul $\sigma_{vo} = 0,55\,\beta_{z,u}$ noch größer als nach der Schweizer Vorschrift.

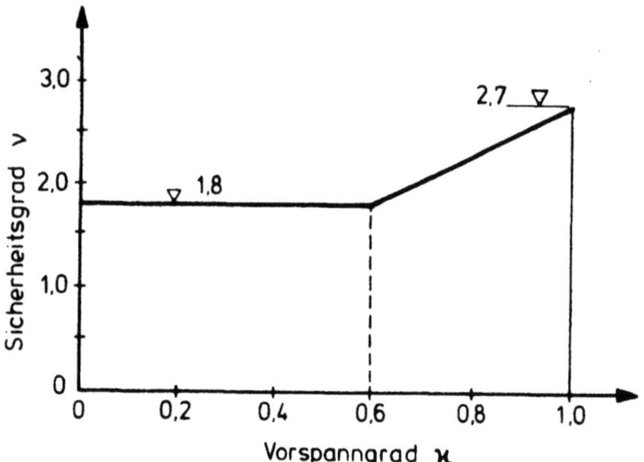

Bild 7.4   Sicherheitsgrad $\nu = \dfrac{F_u}{\text{zul } F_{g+p}}$ abhängig vom Vorspanngrad

Besonders wichtig ist es zu erkennen, daß im Gebrauchszustand die Zunahme der Stahlspannungen beim Aufbringen der Verkehrslast bis herab zu Vorspanngraden von nur $\varkappa = 0,4$ durch die Vorspannung stark vermindert und weit unter der Schwingbreite der Ermüdungsfestigkeit bleiben wird (Bild 7.5).

Die Zunahme der Stahlspannung im Betonstahl durch Nutzlast allein, also $\Delta\sigma_{s,p}$, über die Spannung $\sigma_{s,g+v}$ ist natürlich auch abhängig vom Verhältnis p : g. Die infolge Nutzlast möglichen Spannungswechsel (Bild 7.6) sind zwar bei teilweiser Vorspannung wegen des kleineren Zuggurtquerschnittes für Vorspanngrade bis etwa $\varkappa < 0,6$ größer als bei

nicht vorgespannten Trägern, aber dennoch so klein, daß bis etwa
$p < 0,67\,g$ die maximal möglichen Spannungswechsel mit ausreichender
Sicherheit unter der Ermüdungsfestigkeit bleiben.

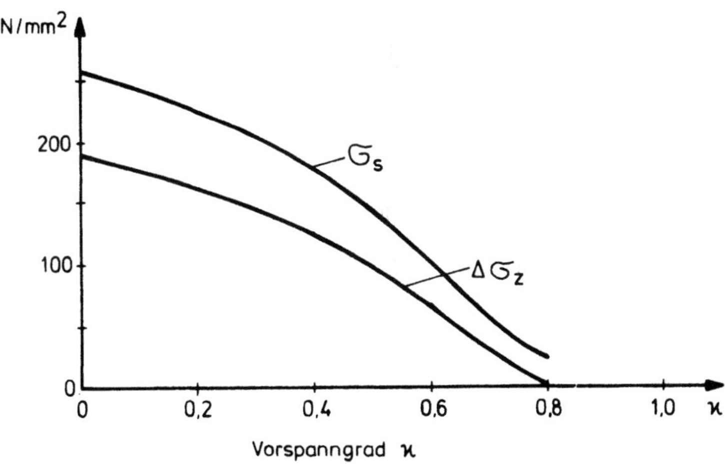

Bild 7.5 Stahlspannungen σ_s und Zunahme der Spannstahlspannung $\Delta\sigma_z$
bei voller Gebrauchslast abhängig vom Vorspanngrad

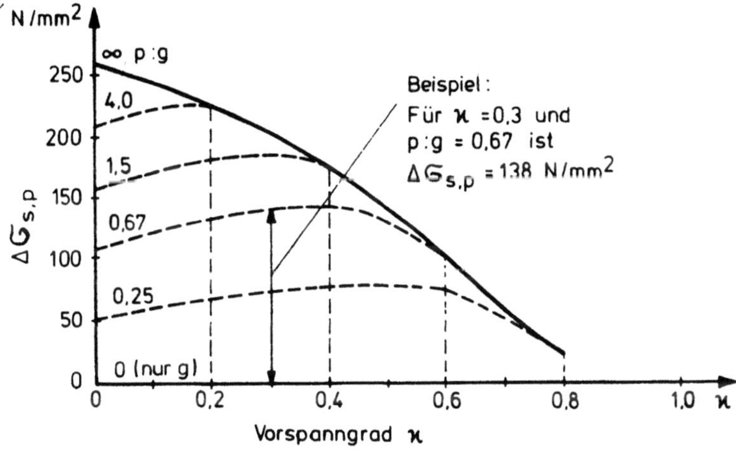

Bild 7.6 Maximale Spannungszunahme im Betonstahl $\Delta\sigma_{s,p}$ infolge voller
Nutzlast bei verschiedenen $p : g$ abhängig vom Vorspanngrad

<u>7.3.2 Einfluß des Vorspanngrades auf Rißbreiten und Durchbiegungen</u>

R. W a l t h e r , ETH Lausanne [10] hat Versuche an zweifeldrigen Platten
mit verschiedenem Vorspanngrad λ (siehe 7.1) und unterschiedlicher Annahme der Biegemomente, also mit geplanter Momenten-Umlagerung
(siehe [0] Teil 4, Kap. 8.5) durchgeführt. Die Annahmen für die Biegemomente zeigt Bild 7.7, bei den Platten A war das Stützmoment zu
$0,7\,M_{el}$ angenommen. Der Vorspanngrad λ wurde mit 0,9; 0,6 und 0,3
variiert, indem für $\lambda = 0,9$ drei Spannglieder aus je einer Litze $\emptyset$ 12 mm
aus St 1680/1910 mit V_o = 124 kN, bei $\lambda = 0,3$ nur 1 Spannglied eingebaut war. Die schlaffe Bewehrung wurde so bemessen, daß $A_z + A_s$ jeweils das geplante Grenzlastmoment rechnerisch ergaben (Bild 7.8).

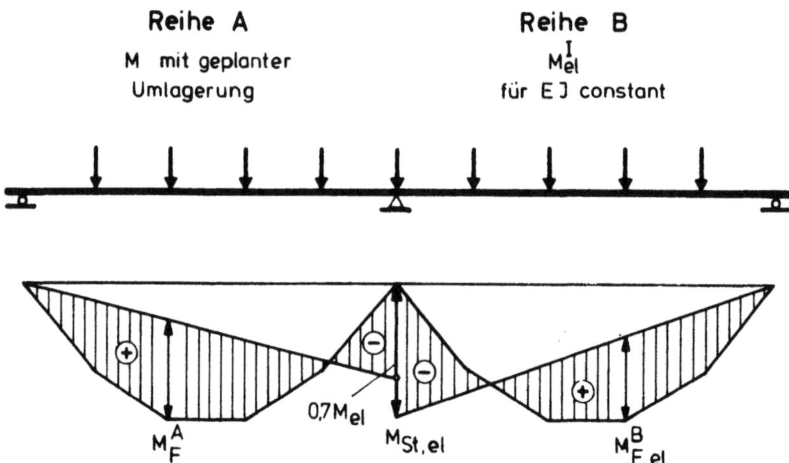

Bild 7.7 Versuche von R. Walther, Momentenverteilung für Bemessung,
Reihe A mit geplanter M-Umlagerung. Momentenbilder

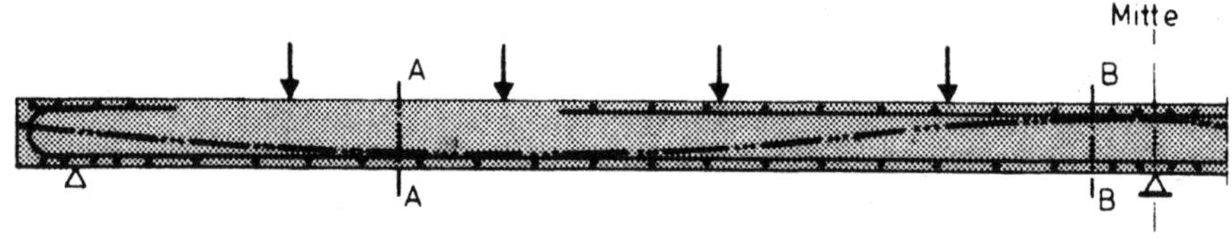

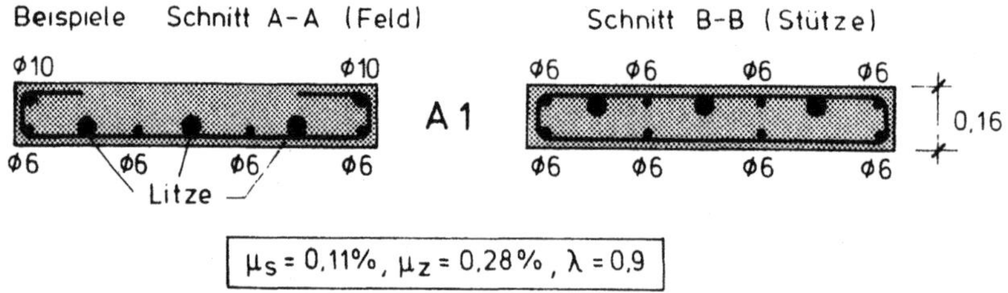

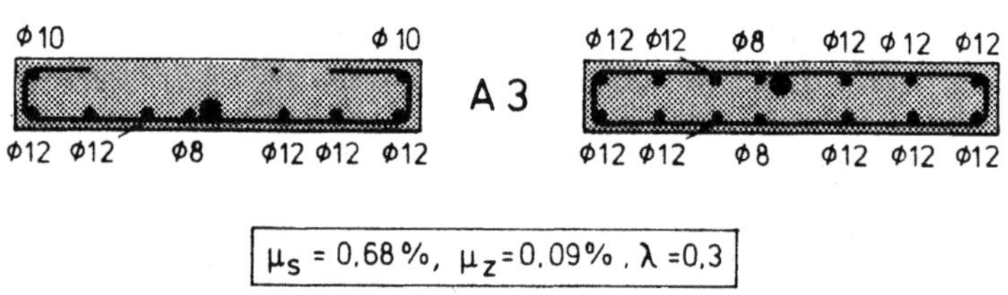

Bild 7.8 Versuche von R. Walther: Bewehrung und Spanngliedführung.
Beispiele der Querschnitte für Reihe A

Die gemessenen Bruchlasten lagen entsprechend fast auf gleicher Höhe
und durchweg etwa 30 % über den mit den Grenzdehnungen max ε errechneten Grenztraglasten (s. Tabelle 7.I). Die Betonfestigkeiten lagen zwischen β_{w28} = 32,6 und 49,4 N/mm^2.

Bei den Versuchsergebnissen ist besonders zu beachten, daß das R i ß -
v e r h a l t e n bis zur vollen zulässigen Gebrauchslast schon mit dem sehr
niedrigen Vorspanngrad λ = 0,3 sehr günstig beeinflußt wird und dabei die
max. Rißbreiten nur noch etwa halb so groß waren, wie ohne Vorspannung
(Bild 7.9, Träger A 4, B 4). Bei dem Vorspanngrad λ = 0,6 blieben die
Risse bei voller Gebrauchslast mit max $\approx$ 0,05 mm kaum feststellbar. Die
Bemessung mit geplanter Momenten-Umlagerung führte in der Summe der
Rißbreiten zu einem günstigeren Ergebnis als die Bemessung für M_{el}.

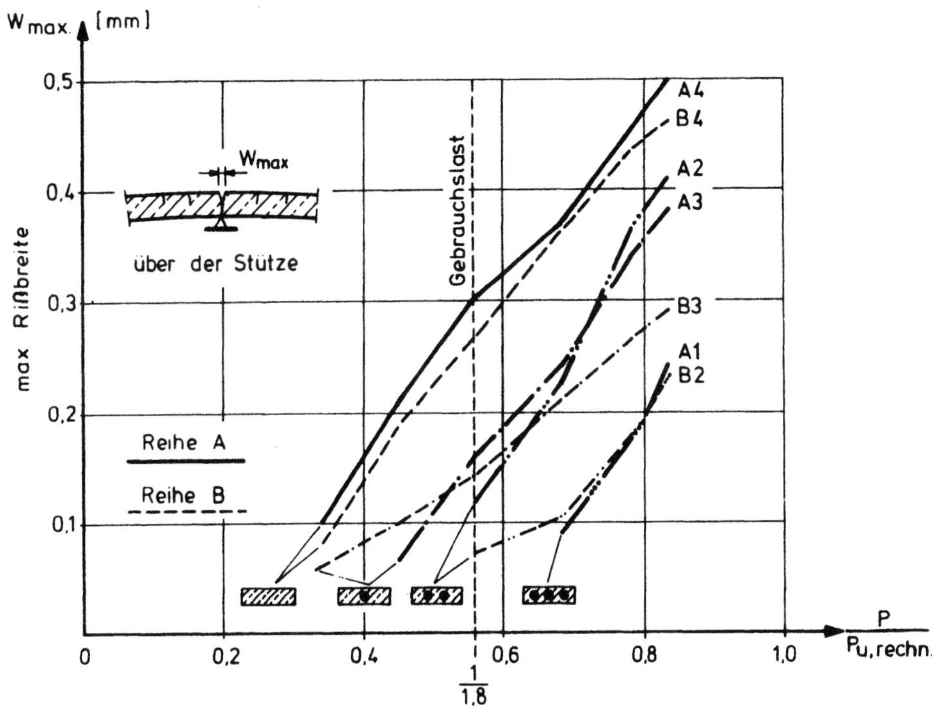

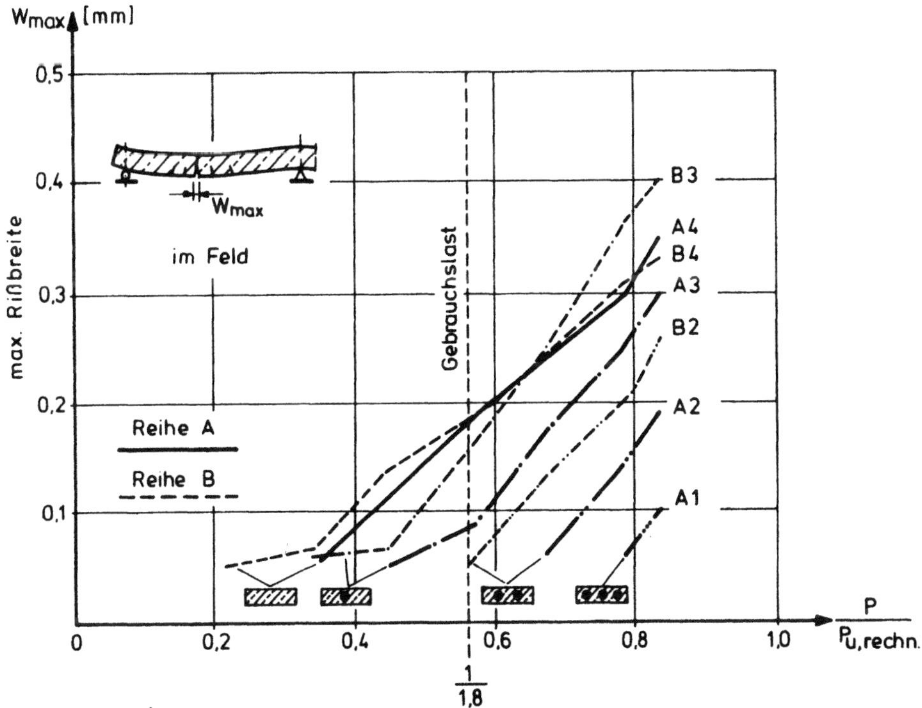

Bild 7.9 Maximale Rißbreiten über der Zwischenstütze und im Feld bei zunehmendem Belastungsgrad für die Platten gemäß Bild 7.8 und Tabelle 7.I nach 10-fachen Lastwiederholungen unter voller Gebrauchslast

Platte	Momenten-deckung		Vorspanngrad λ		Grenz-last P_{gr} kN	Bruchlast P_u rechn. kN	P_u gemess kN	$\dfrac{P_{u,mess}}{P_{gr}}$
	Stütze	Feld						
A 1			0,9		140	163	186	1,33
A 2	0,71	1,18	0,6		139	164	178	1,28
A 3			0,3		137	176	184	1,34
A 4			—		137	180	182	1,33
B 2			0,35	0,76	14	16	17	1,26
B 3	1,00	1,00	0,20	0,38	13	17	18	1,38
B 4			—	—	13	17	18	1,36

Tabelle 7.1   Daten der Versuchsreihen von R. Walther nach Bild 7.8
mit gemessenen Bruchlasten

Man kann daraus folgern, daß schon <u>niedrige Vorspanngrade von λ = 0,3
bis 0,6 genügen, um die Rißbreiten im Gebrauchszustand</u> auch bei Lastwiederholungen im unschädlichen Bereich von max w < 0,2 mm zu halten,
selbst wenn die Nutzlast p im Vergleich zum Eigengewicht g sehr hoch ist,
hier p : g = 9 !

Das gleiche günstige Ergebnis zeigt sich bei den D u r c h b i e g u n g e n
(Bild 7.10). Schon der Vorspanngrad λ = 0,3 genügt, um die max. Durch-
biegungen im Feld um rd 40 % zu verringern. Bei λ = 0,6 sind die Durch-
biegungen unter voller Gebrauchslast nur geringfügig größer als bei voller
Vorspannung. Die geplante Momenten-Umlagerung brachte fast keinen
Unterschied bei den Durchbiegungen.

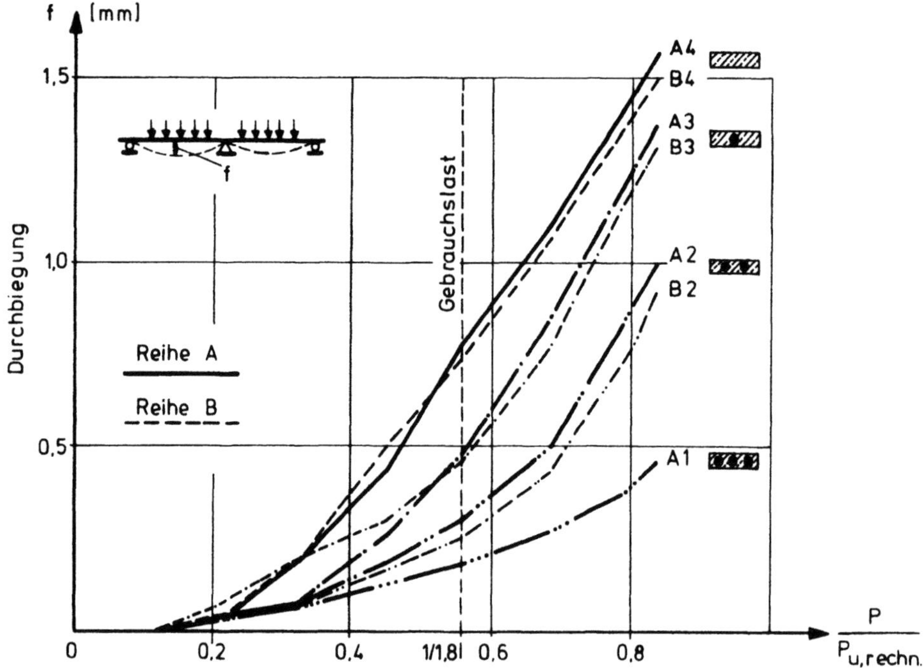

Bild 7.10   Maximale Durchbiegungen im Feld bei zunehmendem
Belastungsgrad

Man kann also auch hier sagen, daß schon niedrige Vorspanngrade von
λ = 0,3 bis 0,6 genügen, um die Durchbiegungen bis zur vollen Gebrauchslast wesentlich zu verringern gegenüber denjenigen nicht vorgespannter
Träger.

Die erforderliche Grenztraglast läßt sich unabhängig vom Vorspanngrad
sicherstellen.

Ähnlich günstige Ergebnisse haben B. Thürlimann und R. Walther
mit anderen Versuchen erhalten [11, 12] .

7.4 Wie wählt man den Vorspanngrad?

Die Anforderungen an die Gebrauchsfähigkeit sind für die zweckmäßige
Wahl des Vorspanngrades ausschlaggebend. Im Hochbau kann zum Beispiel für weitgespannte Decken gefordert sein, daß sie unter Eigengewicht
oder Eigengewicht + Dauerlasten tadellos eben sind und bleiben, also nach-
trägliche Durchbiegungen durch Schwinden und Kriechen möglichst klein
bleiben. Man wählt dann den Vorspanngrad so, daß die Decke für diesen
Lastfall keine nennenswerte Durchbiegung aufweist. Hierfür genügen meist
Vorspanngrade von 0,4 bis 0,6.

Bei Brücken und vielen anderen Tragwerken treten die für die Tragfähigkeit zu berücksichtigenden vollen Verkehrslasten praktisch fast nie auf. Die
häufig vorkommenden Verkehrslasten betragen oft nur das 0,2- bis 0,4-
fache der vollen Verkehrslast. Für die Gebrauchsfähigkeit genügt es daher für diesen Verkehrslastanteil Biegezugspannungen im Beton zu vermeiden, wobei für den Fall voller Verkehrslast Bedingungen an die zulässige Rißbreite gestellt werden, die durch entsprechende Verteilung der
zusätzlichen schlaffen Bewehrung zuverlässig eingehalten werden können.

Auch für Eisenbahnbrücken und stark befahrene Straßenbrücken, bei denen
die dynamische Beanspruchung bzw. die Dauerfestigkeit eine Rolle spielt,
genügt die teilweise Vorspannung in der Regel ohne besondere Ermüdungs-
nachweise.

Die Empfehlung lautet also, in der Regel den Vorspanngrad so zu wählen,
daß bei häufig vorkommenden oder dauernd wirkenden Lasten noch keine
oder nur geringe Biegezugspannungen am Trägerrand auftreten.

In Sonderfällen können Grenzen zulässiger Verformung bei Gebrauchslasten für den Vorspanngrad bestimmend sein.

Bei Zuggliedern, auch bei Biegung mit Längszug, kann es nötig oder
zweckmäßig sein, den Vorspanngrad $\varkappa > 1,0$ zu wählen, wenn Trennrisse die Gebrauchsfähigkeit beeinträchtigen können (siehe Schluß von 7.2).

In statisch unbestimmten Tragwerken sind Eigen- und Zwängungsspan-
nungen besonders aus Temperaturgefällen ΔT für die Bestimmung der
Zonen maßgebend, in denen die Bewehrung für Rißbreiten-Beschränkung
zu bemessen ist.

7.5 Zur Situation der Vorschriften

Die CEB-FIP Mustervorschrift 1978 hat die in der früheren Ausgabe
1970 vorgesehene Einteilung der Spannbetontragwerke in Klassen je nach
Vorspanngrad aufgegeben und hat statt dessen Klassen oder Stufen der
Anforderungen im Hinblick auf Rissefreiheit oder Rißbreitenbeschränkung
eingeführt. Die Mustervorschrift stellt dem Ingenieur die Wahl des Vorspanngrades für die Erfüllung der Anforderungen frei.

Für die Bundesrepublik Deutschland wird in der neuen DIN 4227, Ausgabe 1979, die Einteilung in volle und beschränkte Vorspannung mit zugehörigen Grenzen zulässiger Spannungen beibehalten. Die teilweise Vorspannung wird nur zögernd angegangen, für sie soll ein Beiblatt heraus-
kommen. Öffentliche Bauherren schreiben häufig den Vorspanngrad vor.

Die schweizerische SIA Norm Nr. 162 stellt seit rund 8 Jahren den Vorspanngrad frei und fördert die teilweise Vorspannung, deren Vorteile in
der Praxis bestätigt wurden. (Siehe Vortrag B a c h m a n n auf dem Deutschen Betontag 1979, Berlin [9]).

8. Beständigkeit der Spannbetontragwerke gegen Korrosion

8.1 Erfahrungen

Korrosion ist eine Gefahr für die Dauerhaftigkeit aller Bauwerke. Spannstahl ist meist empfindlicher gegen verschiedene die Korrosion verur-
sachende Agenzien als normaler Baustahl oder Betonstahl. Spannstahl
neigt vor allem im gespannten Zustand zum Sprödbruch durch Spannungsrißkorrosion oder durch Wasserstoff-Versprödung [2]. Im Laufe der
Entwicklung konnte man metallurgische Ursachen dieser Korrosionsempfindlichkeit feststellen und besonders gefährdete Spannstähle aus-
schalten. Dennoch verbleibt auch bei den heute zugelassenen Spannstählen eine hohe Korrosionsempfindlichkeit, die zu den in Kap. 4.2 beschriebenen Schutzmaßnahmen für Transport, Lagerung und Verarbeitung der
Spannstähle geführt hat.

Folgende Agenzien sind als besonders korrosionsfördernd erkannt worden:
Nitrate begünstigen die Spannungsrißkorrosion, Sulfide die Wasserstoff-
Versprödung, Chloride führen zu Lochfraß und damit zu Kerbwirkungen
und zur Begünstigung der Wasserstoff-Versprödung. Chloride sind dadurch besonders schädlich, daß sie auch den Beton zerfressen, was die
nicht mehr übersehbaren Tausalz-Schäden an Betonbauten beweisen.
Die genannten Agenzien müssen streng vermieden werden.

G. R e h m hat in [13] eine Übersicht über bisher bekannt gewordene
Bauwerkschäden durch Korrosion gegeben. Demnach sind bis Februar
1978 in der Bundesrepublik Deutschland Spannstahlbrüche bei 27 Bauwerken bekannt geworden. Dabei waren die Stähle ausschließlich im
nicht mit Zementstein umhüllten Zustand. Meist kamen mehrere Ursachen zusammen, die außerhalb der ordnungsgemäßen Bauausführung lagen. Diesen 27 Schadensfällen stehen allein im Brückenbau der Bundesrepublik rund 20 000 Spannbetonbrücken gegenüber, in denen die Spannstähle ihre Aufgabe einwandfrei erfüllen. Es besteht daher kein Anlaß,
an der Beständigkeit der Spannbetonbauwerke gegen Korrosion zu zwei-
feln, wenn die anerkannten Regeln für Spannbeton beim Entwurf und bei
der Bauausführung beachtet werden.

8.2 Vorspanngrad und Korrosionsgefahr

Die Korrosionsgefahr hängt stark von den Eigenschaften der das Bauwerk umgebenden Luft ab, die durch Luftverschmutzung zum Beispiel
säurehaltig sein kann und je nach Temperatur und örtlicher Lage unterschiedlich feucht ist. Besonders gefährlich ist warme Meeresluft, die
bei hoher Feuchtigkeit Chloride enthält. Die Schutzmaßnahmen gegen
Korrosion müssen daher von dem Grad der Aggressivität der Umgebung
abhängig gemacht werden. Hier war man lange der Meinung, daß bei
aggressiver Umgebung volle Vorspannung verlangt werden müsse, um
Risse zu verhüten. Jahrzehntelange Forschung ergab jedoch, daß Rißbreiten bis 0,3, ja sogar 0,4 mm fast keinen Einfluß auf die Korrosion
haben, wenn der Beton dicht und die Betondeckung ausreichend groß ist,

um das Vordringen der Karbonatisierung bis zum Stahl zu verhindern [14].
Demnach steht nichts im Wege, auch bei aggressiver Luft teilweise Vorspannung anzuwenden, vor allem wenn der Vorspanngrad so gewählt wird,
daß sich unter ständiger Last - also im Dauerzustand - die eventuell unter
Verkehrslast entstandenen Risse wieder schließen. Die erst 1977 von F.S.
R o s t á s y , TU. Braunschweig, durchgeführten Korrosionsversuche an
teilweise vorgespannten Balken (noch nicht veröffentlicht) haben erneut
bewiesen, daß eine meßbare Schädigung der Spannstähle bei allen Angriffsmitteln außer Chloriden bei Rißbreiten < 0, 2 mm durch Korrosion nicht
festzustellen war. Dabei waren die Balken auch 50 000 Lastwechseln mit
P_o bis zu 1, 2 zul (G + P) bei dauernd wiederholtem Besprühen mit konzentrierten Angriffsmitteln ausgesetzt. Chloride sind aber in Konzentra-
tionen, wie sie bei Streusalz auftreten, auch für nicht gerissenen Beton,
also unabhängig vom Vorspanngrad schädlich, weil sie den Beton innerhalb weniger Jahre zersetzen können und Stahleinlagen zerfressen. Sie
müssen daher durch Schutzüberzüge vom Beton ferngehalten werden.

Rostásy schreibt in seinem Versuchsbericht: "Die Messungen bestätigen,
daß sich gerade teilweise vorgespannte Balken hinsichtlich der Rißbreiten
am günstigsten verhalten, da sowohl der Vorteil der Vorspannung, die
den Beginn der Rißbildung verzögert, und der Vorteil einer guten Verbundwirkung der schlaffen Bewehrung (wodurch die Risse gleichmäßig
verteilt werden und klein bleiben) genutzt werden."

Demnach ist die Beständigkeit der Spannbetontragwerke gegen Korrosion
auch bei teilweiser Vorspannung gegeben, wenn die zulässigen Rißbreiten
eingehalten und die übrigen Regeln erfüllt sind.

8.3 Regeln zur Sicherung der Beständigkeit gegen Korrosion

Zunächst müssen die zum Korrosionsschutz des Spannstahles erlassenen
Vorschriften für den Transport, die Lagerung, die Verarbeitung, den Einbau sowie die Behandlung zwischen Vorspannen und Einbetonieren oder Einpressen von Zementmörtel streng beachtet werden (DIN 4227, Abschn. 6.5).

Die Zuschläge, der Zement, das Wasser und etwaige Zusatzmittel des
Betons und des Einpreßmörtels dürfen keine korrosionsverursachenden
Bestandteile enthalten. Insbesondere sind die zulässigen Grenzen für
Sulfide und Chloride zu beachten, letztere sollten nach allen bisherigen
Erfahrungen ganz ausgeschlossen werden.

Die Zusammensetzung des Betons und seine Verarbeitung müssen so gewählt werden, daß ein dichtes Gefüge erreicht wird und der Luftporenge-
halt das für die Frostbeständigkeit erforderliche Maß möglichst nicht
überschreitet.

In konstruktiver Hinsicht müssen die vorgeschriebenen Mindestwerte der
Betondeckungen der schlaffen Bewehrungen eingehalten oder besser um
5 bis 10 mm überschritten werden. Die Betondeckungen der Spannstähle
sollen grundsätzlich um 10 bis 20 mm größer gewählt werden als die für
die Betonstähle vorgeschriebenen Mindestwerte. Für Spannglieder in
Hüllrohren sollte die Betondeckung mindestens gleich dem Hüllrohr-
Durchmesser, besser noch etwas größer gewählt werden. Die Spannglieder sollen demnach grundsätzlich innerhalb des Netzes der schlaffen Bewehrung liegen. Damit wird sichergestellt, daß etwaige Risse, die bis
zum Spannglied vordringen, an diesem weniger breit sind als das an der
Betonoberfläche als zulässig erachtete Maß.

Das Verpressen der Spannglieder muß nicht nur mit besonderer Sorgfalt
durchgeführt sondern auch zuverlässig kontrolliert und protokolliert werden. Gelingt das Verpressen eines Spanngliedes nicht (z.B. Verstopfer),
so müssen umgehend Maßnahmen zur Behebung des Mangels getroffen
werden.

9. Ermüdungs- und Betriebsfestigkeit der Spannbetontragwerke

Die Ermüdungsfestigkeit der Baustoffe Stahl und Beton bei gleichmäßigen
Spannungswechseln nach 2 Millionen Lastwechseln sei z.B. in Form von
Smith-Diagrammen bekannt. In Spannbeton-Tragwerken besteht Ermüdungsgefahr erst, wenn millionenfache Lastwechsel an irgendeiner Stelle
im Tragwerk zu Spannungswechseln führen, die der Ermüdungsfestigkeit
des betroffenen Werkstoffes entsprechen. In der Regel wird man einen
Sicherheitsabstand der Schwingbreite der Spannungen im Tragwerk von
rund 1,2 bis 1,3 gegenüber der Ermüdungsschwingbreite des Baustoffes
allein einhalten, weil im Tragwerk Störeinflüsse vorhanden sind. Als
solche Störeinflüsse kommen beim Stahl Querpressung, Reibung oder örtliche Spannungsschwankungen in Frage. Beim Beton können Inhomogeni-
täten im Gefüge oder Spannglieder oder Bewehrungsstäbe den gleichmäßigen Spannungsfluß stören.

Unter E r m ü d u n g s f e s t i g k e i t des Tragwerkes (besser Ermüdungstragfähigkeit) wollen wir hier die obere Grenzlast verstehen, die bei Laststeigerung über das Eigengewicht hinaus zwei millionenfach ertragen wird,
ohne daß die Spannungen in den Baustoffen die mit dem genannten Reduk-
tionsfaktor verminderten Ermüdungsschwingbreiten der Baustoffe überschreiten (Bild 9.1).

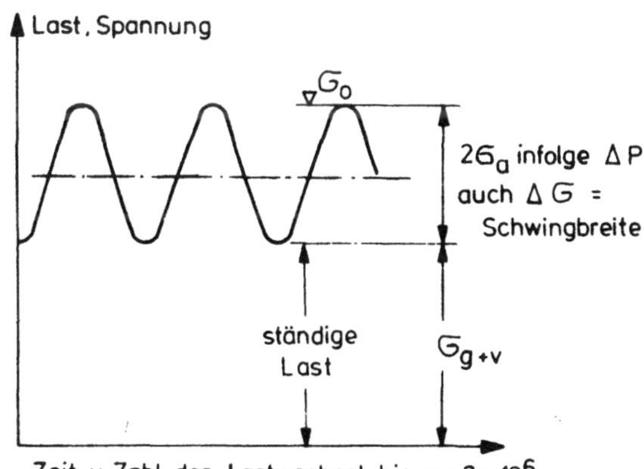

Bild 9.1   Periodische Schwingungswechsel der Last und damit der
Spannung werden der Ermüdungsfestigkeit zugrunde gelegt.

Die B e t r i e b s f e s t i g k e i t bezieht sich auf unregelmäßige Belastungs-
folgen, sogenannte Lastkollektive, bei denen Belastungen in geringer Zahl
vorkommen können, die über der Ermüdungstragfähigkeit liegen (Bild 9.2).

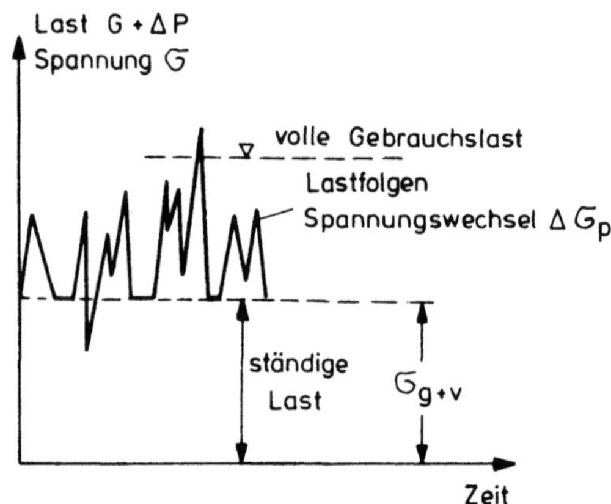

Bild 9.2   Unregelmäßige Last- und Spannungskollektive - möglichst
wirklichkeitsnah - werden der Betriebsfestigkeit zugrunde gelegt

Die Ermüdungs-Grenztraglast ist nun den tatsächlichen Gebrauchslasten
gegenüberzustellen, die sich zwei millionenmal oder öfter wiederholen
können. Bei fast allen Bauwerken liegen diese für die Ermüdung maßgebenden Lastangriffe erheblich unter der vollen Gebrauchslast = Eigengewicht + volle Verkehrslast. Selbst für Eisenbahnbrücken wird die volle
in Rechnung zu stellende Verkehrslast im Leben einer Brücke fast nie
erreicht. Die Deutsche Bundesbahn geht neuerdings bei Ermüdungsbe-
trachtungen von der Betriebsfestigkeit aus und schreibt zum Nachweis
Belastungskollektive vor. Ein solcher Nachweis ist in K-H. R o i k , Vorlesungen über Stahlbau, Wilh. Ernst & Sohn, Berlin 1977, S. 77, beschrieben.

Für die Ermüdungsfestigkeit liegen nun bei Spannbeton-Tragwerken dadurch besonders günstige Verhältnisse vor, daß die Spannungswechsel
insbesondere im Stahl verhältnismäßig klein bleiben, solange das Tragwerk im Zustand I ist. Man vergleiche hierzu Bild 6.12. - Solange keine
Risse auftreten, bleiben auch die Verbundspannungen zwischen Spannstahl, Betonstahl und Beton so gering, daß auch im Verbund keine Ermü-
dungserscheinungen auftreten. Die Ermüdungsfestigkeit solcher Tragwerke ist also bei voller Vorspannung bis hinauf zur vollen Verkehrslast
gewährleistet.

Für die Betriebsfestigkeit gilt das gleiche, wenn außergewöhnliche Lastfälle die volle Verkehrslast nur unwesentlich überschreiten. Wenn jedoch außergewöhnliche Lastfälle in Betracht gezogen werden müssen, die
im Zuggurt des Spannbeton-Tragwerkes zu Rissen führen können, dann
verhält sich das Spannbeton-Tragwerk nur einwandfrei, wenn die im Kapitel 19 beschriebenen Regeln für Mindestbewehrungen, also für Rissebeschränkung durch zusätzliche schlaffe Bewehrung eingehalten sind.

Früher war man der Meinung, daß bei dynamisch beanspruchten Tragwerken volle Vorspannung gewählt werden müsse. Die weitere Entwicklung führte jedoch zu der klaren Erkenntnis, daß auch bei teilweiser Vorspannung dank der günstigen Wirkung der Normalkraft die Spannungswechsel im Spannstahl und im Betonstahl so niedrig bleiben, daß auch
hier in der Regel keine Ermüdungsgefahr bis herauf zur vollen Gebrauchslast besteht (vgl. Bild 7.5). Auch hier muß allerdings vorausgesetzt werden, daß bei nachträglicher Vorspannung mit injizierten Spanngliedern
die Mindestbewehrungen nach Kap. 19 eingebaut sind, die nötig sind, um
den Verbund der Spannglieder zu schonen.

Versuche unter schwingender Belastung wurden besonders in der Anfangszeit des Spannbetons in erheblichem Umfang durchgeführt. Ein Teil der
Versuche ist in [1], Kapitel 14, beschrieben. Es zeigte sich, daß die
Spannstähle verschiedener Art mit Festigkeiten im Bereich von etwa
St 1400/1600 N/mm^2 Schwingbreiten 2 σ_A von mindestens 280 bis etwa
320 N/mm^2 über der durch die Vorspannung vorweggenommenen unteren
Spannung von rund 800 N/mm^2 aushielten. Diese Schwingbreite liegt über
derjenigen des üblichen Betonstahls 420/500, die im einbetonierten Zustand bei nur rund 180 N/mm^2 liegt. Bei Ermüdungsbeanspruchung ist
daher in der Regel die schlaffe Bewehrung mehr gefährdet als der Spannstahl, es sei denn, daß die Spannungen im Bereich einer Stoß- oder Kop-
pelstelle des Spannstahles auftreten, wo je nach der Stoßart (vgl. Kapitel 11) nur verhältnismäßig niedrige Schwingbreiten ertragen werden.

Feststellung

Sowohl Versuche als auch rechnerische Spannungsermittlungen ergaben,
daß Spannbeton-Tragwerke bei ordnungsgemäßer Bemessung und insbesondere bei Beachtung der Mindestbewehrungsregeln nach Kapitel 19
eine sehr hohe Ermüdungs- und Betriebsfestigkeit aufweisen, die günstiger ist als diejenige aller anderen im Bauwesen üblichen Tragwerks-
arten. Diese Feststellung gilt nicht nur für volle Vorspannung sondern
auch für teilweise Vorspannung bis herab zu Vorspanngraden, bei denen
die Spannungswechsel im Stahl für die oftmals vorkommenden Lasten
unter rund σ_s = 120 bzw. $\Delta\sigma_z$ = 150 N/mm^2 bleiben.

Bei der Betriebsfestigkeit bleiben seltene Lastfälle ohne nachteilige Folgen, solange die Stahlspannungen im Spannstahl und im Betonstahl unter
der Elastizitätsgrenze $\beta_{0,01}$ bleiben, so daß eventuell aufgetretene Risse
nach der Entlastung wieder mit der vollen Vorspannkraft zugedrückt werden. Da diese Stahlspannungen in der Regel erst bei der 1,3- bis 1,4-
fachen Gebrauchslast auftreten, sind Spannbetonträger gegen solche ungewöhnliche Überlastungen verhältnismäßig unempfindlich.

Ermittlung der Ermüdungslast

Die tatsächliche Ermüdungslast, die zwei millionenfach ertragen wird,
liegt in der Regel weit über der vollen Gebrauchslast. Sie kann nach
einem von M. Birkenmaier entwickelten Verfahren ziemlich genau bestimmt werden, wenn die Spannungsdehnungslinien der Baustoffe bekannt
sind. Dieses Verfahren ist in [1] beschrieben.

10. Verankerungen und Stöße der Spannstähle und Spannglieder

10.1 Verankerungen duch Verbund

10.1.1 Spannungen am gerippten Einzeldraht

Verankerung durch Verbund (bond anchorage) wird in der Regel bei Spannbett-Vorspannung angewandt. Die zu verankernde Kraft ist dabei drei-
bis viermal so groß wie bei der Verankerung von gerippten Betonstählen
gleichen Querschnittes. Verbundanker sind für solch hohe Kräfte nur dann
entsprechend sicher, wenn Scherverbund erzielt wird, d.h. wenn die Spannstähle gerippt oder sonstwie in geeigneter Weise profiliert sind, damit
eine Scherverzahnung zwischen Spannstahl und Beton entsteht. Bei 7-dräh-
tigen Litzen wird das Gleiten durch die sogenannte Korkenzieherwirkung
verhütet.

Im Grunde wirkt die Verbundverankerung bei Spannstahl gleich wie in
Teil 1, Kapitel 4.2, oder in Teil 3, Kapitel 4.3, beschrieben. Bild 10.1
zeigt die Vorgänge nochmals; die durch Vorspannung erzeugte Stahlspannung σ_{zvo} muß gegen das Drahtende zu abgebaut werden. Dabei stützt
sich der Draht mit seinen Rippen am Beton ab. Die Vorspannkraft wird
über Drucktrajektorien, die mit einer gewissen Neigung beginnen und dann
gekrümmt verlaufen, auf den Beton übertragen. Die Krümmung der Drucktrajektorien erzeugt räumlichen Querzug, d.h. in allen radialen Richtungen rund um den Spannstahl entstehen Zugspannungen im Beton. Die Verankerung hält nur, wenn der Beton durch diese Querzugkräfte (auch Spaltzugkräfte genannt) nicht gespalten wird. Bei den verhältnismäßig hohen
örtlichen Kräften ist in der Regel eine Querbewehrung zur Aufnahme der
Querzugkräfte nötig, am besten in Form einer die Ankerzone umschnürenden Wendelbewehrung.

Für den Abbau der Spannstahlspannung auf den Wert Null am Drahtende
ist eine Übertragungslänge $\ell_{\ddot{u}}$ nötig, die von der Verbundfestigkeit und
damit auch von der Art der Profilierung der Drähte abhängt. Die Übertragungslänge wird angesetzt zu $\ell_{\ddot{u}} = k_1 \cdot d_z$. Der Verbundbeiwert k_1
ist in den Zulassungen für den betreffenden Spannstahl angegeben; d_z ist
der Durchmesser des Spannstahldrahtes (bei nicht kreisrunden Querschnitten der Durchmesser des flächengleichen Runddrahtes).

Die Vorspannkraft breitet sich über den Betonquerschnitt aus und braucht
eine gewisse Eintragungslänge, bis eine geradlinige Verteilung der Betonspannungen $\sigma_{b,v}$ erreicht ist. Für die Ermittlung dieser Eintragungslänge nimmt man an, daß der Schwerpunkt der Übertragungskräfte etwa im
äußeren Drittelspunkt der Übertragungslänge $\ell_{\ddot{u}}$ liegt. Die DIN 4227 gibt
daher für die Eintragungslänge folgende Formel an:

$$\ell_e = \sqrt{s^2 + \left(0,6\,\ell_{\ddot{u}}\right)^2} \geqq \ell_{\ddot{u}}\,,$$

wobei s von den Querschnittsmaßen des Betonkörpers in Breite und Höhe
abhängig ist und etwa mit $s = b$ bzw. $s = h$ angenommen werden kann
(vgl. [0], Teil 2, Kapitel 3, wobei s dem dortigen ℓ_e entspricht).

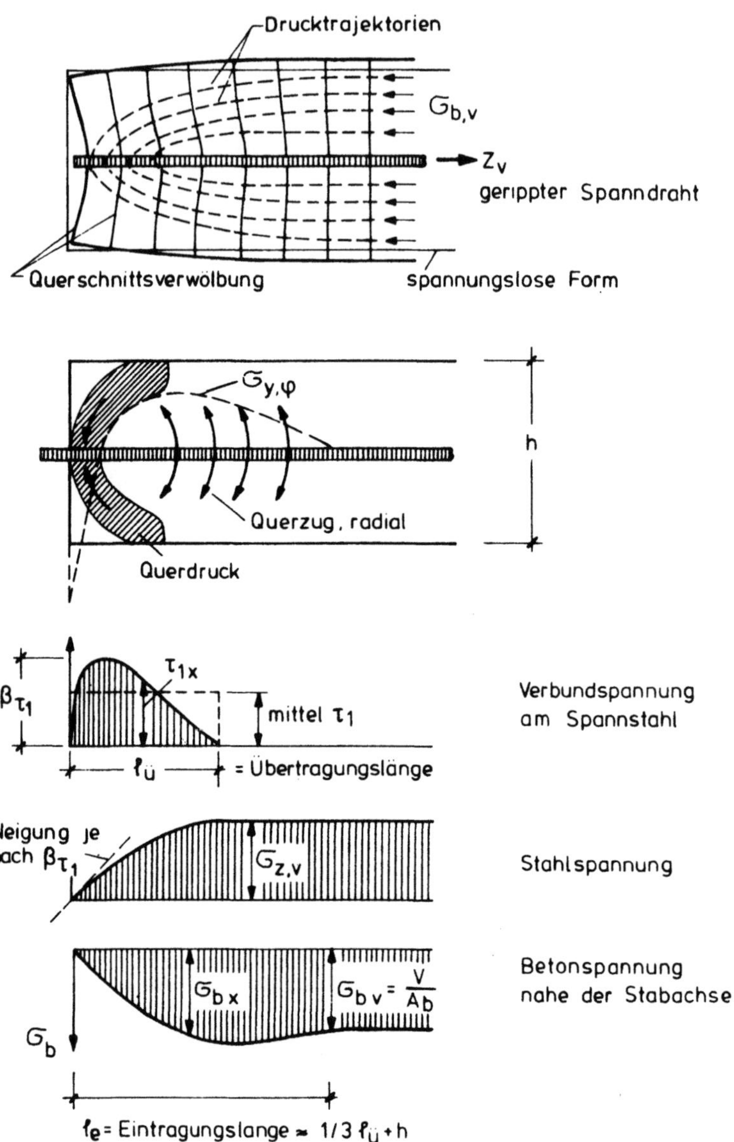

Bild 10.1   Spannungsverlauf, Übertragungslänge, Eintragungslänge an
einer Verbundverankerung eines vorgespannten gerippten Drahtes bei
Spannbettvorspannung

In der Regel liegen die Verbundanker bei im Spannbett hergestellten Trägern nahe am Untergurt, so daß obige DIN-Regel für ℓ_e nicht ganz zutreffend ist. Hier ist es richtiger, den von J. Plähn und K. Kröll erarbeiteten Wert der Eintragungslänge zu nehmen mit

$$\ell_e = h\left[1 + 0,15\left(\frac{\ell_{\ddot{u}}}{h}\right)^2\right] \quad \text{(vgl. [0] Teil 2, Abschn. 3.3.8)}$$

Gemäß Bild 10.2 sind dann neben den Spaltzugkräften rund um den Ankerbereich des Spannstahles auch Randzugkräfte Z_{Ry} und oben in Längsrichtung Z_{Rx} zu beachten.

Die Größe der Spaltzugkräfte ergibt sich sinngemäß aus den Angaben in
[0] Teil 2, Kapitel 3.3. Als grober Näherungswert kann stets angesetzt
werden

$$Z_S = 0,25\, Z_v .$$

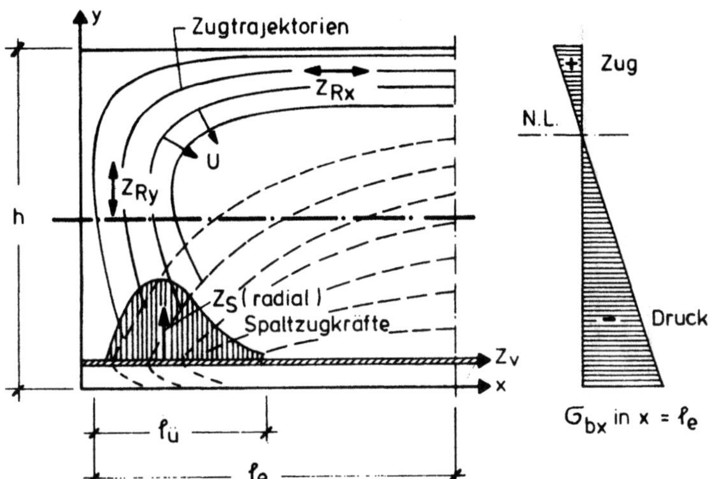

Bild 10.2   Spannungsverlauf am Ende eines Spannbett-Trägers mit Verbundanker am Untergurt, Spaltzug- und Randzugkräfte im Einleitungsbereich

Liegen mehrere Drähte nebeneinander und übereinander, dann heben sich die Spaltkräfte der inneren Einzeldrähte z.T. gegenseitig auf und die Querbewehrung ist nur für die Spaltkraft des Einzeldrahtes mit einem Zuschlag (1,5- bis 2-fach) zu bemessen (Bild 10.3).

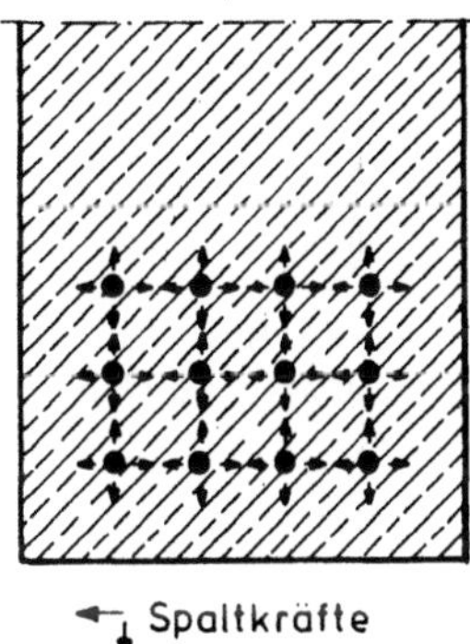

Bild 10.3   Bei Verankerung mehrerer Spanndrähte mit kleinen Abständen, wie im Spannbett üblich, heben sich die Spaltkräfte der inneren Einzeldrähte gegenseitig auf.

Zusätzlich zur Spaltkraft im Verankerungsbereich müssen natürlich auch die Querzugkräfte im Einleitungsbereich beachtet werden, die durch die Umlenkung der Drucktrajektorien entstehen. Auch hierfür wird auf [0] Teil 2, Kapitel 3, verwiesen, wo die Ermittlung dieser inneren Kräfte ausführlich behandelt ist.

Geschichtliche Bemerkung:
Die Erfinder der Spannbettvorspannung (Wettstein und Hoyer) haben zunächst sehr dünne glatte Drähte mit nur 1 bis 2 mm Durchmesser einbetoniert und hatten damit einen allerdings zeitlich begrenzten Erfolg. Hoyer hat die Verankerungswirkung dadurch erklärt, daß der Draht an seinem Ende durch den Rückgang der Spannung sich quer dehnt und das verdickte Ende sich verkeilt (Hoyer-Effekt) (Bild 10.4).

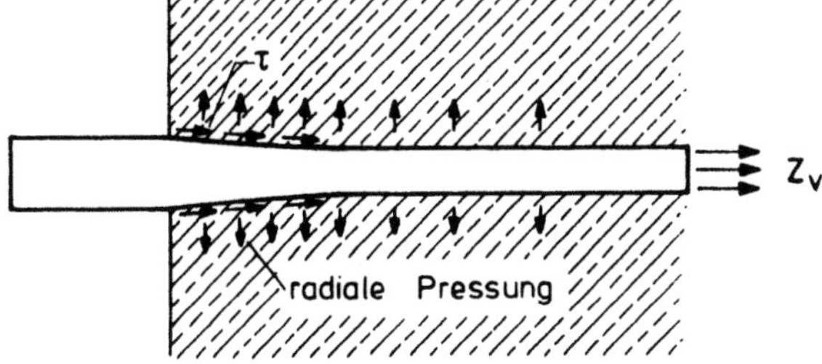

Bild 10.4   Der "Hoyer Effekt" am Drahtende der Verbundverankerung

Man nannte so hergestellten Spannbeton "Stahlsaitenbeton". Es zeigte
sich jedoch, daß nach einer gewissen Zeit, zum Teil erst nach 2 bis 3
Jahren, diese nur auf Haftung beruhende Verbundverankerung nicht hielt
und die Drähte mehr und mehr durchschlupften, so daß die Vorspannung
verlorenging. In Schweden hat man noch lange glatte Drähte für Spannbettvorspannung verwendet und die Drähte im Säurebad gebeizt, um ihre
Oberfläche aufzurauhen. Eine zuverlässige Verbundverankerung kann
jedoch nur über Scherverbund erreicht werden.

10.1.2 Verbundverankerung für Drahtbündel

Drahtbündel für Vorspannung mit nachträglichem Verbund werden am Ende
des Spanngliedes außerhalb des Hüllrohres aufgefächert, so daß zwischen
den Drähten ein gegenseitiger Abstand von 30 bis 40 mm entsteht (Bild 10.5).

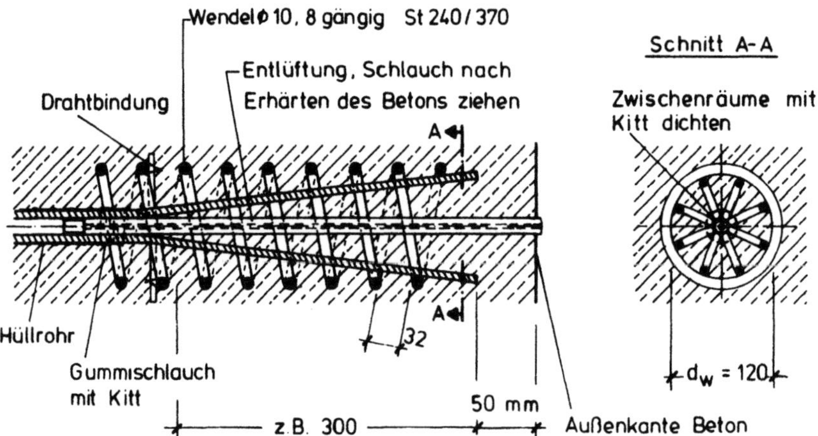

Bild 10.5   Verankerung von Drahtbündeln durch Verbund innerhalb einer
die Ankerzone umschnürenden Wendel, die auch die Spreizkräfte am Beginn der Auffächerung aufnimmt

Über die kreisringförmig angeordneten Drähte wird eine Wendelbewehrung
geschoben, die den Beton der Ankerzone umschnürt. Die Wendel muß auch
den Spreizbereich der Drähte, der in das Hüllrohr hineinreicht, erfassen
und die Spreizkräfte aufnehmen. Der Wendeldurchmesser wird so groß gewählt, daß die gleichmäßig verteilt angenommene Betondruckspannung σ_b
infolge V_o im umschnürten Kernquerschnitt $A_K = \frac{1}{4}\pi d_w$ den Wert von
$1,5\,\beta_w$ nicht überschreitet. Die Ankerkraft breitet sich entlang der Wendel rasch auf Zonen außerhalb der Wendel aus, so daß diese hohe Spannung nur als Bemessungsbehelf zu werten ist.

Die Umschnürung erzeugt Querdruck innerhalb der Wendel, der die Verbundwirkung verbessert. Die Übertragungslänge $\ell_{\ddot{u}}$ wird dadurch verkürzt.
Versuche zeigten, daß zum Beispiel für ein Spannglied aus 12 quergeripp-
ten ovalen Drähten mit je 30 mm^2 Querschnitt eine Ankerlänge außerhalb
des Hüllrohres von rund 350 mm genügt, wenn eine Wendel aus ⌀ 10 mit
$d_w = 120$ mm gewählt wird (Bild 10.5).

10.1.3 Fächerverankerungen

Für große Spannglieder aus profiliertem Draht oder Litzen wurden die
sogenannten Fächerverankerungen entwickelt (Bild 10.6).

Aufriß

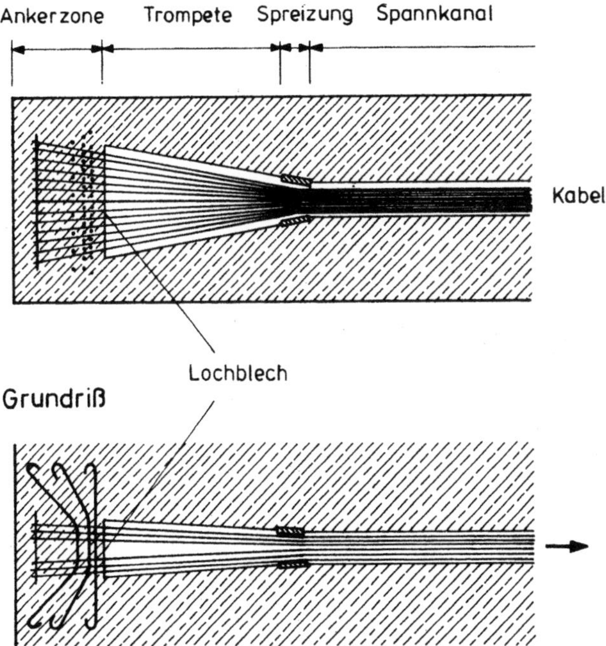

Bild 10.6   Fächerverankerung großer Drahtkabel durch Verbund in quer
bewehrter Ankerzone

Hierbei wird der Gleitkanal von einer Spreizstelle aus trompetenartig erweitert und das Drahtbündel (auch Kabel genannt) lagenweise gespreizt,
bis der Abstand zwischen den Drahtlagen 20 bis 30 mm beträgt und so genügend Beton zwischen den Lagen bleibt, um Verbund zu entwickeln. Die
Trompete wird dort mit einem Lochblech abgeschlossen, die Drähte werden durch die Löcher hindurchgesteckt und dadurch in gespreizter Lage
festgehalten. Die Länge der anschließenden Ankerzone entspricht der
Übertragungslänge $\ell_{ü}$ der gewählten Spanndrähte. Die Ankerzone wird in
beiden Richtungen kräftig quer bewehrt. Im hinteren Teil der Ankerzone
entstehen beim Spannen Druckgewölbe, die die Verbundwirkung unter-
stützen. Die Querbewehrungen bilden die Zugbänder dieser Druckgewölbe,
sie müssen daher am Rand gut verankert sein, am besten durch ange-
schweißte Stäbe, die gleichzeitig die Lage der Querbewehrungen sichern.

Solche Fächerverankerungen wurden für Kabel bis zu 18 MN gebaut, Kabel und Bewehrungen müssen so geordnet sein, daß der Beton in Rüttel-
lücken eingebracht und gut verdichtet werden kann (Bild 10.7).

Über die Bemessung derartiger Fächerverankerungen siehe F. Leonhardt und W. Andrä in Beton- u. Stahlbetonbau, 1958, Heft 5 oder [1],
Seite 86 bis 95.

Bild 10.7　Blick von oben in die Bewehrung einer Fächerverankerung.
Querbewehrung an den wagrechten Randstäben zur Verankerung angeschweißt

10.2 Verankerung von glatten Spanndrähten unmittelbar im Beton durch Krümmung und Reibung

Da die meisten Spannstähle nicht profiliert sind, wurden Verankerungen
entwickelt, die auf Krümmung und Reibung (curvature and friction) beruhen. An der einbetonierten Krümmung entstehen beim Spannen Umlenkkräfte, die den Draht mit der Pressung p_u gegen den Beton anpressen.
Durch Reibung wird dann die Spannkraft entlang der Krümmung vermindert, auch wenn die Haftung im Beton überwunden wird. Man kann die
Krümmung des Drahtes so zunehmen lassen, daß die Umlenkpressung
konstant bleibt. Der Radius ist dann:

$$r_x = r_o\, e^{-\mu \cdot \varphi_x} \qquad\qquad \text{(s. Bild 10.8)}$$

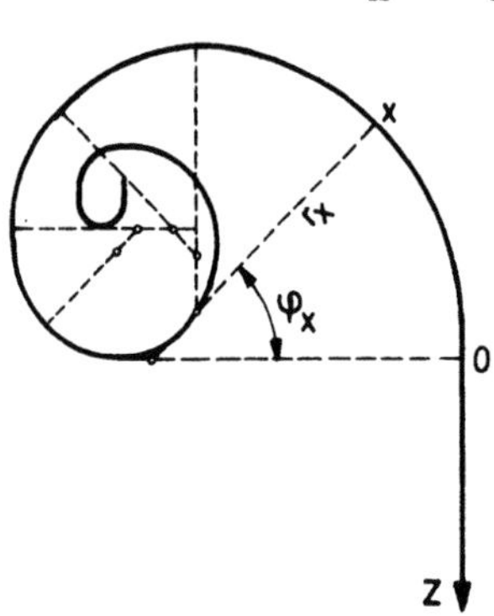

Bild 10.8
Die logarithmische Spirale gibt gleichblei-
bende Umlenkpressung, wenn man von der
Haftung absieht.

r_o = Radius am Anfang der Krümmung

μ = Reibungsbeiwert Stahl auf Beton

φ_x = Krümmungswinkel von 0 bis x

Man kommt so zu einer logarithmischen Spirale, die natürlich für die
Fertigung ungünstig ist. Der zur Verankerung von Drähten $\emptyset$ 5 aus
St 1600 erforderliche Krümmungswinkel φ hängt vom Reibungsbeiwert
ab. Bei $\mu = 0,3$ genügt $\varphi = 360^\circ$, bei $\mu = 0,6$ $\varphi = 180^\circ$. Zur Sicherung
wird am Ende ein kleiner Haken angebogen. Die genannten Reibungs-
beiwerte stellen obere und untere Grenzwerte für die Reibung zwischen
glatten gezogenen oder rauhen gewalzten Drahtoberflächen auf Beton dar.

Die Anfangskrümmung r_o und die Drahtabstände hängen von der zulässigen Umlenkpressung ab. Siehe hierzu [0] Teil 3, Kapitel 3.3.

Für die Praxis wurden einfachere Lösungen entwickelt, indem die Drähte in Spezialmaschinen gewellt (crimped wires) oder mit Haken und Gegenhaken gemäß Bild 10.9 versehen werden. Durch Versuche ([1], Kapitel 3.1.1) wurde festgestellt, daß in Beton mit Güten $\leq$ B 30 bei gewalzten Drähten mit rauher Oberfläche die Summe der Umlenkwinkel solcher Wellungen mindestens 270°, bei gezogenen Drähten 360° betragen muß, um die Drähte bis zur Grenzspannung von $\sigma_z = \beta_{0,2}$ über Reibung einwandfrei zu verankern. Der Beton muß natürlich dicht und fest und möglichst umschnürt sein, um den hohen Umlenkdruck ohne Spalten zu ertragen.

Häufig angewandte Verankerungsarten, die auf Krümmung und Reibung beruhen, sind in Bild 10.9 dargestellt.

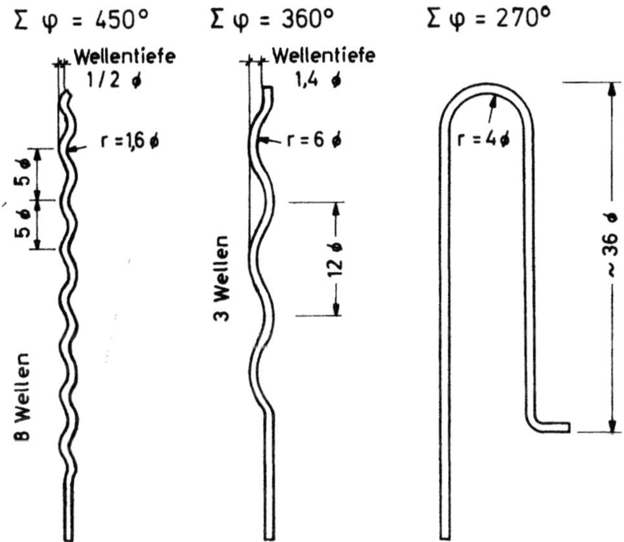

Bild 10.9   Für die Verankerung von Spanndrähten in umschnürtem Beton (mind B 30) ausreichende Wellung

Für die Wellung von Drahtenden gibt es Spezialmaschinen, mit denen Drähte aus St 1600 bis zu ∅ 12,2 mm gewellt werden können. Sie werden bündelweise innerhalb einer Wendel verankert, wie dies für gerippte Drähte in Bild 10.5 gezeigt ist. Bild 10.10 zeigt die Verankerung für 8 ∅ 8 mm Drähte (Leoba-Verfahren).

Für die umschnürten Haken (Bild 10.11) wurde durch Versuche nachgewiesen, daß zum Beispiel 12 Drähte ∅ 5,2 mm St 1800 mit Haken bei r = 20 mm innerhalb einer Wendel von 125 mm ∅ verankert werden können, wobei für gewalzten vergüteten Draht der einfache Haken genügt, während bei gezogenem Draht ein kleiner Gegenhaken am Drahtende anzubringen ist. Solche Verankerungen können mit einfachsten Mitteln, z.B. in Entwicklungsländern hergestellt werden.

Bild 10.10   Verankerung mit gewellten Drahtenden 8 ϕ 8 mm mit einer
Wendel

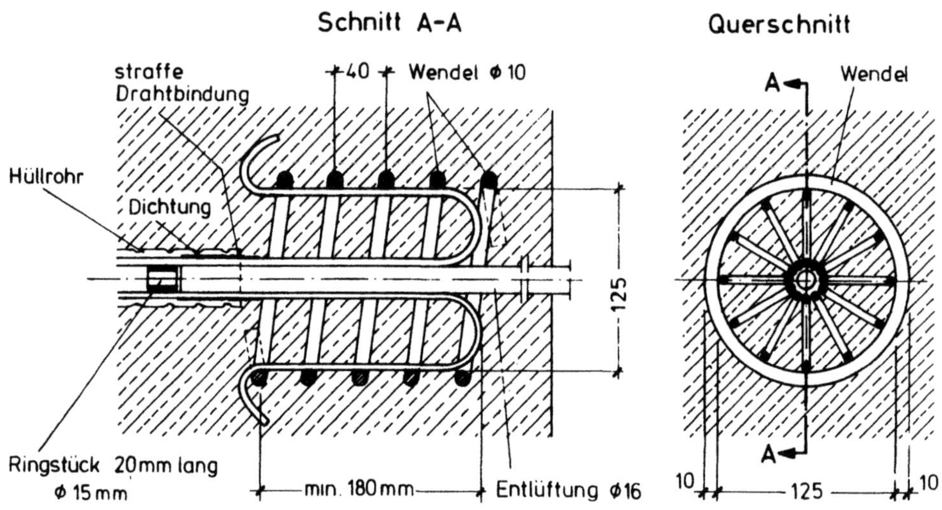

Bild 10.11   Verankerung gezoger Drähte 12 ϕ 5,2 St 1800 mit einfachen
Haken in umschnürtem Beton. Bei gewalzt-vergüteten Drähten kann der
Gegenhaken entfallen

10.3 Schlaufenverankerungen

Drähte oder Litzen aus Spannstahl können auch durch Bildung einer Schlaufe (loop) verankert werden (Bild 10.12). Die Schlaufe kann einbetoniert
sein oder um vorgefertigte Betonblöcke herumgelegt werden. Der Krümmungsradius der Schlaufe am Beginn der Verankerung hängt wie bei 10.2
von der zulässigen Umlenkpressung der Drähte gegen den Beton ab. Solche Schlaufenverankerungen wurden in großem Umfang beim Verfahren
Baur-Leonhardt für konzentrierte Spannglieder mit Spannkräften bis zu
50 MN angewandt (Siehe [1] , Kapitel 3.1.2)

Schlaufenverankerungen lassen sich aber auch mit kleinem Krümmungsradius ausführen, wenn der Beton z.B. mit einem Blech gepanzert ist.
Bild 10.13 zeigt einen solchen Anker eines VSL-Litzen-Spanngliedes.

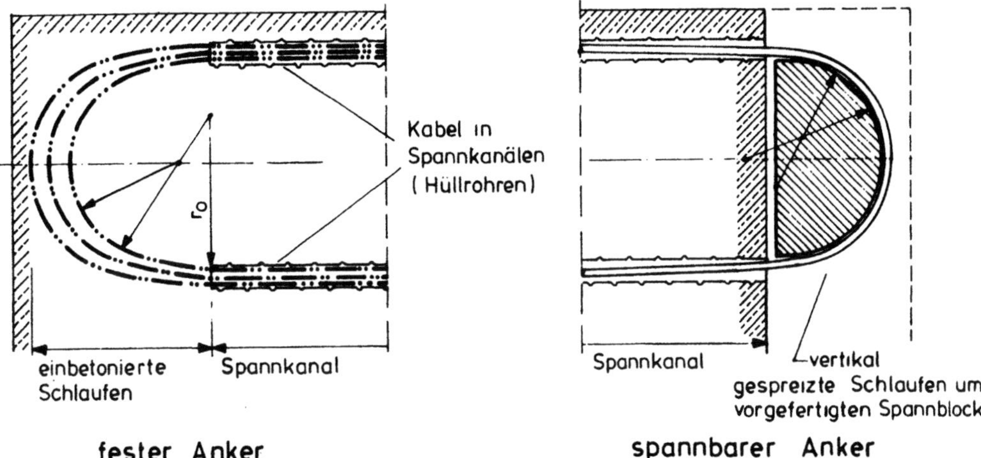

Bild 10.12   Schlaufenanker zwischen zwei Spannkanälen, einbetoniert oder um vorgefertigten Spannblock verlegt. Drähte am Ende gespreizt

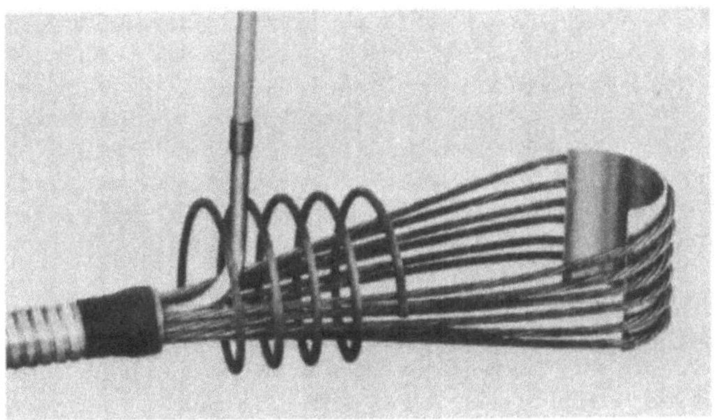

Bild 10.13   Schlaufenanker für Litzen mit Blechpanzer (VSL-Verfahren)

Für die in der Anfangszeit des Spannbetons häufig verwendeten Leoba-Spannglieder wurden 12 Drähte $\emptyset$ 5,2 mm oder 8 Drähte $\emptyset$ 8 mm mit Schlaufen von nur 45 mm Innendurchmesser mit einem geschmiedeten Ankerstück spannbar verankert (Bild 10.14). Das kleine Ankerstück wird auf erhärteten Einpreßmörtel abgestützt, der die hohe Pressung dank einer starken Wendelbewehrung schon nach eintägiger Erhärtung aufnehmen kann. Am Anker gehen infolge des kleinen Krümmungshalbmessers 2 bis 7 % der Bruchfestigkeit bei einmaliger zügiger Belastung verloren, bei schwingender Belastung dagegen verhält sich die Schlaufe günstig. Die Kenntnis dieser Verankerungsart kann für Sonderfälle nützlich sein.

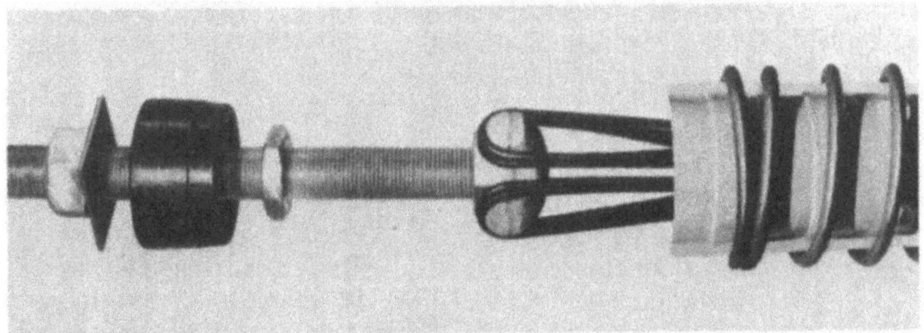

Bild 10.14   Schlaufenanker mit kleinem Biegeradius um geschmiedetes Ankerstück gelegt (altes Leoba-Verfahren)

10.4 Verankerungen mit Gewinden und Muttern

Die Verankerung mit Gewinden und Muttern (anchorage with threads and
nuts) bietet sich für Rundstäbe an. Bei den hochfesten Stählen führt aber
das normale, aufgeschnittene Gewinde zu einem zu hohen Verlust an
Bruchlast. Dies wird durch Kalt-Aufrollen der Gewinde vermieden, da
hierbei eine Verfestigung des Stahles im Gewindebereich und ein kleinerer
Querschnittsverlust im Kernquerschnitt entsteht (Bild 10.16 a).

Das Kalt-Aufrollen von Gewinden ist auch bei schlußvergüteten oder gezogenen und angelassenen Drähten oder Stäben mit Festigkeiten bis
rund St 1600 und bis herab zu $\emptyset$ von 5 mm möglich.

Auch die normalen Muttern sind ungeeignet, weil bei ihrer üblichen Form
die ersten Gewindezähne hinter der Ankerplatte überbeansprucht werden
(Bild 10.15 a). Zur Verbesserung der Ermüdungsfestigkeit wurden zunächst Bundmuttern mit einem Hals unter dem Mutter-Sitz entwickelt, der
die ersten Gewindezähne entlastet (Bild 10.15 b). Dann folgten zur weiteren Verbesserung Keilmuttern, bei denen ein konischer Hals in die Ankerplatte eingreift, der vier Schlitze aufweist, damit die Mutter durch den
Keilsitz am Gewinde radial angepreßt wird (Bild 10.15 c). Zwischen dem
Gewinde am Stab und an der Mutter darf nur wenig Spiel (Zwischenraum)
sein, damit die Gewindezähne auf volle Höhe beansprucht werden. Es
müssen daher knappe Toleranzen eingehalten werden. Beim neuen Leoba-
Stabverfahren werden diese Zwischenräume mit einem Kunstharz großer
Härte ausgefüllt, was die Ermüdungsfestigkeit weiter erhöht.

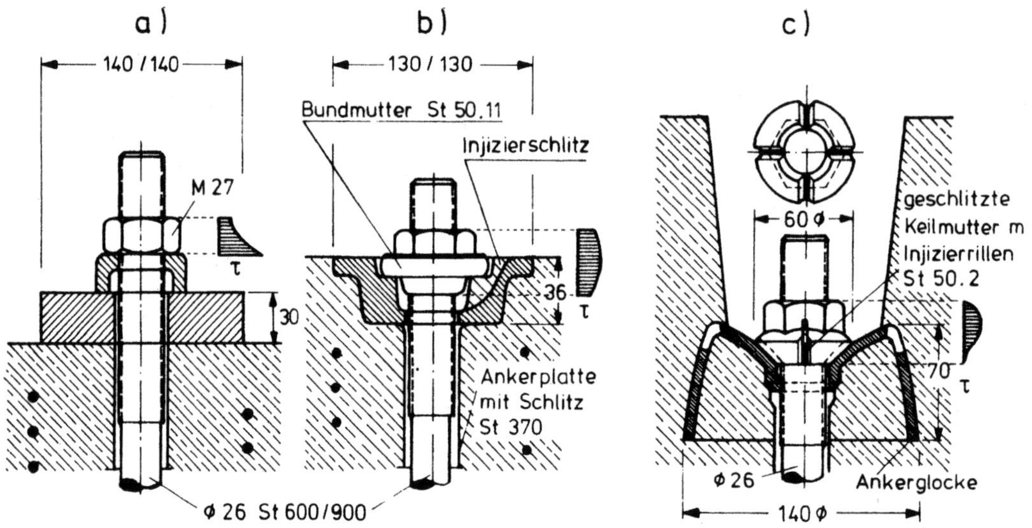

Bild 10.15   Verankerung von Spannstäben $\emptyset$ 26 mit verschiedenartigen
Ankermuttern auf aufgerolltem Gewinde für Stäbe $\emptyset$ 26 mm St 835/1030
a) Normale Mutter M 27 auf Stahlplatte genügt nicht
b) Bundmutter mit Hals unterhalb dem Sitz der Mutter
c) Keilmutter auf Ankerglocke aus Stahlblech (b und c von Dywidag
entwickelt)

Dywidag hat weiter im Benehmen mit Stahlwerken sogenannte Gewindestäbe "Gewi" entwickelt, (Bild 10.16 b), bei denen gewindeförmig verlaufende Rippen aufgewalzt und die Festigkeiten von St 1080/1230 durch Rek-
ken und Anlassen erreicht werden. Bei dem verhältnismäßig groben Ge-

winde muß die Keilschlitzmutter länger sein als beim aufgerollten Gewinde.
Für Stäbe ⌀ 16 mm gibt es das aufgewalzte Gewinde auch bei der Güte
St 1350/1500.

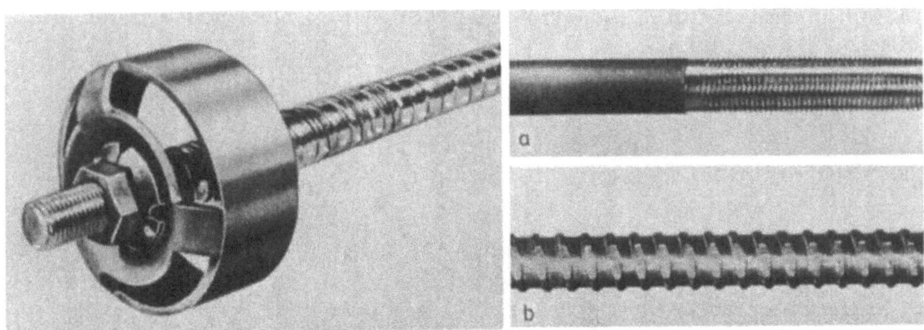

Bild 10.16   Dywidag Ankerglocke für Stab-Spannglied mit Keilmutter
              a) Aufgerolltes Gewinde auf glattem Rundstab
              b) Aufgewalzte Rippen und Gewindeform = Gewi-Stab

Für feste Anker genügt eine vergrößerte Mutter in Diskusform innerhalb
einer kräftigen Wendel, die erlaubt, daß der Durchmesser des Diskus für
eine Pressung $p = 2\beta_w$ infolge V_o bemessen wird (Bild 10.17 oben).
Dywidag bevorzugt für feste Anker rechteckige Ankerplatten, die direkt
aufgeschraubt werden und deren Größe aus der normalen zulässigen Teil-
flächenpressung bestimmt wird, so daß auf eine Wendel verzichtet werden
kann und einige Bügel und gerade Querstäbe als Einleitungsbewehrung genügen (Bild 10.17 unten).

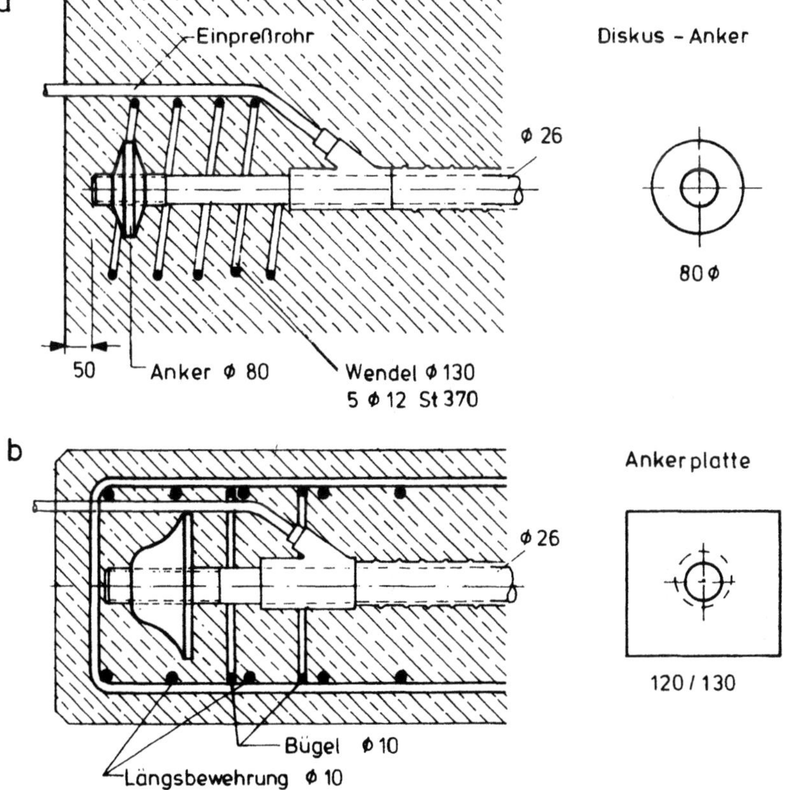

Bild 10.17   Feste Anker für Stabspannglieder
oben: mit diskusförmiger Ankermutter innerhalb einer Wendelbewehrung
unten: mit direkt aufgeschraubter Ankerplatte, so groß bemessen, daß
wenige Bügel und gerade Stäbe als Einleitungsbewehrung genügen

<u>Warnung - Vorsicht</u>

Alle Gewindeverankerungen sind gegen zusätzliche Biegebeanspruchung
empfindlich. Man muß deshalb dafür sorgen, daß die Stäbe an den Gewinden genau mittig beansprucht werden. Die Ankerplatten müssen durch
geeignete Maßnahmen genau rechtwinklig zur Stabachse festgelegt sein
und beim Spannen muß die Spannpresse mit ihrer Achse genau in der Stabachse angesetzt werden.

10.5 Verankerung mit Keilen

Die Keilverankerung (wedge anchorage) ist uralt, es war jedoch nicht
einfach, sie bei den hochfesten Spannstählen, die zum Teil sehr glatte
und harte Oberflächen haben, zuverlässig zu machen. Viele Versuche
waren nötig, um die für eine Zulassung verlangte Ermüdungsfestigkeit
bei schwingender Beanspruchung zu erzielen.

Es zeigte sich, daß eine Verzahnung zwischen Spannstahl und Keil nötig
ist, die bei der Härte des Spannstahls nur durch eine sorgfältig gesteuer-
te Härtung der Keile zu erzielen ist. Lange fehlten grundsätzliche Forschungsarbeiten, wie sie nun von G. R e h m , U. N ü r n b e r g e r und
M. P a t z a k am Otto-Graf-Institut, Stuttgart, durchgeführt wurden [16].
Diese Untersuchungen ergaben, daß die Verzahnung gleich am Beginn
der Keilverankerung kräftig sein muß, damit keine "Fitschel-Bewegungen"
dort entstehen, die zur sogenannten Reibkorrosion und dadurch zu einer
Verminderung der Schwingbreite der Ermüdungsfestigkeit führen. Die Verzahnung erfordert eine hohe Querpressung, die nur dadurch zu erreichen
ist, daß die Keilneigung verhältnismäßig gering mit nur 5 bis 7° gewählt
wird und die Reibung des Keils in den konischen Sitzflächen der Ankerkörper möglichst klein gehalten wird [24] .

Man sieht, daß für Keilverankerungen Spezialkenntnisse nötig sind und daß
ihre Zuverlässigkeit nur bei strenger Kontrolle des Einhaltens der durch
Versuche ermittelten Bedingungen erreicht wird. Dies muß der Spannbeton-
Ingenieur wissen und beachten. Hier kann auf Einzelheiten nicht eingegangen werden.

Wir unterscheiden zwei Keilarten:

<u>1. Gleitkeil</u>

Beim Gleitkeil (siehe Bild 10. 18) bewegt sich der Spannstahl beim Spannen zwischen den noch lose anliegenden Keilen, die vor dem Nachlassen
von Hand oder durch Hammerschlag mit der Kraft Δ P leicht eingedrückt
werden, um überhaupt das Entstehen eines Querdruckes zu ermöglichen.
Beim Nachlassen der Spannkraft und der damit verbundenen Rückwärts-
bewegung des Spannstahles werden die Keile durch Reibungskräfte infolge
des Querdruckes in den Keilsitz hineingezogen. Dabei muß sich eine so
hohe Querpressung entwickeln, daß die Verzahnung entsteht. Der Gleitweg (Schlupf genannt) hängt von der Keilneigung und der Verzahnungstiefe
ab. Durch den Schlupf sinkt die Vorspannkraft. Der Schlupf beträgt in
der Regel mehrere Millimeter (bis zu 10 mm). Bei kurzen Spanngliedern
mit entsprechend kurzen Spannwegen spielt der Schlupf im Hinblick auf
den Spannkraftverlust eine Rolle, die beachtet werden muß.

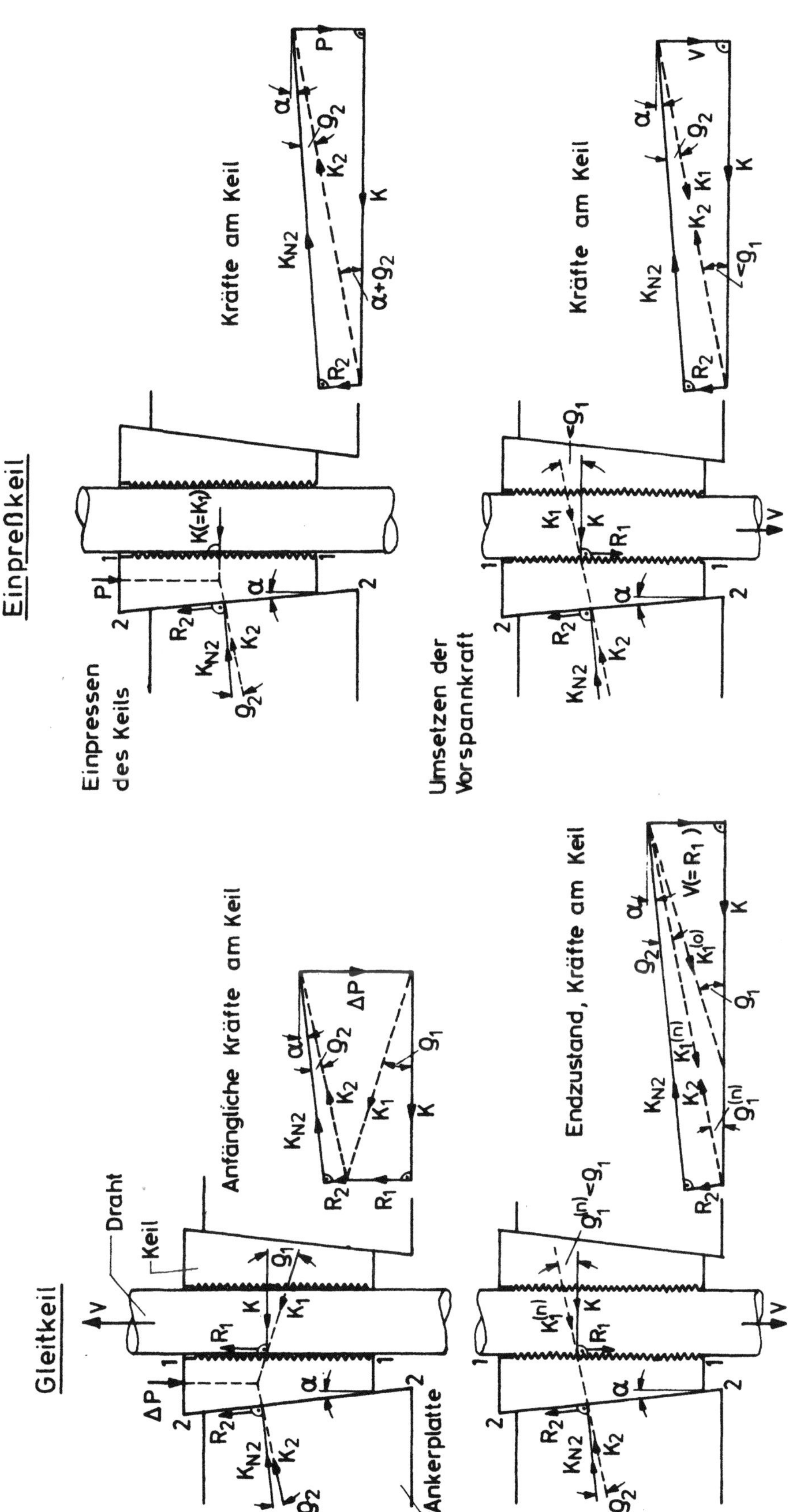

Bild 10.18 Wirkungsweise von Keilverankerungen. Links Gleitkeil, rechts Einpreßkeil ΔP = Stützkraft an Spannpresse, P = Pressenkraft beim Einpressen, K = Klemmkraft, $K^{(n)}$ im Endzustand, K_N = Normalkomponente von K rechtwinklig zur Gleitfläche, R = Reibungskraft, ρ = Neigungswinkel der Klemmkraft gegen die Normale, beim Gleitvorgang = Reibungswinkel, nach Verzahnung ist $\rho_1^{(n)}$ kleiner als Reibungswinkel. Bei Verzahnung kann max ρ = 45° werden. $\dfrac{\max \rho}{\rho_1^{(n)}}$ gibt Gleitsicherheit. Die Kräfte sind nicht maßstäblich gezeichnet, z.B. ist ΔP wesentlich kleiner als V.

2. Einpreßkeil

Die Keile werden nach erzieltem Spannweg hydraulisch eingepreßt. Beim
Ablassen der Spannpresse entsteht nur noch ein kleiner Schlupf, der vom
Verhältnis der Einpreßkraft zur Vorspannkraft abhängt. Einpreßkeile
werden auch für feste Anker benützt, die direkt einbetoniert werden und
daher nicht spannbar sind. Dabei müssen die Keile mit einer hydraulischen Presse in den Ankerkörper so stark eingepreßt werden, daß die
Verzahnung in voller Tiefe entsteht. Die Pressenkraft muß hierzu größer
sein als die spätere Vorspannkraft (1, 2- bis 1, 4-fach). Der Reibungsbeiwert an den konischen Keilsitzflächen darf hier nicht zu niedrig und die
Keilneigung nicht zu groß sein, damit sich der Keil später nicht von selbst
wieder löst.

Die in den Keilverankerungen wirkenden Kräfte hängen im wesentlichen
von der Keilneigung und dem Reibungsbeiwert in der Keilsitzfläche ab.

Es gibt eine Vielzahl von Keilverankerungen, von denen hier nur wenige
charakteristische gezeigt werden können.

Der Kreisringkeil umschließt den runden Draht oder die runde Litze
voll und hat radial 3 oder 4 Fugen, damit sich der radiale Querdruck zum
Verzahnen entwickeln kann (Bild 10.19). Er hat in der Regel 7° Neigung.

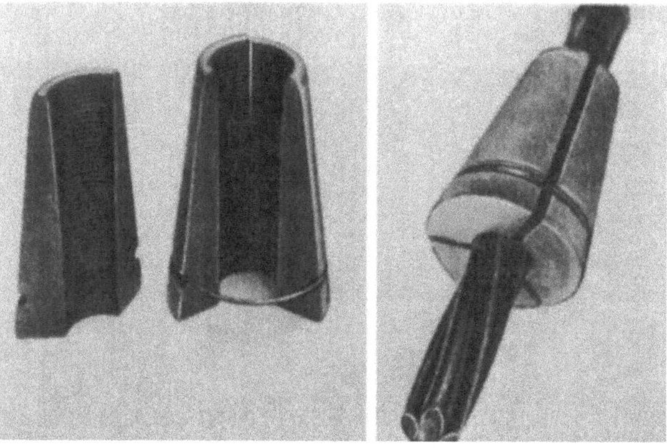

Bild 10.19   Kreisringkeil zum Verankern einzelner Drähte oder Litzen

Kreisringkeile werden bei Spanngliedern mit vielen Drähten oder Litzen
im Ankerstück dicht nebeneinander angeordnet. Bild 10.20 zeigt als Beispiel eine Verankerung des schweizerischen Verfahrens VSL für ein
1010 kN Spannglied.

Kreis-Sektor-Keile können zur Verankerung ganzer Drahtbündel benützt werden, wenn die inneren Drähte gegen die äußeren mit gezahnten
Einlagestäben festgehalten werden. Auf diesem Weg werden mit Leoba-AK
163 Ankern 12 Drähte ∅ 14 mm für eine Vorspannkraft von 1630 kN verankert (Bild 10.21). Mit diesen Ringkeilen können auch Drahtbündel ohne
Spreizung verankert werden, was ein großer Vorteil ist.

Geschichtlich interessant ist die erste von Freyssinet entwickelte
Keilverankerung für Drahtbündel, die mit wendelbewehrten Betonaker-
körpern in vieler Hinsicht genial gelöst war. Sie ist in [1] , Bild 3.57,
dargestellt, wird heute jedoch kaum mehr verwendet.

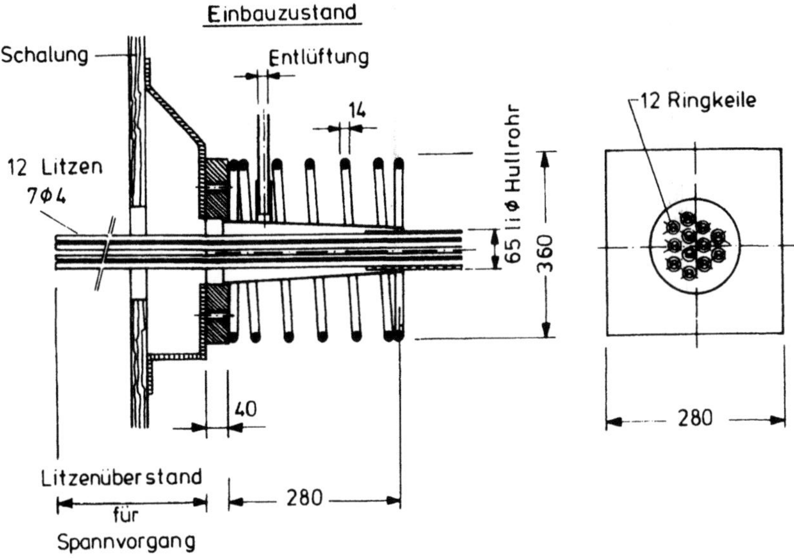

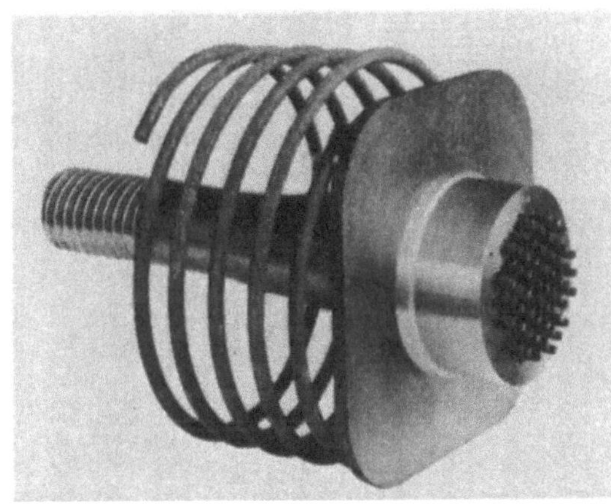

Bild 10.20   Eng nebeneinander angeordnete Ringkeile für ein VSL-Spann-
glied mit 12 Litzen 7 ⌀ 4

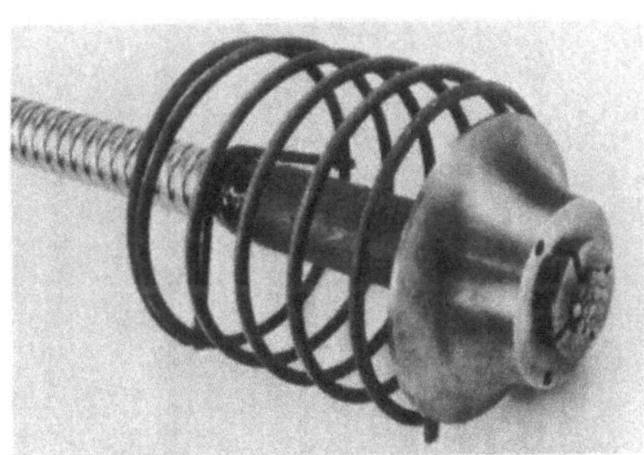

Bild 10.21   Vier Kreissektor-Keile verankern bei Leoba AK 163 12 Drähte
⌀ 14 mm. Die inneren Drähte werden mit gehärteten, gezahnten Füllstä-
ben gehalten

F l a c h e , im Q u e r s c h n i t t r e c h t e c k i g e K e i l e aus weichem
Stahl eignen sich, um gerippte flache Drähte lagenweise in entsprechend
geformten Ankerkörpern festzulegen. Die Rippen der Spanndrähte pressen
sich in den Keil ein. Das Verfahren von Ed. Züblin verankert so:
16 Drähte Neptun N 40, die im Hüllrohr in 4 Lagen angeordnet sind
(Bild 10.22).

K o n i s c h e R i n g h ü l s e n :

Beim Verfahren von Polensky und Zöllner werden gerippte Flachdrähte
oder Runddrähte auf einem nach außen konisch geformten Ankerbolzen
mit einer ringförmigen Hülse verankert. Die Hülse wird mit einer Presse
aufgepreßt. Das Spannglied wird wie ein Spannstab am Ankerbolzen gespannt (Bild 10.23).

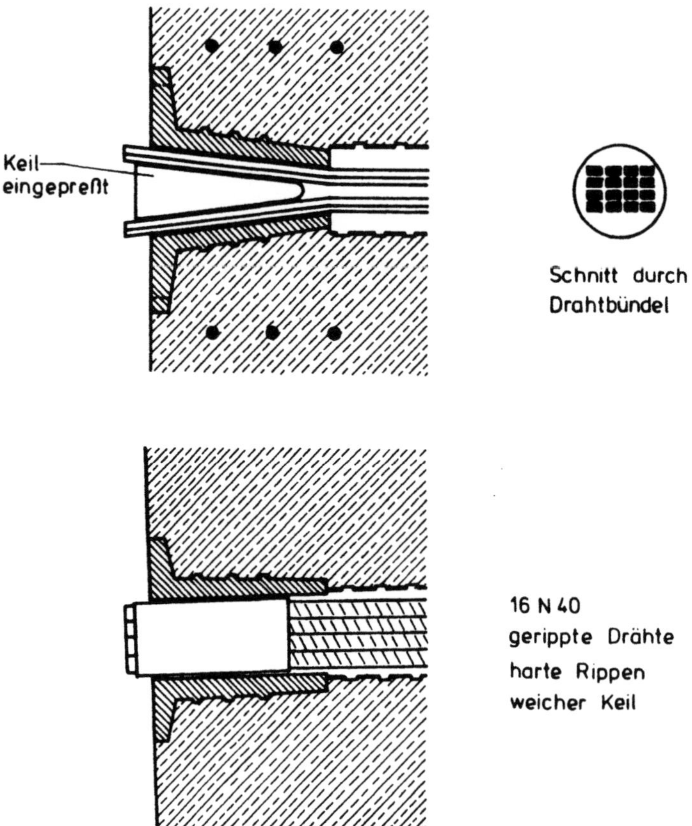

Bild 10.22　Flache Keile aus weichem Stahl verankern harte gerippte
Spanndrähte (Verfahren Ed. Züblin)

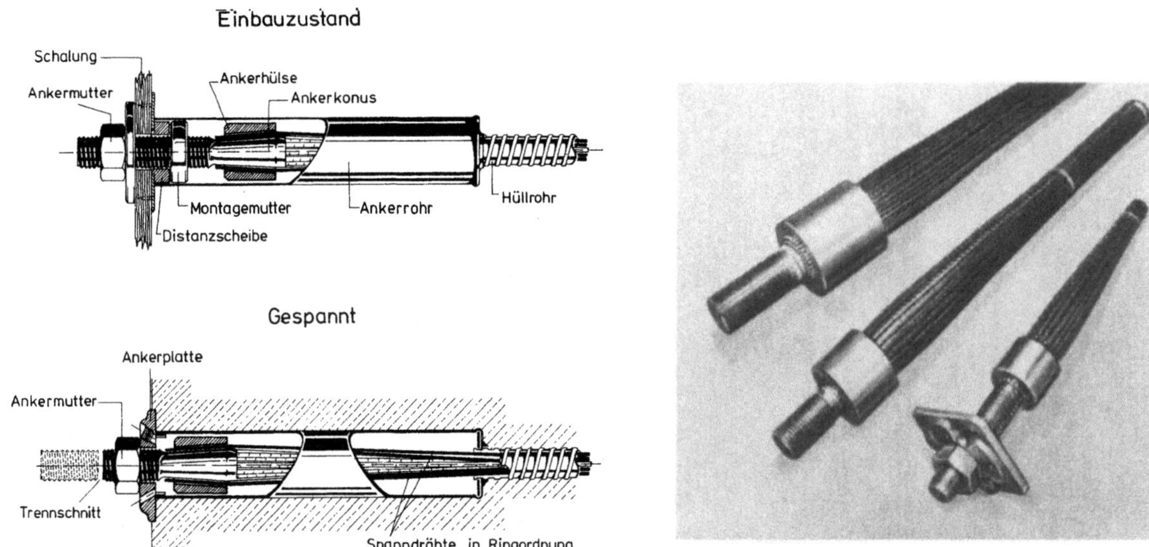

Bild 10.23   Vor dem Spannen aufgepreßte konische Ankerhülse verzahnt
sich und den Ankerbolzen mit gerippten Spanndrähten (bis zu 60 Sigma
Oval 40 werden in 2 Lagen verankert!) (Verfahren PZ)

10.6 Verankerung mit Ziehhülsen und Preßhülsen

Litzen, Seile mit bis zu 19 Drähten oder Runddrähte können mit einer
Ziehhülse (trulock) gemäß Bild 10.24 verankert werden. Über dem Litzen-
ende wird ein Rohr durch eine Düse mit kleinerem Durchmesser kalt gezogen und dadurch quer auf die Litze aufgepreßt. Die Hülse hat am Ende
ein Gewinde und wird wie ein Spannstab mit einer Mutter verankert, wobei normale Muttern genügen, weil hier der Gewindedurchmesser verhältnismäßig groß ist.

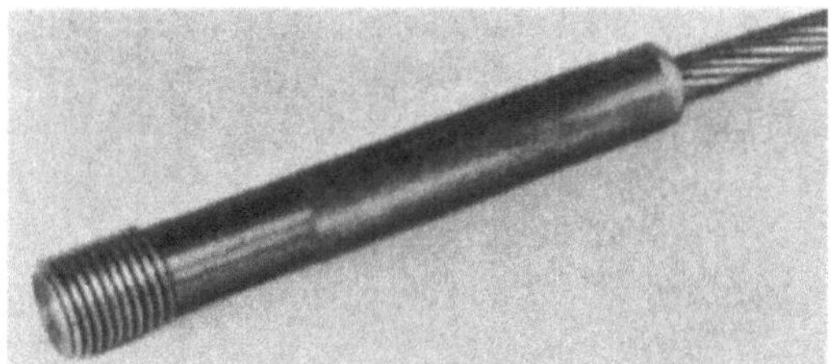

Bild 10.24   Kalt aufgezogene Ziehhülse auf Seil

Die Ankerhülsen können auch hydraulisch aufgepreßt werden. Zur Verzahnung werden dabei gehörtete Wendeln aus Dreiecks-Draht zwischen
Hülse und Spannstahl eingelegt (Verfahren VSL).

Bild 10.25 zeigt noch, wie die Ziehhülse hergestellt wird, hier zur Verankerung von 32 Runddrähten.

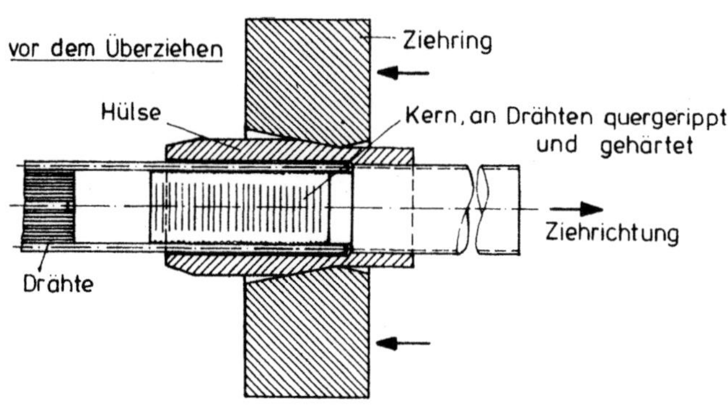

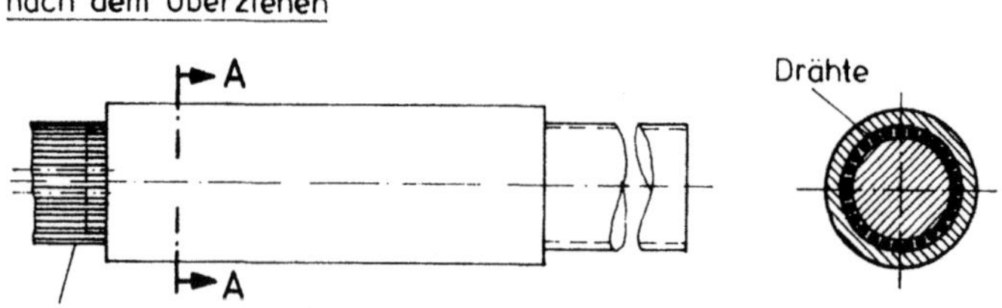

Bild 10.25   Ziehhülse für ein Drahtbündel auf Kernbolzen, der im Hülsenbereich gehärtete Querrippen aufweist

10.7 Verankerung mit angestauchten Köpfen

Beim schweizerischen Verfahren BBRV werden dicke Köpfchen (button heads) mit einer hydraulischen Maschine an Spannstahldrähte bis zu 8 mm Durchmesser oder an Litzen bis zu 7 $\emptyset$ 5 mm kalt angestaucht (Bild 10.26).

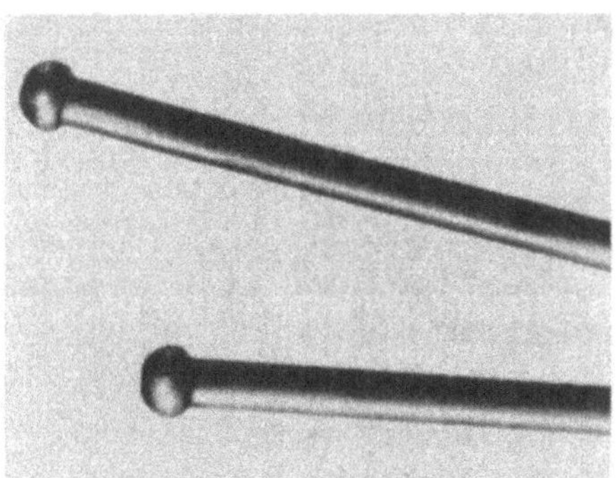

Bild 10.26   Kalt angestauchte Ankerköpfchen des BBRV-Verfahrens

Die Köpfchen legen sich an Bohrungen gegen ein Ankerstück aus weicherem Stahl an (Bild 10.27). Für feste Anker kann das Ankerstück unmittelbar einbetoniert werden. Für Spannanker ist das Ankerstück in der Regel ringförmig, mit einem Innengewinde für den Spannstab und einem Außengewinde für die Stützmutter (Bild 10.28). Die größten Spannglieder mit BBRV Ankern weisen 163 Drähte $\emptyset$ 7 mm mit einer Grenzzugkraft von 10 MN auf (Bild 10.29). Das Ankerstück hat nur ein Außengewinde zum Spannen und wird mit Ringscheiben gegen die Ankerplatte festgelegt.

Bei Litzen wird der aufgestauchte Ankerkopf noch durch einen dreiteiligen Ringkeil unterstützt (Bild 10.30).

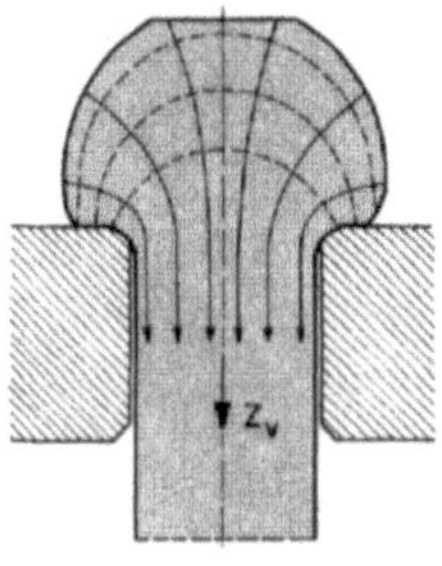

Bild 10.27 Hauptspannungstrajektorien im BBRV Ankerkopf

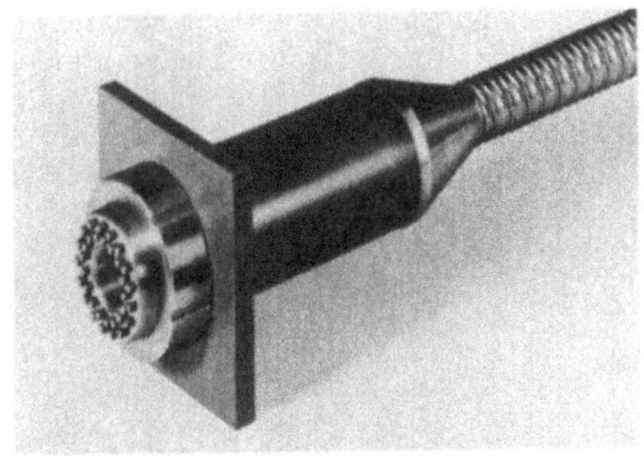

Bild 10.28 BBRV Anker für Drahtbündel mit Stützmutter

Bild 10.29 BBRV Anker für 173 Drähte $\emptyset$ 7 mm, zul V_o = 6000 kN

Bild 10.30 An Litzen angestauchter Ankerkopf wird mit einem Keil gesichert

10.8 Stoßen und Koppeln von Spanngliedern

Spannstäbe werden in Längen von 15 bis etwa 30 m angeliefert und müssen
daher für längere Spannglieder gestoßen werden. Bei Drähten und Litzen
reichen die Lieferlängen in der Regel aus.

Das K o p p e l n von Spanngliedern wird dort nötig, wo in Arbeitsfugen des
Bauwerkes an bereits gespannte und injizierte Spannglieder Verlängerun-
gen dieser Spannglieder angeschlossen werden müssen. Man braucht hierfür Koppelanker (coupling anchorages).

10.8.1 Gewindemuffen und Preßmuffen

Spannstäbe werden am einfachsten mit rohrförmigen Muffen gestoßen, die
ein Innengewinde haben, das auf die Gewinde der zu stoßenden Stäbe aufgedreht wird (Bild 10.31). Das Innengewinde kann auf ganze Länge gleiche
Laufrichtung haben oder zur Hälfte gegenläufig sein, damit die Muffe ohne
Drehen der langen Stäbe spannschloßartig aufgedreht werden kann. Das
Muffenrohr wird an den Enden abgeschrägt, damit die ersten Gewindezähne
durch die Dehnung des Muffenhalses entlastet werden. Trotzdem ist die
Ermüdungsfestigkeit solcher Muffenstöße niedriger als diejenige der End-
anker mit Keilmutter. Die Gewindestöße sind daher Schwachstellen in den
Spanngliedern.

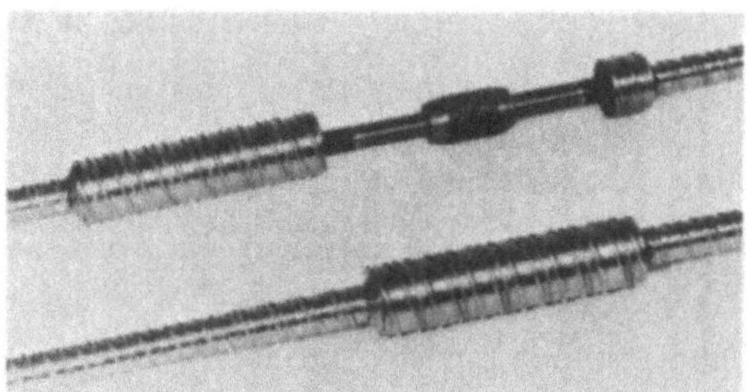

Bild 10.31   Gewindemuffe zum Stoß von Spannstäben, hier mit Muffen-
Hüllrohr

Wichtig ist, daß die Spannstäbe auf die erforderliche Länge in die Muffe
eingedreht werden. In der Regel ist in der Mitte ein Loch, durch das man
die Lage der Stabenden kontrollieren kann. Es kam leider mehrmals vor,
daß Spannstäbe nicht genügend weit eingedreht waren und dann beim Spannen ausrissen und wie Geschosse davonflogen.

Das Hüllrohr muß im Bereich der Stoßmuffe erweitert werden. Die Länge
der Erweiterung richtet sich nach dem Spannweg an der Stelle der Muffe,
ein reichlicher Sicherheitszuschlag wird empfohlen.

An Stelle der Gewindemuffen können auch Preßmuffen verwendet werden,
sie sind jedoch für Stöße von Spannstählen nicht üblich.

Gewindemuffen werden auch für Koppelanker benützt. Ein Beispiel zeigt
Bild 10.32 a, wo eine rohrförmige Muffe zur Verbindung von BBRV-An-
kerstücken verwendet wird.

Bei ringförmigen Ankerstücken, die zum Spannen ein Innengewinde haben, bietet es sich natürlich an, zur Koppelung einen Kernbolzen mit Gewinde - am besten mit hälftig gegenläufigem Gewinde - spannschloßartig in die Ankerstücke einzudrehen (Bild 10.32 b).

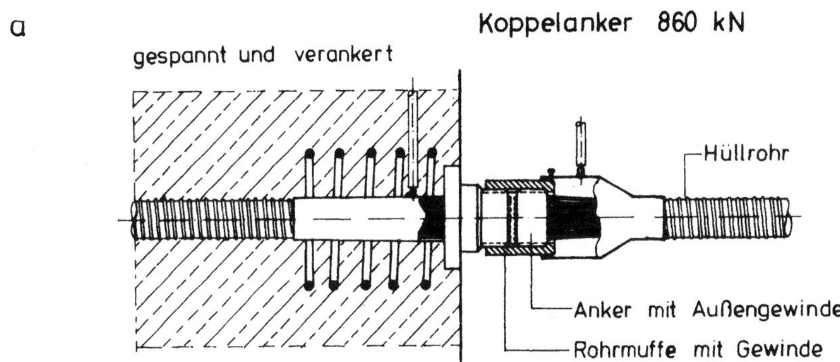

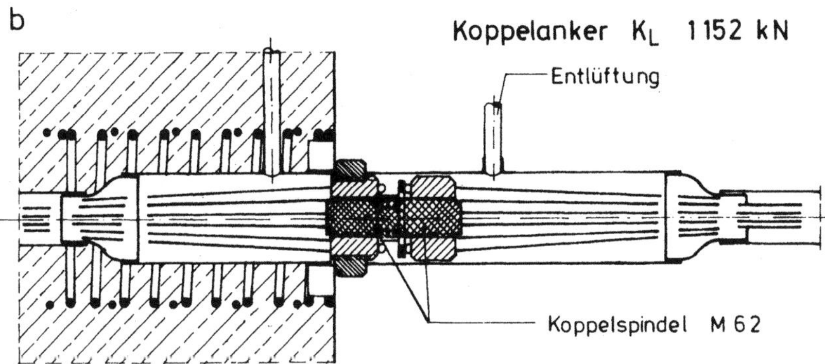

Bild 10.32 a) Muffenstoß eines BBRV-Koppelankers
b) Kernbolzenstoß eines BBRV-Koppelankers

10.8.2 Stöße mit Keilverbindungen

Zum Stoß von Spannstahldrähten kann der in USA für Hängebrückenkabel benützte Keilmuffenstoß (torpedo splice) gemäß Bild 10.33 verwendet werden. Dreiteilige Keile sind im Innern einer Hülse eingebaut, dazwischen liegt eine Feder, die sich beim Einschieben der Drahtenden verkürzt und die Keile dann anpreßt. Der erforderliche Querdruck entwickelt sich beim Spannen, wobei natürlich ein Schlupfweg der Keile entsteht.

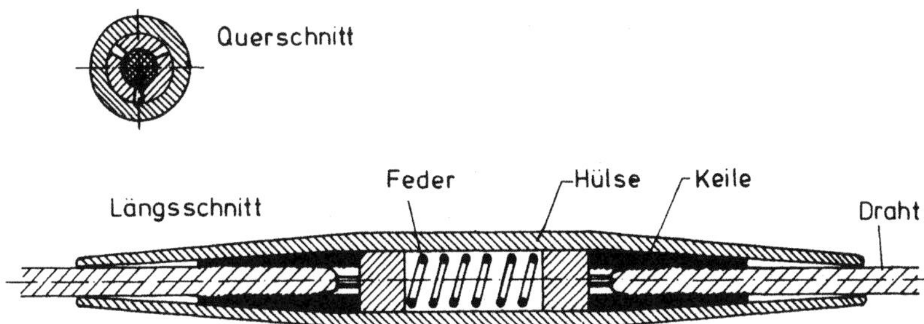

Bild 10.33 Amerikanische Stoßverbindung mit durch eine Feder sich anlegenden Keilen in schlanker Hülse

Das Anpressen der Keile durch eine Feder wird neuerdings auch zur Herstellung von Koppelankern benützt. Die Drahtenden des anzuschließenden Spanngliedes werden von außen zwischen die zurückfedernden Keile eingeschoben (Bild 10.34).

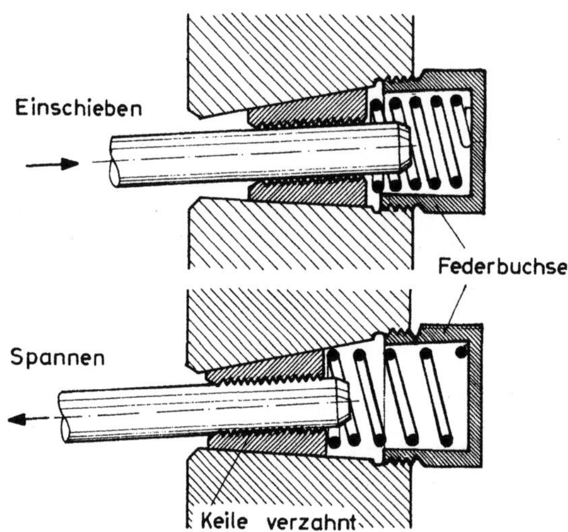

Bild 10.34   Steckanker mit gefederten Keilen zum Koppeln an Ankern gespannter Spannglieder

10.8.3 Schraubstöße

Bei verschiedenen Spannverfahren werden Koppelanker einfach dadurch hergestellt, daß die stählernen Ankerstücke mit hochfesten Schrauben verbunden werden. Als Beispiel wird in Bild 10.35 die Koppelung von Leoba-Spanngliedern AK 120 gezeigt. Die hochfesten Schrauben können mit einem Überschuß an Sicherheit bemessen werden.

10.8.4 Zur Ermüdungsfestigkeit der Verankerungen und Koppelungen

Die Ermüdungsfestigkeit der Spanngliedverankerungen und der Koppelungen ist fast durchweg geringer als die des Spannstahles allein. Ursachen dafür sind die Kerbwirkungen an Gewinden und Verzahnungen, Reibkorrosion bei Keilen, Ziehhülsen und Schlaufenankern oder das an Spreizstellen beim Spannen auftretende Biegen und Zurückbiegen der Spannstähle. Für die Zulassung von Spannverfahren müssen Anker und Koppelungen im Dauerschwingversuch geprüft werden, obwohl in Spannbetonbauwerken in der Regel an Ankerstellen fast keine Spannungswechsel vorkommen. Dabei muß die von einer Verankerung im nicht injizierten Zustand bei 2×10^6 Lastwechseln ertragene Schwingbreite $\sigma_o - \sigma_u = \sigma_{2A}$ über der Grundspannung $\sigma_u = $ zul σ_{zv} mindestens 80 N/mm^2 betragen. Die harte Prüfung im Dauerversuch läßt jedoch schwache Stellen auch für die statische Beanspruchung erkennen und hat dazu geführt, daß die Spanngliedverankerungen sehr zuverlässig wurden.

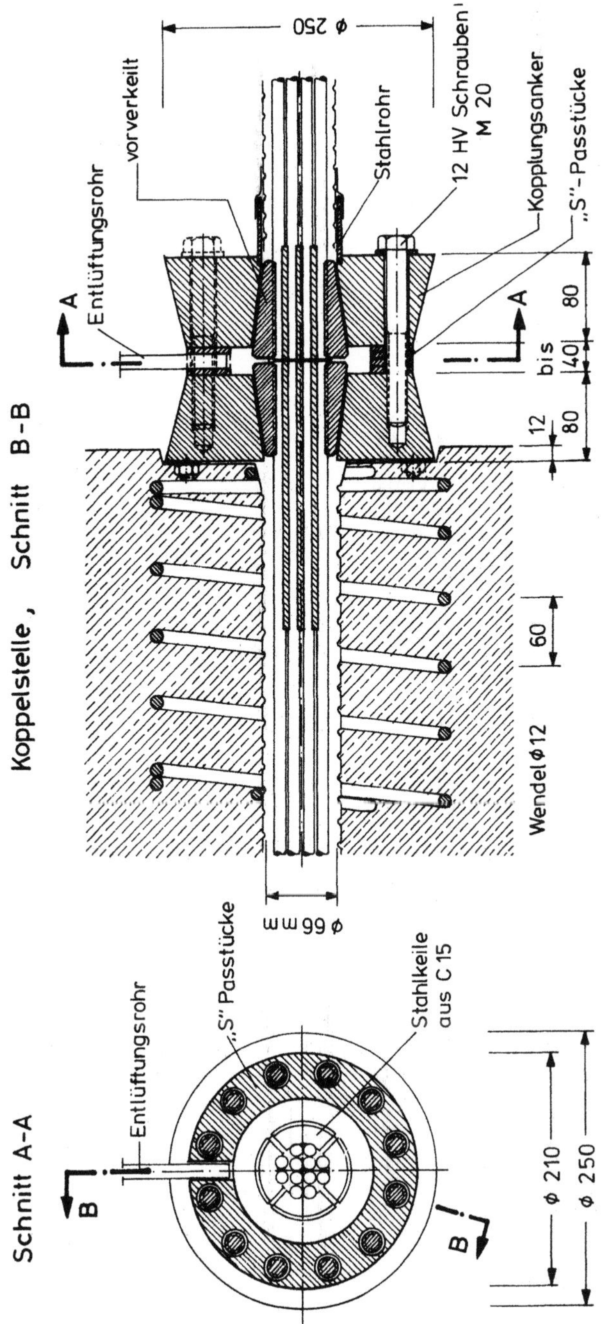

Bild 10.35 Koppelung von Leoba-Spanngliedern AK 120

In der folgenden Zusammenstellung sind einige Versuchsergebnisse über Schwingbreiten von Verankerungen aufgeführt:

SCHWINGBREITE VON SPANNGLIED-VERANKERUNGEN

Verankerungsart	$\sigma_{2A} = \sigma_o - \text{zul } \sigma_{zv}$ N/mm^2
Stäbe ⌀ 26 mm, St 590/885 bis St 885/980	
Gewinde, metrisch, normale Mutter	~ 65
Gewinde, Sonderform Dywidag Keilmutter	bis 140
Muffenstoß mit aufgerolltem Gewinde	109
Gewinde Gewi-Stabanker	78 bis 90
Drähte ⌀ 5 bis 8 mm, St 1375/1570 bis St 1570/1770	
Keile, je nach Form, normal	110 bis 140
Keile, bei Vermeidung von Reibkorrosion	160
Ziehhülsen, normal	~ 120
Ziehhülsen, mit Alu-Einlage	~ 230
Schlaufen, Leoba-Spannglied	180
Schlaufen, 7-dräht. Litze im Beton	250
Ankerköpfchen, BBRV	180
neue Spezialform BBRV-Dyna	260
Verbundanker	200

Die verminderte Ermüdungsfestigkeit ist in der Regel an Ankerstellen ohne Belang. Muffenstöße und Koppelungen liegen häufig im Bereich der freien Spannweiten der Tragwerke. Man sollte sie nicht gerade in den Bereich der größten Momente legen. Die Gefahr von Ermüdungsbrüchen besteht jedoch auch für Stöße und Koppelanker nicht, wenn durch einen ausreichenden Vorspanngrad dafür gesorgt wird, daß an der Stoßstelle auch bei teilweiser Vorspannung die Schwingbreite der Spannungen für häufig vorkommende Lasten mit genügendem Sicherheitsabstand unter der Grenzschwingbreite des Stoßes bleibt. Läßt man an Stoß- und Koppelstellen für Gebrauchslasten den Zustand II zu, dann ist dort durch reichliche und gut verteilte schlaffe Bewehrung für Rißbreiten unter 0,2 mm zu sorgen, wodurch in der Regel sichergestellt ist, daß die vom Trägerrand etwas entfernt liegenden Koppelstellen auch im Zustand II nicht überbeansprucht werden.

Bei einer der ersten Spannbeton-Hochstraßen kam es vor, daß etwa 20 Jahre nach der Herstellung Stabkoppelanker gebrochen sind, obwohl diese im Bereich der Momenten-Nullpunkte der Durchlaufträger lagen. Wesentliche Ursache waren nicht vorausgesehene Zwangskräfte. Die Brüche wären jedoch nicht entstanden, wenn man damals schon gewußt hätte, wieviel schlaffe Bewehrung an Fugen eingelegt werden muß, damit das Aufklaffen der Koppelfugen bei ungewöhnlicher Belastung sicher vermieden wird.

10.9 Anordnung der Spanngliedanker

10.9.1 Feste Anker

Feste Anker werden unmittelbar einbetoniert und sollten in der Regel nur
so weit von der Endfläche des Tragwerkes entfernt sein, als es die vorgeschriebene Betondeckung und das Bewehrungsnetz bedingen. Besteht der
feste Anker aus flächigen Ankerkörpern, dann ist der hinter dem Ankerkörper liegende Beton an oder neben dem Ankerkörper zu verankern, damit sich der Ankerkörper durch die beim Spannen entstehende Verformung in Spannrichtung nicht von dieser Betondeckung abtrennen kann
(Bild 10.36).

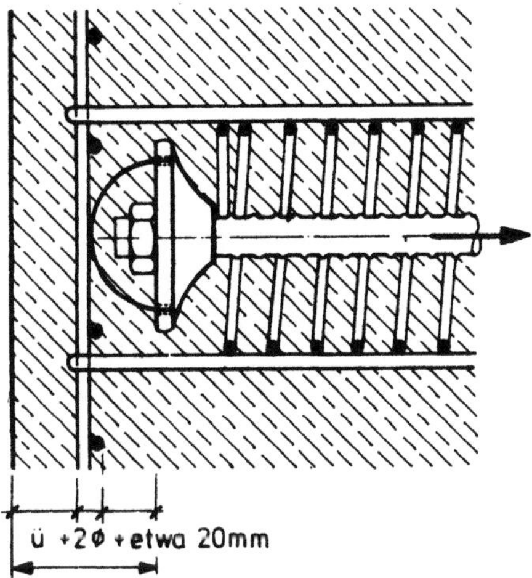

Bild 10.36   Feste Anker sollen nah an der Endfläche des Tragwerkes
liegen, jedoch Mindest-Betondeckung beachten

Liegen mehrere feste Anker nebeneinander, so sind die in den Zulassungen angegebenen Mindestabstände zu beachten. Als Regel für die Abstände
kann auch gelten, daß die Betondruckspannungen in Spannrichtung in einem
Abstand, der etwa der Übertragungslänge (z.B. Länge der Ankerwendel)
entspricht, infolge der Vorspannkräfte V_o nicht größer als etwa $0,35\ \beta_w$
oder $0,5\ \beta_R$ sein dürfen.

Liegen Festanker innerhalb von Tragwerksteilen, z.B. in einer Platte
oder Scheibe, dann sind die Einleitungsbewehrungen nicht nur für die
Querzugkräfte zu bemessen, sondern auch für die Längszugkräfte, die
hinter dem Anker in Spannrichtung auftreten. Sie bedingen eine gut verteilte Rückhängebewehrung, die nach [0] Teil 2, Kap. 3.3.7 zu bemessen
ist.

10.9.2 Spannbare Anker

Aufgesetzte Anker

Spannbare Anker lassen sich am einfachsten an Endflächen der Tragwerke
aufsetzen (Bild 10.37). Dabei können einfache Ankerplatten (a) mit einer
dünnen Mörtelschicht auf ebene Betonflächen aufgesetzt werden, so daß
zunächst nur das Hüllrohr oder eine Spreiztrompete an die Schalung an-
zuschließen war, wenn z.B. die Spanndrähte nach dem Betonieren in die
Hüllrohre eingeschossen werden. Bei größeren Spanngliedern ist meist
eine tadellos ebene Schalplatte am Ende der Hüllrohre befestigt, die an

die Schalung angeschraubt und beim Ausschalen weggenommen wird (b).
Meist kommen die Spannglieder in Lagen mit verschiedener Neigung am
Trägerende an. Die Endfläche des Trägers muß dann entsprechend polygonal geschalt werden, weil die Ankerplatten unbedingt genau rechtwinklig zur Spanngliedachse liegen müssen (Bild 10.37 c).

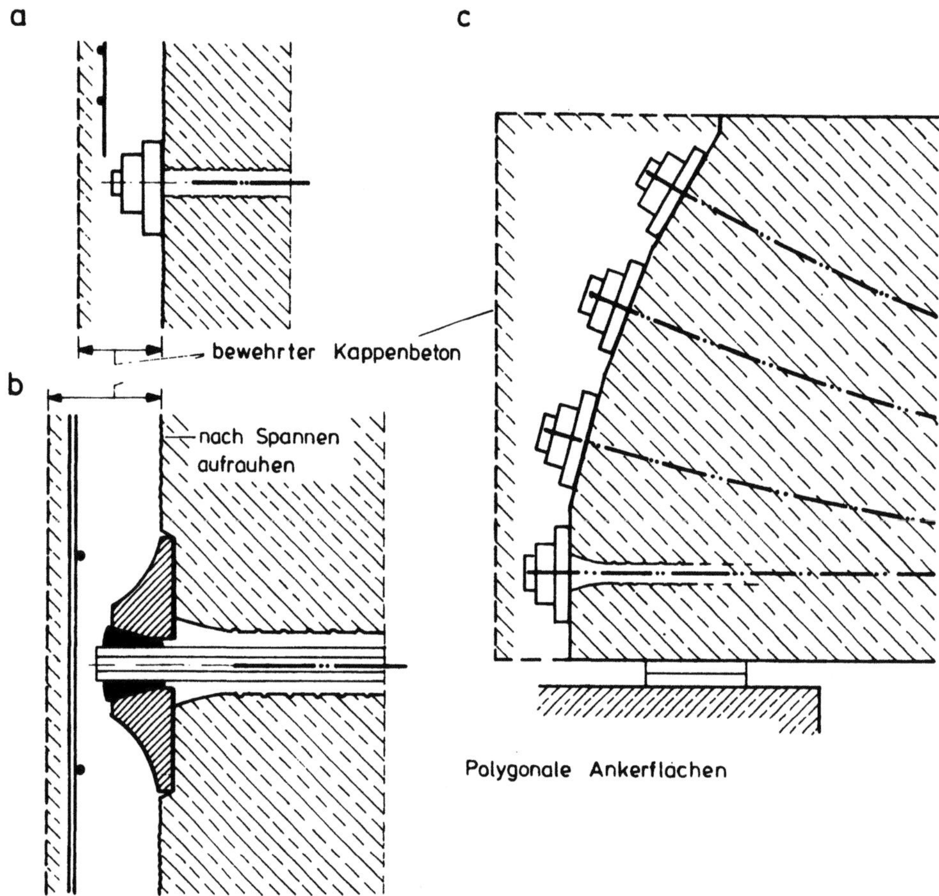

Bild 10.37   Außen an Trägerenden aufgesetzte Ankerplatten für spannbare Anker

Häufig haben jedoch die Ankerplatten keine ebenen Flächen rechtwinklig
zur Spanngliedachse, sondern geneigte oder gekrümmte Flächen, um mit
weniger Stahl auszukommen. Solche Ankerplatten werden dann an der
Schalung befestigt und gleich einbetoniert (Beispiel Dywidag Ankerglocken).

Die Spannstähle stehen in der Regel nach dem Spannen über die Ankerplatten heraus, auch wenn die zur Befestigung an der Spannpresse nötigen Längen nach dem Spannen abgeschnitten werden.

Diese Spannstahlenden und die Ankerplatten müssen nach dem Spannen natürlich gegen Korrosion geschützt werden, was in der Regel durch eine
Betonkappe geschieht, die genügend dick (z.B. ≧ 100 mm) und gut bewehrt sein muß. Die Betonkappe sollte in Spannrichtung zugfest mit dem
gespannten Trägerende verankert werden, damit sie nicht infolge der
Kriechbewegungen der Ankerplatten von diesen abgetrennt wird. Vor dem
Betonieren der Betonkappe ist der alte Beton um die Ankerplatten herum
aufzurauhen und wenigstens einen Tag lang anzufeuchten, damit sich der
Kappenbeton mit dem alten Beton verbindet.

Das Aufsetzen der Anker wird meist gewählt, wenn viele Spanngliedanker
unmittelbar nebeneinander auf der Endfläche des Tragwerkes unterzubringen sind. Die Mindestabstände der Ankerplatten sind in den Zulassungen
des gewählten Spannverfahrens angegeben. Auch hier gilt, daß nach einer
sinnvollen Übertragungslänge, z.B. am Ende von Anker-Wendeln, die verteilt angenommenen Betondruckspannungen in Richtung der Spannkräfte nicht
größer als $0,35\ \beta_w$ oder $0,5\ \beta_R$ sein sollten.

Versenkte Anker

Liegen die Spannglieder in größerem Abstand, dann werden die Anker
gerne versenkt eingebaut, indem man zwischen Ankerplatte und Schalung
Schalkörper einbaut, die aus Hartschaum, Kunststoff, Stahlblech oder
Holz sein können. Die Größe dieser Schalkörper muß so bemessen sein,
daß die Spannpresse in der ausgesparten Vertiefung mit genügend Spiel-
raum angesetzt werden kann. Die Bilder 10.38 und 10.39 zeigen Beispiele.

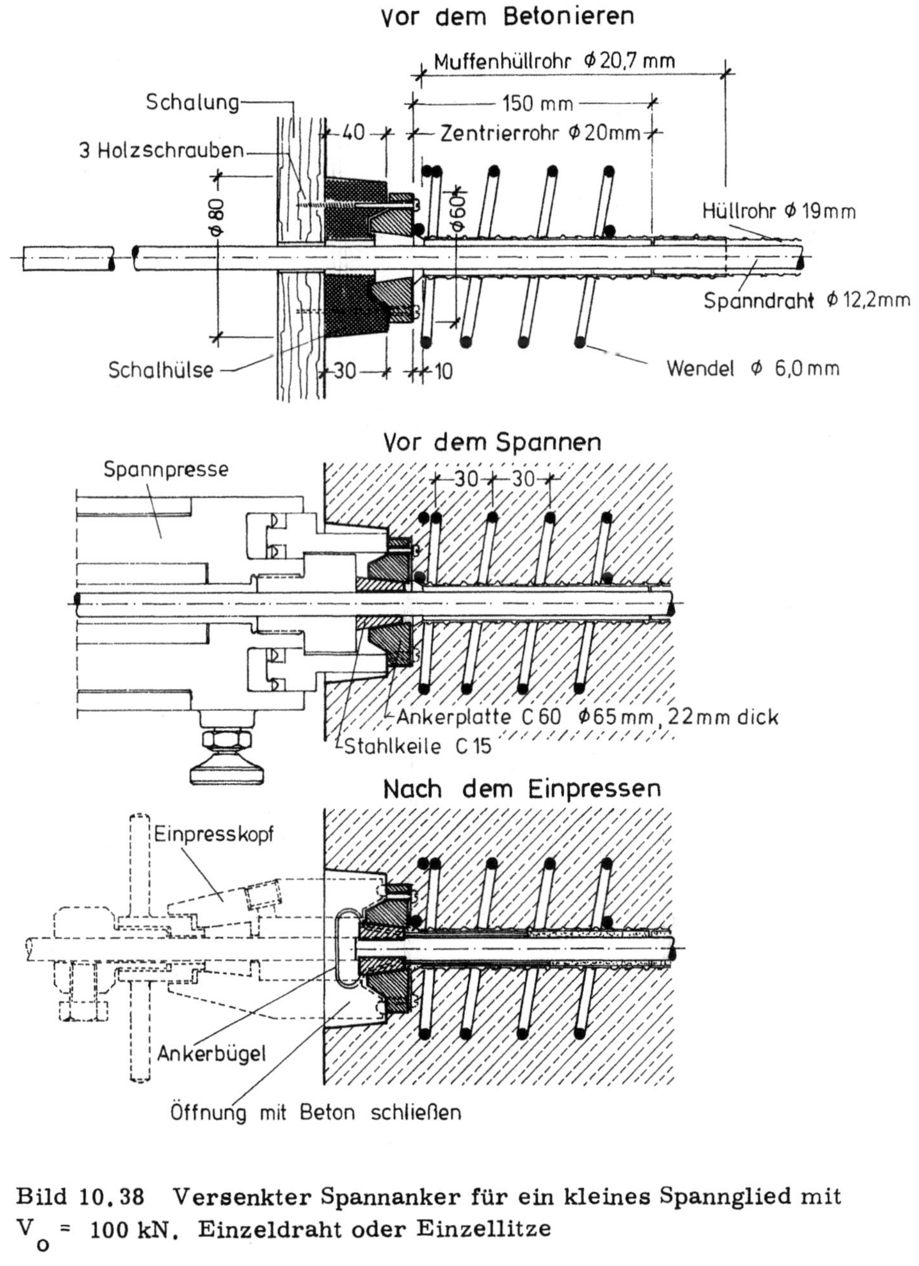

Bild 10.38   Versenkter Spannanker für ein kleines Spannglied mit
V_o = 100 kN. Einzeldraht oder Einzellitze

Vor dem Betonieren

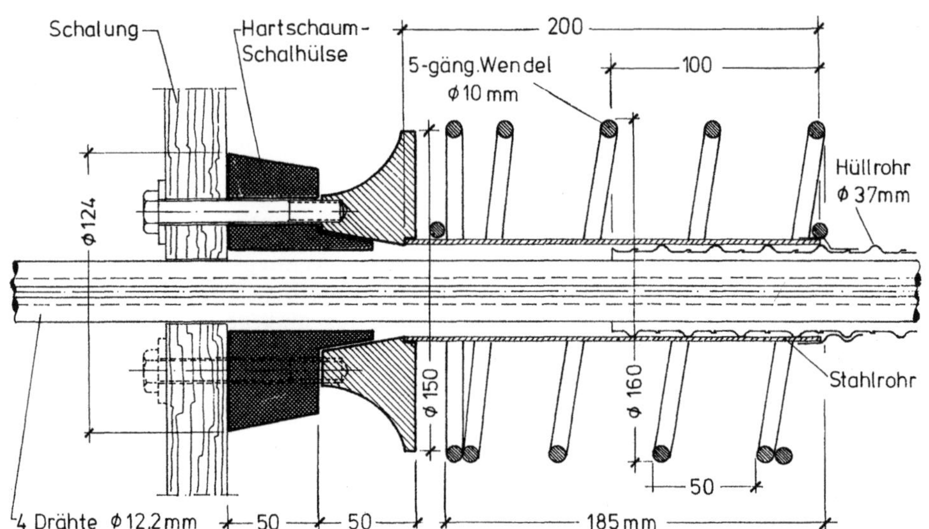

Nach dem Einpressen

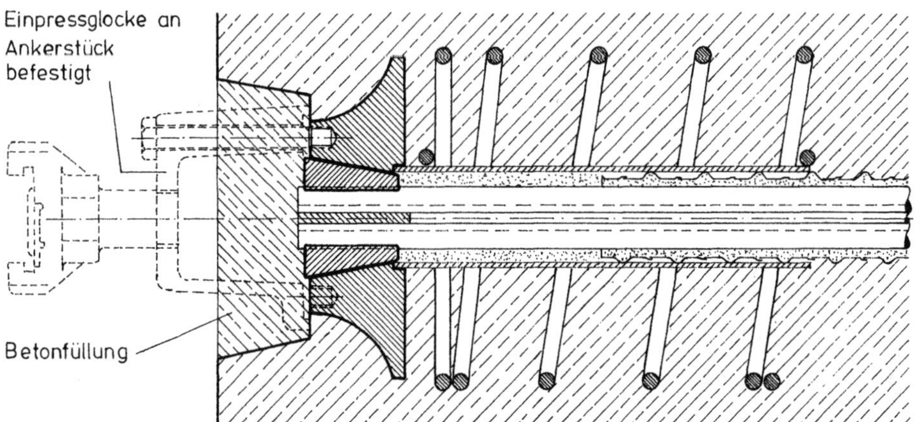

Bild 10.39   Versenkter Spannanker für ein größeres Spannglied

Die Tiefe der Nische muß so bemessen sein, daß alle Stahlteile nach dem
Spannen die vorgeschriebene Betondeckung als Korrosionsschutz erhalten, wenn die Nische nach dem Spannen mit Beton geschlossen wird. Auch
hier sollte die Betonplombe durch geeignete Stahlteile am Ankerkörper
zugfest verankert sein.

Spannbare Zwischenanker sind stets dann mit Nachteilen verbunden, wenn die Nutzung des Bauwerkes bedingt, daß der Anker nicht aus
der ebenen Außenfläche des Tragwerkes herausragen darf. Man muß
dann Spannischen anordnen, die bei dünnen Platten am besten durch die
ganze Plattendicke durchgehen (Bild 10.40 a). Bei dicken Platten oder in
Stegbereichen wird das Spannglied zur Verankerung möglichst so stark
abgebogen, daß die Spannpresse beim Spannen durch die Nische nicht behindert wird (Bild 10.40 b). Wenn man die Abmessungen solcher Nischen
festlegt, müssen die Spanngliedgröße, das Spannverfahren und die Abmessungen der zugehörigen Spannpresse in dem für den Spannweg nötigen
ausgefahrenen Zustand bekannt sein.

Nachteilig ist, daß an solchen Spannischen die normale Bewehrung unter-
brochen werden muß, der Kraftfluß im Beton gestört wird und sich Umlenkkräfte ergeben, die in der Regel eine Zusatzbewehrung bedingen. Nach
dem Spannen müssen die Nischen mit Beton gefüllt werden, für dessen
Sicherung streng genommen Anschlußbewehrung vorzusehen ist. Die Ni-
schenflächen müssen aufgerauht werden. Es ist fraglich, ob die Fugen
zwischen altem Beton und der Betonplombe dicht werden. Wegen dieser
Nachteile sollte man solche Spannischen nach Möglichkeit vermeiden.

Bei Kastenträgern ist es möglich, mit der Verankerung aus der Platte
oder aus dem Steg herauszugehen und Ankernocken anzuordnen (Bild
10.40. c).

a) Durchgehende Spannöffnung

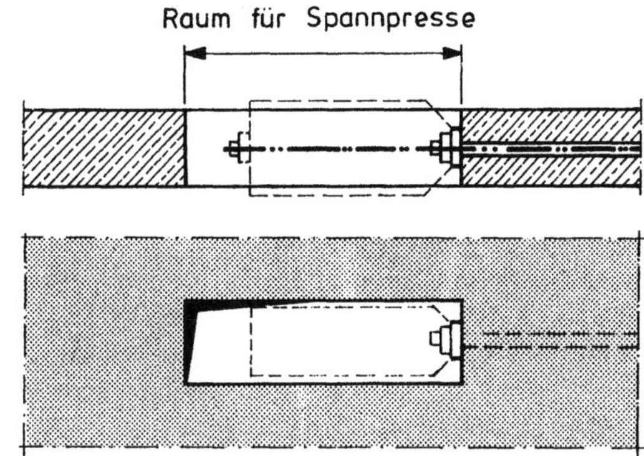

b) Spann-Nische

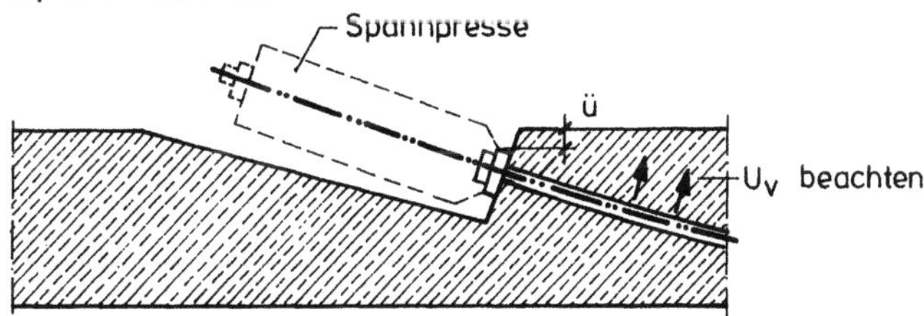

c) Spann-Nocken

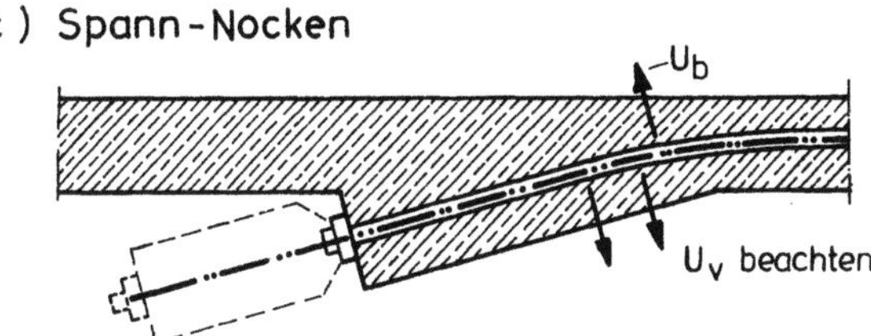

Bild 10.40 Spannbare Zwischenanker bedingen in dünnen Platten Öff-
nungen (a), in dicken Platten geneigte Nischen (b). In Kastenträgern
sind Spann-Nocken oder Rippen möglich (c)

11. Spannverfahren und ihre Wahl

In der Anfangszeit des Spannbetons gab es zunächst nur das französische
Verfahren von E. Freyssinet und das Dywidag-Verfahren mit glatten Stahlstäben St 600/900. 1949 entwickelten F. Leonhardt und W. Baur das
Leoba-Verfahren und das Verfahren Baur-Leonhardt mit konzentrierten
Spanngliedern. Im gleichen Jahr wurde das schweizerische BBRV-Verfahren anwendungsreif. Damit wurde ein Wettbewerb erst möglich. Sehr bald
wurden weitere Verfahren entwickelt. In Deutschland glaubte fast jede größere Firma, daß sie ein eigenes Verfahren haben müsse. So kam es, daß
nach wenigen Jahren über 20 Spannverfahren zugelassen und durch vieler-
lei Patente geschützt waren. Inzwischen sind die Patente weitgehend ab-
gelaufen und manche technisch und wirtschaftlich ungünstige Verfahren
sind wieder verschwunden. Die technisch und wirtschaftlich günstigsten
Verfahren setzen sich durch.

Der entwerfende Ingenieur kann zwischen den zugelassenen Verfahren wählen, er sollte jedoch in der Regel nur die Spanngliedgröße nach zulässiger
Spannkraft festlegen und die endgültige Wahl des Verfahrens den anbieten-
den Unternehmen überlassen, damit der Wettbewerb zwischen den Verfahren kostenregelnd erhalten bleibt. Es gibt jedoch technische Gesichtspunkte,
die die Auswahl des Verfahrens einschränken:

1. Für kurze Spannglieder mit Längen bis zu rund 10 m sind Verfahren
   mit Keilverankerungen, die einen verhältnismäßig großen Schlupf haben, weniger geeignet als zum Beispiel Verfahren mit Gewindeankern,
   bei denen sich die Spannkraft und der Spannweg zuverlässig einstellen
   lassen.

2. Für sehr lange Spannglieder mit planmäßigen Krümmungen eignen sich
   Verfahren mit glatten Spanndrähten oder Litzen besser als solche mit
   gerippten Spannstählen, weil bei letzteren die Spannkraftverluste durch
   Reibung nachteilig groß werden können.

3. Wenn Spannkraftverluste durch Reibung bei großen Spanngliedlängen
   und großer Summe der Umlenkwinkel nachteilig werden, dann sollte
   man Verfahren wählen, die mehrmaliges Überspannen und Nachlassen
   erlauben (siehe Kap. 13.5), was bei direkten Keilverankerungen schwie-
   rig ist.

4. Für senkrechte oder mit steiler Neigung einzubauende Spannglieder
   eignen sich dicke Spannstäbe besser als Bündel aus Litzen oder Drähten, weil die dicken Spannstäbe ohne zusätzliche Aussteifung stehen.

5. Die Wahl der Spanngliedgröße, gemessen an der zul. Spannkraft, sollte
   so getroffen werden, daß beim Vorspannen von Platten die Spannglied-
   abstände nicht zu groß werden. Von der Größe der Spanngliedeinheit
   hängt auch der Hüllrohrdurchmesser ab, der nie größer sein sollte als
   rund 1/4 der Platten- oder Stegdicke. Wenn Spannglieder sich kreuzen
   (in Flachdecken), dann sollte die Summe der beiden Spanngliedlagen
   1/4 h nicht überschreiten.

6. Eine weitere Einschränkung für die Wahl der Spanngliedgröße ergibt sich
   daraus, daß Einzelspannglieder in einem Träger vermieden werden sollen, damit das Versagen des Einzelspanngliedes nicht gleich zum Bruch
   des Trägers führt. Man darf zwar Einzelspannglieder je Träger wählen,
   wenn die schlaffe Bewehrung zur Verhütung eines Bruches ausreicht, in
   der Regel sollte man jedoch 2 bis 3 Spannglieder pro Träger wählen, um
   damit auch die Einleitung der Spannkräfte an den Trägerenden besser
   verteilen zu können.

Weitere Gesichtspunkte für die Wahl der Spanngliedeinheiten und Spannverfahren ergeben sich besonders im Ausland aus den unterschiedlichen Lie-
fermöglichkeiten der Spannstähle, der Hüllrohre, der Ankerteile usw. sowie aus den Bedingungen für den Transport und den Einbau.

Die Zulassungen der Spannverfahren enthalten Bedingungen, die sowohl bei
der konstruktiven Durchbildung von Spannbeton-Bauwerken, als auch bei
der Bauausführung zu beachten sind.

Die folgende Tabelle 11.I gibt eine Auswahl der zur Zeit am häufigsten
angewandten Spannverfahren in der Bundesrepublik. Die Verfahren von
Freyssinet, Dywidag, BBRV und VSL sind auch in anderen Ländern weit
verbreitet.

Verfahren	Aufbau	Spannstahl	zul. Spann-kraft	Reibungs-beiwert μ	Wellig-keit β	Verankerung Art Spann-seite	Verankerung Art Anker-seite	Abstand (bei B 45) Rand	Abstand (bei B 45) Achse	Schlupf je Ende	Hüllrohr lichte Weite	Hüllrohr lichter Abstand	Bemerkungen
	mm		kN		o/m			cm	cm	mm	mm	mm	
BBRV Suspa I II III IV	9 ⌀ 7 16 ⌀ 7 24 ⌀ 7 32 ⌀ 7	St 1470/1670 kalt gezogen	318 565 848 1130	0,21	0,3	Gewinde	Platte	10,5 13 15 16,5	17 22 26 29	1,0	35 45 55 65	30 40 50 50	
Dywidag	1 ⌀ 15 1 ⌀ 26,5 1 ⌀ 32 1 ⌀ 36	St 885/1080 gereckt u. St 835/1030 angelas- sen	105 312 455 577	0,44 0,50	0,5 0,3 0,3 0,2	Gewinde mit Glocke oder Platte		Glocke 8 9 11 14,5	12 16 21 25	Glocke 2,5 Platte 1,0	nach DIN 18553	25 32 38 42	Gewindestäbe
Hochtief I HT 13 III HT 83 HT 93 HT 103	3 ⌀ 8 8 ⌀ 12,2 9 ⌀ 12,2 10 ⌀ 12,2	St 1375/1570 gezogen oder St 1420/1570 vergütet	130 808 909 1010	(1) 0,14 (2) 0,24 0,15 0,26	0	Keil	Keil	7 16	10 28	5,0 8,0	30 65 - 70	30 55	(1) für St 1375/1570 (2) für St 1420/1570
Phil. Holz- mann LH 2 x 0,6" LH 4 x 0,6" LH 6 x 0,6" LH 10 x 0,6"	2 4 Litzen 6 Litzen ⌀ 10~ 15,3	St 1570/1770 7-drähtige Litzen	273 545 818 1363	0,24 0,24 0,20 0,20	0,3 0,3 0 0,2	Keil	Fächer	10,5 13,5 14,5 18	17 23 25 31,5	~ 3	35 45 55 70	35 40 45 55	Angaben für Hüll- rohre für B 45
Leoba AK 10 AK 41 AK 124	1 ⌀ 12,2 4 ⌀ 12,2 12 ⌀ 12,2	St 1420/1570 vergütet St 1375/1570 kaltgezogen	101 403 1211	0,26 o. 0,22 0,30 oder 0,25	0,7 0,5 0,3	Keil	Keil o. Wellver-ankerung b. vergüt St.	6,5 10 16	9 16 28	2 4 7 bzw. 9	19 35 60	25 35 50	
VSL 5-1 5-4 5-7 5-12 1-16	1 4 Litzen 7 ⌀ 12,5 12 16	St 1570/1770 7-drähtige Litzen	91 362 634 1086 1449	0,15 0,18 0,18 0,19 0,20	0,5 0	Klemme	Fächer, Schlaufe	6,5 11,5 13 16,5 19	9,0 19 22 29 34	6	25 50 60 70 75	25 40 40 50 60	Angaben f. μ, β Hüllrohre f. Einbau des Spannstahls nach dem Betonie-ren
Polensky & Zöllner A 40 A 80 A 100	12 oval 40 24 oval 40 33 oval 40	Sigma St 1420/1570 oval gerippt	414,0 829,0 1140,0	0,27	0,5 0,5 0,4	Gewinde	Fächer	11,5 15 17	19 26 30	1,0 3,0 3,0	40 55 60	40 45 50	
Züblin	2 N 120 4 N 120 6 N 120 12 N 120	Neptun (N 120) St 1325/1470 vergütet rechteckg. m. Rippen	194 389 583 1165	0,3	0,4	Keil	Keil oder Fächer	8 10,5 13 16	13 17,5 22 28	2 3	30 40 45 65	30 40 40 50	

Tabelle 11.I

12. Spannweisen und Spanngeräte

12.1 Das Spannen mit hydraulischen Pressen

12.1.1 Allgemeines

Die Spannglieder müssen auf eine hohe Stahlspannung vorgespannt werden. Hierzu sind selbst bei kleinen Stahlquerschnitten große Kräfte nötig,
die man am besten und einfachsten mit hydraulischen Pressen erzeugen
kann, zumal es Hochdruckpumpen gibt, die eine Flüssigkeit auf einen
Druck von 50 N/mm^2 und mehr bringen können. Es ist wichtig, daß man
sich die Größe solcher Drücke veranschaulicht. Die 50 N/mm^2 entsprechen immerhin dem Druck einer 5000 m hohen Wassersäule. Der Spann-
betoningenieur muß auch wissen, wie hydraulische Pressen wirken.

Hydraulische Pressen (hydraulic jacks) bestehen aus einem Zylinder
a (cylinder) und einem vollen oder ringförmigen Kolben b (piston). Der
nur schmale Spalt zwischen Kolben und Zylinder wird mit einer Dichtung
c (sealing) geschlossen, die in der Regel aus einem Spezialgummi besteht und eine Lippe aufweist, die im drucklosen Zustand mechanisch an
die Zylinderwand angepreßt wird (Bild 12.1).

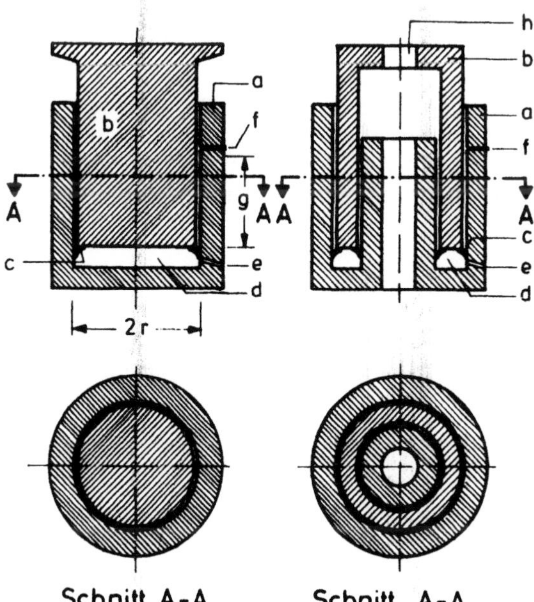

Bild 12.1   Schematischer Schnitt durch eine einfache hydraulische
Presse mit vollem und ringförmigem Kolben

a	Zylinder	e	Anschluß für Hochdruckleitung
b	Kolben	f	Sicherheitsventil
c	Dichtung	g	erreichbarer Spannweg = zul. Hub
d	Raum für Preßflüssigkeit	h	Loch für Spannstab

Zur Erzeugung der Pressenkraft wird am Zylinderboden Preßflüssigkeit
mit einer Hochdruckpumpe (high pressure pump) eingepreßt. Als Preßflüssigkeit wird entweder Bohrwasser (Ölemulsion) oder dünnflüssiges
Öl verwendet.

Der auf die Kolbenfläche A_K wirkende hydraulische Druck p ergibt die
S p a n n k r a f t

$$V = A_K\, p - R_K$$

R_K ist der Reibungswiderstand der Dichtung, er beträgt 2 bis 4 % und
wird durch Eichung der Spannpresse ermittelt.

Durch die Pressenkraft wird das angeschlossene Spannglied gedehnt, es
entsteht der Spannweg, indem der hydraulische Druck den Kolben aus dem
Zylinder hinaus bewegt. Der mit einem Kolbenhub erreichbare Spannweg
g hängt von der Länge des Zylinders ab. Am Ende der zulässigen Kolben-
hubs befindet sich ein Ventil f, das verhütet, daß der Kolben aus dem
Zylinder hinausläuft.

Der hydraulische Druck wird an Manometern (pressure gauge) abgelesen.
Der maximal zulässige Druck hängt von der von der Zylinderwand auf-
nehmbaren Ringzugkraft $Z = r \cdot p$ und von der Leistungsfähigkeit der
Pumpe ab. Die Spannpressen sind in der Regel für einen Druck zwischen
20 und 50 N/mm^2 bemessen. Der Meßbereich des Manometers sollte
möglichst nicht über den für die Presse vorgesehenen maximalen Druck
hinausgehen, damit die Ablesegenauigkeit auch im unteren Druckbereich
ausreichend ist. Manometer sind empfindliche Geräte und müssen öfter
kontrolliert werden. Man läßt das Manometer am besten in Verbindung
mit der Presse an einer Materialprüfungsanstalt eichen.

Die Spannkraft kann auch mit Kraftmeßdosen (Dynamometern) gemessen
werden, die zwischen Presse und Ankerplatte eingebaut werden.

Die Hochdruckpumpen sind meist Motor-Kolben-Pumpen. Handpumpen
leisten bei 20 N/mm^2 etwa 45 l je Stunde, elektrische Pumpen rund 350 l
je Stunde und bei 40 N/mm^2 rund 100 l je Stunde. Aus der Pumpenlei-
stung kann man die Spannzeit errechnen, um den vorausberechneten
Spannweg eines Spanngliedes zu erreichen.

Für die Verbindung zwischen Pumpe und Presse werden meist biegsame
Hochdruckschläuche benützt (Bild 12.2). Für große Pressen werden Hochdruckleitungen aus nahtlosem Stahl- oder Kupferrohr (Innendurchmesser
nur 4 bis 6 mm) mit Hochdruckkupplungen und Hochdruckventilen an-
gelegt.

<u>V o r s i c h t</u>

Undichtheiten an Hochdruckleitungen können zu gefährlichen Verletzungen
führen. Schläuche müssen in gutem Zustand sein, feste Leitungen sind ab-
zudecken. Alle Hochdruckgeräte sind empfindliche Maschinen, die äußerst
sauber gehalten werden müssen, um betriebssicher zu arbeiten.

Bild 12.2   Spannpresse im Einsatz, Hochdruckschläuche verbinden
Pumpe und Presse (Leoba Spannpresse für AK 120 für Einpreßkeile)

12.1.2 Beispiele hydraulischer Pressen

Für die Spannbettvorspannung wurden hydraulische Pressen zum Spannen
von Einzeldrähten für große Spannwege entwickelt. (Bild 12.3).

Bild 12.3   Einzeldraht-Spannpresse für große Spannwege (vorwiegend
für Spannbettvorspannung)

Für die Spannglieder in Hüllrohren werden in der Regel Pressen mit
Ringkolben benützt, durch deren zentrisches Loch ein Spannstab geführt wird, der am Ankerstück des Spanngliedes anschließt. Der Kolben-
ring stützt sich über die Ankerplatte oder direkt auf den erhärteten Beton ab (Bild 12.4). Zwischen Zylinder und Kolben wird heute meist noch
eine gedichtete Flüssigkeitskammer vorgesehen, mit der der Kolben nach
dem Spannen hydraulisch zurückgeholt wird. Bei Spannverfahren, bei denen der erforderliche Spannweg mit einer Mutter festgehalten wird, ist
eine Ratsche zum Anziehen der Mutter an der Presse festgemacht. Der
erreichte Spannweg kann in der Regel an einer an der Presse festgemach-
ten Millimeterskala abgelesen werden.

Für das Handhaben auf der Baustelle ist es wichtig, daß die Spannpressen
leicht sind, damit sie von Hand angesetzt werden können. Die dargestellte
Leoba-Spannpresse wiegt für 500 kN Spannkraft und 120 mm Spannweg
nur 31 kg, für 1000 kN Spannkraft und 180 mm Spannweg nur 56 kg,
Betriebsdruck 40 N/mm^2.

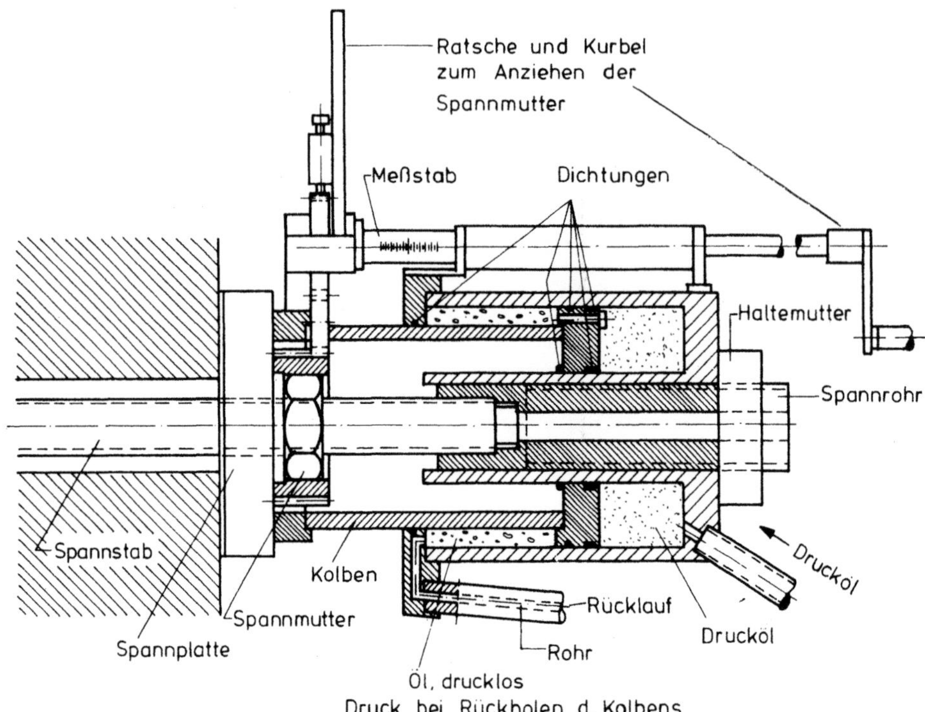

Bild 12.4   Spannpresse mit Ringkolben, Spannstab im zentrischen Loch
(Leoba Presse für 500 kN wiegt nur 31 kg)

Für Spannglieder mit über 1000 kN Spannkraft werden die Pressen im
allgemeinen zu schwer, um von Hand bewegt zu werden. Man braucht
dann einen Pressenwagen mit leicht beweglichem Schwenkarm, an dem
die Presse hängt.

Für Keilverankerungen gibt es hydraulische Pressen, an die eine Ver-
keilpresse angebaut ist, mit dem die Keile nach dem Anspannen der Drähte eingepreßt werden (Bild 12.2).

Bei der Freyssinet-Bündelpresse (Bild 12.6) werden Spanndrähte
oder Litzen am Ankerstück stark gespreizt, damit sie am konischen Rand
des Pressenzylinders in Nuten mit Keilen zum Spannen befestigt werden
können. Auch bei dieser Presse ist im Kolben der Spannpresse noch ein
kleiner Kolben mit einem Stempel, der nach dem Spannen den zentrischen
Freyssinet-Ankerkeil zwischen die gespannten Drähte einpreßt.
An Stelle der Ringpressen können auch Zwillingspressen verwendet werden, bei denen der Spannstab zwischen den beiden Pressen verläuft und mit einem Querhaupt von den Pressen bewegt wird (Bild 12.5).

Bild 12.5   Zwillingspressen mit Querhaupt, in dem die Spannstahldrähte zum Spannen verankert sind

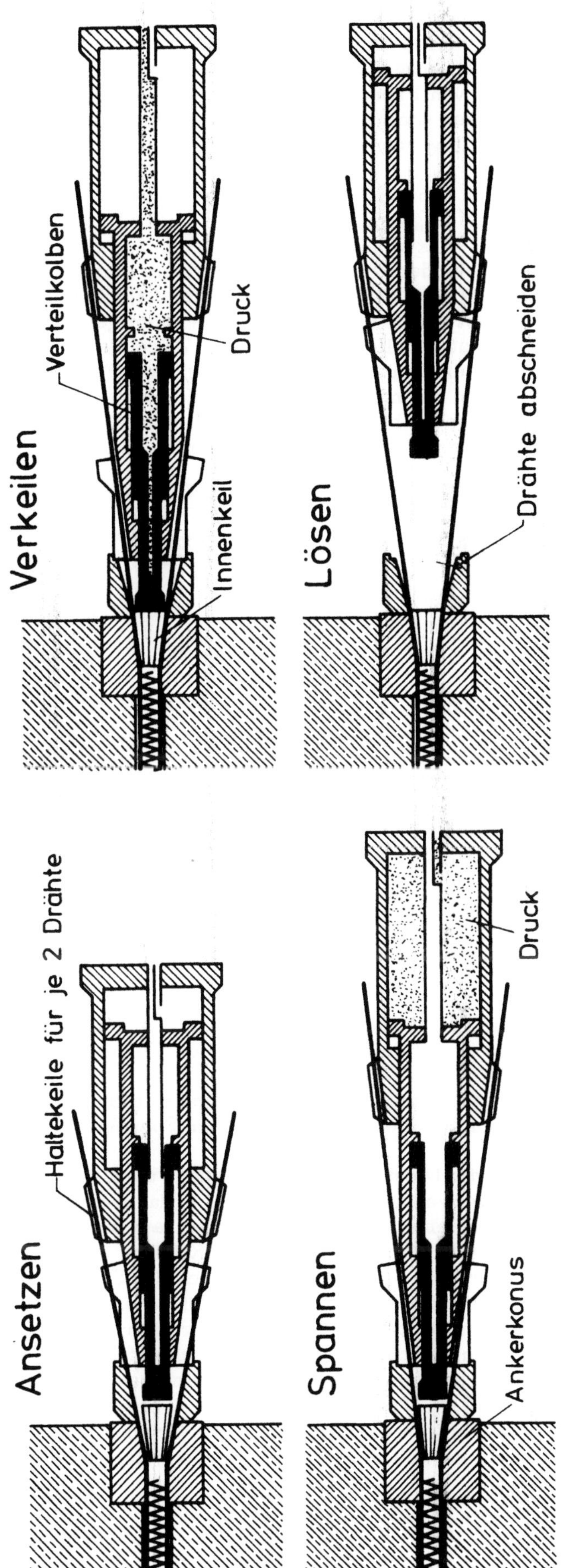

Bild 12.6 Freyssinet-Bündelpresse, Wirkungsweise beim Spannen und Verkeilen

Große hydraulische Pressen für Kräfte bis 5000 kN und mehr
wurden für das Verfahren Baur-Leonhardt (konzentrierte Spannglieder)
entwickelt, bei denen große Kabel schlaufenartig an Spannblöcken verankert werden, die von Pressennischen aus gespannt werden. Da solche
Pressen im Bauwesen auch anderweitig verwendet werden, sollen sie
hier kurz dargestellt werden.

Bild 12.7 zeigt eine sehr einfach konstruierte 5000 kN Presse, die man
unter Zwischenschaltung einer weichen Holz- oder Faserplatte direkt
gegen Betonflächen wirken läßt. Nach geringem Hub erhält der Kolben
etwas Spiel gegenüber der Zylinderwand, er kann sich gelenkartig drehen,
um etwaige kleine Winkel zwischen den Aufstandsflächen der Presse auszugleichen. Dies ist nötig, weil es praktisch kaum gelingt, solche Aufstandsflächen absolut parallel herzustellen. Wäre die Drehbarkeit nicht
vorhanden, würde der Kolben am Zylinder reiben. Es kam wiederholt
vor, daß sich Kolben normaler hydraulischer Pressen dabei an der Zylinderwand festgefressen haben und der am Manometer angezeigte hydraulische Druck gar nicht zur Wirkung kommen konnte.

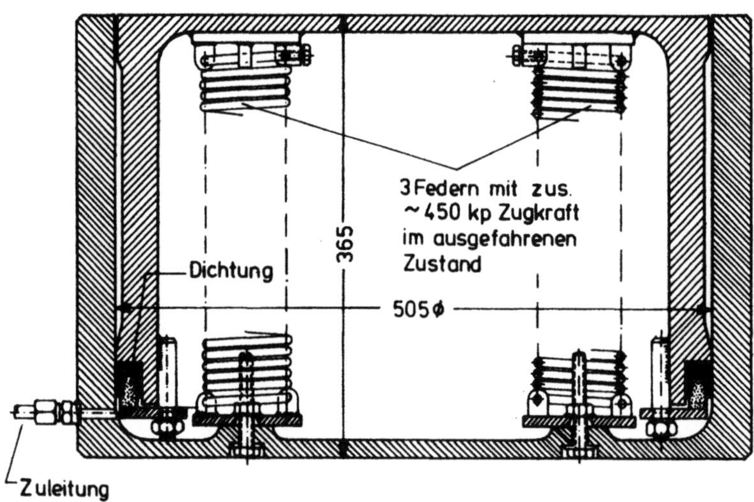

Bild 12.7   Einfache Topfpresse für 5000 kN mit geringfügig drehbarem
Kolben (Kolben als Gelenk!), 240 mm Hub

Bei dieser Presse verläßt man sich nach dem Spannen bis zum endgültigen Festlegen des erzielten Spannweges auf die Dichtung der Presse.

Die Böden des Zylinders und des Kolbens sind mit kräftigen Federn miteinander verbunden, die den Kolben nach dem Spannen zurückholen.

Will man sich auf die Dichtung nicht verlassen, dann muß man Stell-
ringpressen verwenden, wie in Bild 12.8 dargestellt.
Der Kolben wird mit einem Gewinde versehen, auf das ein Stellring aufgedreht wird, der sich beim Ausfahren des Kolbens laufend nachstellen
läßt, so daß der erzielte Spannweg stets durch den Stellring gesichert
wird. Um Winkelabweichungen der Aufstandsflächen auszugleichen und dadurch bedingte Ausmittigkeiten der Pressenkraft zu vermeiden, ist im
Bild auf dem Kolbenkopf ein Kugelkappengelenk aufgesetzt. Die Zentrie-
rung wird heute besser und billiger durch Aufsetzen eines Gummitopflagers
bewirkt, wie es in [0] Teil 6, Kapitel 16.2.4 beschrieben ist. Der Kolben wird an Bronzeringen geführt, damit das Gewinde nicht beschädigt
wird; er darf nicht zu weit ausgefahren werden, damit genügend Führung
verbleibt.

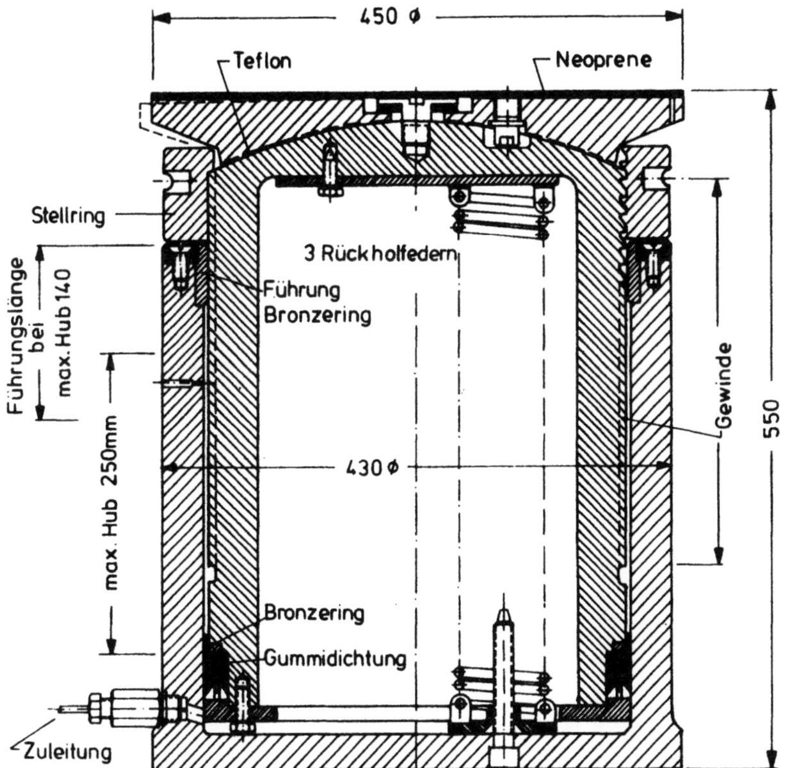

Bild 12.8   Stellringpresse für 5000 kN und 250 mm Hub mit Kugelkappengelenk

Wenn kleine Spannwege oder Hubwege genügen und große Kräfte nötig sind,
dann eignen sich die Freyssinet Tellerpressen (Bild 12.9), die aus 2 kreis-
förmig geschnittenen dünnen Stahlblechen bestehen, die außen an einer Auf-
wulstung miteinander verschweißt sind. Der zulässige Hub ergibt sich aus
der Höhe des Wulstes. Diese Presse kann auch als lange Bandpresse mit
halbkreisförmigen Enden ausgeführt werden. Die Druckleitung wird am
Wulst angeschlossen. Die Tellerpressen sind in der Regel nur einmal
verwendbar.

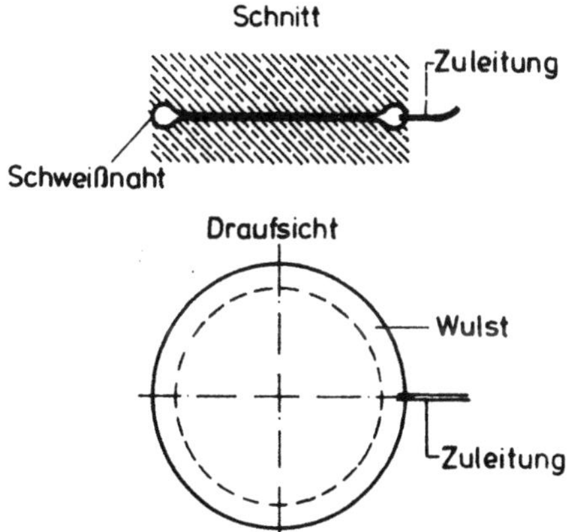

Bild 12.9   Freyssinet-Tellerpresse aus Tiefzieh-Blech

12.2 Besondere Vorspannweisen

12.2.1 Große Bauteile können von einer S p a n n f u g e aus mit hydraulischen Pressen spannend gegeneinander bewegt werden, wenn die Spannkabel jeweils in den Bauteilen verankert sind. Als Beispiel wird das
Spannblockverfahren Baur-Leonhardt erwähnt (Bild 12.10), bei dem die
Spannkabel schlaufenartig oder mit Fächerankern in großen Betonblöcken,
den Spannblöcken, verankert sind. Die hydraulischen Pressen werden in
Pressenischen eingesetzt. In der Spannfuge muß genügend Fläche frei
bleiben, um den erzielten Spannweg entweder durch rasch erhärtenden
Beton oder durch vorgefertigte Betonblöcke festzuhalten. Näheres hierzu
siehe in Leonhardt: Vorspannung mit konzentrierten Spanngliedern, Verlag W. Ernst u. Sohn, Berlin, 1956.

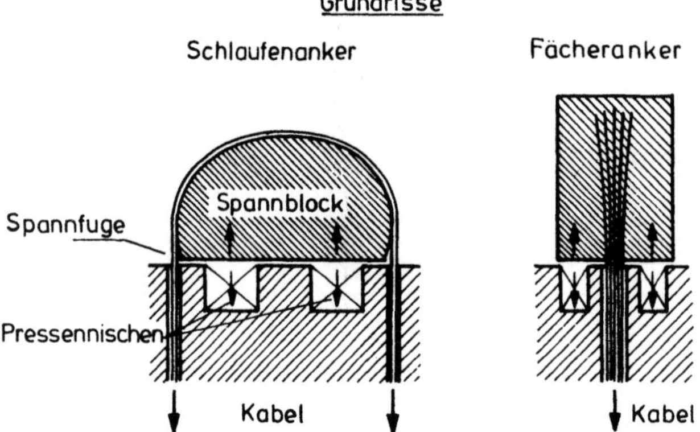

Bild 12.10   Vorspannen durch Verschieben ganzer Bauteile mit Pressen
in einer Spannfuge - hier Verschieben von Spannblöcken, in denen große
Spannkabel verankert sind (Verfahren Baur-Leonhardt)

12.2.2 Spannen quer zur Spannrichtung

Liegen die an beiden Enden festverankerten Spannglieder im mittleren
Bereich eines Tragwerkes frei, so kann die Vorspannung durch Vergrößerung ihres Durchhanges oder durch Zusammenziehen oder Spreizen
zweier parallel verlaufender Spannkabel erreicht werden (Bild 12.11).

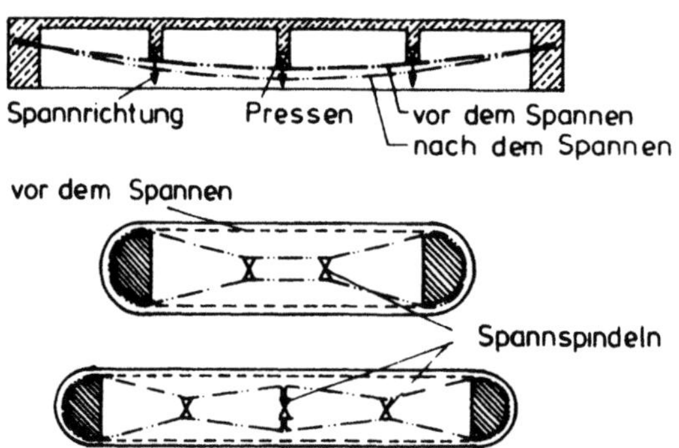

Bild 12.11   Vorspannen durch Verschieben der beidseitig verankerten
Kabel quer zur Kabelachse

An kreisförmigen Bauteilen wurde dieses Prinzip wiederholt schon angewandt, indem das um den kreisförmigen Baukörper herumgewickelte Kabel mit hydraulischen Pressen radial weggedrückt wurde (Bild 12.12).

Der Spannweg Δr muß dann in geeigneter Weise festgehalten werden.
Beispiel: Vorspannung des Ringfundamentes des Fernmeldeturmes auf
dem Frauenkopf in Stuttgart [J. Schlaich: Der neue Richtfunkturm auf
dem Frauenkopf in Stuttgart, Beton- und Stahlbetonbau 4/1971].

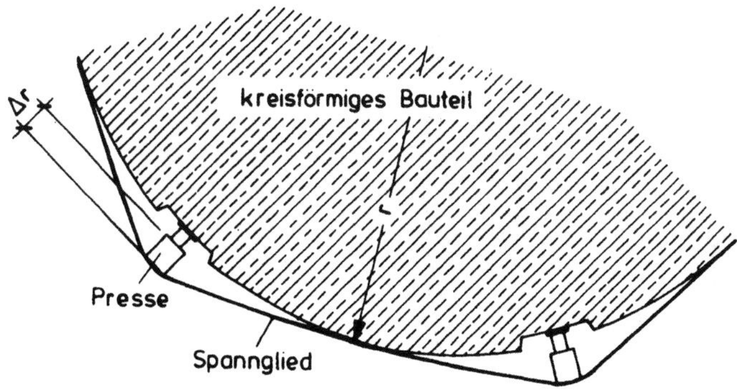

Bild 12.12   Spannen eines Ringkabels durch radiale Pressenhübe rund
um den Umfang des Kreises

12.2.3 Bewickeln unter Vorspannung

Kreisrunde Behälter wurden oft dadurch vorgespannt, daß die Spannstahl-
drähte mit einer Wickelmaschine unter Spannung aufgewickelt werden
(BBRV-Verfahren; nähere Auskunft durch Proceq, SA, Zürich; Taylor-
Woodrow-Verfahren).

Auch für die Herstellung von Spannbetonrohren wurden spezielle Wickel-
maschinen entwickelt, deren Prinzip in Bild 12.13 dargestellt ist.
Die Russen benützen das gleiche Prinzip für Spannbettvorspannung.
Die Wickelmaschine wickelt den gespannten Draht auf ein drehbares
Spannbett, auf dem die Drähte mit Ankerdornen festgehalten werden
(Bild 12.14).

Weitere Spannweisen und Spannverfahren siehe [1].

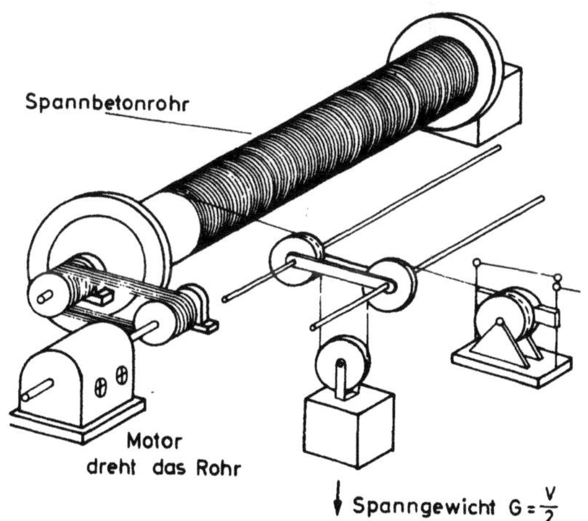

Bild 12.13   Bewickeln von Spannbetonrohren. Der Draht wird mit einem
Gewicht gespannt (nach Züblin)

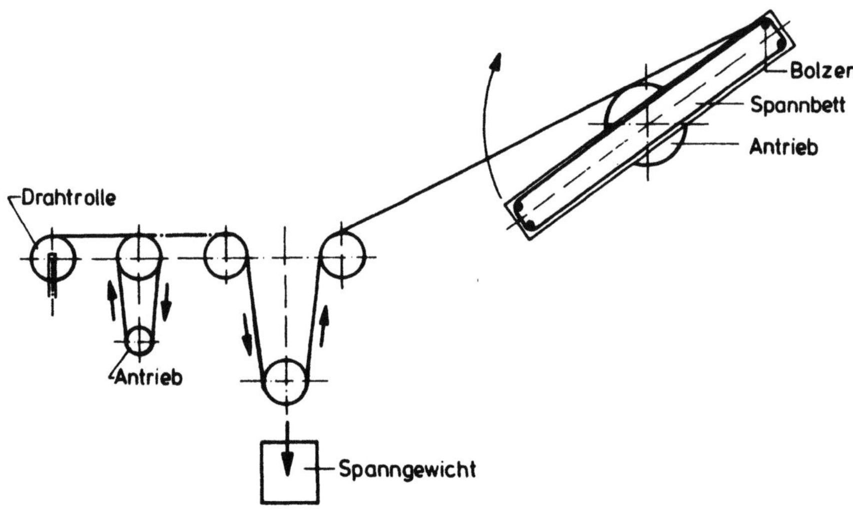

Bild 12.14   Schema einer russischen Wickelmaschine für Spannbettvorspannung von Trägern

13. Spannglieder in Gleitkanälen, Reibung und Aufbau

13.1 Ursachen der Reibung

Beim Vorspannen nach dem Erhärten des Betons muß der Spannstahl in
einbetonierten Gleitkanälen, in der Regel in Hüllrohren liegen, damit er
beim Spannen längsbeweglich ist und sich dehnen kann. Die Hüllrohre
werden in vorgeschriebenen Abständen unterstützt und auch seitlich festgehalten, damit sie beim Betonieren möglichst ihre planmäßige Lage be-
halten. Die Hüllrohre biegen sich aber beim Betonieren zwischen ihren
Unterstützungen mehr oder weniger durch. Bei den unvermeidbaren Un-
genauigkeiten der Baustellen liegen auch die Unterstützungen nicht genau
am Soll-Punkt. Die tatsächliche Achse der Hüllrohre ist daher eine mehr
oder weniger wellige Linie, die sowohl vertikal als auch horizontal von
der Soll-Lage abweicht. Man spricht von einer ungewollten Welligkeit
oder von ungewollten Umlenkwinkeln, die auf die Längeneinheit bezogen
mit β bezeichnet werden (Bild 13.1).

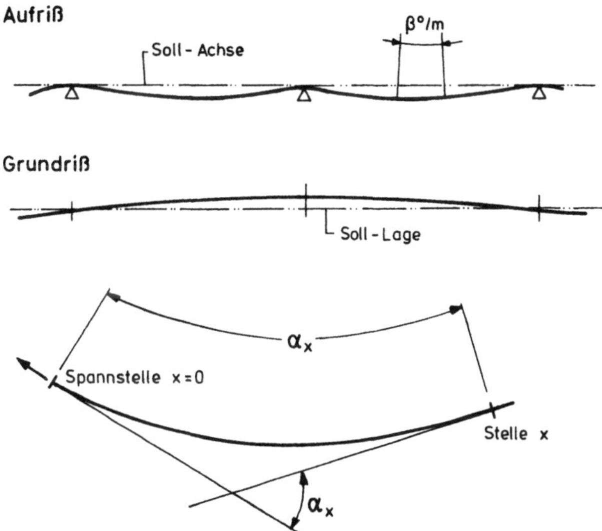

Bild 13.1   Ungewollte Welligkeit $\beta°/m$ gerader Spannglieder und planmäßige Umlenkwinkel α

Die rechnerisch zu berücksichtigende Größe der ungewollten Umlenkwinkel wird in den Zulassungen der Spannverfahren angegeben. Sie hängt
nicht nur von der Sorgfalt der Bauausführung sondern auch von der Biegesteifigkeit der im Hüllrohr liegenden Spannstähle und von der Entfernung der Unterstützungen der Hüllrohre ab. Sie kann bei Spanngliedern
aus 5 mm Drähten bis zu $\beta = 4°$ pro Meter erreichen. In den Zulassungen schwanken die Werte für die Welligkeit β zwischen 0,3 und 1,0° pro
Meter.

Die Spannglieder können weiterhin eine planmäßige Krümmung erhalten,
die von der Spannstelle $x = 0$ bis zur betrachteten Stelle x den Umlenkwinkel α_x einschließt. Auch im planmäßig gekrümmten Bereich kommt
ungewollte Welligkeit vor, sie ist dort in der Regel kleiner als bei geraden Spanngliedern.

Spannt man einen Draht im Freien auf hohe Spannung, dann wird er exakt
gerade, wenn man vom Durchhang infolge Eigengewicht des Drahtes zwischen Auflagerstellen absieht. Liegt nun der Spanndraht in einem nicht
geraden Hüllrohr, dann muß er sich im gekrümmten Bereich gegen das
Hüllrohr anlegen, und zwar mit einer Umlenkkraft U bzw. u je Längeneinheit, die von der Spannkraft und dem Umlenkwinkel, bzw. dem Krümmungsradius im Anliegebereich abhängt: $u = \dfrac{V}{r}$, (Bild 13.2).

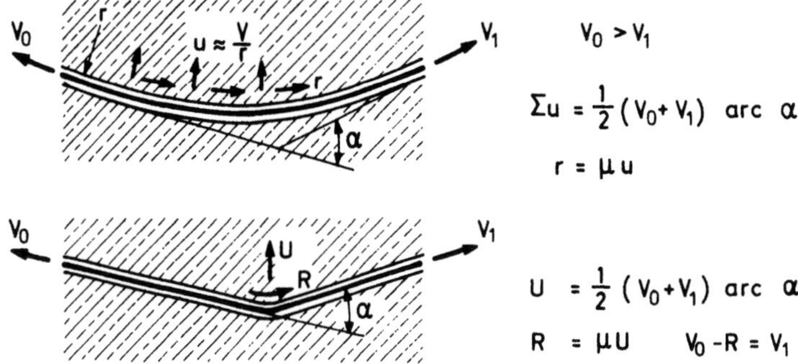

Bild 13.2   Umlenkkräfte bei stetiger Krümmung und an Knickstellen
zwischen Geraden. Reibungskräfte, wie sie am Spannstahl wirken

Beim Spannen muß sich der Spannstahl gegenüber dem Gleitkanal längs
bewegen, dabei entstehen Reibungswiderstände R, r, die die Spannkraft entlang dem Spannglied abhängig von den Umlenkkräften und dem
Reibungsbeiwert μ vermindern (Bild 13.2).

Bei Spanndrahtbündeln in runden oder rechteckigen Gleitkanälen entstehen an Umlenkstellen zusätzliche Kräfte, die die Drähte gegen den Gleitkanal pressen, indem sich innen liegende Drähte gegen außen am Gleitkanal unmittelbar anliegende Drähte diagonal abstützen (Bild 13.3). Diese seitlichen Abstützkräfte nennt man Klemmkräfte , ihre Größe hängt
von der Zahl der in einem Hüllrohr befindlichen Runddrähte ab. Die
Klemmkräfte wirken hauptsächlich im Bereich planmäßiger Spannglied-
krümmungen und würden daher am besten durch einen Multiplikator k
beim planmäßigen Umlenkwinkel α berücksichtigt werden. Sie können
30 bis 40 % der planmäßigen Umlenkkräfte ausmachen. In den Zulassungen werden sie jedoch durch eine Erhöhung der Reibungsbeiwerte über
die ganze Spanngliedlänge berücksichtigt, was zu einer falschen Auswirkung führt.

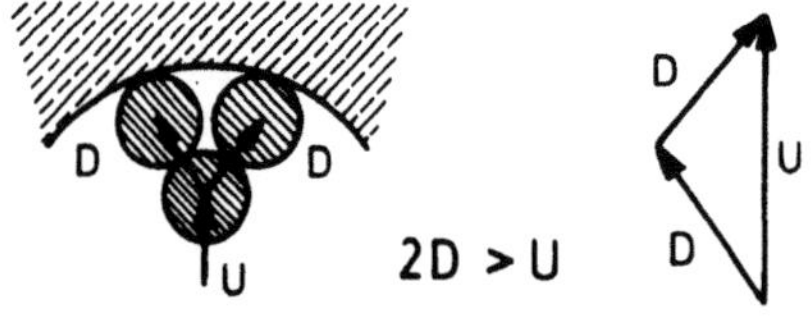

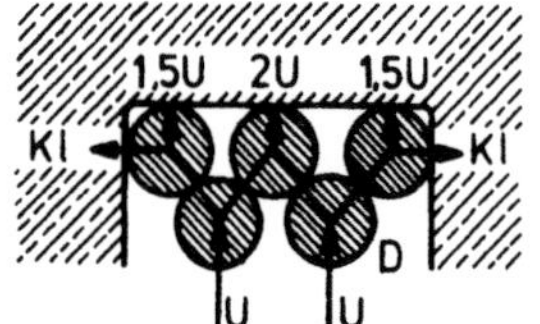

Bild 13.3   Das Entstehen von
Klemmkräften Kl durch schräge
Abstützung der inneren Drähte

Wenn Drähte, z.B. Flachdrähte, in mehreren Lagen sauber übereinanderliegen und sich nicht seitlich verklemmen, dann wird die Umlenkpressung des Drahtes am Gleitkanal ein Vielfaches der Pressung eines Einzeldrahtes, was besonders bei gerippten Drähten zu einer Erhöhung des Reibungsbeiwertes μ führt (Bild 13.4).

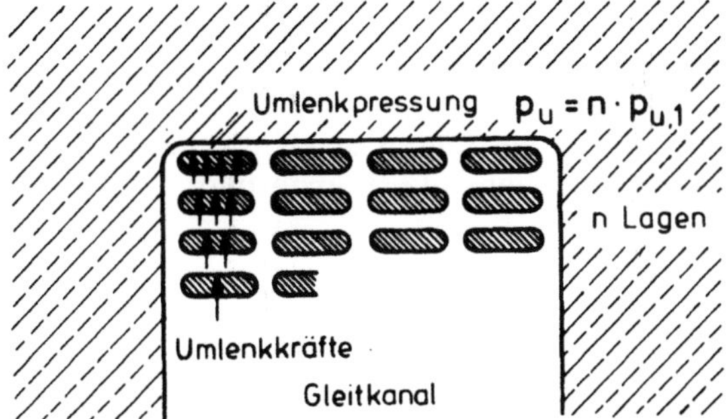

Bild 13.4 Übereinander liegende Drähte vervielfachen die Umlenkpressung des Drahtes am Gleitkanal, was den Reibungsbeiwert erhöht.

13.2 Der Reibungsbeiwert

Der Reibungsbeiwert μ (coefficient of friction) für das Gleiten von Spannstahl in Gleitkanälen hängt von der Härte und Oberflächenbeschaffenheit beider Teile, vom Anpreßdruck und vom Gleitweg ab.

Ein einprägsames Bild über die Vorgänge bei Reibung liefert uns der Vergleich eines mit 2000-facher Vergrößerung aufgetragenen Schnittes durch glatte Stahlbleche (Bild 13.5 links) mit einem nicht überhöhten Schnitt durch die Alpen der Schweiz und Österreichs (Bild 13.5 rechts). Nur an den Spitzen der Berge tritt Berührung auf. Je nach Pressung und unterschiedlicher Härte der beiden Metalle drücken sich die Bergspitzen unterschiedlich tief in die Unterlage ein. Dies erklärt, daß der Reibungsbeiwert umso größer ist, je höher der Anpreßdruck ist. Bei der Spannbewegung werden Bergspitzen abgeschert und bleiben als Abrieb in Tälern liegen, d.h. die Flächen werden abgeschliffen. Dies erklärt, daß der Reibungsbeiwert mit zunehmendem Spannweg kleiner wird. Dieses Abschleifen wird dadurch begünstigt, daß der Stahl der Blechkanäle erheblich weicher ist als der Spannstahl. Oberflächenrauher Spannstahl führt zu höherer Reibung als oberflächenrauher Gleitkanal. Rost vergrößert die Reibung wesentlich, weil abgesplitterte Rostteilchen wie Streusand wirken.

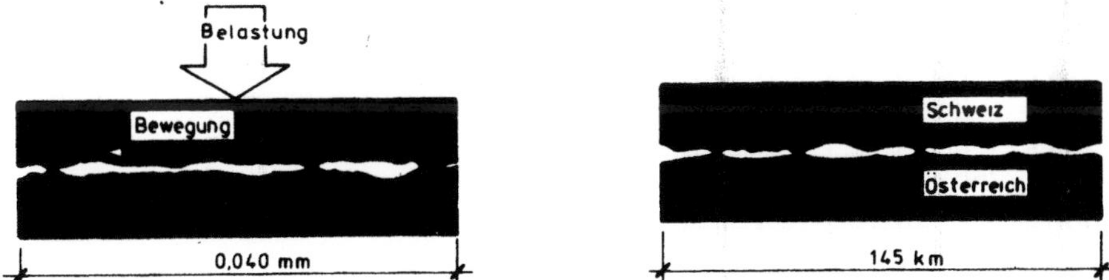

Bild 13.5 Querschnitte aufeinander gelegter glatter Stahlbleche (kalt gewalzt) im Vergleich zu Schnitten durch die Alpen

Die Reibungsbeiwerte von Spanngliedern kann man nur durch Versuche ermitteln. Zahlreiche Versuche sind im Laufe der Jahre durchgeführt worden, sie ergaben zum Teil recht unterschiedliche Werte. (Schrifttum siehe [1] und [15]). Die neueste Arbeit auf diesem Gebiet ent-

stand bei H. **Trost** an der TH Aachen, wo zahlreiche neue Versuche mit
verbesserter Meßtechnik durchgeführt wurden. Die Ergebnisse fanden in
der Dissertation von Karl **Schütt** ihren Niederschlag (1978).

Die Versuche ergaben für Spannglieder mit gerippten Drähten, 16 Stück
Flachprofil 40 mm^2 St 1420/1570, Reibungsbeiwerte bis zu μ = 0,6, die
mit zunehmendem Spannweg bis auf etwa μ = 0,4 abnahmen (Bild 13.6.
Für den Einzeldraht wurde μ = 0,35 gemessen. Der Unterschied entsteht durch die Wirkung nach Bild 13.4. In der Praxis hat man bei Bündeln aus gerippten Spanndrähten schon Reibungsbeiwerte bis μ = 0,8 festgestellt. Bei hohem Anpreßdruck gibt es nämlich an den Anliegeflächen der
gewellten Hüllrohre gewissermaßen spanabhebende Bearbeitung.

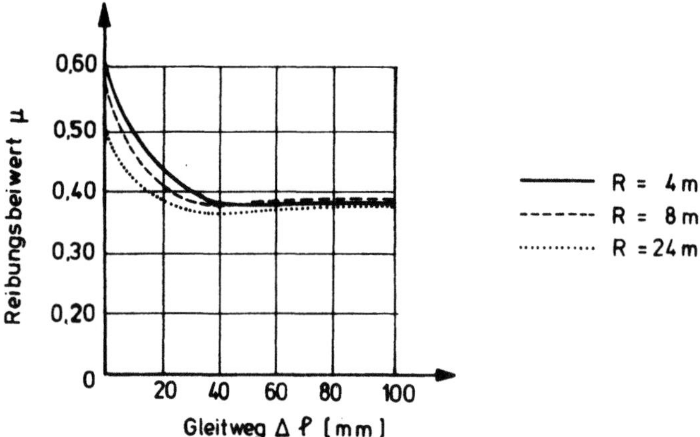

Bild 13.6   Abnahme des Reibungsbeiwertes μ mit dem Gleitweg $\Delta \ell$ bei
verschiedenen Krümmungsradien für Bündel aus 16 gerippten Flachdrähten,
A_z = 40 mm^2 (nach Schütt [15])

Bei glatten Runddrähten $\emptyset$ 12,2 mm St 1420/1570 - vergütet - war der
Reibungsbeiwert am Anfang der Bewegung beim Krümmungsradius
R = 24 m maximal 0,31, bei R = 4 m 0,26, also umgekehrt als erwartet.
Schon nach einem Spannweg von rund 40 mm fiel der Reibungsbeiwert fast
unabhängig vom Anpreßdruck auf rund μ = 0,22 ab (Bild 13.7). Beim Bündel aus 6 Runddrähten $\emptyset$ 12,2 mm war der Unterschied zwischen Bündel
und Einzeldraht nur gering.

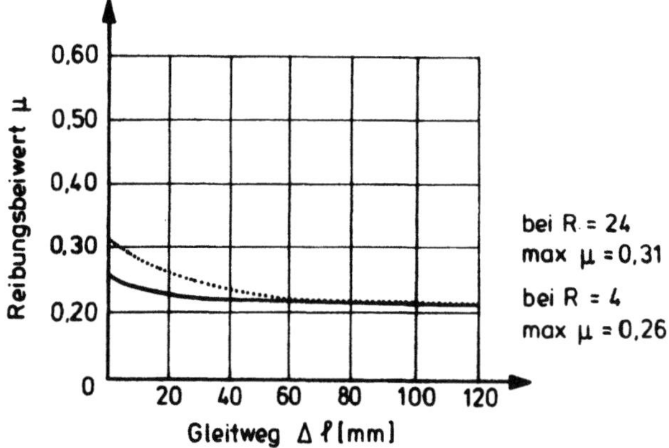

Bild 13.7   Abnahme des Reibungsbeiwertes μ mit dem Gleitweg $\Delta \ell$ bei
einem Spannglied aus 6 $\emptyset$ 12,2 mm vergüteten Runddrähten

Bild 13.8 zeigt schematisch die Abhängigkeit der Reibungsbeiwerte von
der Umlenkkraft u und dem Gleitweg Δℓ, links für das Bündel aus 16 gerippten Flachstäben, rechts für Bündel aus 6 Runddrähten ∅ 12,2 mm.

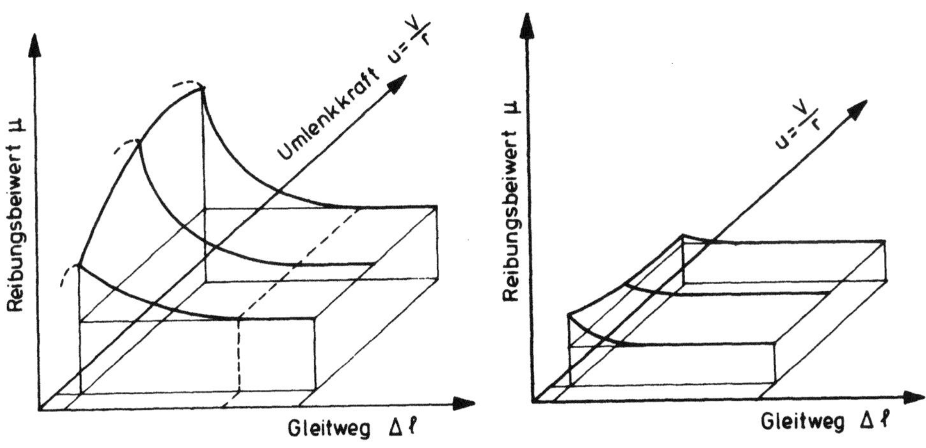

Bild 13.8   Dreiachsige Darstellung der Abhängigkeiten des Reibungs-
beiwertes μ von der Umlenkkraft u und dem Gleitweg Δℓ, links für
Bündel aus gerippten Flachdrähten, rechts für Bündel aus vergüteten
Runddrähten ∅ 12,2 mm (nach Schütt).

Die Versuchsergebnisse bestätigen im wesentlichen die in Zulassungen
angegebenen Reibungsbeiwerte mit Ausnahme der Spannglieder aus gerippten Stählen, für die die Reibungsbeiwerte bei kleinen Spannwegen
erheblich über den Werten der Zulassung liegen. Dies wurde auch in der
Praxis oftmals so beobachtet.

Die Tatsache, daß die Reibungsbeiwerte mit zunehmendem Spannweg abnehmen, kann in der Praxis ausgenützt werden. Wenn beim Spannen ein
höherer Reibungswiderstand festgestellt wird als nach Zulassung anzunehmen war, so kann man das Spannglied wieder nachlassen und die Vorspannung vielleicht zwei- bis dreimal wiederholen, um die Gleitflächen
zu glätten. Diese Maßnahme führt in der Regel zum Erfolg. Bei Keilverankerungen kann allerdings das Nachlassen unmöglich werden, wenn
sich die Keile nicht mehr lösen lassen.

13.3 Reibungsmindernde Maßnahmen

Das im Maschinenbau übliche Mittel, Reibung durch Öle oder Fette zu
vermindern, ist bei Spanngliedern nicht anwendbar. Das Schmiermittel
würde schon nach kurzem Gleitweg seitlich weggeschoben. Außerdem
könnte der Korrosionsschutz, gegeben durch die alkalische Wirkung des
Zementeinpreßmörtels, geschädigt werden, auch wenn man das Schmiermittel durch Spülung wieder zu beseitigen versuchte.

Reibungsmindernde Maßnahmen lohnen sich nur bei großen Spannkabeln
mit großer Summe planmäßiger Umlenkwinkel in sehr langen Bauwerken.
Solche Kabel wurden mehrfach beim Verfahren Baur-Leonhardt für Groß-
brücken angewandt ([1] Kapitel 7.5). Die in rechteckigen Blechgleitka-
nälen verlegten Kabel werden dabei polygonartig geführt (Bild 13.9).

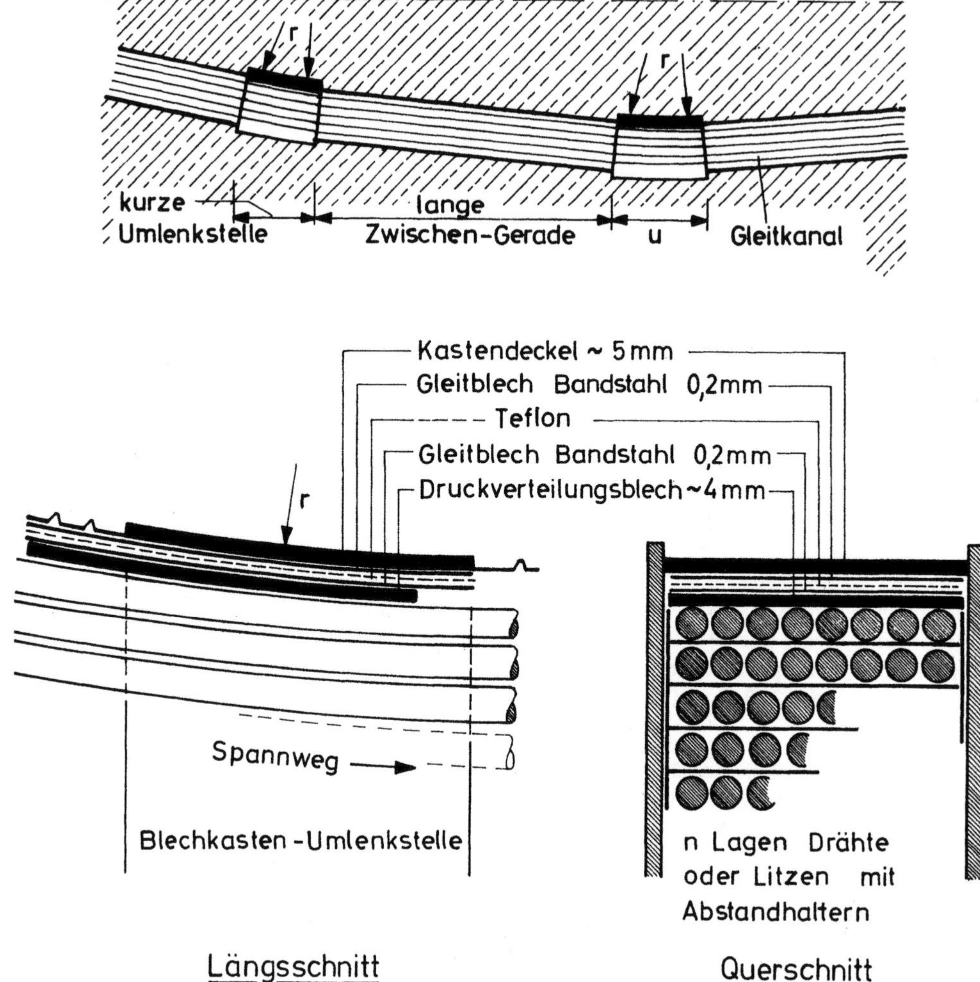

Bild 13.9   Polygonartige Führung großer Spannglieder mit Gleitblechen
an den kurzen gekrümmten Umlenkstellen zur Verminderung der Reibung

Kurze gekrümmte Umlenkstellen liegen zwischen langen geraden Strecken.
An den Umlenkstellen wird die lagenweise Ordnung der Drähte oder Litzen
in einem engen, kräftigen Blechkasten sichergestellt. An den gekrümmten
Gleitflächen werden zwei dünne Gleitbleche mit sehr glatter Oberfläche und einer dünnen Teflonzwischenschicht eingelegt. Ein dickeres
Blech unter den Gleitblechen sorgt für die Verteilung der Umlenkdrücke
der Einzeldrähte. Der Reibungsbeiwert kann auf μ = 0,03 bis 0,05 he-
rabgesetzt werden. Die Welligkeit β erreicht bei sauberem Einbau der
Blechkasten Werte zwischen 0,1 und 0,2^{o} pro Meter.

Durch diese Maßnahmen konnten schon neunfeldrige Durchlaufträgerbrük-
ken mit einer zusätzlichen Krümmung im Grundriß von 160° mit Spannblöcken an beiden Brückenenden mit einem durchgehenden Kabel je Steg
erfolgreich vorgespannt werden. Diese Maßnahme lohnt sich besonders,
wenn Großkabel in Kastenträgern neben dem Steg liegend eingebaut werden (vgl. [0] Teil 6, Kapitel 14, Bild 17).

Zur Verminderung der Reibung kann man den Spannstahl beim Spannen
in Längsschwingungen versetzen. Diese klingen jedoch durch die
Reibung ab, so daß sie nur auf eine begrenzte Länge wirken, die u.a.
von $\Sigma(\alpha + \beta \ell)$ abhängt. In der Zulassung des Dywidag-Spannverfahrens

darf das normale μ für Gewindestäbe bei Anwendung der Längsschwingungen ermäßigt werden auf

$$\text{red. } \mu = \mu \, \frac{\alpha + \beta \ell}{60^{\circ}} < \mu$$

Über die Dauer, Frequenz und Amplituden der Längsschwingungen ist dabei merkwürdigerweise nichts gesagt.

13.4 Berechnung der Spannkraftverluste infolge Reibung

E u l e r hatte schon 1762 die richtige Lösung für die Differentialgleichung der Abnahme der Zugkraft eines über einen gekrümmten Sattel gezogenen Seiles (Bild 13.10) angegeben zu

$$Z_x = Z_o \, e^{-\mu\alpha}$$

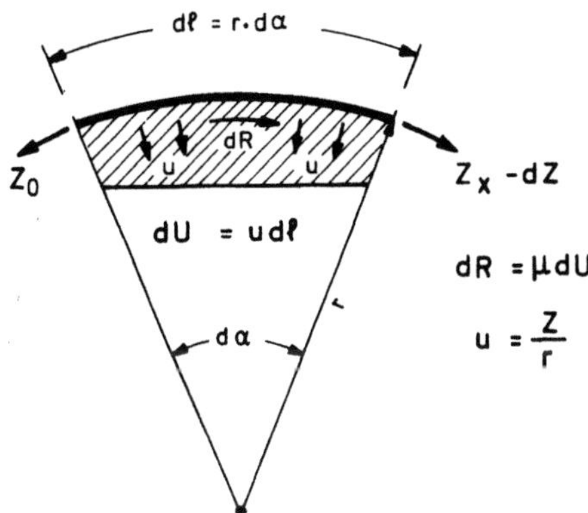

Bild 13.10 Am Seilstück der Länge dℓ, das über den gekrümmten Sattel gezogen wird, angreifende Kräfte

Diese Gleichung wird zur Berechnung der Spannkraftverluste infolge Reibung für Spannglieder benützt. An die Stelle des Winkels α tritt die Summe aus

α_x dem Umlenkwinkel zwischen der Spannstelle und dem betrachteten Punkt x

und

$\beta \ell_x$ den Winkeln aus ungewollter Welligkeit β° je m über die Länge des Spanngliedes bis zum Punkt x in m.

Die Spannkraft, die in der Praxis als auf den Beton wirkende Ankerkraft V angeschrieben wird, beträgt an der Spannstelle V_o und nimmt dann bis zum Punkt x ab auf den Betrag:

$$V_x = V_o \, e^{-\mu(\alpha_x + \beta\ell_x)} = V_o \, e^{-\mu\gamma} \qquad (13.1)$$

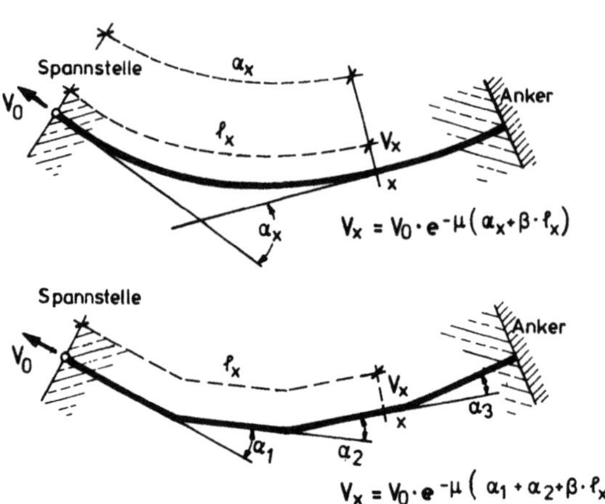

Bild 13.11   Planmäßige Umlenkwinkel α zwischen Spannstelle und Stelle x. Spannglied im erhärteten Beton

Sind die Spannglieder auch im Grundriß gekrümmt, dann sind die Winkel α_v (vertikale Komponente) mit α_h (Grundrißkomponente, horizontal) vektoriell zusammenzusetzen und es wird daraus

$$\alpha_x = \sqrt{\alpha_v^2 + \alpha_h^2}\ .$$

Die Winkelsumme ist dabei im Bogenmaß anzusetzen, also mit $\dfrac{\pi}{180}\,(\alpha + \beta\ell)$ = γ, wobei γ zur Kürzung dient. Die Funktion $e^{-\mu\gamma}$ ist heute in den meisten Taschenrechnern enthalten, zur raschen Abschätzung ist sie im Diagramm, Bild 13.12, angegeben.

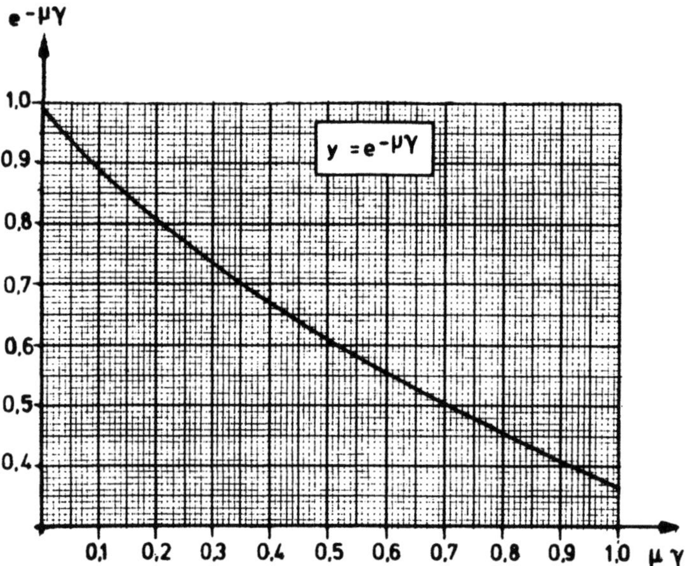

Bild 13.12   Die $e^{-\mu\gamma}$-Funktion

Der Reibungsbeiwert μ wird als Mittelwert über die Spanngliedlänge konstant angenommen, obwohl er vom Spannweg abhängig veränderlich ist. Die in Drahtbündeln auftretenden Klemmkräfte (siehe Abschnitt 13.1) werden durch einen erhöhten Reibungsbeiwert (Zulassung) berücksichtigt.

Der Spannkraftverlust infolge Reibung wird demnach

$$\Delta V_x = V_o - V_x$$

Der Spannkraftverlust infolge Schlupf der Keile in Verankerungen oder infolge des Umsetzeffektes von der Spannpresse auf den Anker wird in Abschnitt 14.4 behandelt.

13.5 Verlauf der Spannkraft infolge Reibung

Bei geraden oder gleichmäßig gekrümmten Spanngliedern einfeldriger Balken, die nur von einer Seite gespannt und am anderen Ende fest verankert sind, nimmt die Spannkraft nahezu geradlinig ab, wenn man den Verlust nach 13.4 berechnet (Bild 13.13).

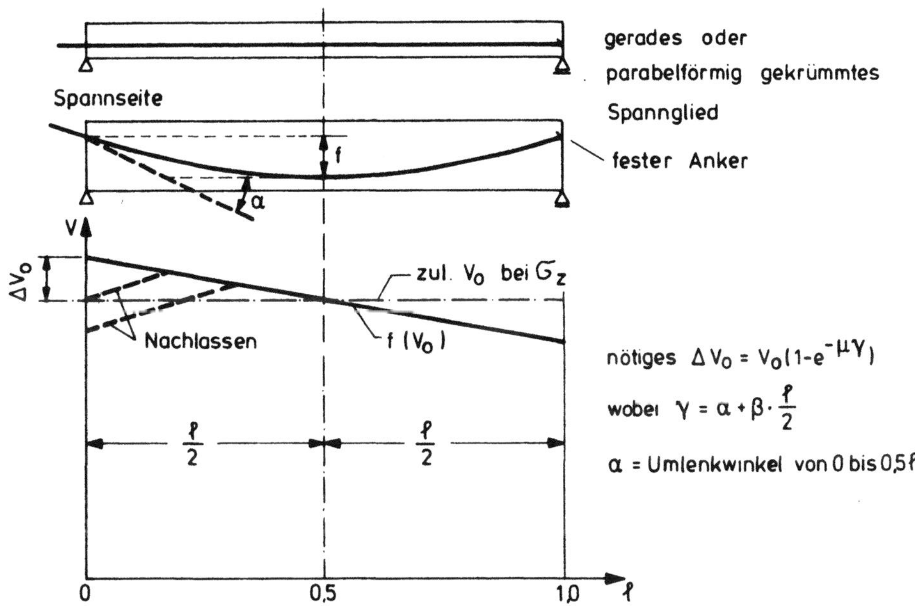

Bild 13.13 Verlauf der Spannkraft an Einfeldbalken bei vorübergehendem Überspannen um ΔV_o, damit zul V_o in $\ell/2$ erreicht wird

Um den Soll-Wert zul V_0 in $\frac{\ell}{2}$ zu erreichen, darf man an der Spannstelle vorübergehend mit $\sigma_z >$ zul σ_z spannen, σ_z sollte dabei unter $\beta_{0,01}$ bleiben. Die zulässige Überschreitung hängt von zul σ_z ab und ist den Vorschriften zu entnehmen. Eine Überschreitung von zul σ_z in Höhe von 5 % kann an der Spannstelle verbleiben, weil die Spannungen ohnehin durch den Umsetzeffekt und später durch Schwinden und Kriechen nachlassen.
Daß die Spannkraft am festen Anker am anderen Balkenende unter zul V_0 liegt, ist belanglos und kann belassen werden, selbst wenn die Differenz rund 20 % beträgt.

Muß zum Erreichen von zul V_0 in $\frac{\ell}{2}$ um mehr als 5 % überspannt werden, dann muß die Spannkraft nachgelassen werden. Dabei entstehen Reibungswiderstände in entgegengesetzter Richtung, die wieder mit Formel (13.1) zu berechnen sind. Das Maß des Nachlassens kann so eingestellt werden, daß an keiner Stelle des Spanngliedes die zulässigen 5 % überschritten werden.

Bei mehreren Spanngliedern (Bild 13.14) kann die Hälfte der Spannglieder
links, die andere Hälfte rechts vorgespannt werden, so daß in der Summe
eine konstante Vorspannkraft über die ganze Balkenlänge entsteht.

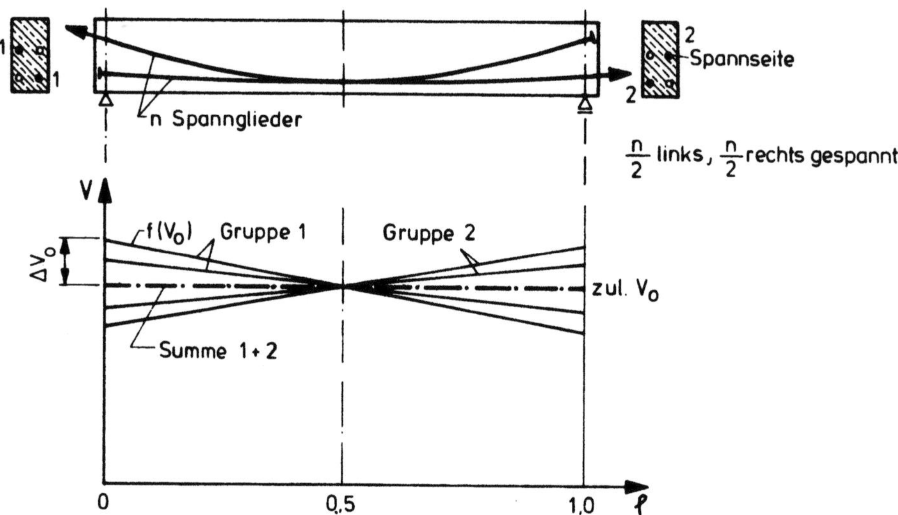

Bild 13.14   Spannkraftverlauf am Einfeldbalken bei mehreren wechsel-
seitig gespannten Spanngliedern

Bei einem Spannglied mit kurzen, planmäßigen Umlenkungen zwischen
geraden Strecken (Bild 13.15) ist die Spannkraftabnahme durch Reibung
in den geraden Teilen nur für den Welligkeitswinkel $\beta^O \ell_x$ zu berechnen,
an den planmäßigen kurzen Umlenkungen nur für den planmäßigen Umlenkwinkel. Der Spannkraftverlauf weist unterschiedliche Neigungen auf.
Die Welligkeit ist in stark gekrümmten Strecken praktisch Null.

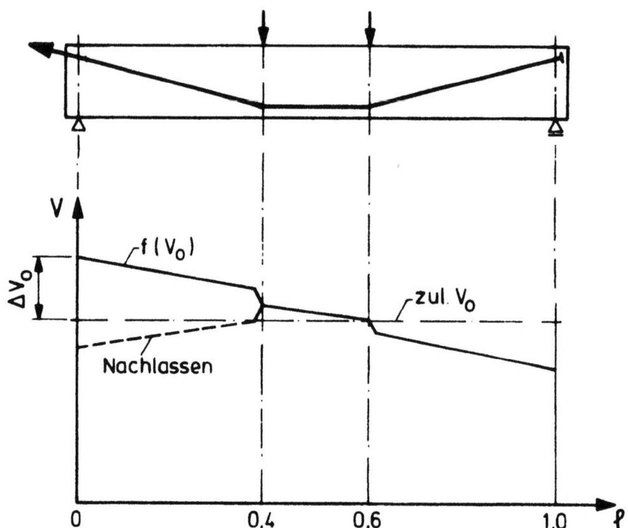

Bild 13.15   Spannkraftverlauf in polygonartig geführten Spanngliedern,
z.B. für Balken mit hohen Einzellasten

Bei mehrfeldrigen Durchlaufträgern mit hängewerkartig geführten Spanngliedern kann durch mehrmaliges und abnehmendes Überspannen mit fol-
gendem Nachlassen über große Spanngliedstrecken hinweg eine ziemlich
gleichmäßige Spannkraft eingestellt werden, wenn alle Spannglieder von
beiden Seiten gespannt werden (Bild 13.16).

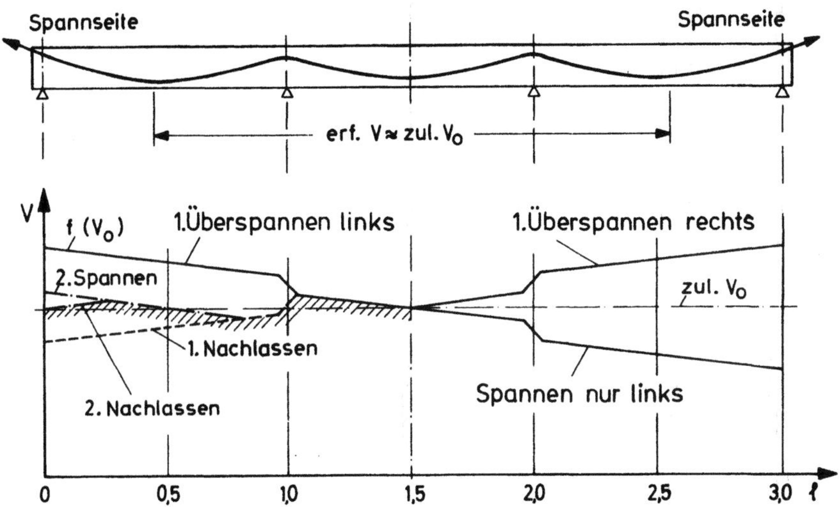

Bild 13.16   Bei mehrfeldrigen Trägern kann zul V_o durch mehrmaliges beidseitiges Überspannen und Nachlassen in weiten Bereichen eingestellt werden

13.6 Aufbau der Spannglieder

Unter Aufbau wollen wir die Anordnung der Spannstähle im Hüllrohr verstehen. Diese muß so erfolgen, daß gute Gleitfähigkeit, geringe Welligkeit und möglichst kleine Klemmkräfte entstehen, damit die Spannkraftverluste durch Reibung klein bleiben. Zum anderen muß zwischen Spannstahl und Hüllrohr genügend Querschnittsfläche verbleiben, um den Durchfluß des Einpreßmörtels ohne viel Widerstand zu erlauben.

Bein Einzelstab im Hüllrohr kommt es nur auf die richtige Wahl der lichten Weite des gewellten Hüllrohres gegenüber dem Stab an (Bild 13.17).

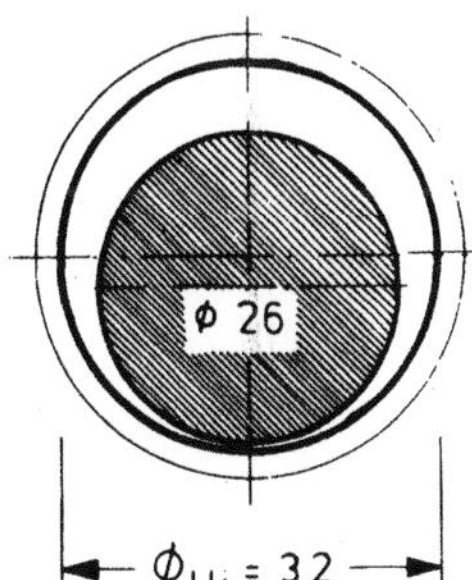

Bild 13.17   Einzelstab im Hüllrohr

Man glaubte früher, den Zwischenraum sehr klein wählen zu können und verwendete ∅ 30 mm Hüllrohre für Spannstäbe ∅ 26 mm. Die Erfahrung lehrte jedoch, daß für das Einpressen ein größerer Zwischenraum günstiger ist. Die Zulassung für Stäbe ∅ 26 mm verlangt heute Hüllrohre ∅ 32 mm (jeweils lichte Weite). Es wird aber bis heute nichts unternommen, um den mittleren lichten Abstand von 3 mm rundherum gleich zu halten, was mit einer Drahtwendel möglich wäre (Ganghöhe etwa gleich zweifacher Durchmesser). Die Hüllrohre liegen daher an den Unterstützungen unten am Stab und zwischen den Unterstützungen infolge ihrer Durchbiegung oben am Stab an. Dank der üblichen Wellung der Hüllrohre umschließt der Einpreßmörtel dennoch fast die ganze Stabfläche.

Bei **Bündeln aus glatten Drähten** hat man in der Anfangszeit die
Drähte in Lagen mit Abstandhaltern eingebaut (Bild 13.18) oder sie rund
um eine innere Drahtwendel gelegt (Bild 13.19). Davon ist man mittler-
weile jedoch wieder abgekommen, weil die Abstandhalter nicht vorge-
schrieben und daher im Wettbewerb gegenüber anderen Verfahren zu teuer
waren. Die innere Drahtwendel hat sich bei 12 ∅ 5- oder 12 ∅ 8 mm Drähten nicht bewährt, sie wird in Umlenkbereichen durch die Umlenkkräfte
zusammengedrückt, so daß dort die Ordnung der Drähte verlorengeht.

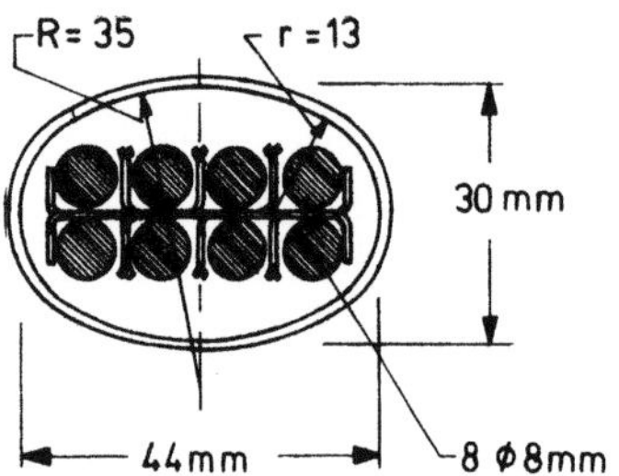

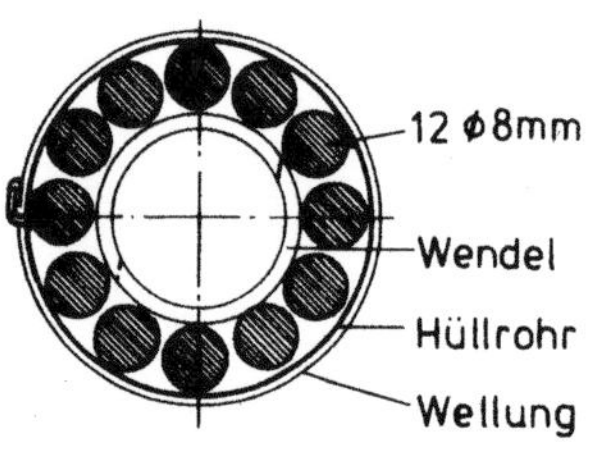

Bild 13.18   Drähte in zwei
Lagen mit kammförmigen
Abstandhaltern (Leoba-Spannglieder der Anfangszeit 1950
- 1960)

Bild 13.19   Drähte in Ringord-
nung um eine innere Wendel
(ursprüngliches Freyssinet-
Verfahren)

Beim BBRV-Verfahren werden jedoch in Spanngliedern mit mehr als
16 Drähten auch heute noch Drahtwendeln zur kreisringförmigen Ordnung
der Drähte benützt, wobei die innere Wendel in Umlenkbereichen eine
kleinere Ganghöhe hat und so kräftig ist, daß sie den Umlenkkräften bei
Groß-Spanngliedern mit großen Krümmungsradien standhält. BBRV wählt
dabei auch verhältnismäßig große Hüllrohre, so daß ein Füllungsgrad von
nur 37 bis 40 % (Spannstahlquerschnitt : Hüllrohrquerschnitt) besteht
(Bild 13.20).

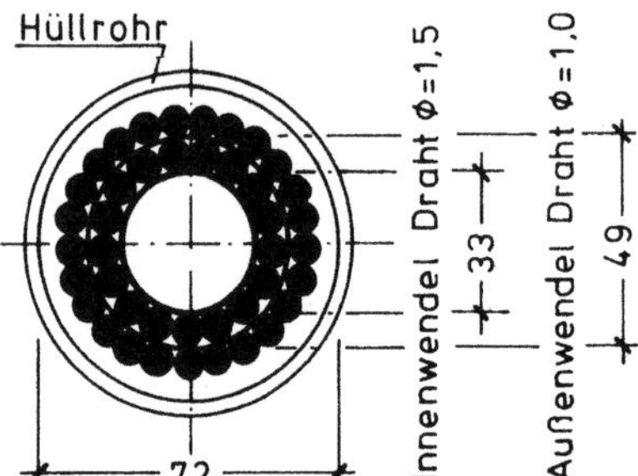

Bild 13.20   BBRV-Anordnung von
44 ∅ 7, St 1500/1700 mit Wendeln
zur ringförmigen Ordnung

Bei großen Drahtdurchmessern - ∅ 12 bis 16 mm - ist die Zahl der Drähte auch bei großen Spanngliedkräften gering. Man verzichtet dann auf Ab-
standshalter und legt die Drähte eng zusammen (Bild 13.21 - Leoba AK 124).
Dabei wird in der Regel der mittlere Abstand zwischen Drahtbündel und
Hüllrohr mit 4 bis 5 mm gewählt.

Man muß natürlich damit rechnen, daß glatte Drähte sich besonders im
Krümmungsbereich einseitig dicht aneinander legen (Bild 13.22) und daß
der Einpreßmörtel nicht überall in die inneren Zwickel zwischen den
Drähten vordringt. Trotzdem besteht dort keine Korrosionsgefahr, weil
die äußere Umhüllung mit Zementmörtel und das Hüllrohr genügend Schutz
geben und in diesen Zwickelräumen eine basische Atmosphäre verbleibt.

Bei **Bündeln aus gerippten Drähten** hat man seit langem auf
eine besondere Ordnung verzichtet, weil dank der Rippen stets Zwischenräume zwischen den Drähten verbleiben, so daß der Einpreßmörtel überall eindringen kann.

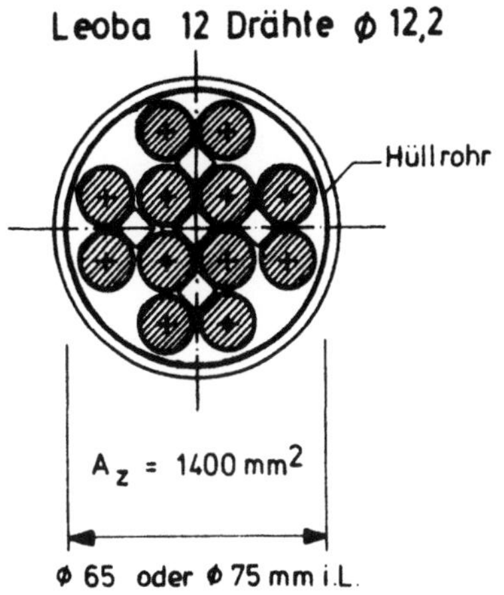

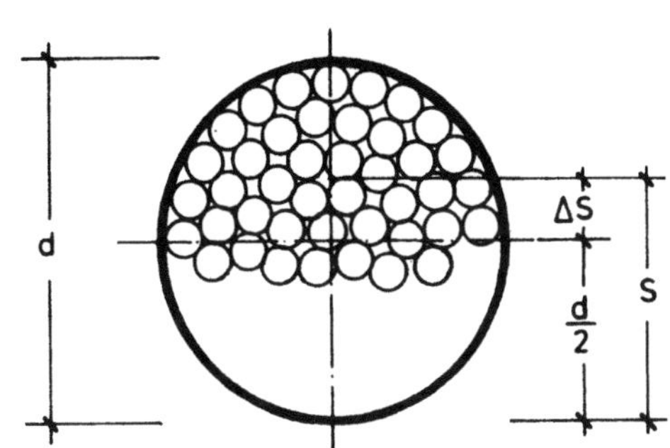

Bild 13.21   12 Drähte ⌀ 12,2 eng
zusammengelegt (Leoba Spannglied AK 124)

Bild 13.22   Drahtbündel im Krümmungsbereich. Schwerpunkt von A_z
verschiebt sich gegenüber Hüllrohr-
Mitte

Auch bei L i t z e n verbleiben Zwischenräume, die jeweils die halbe
Schlaglänge der Litze als Länge und in der Mitte den Drahtdurchmesser
als Breite aufweisen, so daß auch bei eng aneinanderliegenden Litzen in
regelmäßigen Abständen genügend Durchflußquerschnitt für den Einpreßmörtel verbleibt. Litzen können daher in großen Bündeln eng zusammengelegt werden.

Beim Vorspannen von relativ dünnen Plattentragwerken kommt es darauf
an, daß die S p a n n g l i e d e r möglichst f l a c h sind. BBRV hat hierzu
Litzenspannglieder entwickelt, bei denen Litzen mit 12 oder 15 mm ⌀
in nur 19 mm hohen Hüllrohren liegen (Bild 13.23). Auch die zugehörigen Verankerungen sind entsprechend flach und haben nur eine Höhe von
75 mm.

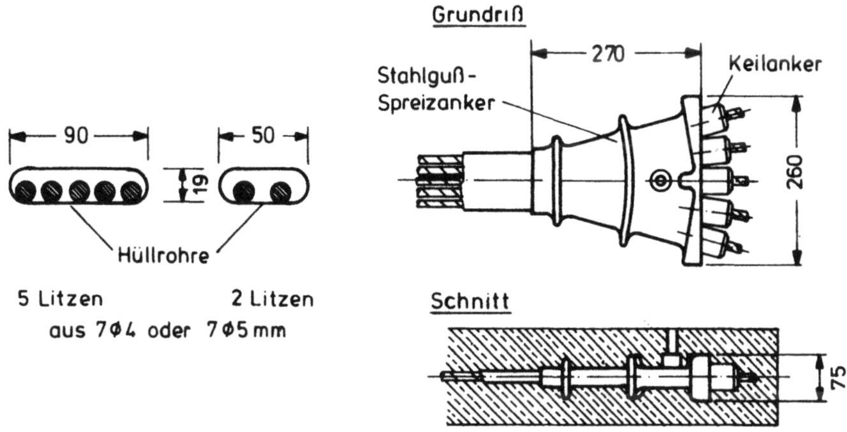

Bild 13.23   Litzen in flachen Hüllrohren für das Vorspannen von Flachdecken

Für s e h r g r o ß e K a b e l wurden oftmals Drähte oder Litzen in vielen
Lagen übereinander jeweils mit Abstandhaltern in Gleitkanälen aus recht-
eckigen Blechkasten zusammengebaut, hier sei nur auf das einschlägige
Schrifttum [1] Kapitel 7.5 verwiesen.

14. Das Vorspannen, Spannweg-Berechnung und Herstellen des nachträglichen Verbundes

14.1 Vorspannen mit sofortigem Verbund

Die Spanndrähte oder -litzen werden an einem der Ankerböcke des Spann-
bettes fest verankert und hinter dem anderen Ankerbock auf Soll-Spannkraft
gespannt. Spannbette sind meist lang, so daß die Spannwege groß sind.
Die Gespannten Drähte müssen entlang dem Spannbett in ihrer Soll-Lage
durch Abstandhalter und Befestigungen so festgelegt werden, daß sie sich
beim Einbringen des Betons nicht verschieben können.

Nach ausreichendem Erhärten des Betons werden die Drähte unmittelbar
vo r den Ankerböcken durch langsames Erhitzen oder in anderer geeigneter Weise so entspannt, daß eine schlagartige Übertragung der Spannkraft auf den Beton der Bauteile vermieden wird. Die Mindest-Betonfestigkeit bei der Spannkraftübertragung richtet sich nach Tabelle 14.I,
Spalte (3).

14.2 Vorspannen mit nachträglichem Verbund

14.2.1 Vorbereitung

Vom richtigen Vorspannen hängt die Gebrauchsfähigkeit und die Dauer-
haftigkeit der Spannbetontragwerke wesentlich ab. Deshalb verlangt die
DIN 4227, daß beim Vorspannen der für Spannbetonarbeiten ausgebildete
Fachbauleiter ständig anwesend sein muß.

Vor dem Vorspannen muß man sich überzeugen, daß die Zusammendrük-
kungen des Betons und andere beim Spannen nötige Verschiebungen oder
Verformungen des Tragwerkes nirgends ernsthaft behindert sind. Es muß
ein geprüftes Spannprogramm vorliegen, das den örtlichen und zeitlichen
Ablauf des Vorspannens festlegt und die für jedes Spannglied nötige Spannkraft und den dabei zu erzielenden Spannweg einschließlich etwaiger Maßnahmen zum Ausgleich von Reibung, Keilschlupf usw. angibt. In die zugehörigen Spanntabellen müssen die Sollwerte für jedes Spannglied eingetragen sein.

Man muß sich ferner davon überzeugen, daß der Beton besonders im Bereich der Verankerungen die vorgeschriebene Mindest-Betonfestigkeit
nach Tabelle 14.I erreicht hat. Die tatsächliche Festigkeit muß durch
eine Erhärtungsprüfung nach DIN 1045, Ausgabe Dezember 1978, Abschnitt 7.4.4, nachgewiesen sein. Dabei muß besonders im Winter überprüft werden, ob im Bauwerk nicht etwa niedrigere Temperaturen möglich waren als bei den Würfeln der Erhärtungsprüfung.

Die Spanngeräte müssen in Ordnung, Spannpressen und Manometer müssen
amtlich auf ihre Eignung geprüft und kalibriert sein. Das Prüfzeugnis
darf nicht älter als ein halbes Jahr sein. Ankerteile müssen gereinigt,
Keilsitzflächen blank und - wenn vorgesehen - gefettet sein.

14.2.2 Zeitlicher Ablauf des Vorspannens

Erwünscht ist stufenweises Vorspannen:

1. Frühzeitiges mäßiges Vorspannen zur Verhütung von Temperatur- und Schwindrissen im jungen Beton. Dazu können einzelne Spannglieder auf 30 bis 50 % ihrer endgültigen Spannkraft angespannt werden, wenn der Beton im Ankerbereich ausreichend erhärtet ist.

2. Möglichst spätes volles Vorspannen, damit der Beton vor seiner Belastung einen hohen Erhärtungsgrad erreicht hat, und so die durch Kriechen und Schwinden bedingten Spannkraftverluste und Verformungen klein werden.

Dieses Wunschbild für den zeitlichen Ablauf des Vorspannens kann oft aus arbeitstechnischen Gründen nicht eingehalten werden, man muß dann das Tragwerk durch eine wärmedämmende, möglichst dampfdichte Abdeckung gegen vorzeitiges Abkühlen und Austrocknen schützen. Möglichst spätes, volles Vorspannen sollte immer dann angestrebt werden, wenn die vorgedrückte Zugzone hohe Druckspannungen erhält.

Die Mindestfestigkeiten beim Vorspannen nach DIN 4227 gibt die Tabelle 14.I.

Tabelle 14.I

Erforderliche Mindestwerte der Betondruckfestigkeit β_w beim Vorspannen - je nach Spannverfahren - nach DIN 4227, Ausgabe 1979

In der Zulassung des Spann- verfahrens geforderte Güte- klasse des Betons (1)	bei Teilvorspan- nung bis $0,5\,V_o$ $\beta_w\,[N/mm^2]$ (2)	bei Vorspannung bis zul $(V_o + \Delta V)$ $\beta_w\,[N/mm^2]$ (3)
B 25	12	24
B 35	16	32
B 45	20	40
B 55	24	48

Bei Tragwerken, die auf Rüstungen oder Rüstträgern hergestellt wurden, muß in den statischen Nachweisen überprüft worden sein, ob die Rückfederung dieser Rüstung beim Vorspannen das Eigengewicht des Tragwerkes genügend zur Wirkung kommen läßt. Ist dies nicht der Fall, dann muß nach dem Erreichen einer für die Eigengewichtslast ausreichenden Vorspannstufe die Rüstung abgesenkt werden. Danach kann die Vorspannung zu Ende geführt werden.

14.2.3 Örtlicher Ablauf des Vorspannens

Mehrere Einzelspannglieder an einem Baukörper sind so nacheinander zu spannen, daß die Vorspannung so gleichmäßig wie möglich über den ganzen Querschnitt verteilt anwächst. Man beginnt mit Spanngliedern, die im Mittelbereich des Querschnittes verankert sind.

Wird längs und quer vorgespannt, dann sind im allgemeinen die quer zur Haupt-Tragrichtung liegenden Spannglieder, z.B. Spannglieder der Fahrbahnplatte von Brücken, zuerst vorzuspannen. Liegen in Querträgern,

Hohlplatten oder Kastenträgern Querspannglieder sowohl oben wie unten,
dann müssen abwechselnd obere und untere Spannglieder nacheinander
gespannt werden. Mit der Längsvorspannung kann man beginnen, wenn
30 bis 50 % der Quervorspannung, über die Bauwerkslänge verteilt, aufgebracht sind.

Spannglieder mit Zwischenankern, die nicht von einem Ende des Bauwerks
zum anderen durchgehen, dürfen erst dann gespannt werden, wenn der Bereich der Zwischenverankerung bereits durch die Spannkraft durchgehen-
der Spannglieder unter Druck steht. Hiervon kann abgewichen werden,
wenn durch reichliche schlaffe Längsbewehrung dafür gesorgt ist, daß das
Tragwerk im Bereich der Zwischenverankerung keine unzulässigen Risse
erhalten kann.

14.3 Der Spannvorgang

Der Spannstahl wird entweder direkt oder über Hilfseinrichtungen an der
Spannpresse verankert, die sich zum Spannen auf den erhärteten Beton
abstützt. Danach wird die Spannkraft mit der Hochdruckpumpe erzeugt,
der Spannweg stellt sich durch die Bewegung des Kolbens der Presse im
Zylinder ein und wird an der Spannpresse gemessen.

14.3.1 Messungen beim Spannen

Spannkraft und Spannweg müssen sorgfältig gemessen und in die vorbe-
reitete Spanntabelle eingetragen werden, die zum Vergleich die Soll-Werte enthält. Ein Beispiel einer Spanntabelle befindet sich auf der folgenden Seite.

Werden die Soll-Werte nicht erreicht und weichen sie mehr als etwa 4 %
ab, dann sind die Ursachen zu überprüfen. Ist die Abweichung bei einem
Einzelspannglied größer als 15 % oder beim Mittel aller in einem Querschnitt liegenden Spannglieder größer als 5 %, dann ist nach DIN 4227
die Bauaufsicht zu verständigen.

Zur Kontrolle der Spannkraft muß der Manometerdruck den in
der Spanntabelle angegebenen Soll-Wert erreichen. Wenn der mit der
Soll-Spannkraft erzielte Spannweg dem Soll-Wert entspricht, dann kann
die Verankerung festgelegt werden. Ist der Soll-Spannweg noch nicht erreicht, dann kann die Spannkraft bis höchstens 5 % über Soll erhöht oder
die Reibung durch Nachlassen und wiederholtes Spannen vermindert werden, um den Soll-Spannweg noch herzustellen.

Der Spannweg wird als Bewegung des Kolbens der Spannpresse gegen
den Zylinder, meist mit einfacher Skala am Kolben, gemessen. Bei sau-
beren und stets gleichen Gewinden kann Δl auch mit einem Zählwerk für
die Umdrehungen der Ankermutter gemessen werden.

Die erforderliche Genauigkeit der Spannwegmessung hängt von
der Länge des Spanngliedes ab. Die Meßgenauigkeit sollte wenigstens ± 2 %
betragen. Bei Spanngliedern bis 5 m Länge verwendet man zweckmäßig
eine Mikrometerschraube oder Meßuhr für 0,2 mm Ablesegenauigkeit. Bei
allen längeren Spanngliedern genügt die Ablesung an einer mm-Skala.

Spanntabelle

Spannbetonsystem

Baufirma

Baustelle

Tabelle Nr.

Typ AK

Spannfolge	Spannglied-Nr.	Sollwerte							gemessene Werte									Tabelle Nr. / Typ AK
		ab 30 bar																
		Spannweg aus Stahldehnung, Betonverkürzung	Keilschlupf Pressenanker	Keilschlupf Gegenverankerug	Spannweg gesamt ③+④+⑤	Druck bei Erreichen von ⑥	Nachlaßweg einschl. Keilschlupf	Skalawert bei Erreichen von ⑥ ⑥+⑩−⑪+⑫	bei 30 bar	vor dem Umsetzen	nach dem Umsetzen	bei Druck ⑦ vergl.⑥	nach dem Entlasten des Verkeilteils	Druck vor dem Umsetzen	Druck bei Erreichen von ⑬ vergl.⑦	Spannweg ⑪−⑩+⑬−⑫ vergl.⑥	Nachlaßweg einschl. Keilschlupf ⑬−⑭ vergl.⑧	
		mm	mm	mm	mm	bar	mm	mm	mm	mm	mm	mm	mm	bar	bar	mm	mm	
①	②	③	④	⑤	⑥	⑦	⑧	⑨	⑩	⑪	⑫	⑬	⑭	⑮	⑯	⑰	⑱	⑲
1																		
2																		
3																		
4																		
5																		
6																		
7																		
8																		
9																		
10																		
11																		
12																		
13																		
14																		
5																		
16																		
17																		
18																		
19																		
20																		

zu (7)

Höherspannen bis _________ bar zulässig

Netto-Kolbenfläche F_n

Typ AK 10: 50 cm² (SKP 15) Typ AK 124:354 cm² (SKP 145)
Typ AK 41:128 cm² (SKP 50) Typ AK 163:354 cm² (SKP 250)

SST 2 055 / 7-79 / 1

Beim **M e s s e n   d e s   S p a n n w e g e s** ist zu beachten, daß der Nullpunkt
nicht sicher festzustellen ist. Der Spannstahl kann zum Beispiel durch
Anziehen von Ankermuttern, durch Temperaturrückgang oder dergleichen
schon beim Beginn des Vorspannens unter Spannung stehen. An beiden
Enden zunächst loser Spannstahl kann eine Verlängerung ergeben, bevor
er unter Spannung gelangt, wenn die Drähte sich erst durch das Anspannen am Hüllrohr anlegen. Deshalb wird der Spannweg erst von einer
unteren Spannstufe ab gemessen, die zweckmäßig zu 1/10 der vollen
Spannkraft gewählt wird (Bild 14.1). Man stellt daher an der Presse 1/10
der Soll-Spannkraft ein und mißt von da ab den Spannweg bis zur vollen
Spannkraft V_O bzw. bis zu der zum Ausgleich von Reibungskräften überhöhten Spannkraft $(V_O + \Delta V)$ nach Spanntabelle.

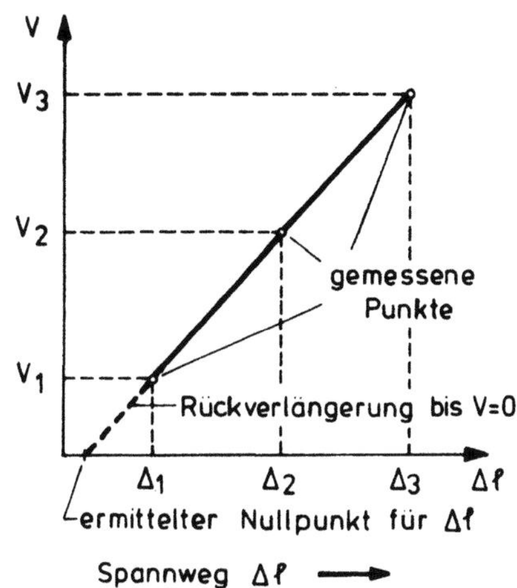

Bild 14.1   Bestimmung des Null-
punktes für den Spannweg. Wenn
$V_1 = 0,1\,V_O$ und $V_3 = V_O$ gewählt
wird, dann ist genügend genau:

$$\Delta \ell_{Vo} = \frac{1}{0,9}\left(\Delta_3 - \Delta_1\right)$$

Aus der Spanntabelle muß ersichtlich sein, ob bei der Berechnung des
Soll-Spannweges der vom Spannverfahren abhängige Schlupf von Keilen
oder die Verformung der Verankerungen beim Umsetzen der Spannkraft
auf die Ankerteile berücksichtigt ist. Ist dies nicht der Fall, dann muß
um die betreffenden Werte überspannt werden.

Wird beim Vorspannen durch die negativen Momente M_v und durch die
Umlenkkräfte der Spannglieder das Eigengewicht des Trägers teilweise
oder ganz geweckt, dann entsteht eine zusätzliche Zugkraft besonders im
Mittelbereich der Spannweite, die eine zusätzliche Dehnung im Spannstahl
ergibt und damit den Spannweg vergrößert. Diese Erscheinung wird meist
vernachlässigt.

Bei **m e h r e r e n   E i n z e l s p a n n g l i e d e r n** an einem Bauteil müssen
die Spannwege verschieden sein. Das erste Spannglied muß um die gesamte elastische Zusammendrückung des Betons $\epsilon_{bv} \cdot \ell_b$ durch alle Spannglieder über die Verlängerung des Stahles $\epsilon_{zv} \cdot \ell_z$ hinaus gedehnt werden, während beim letzten Spannglied nur noch $\frac{1}{n} \cdot \epsilon_{bv}\,\ell_b$ zur Stahlver-
längerung hinzuzufügen ist, da die Betonzusammendrückung durch die
zuvor gespannten Spannglieder schon weitestgehend erzielt wurde. Für
dazwischenliegende Spannglieder ist der Spannweg entsprechend abzu-
stufen.

14.3.2 Unregelmäßigkeiten des Spannweges

Stellt sich ein im Vergleich zur Spannkraft **z u   g r o ß e r   S p a n n w e g** ein,
so sind zunächst die Manometer zu prüfen. Weitere Ursachen können sein:

1) Reibungsbeiwert μ und Welligkeit β kleiner als angenommen,

2) Nachgeben der Verankerung,

3) Minustoleranz des Stahlquerschnittes oder des Elastizitätsmoduls (sollte aber in Spannwegberechnung vorher berücksichtigt sein),

4) Bruch eines Drahtes, meist als Knall zu hören und am Manometer durch plötzlichen Rückschlag festzustellen.

Bleibt der S p a n n w e g z u k l e i n , so können folgende Ursachen vorliegen:

1) Erhöhte Reibung, z.B. durch Rost, oder Gleitbehinderung durch eingedrungenen Zementmörtel. Beides kann durch mehrmaliges Nachlassen und erneutes Anspannen verbessert werden. Sind Muffenstöße im Spannglied vorhanden, dann deutet ein Knick in der $\Delta \ell / V$-Linie (Bild 14.1) auf fehlende Bewegungsfreiheit der Muffe im erweiterten Hüllrohr hin. Keinesfalls darf die Spannung über $0,90\,\beta_{0,2}$ oder über $\beta_{0,01}$ getrieben werden.

2) Plustoleranz des Stahlquerschnittes bzw. des Elastizitätsmoduls. Insbesondere bei gewalzten-vergüteten Drähten sind Plustoleranzen des Stahlquerschnittes bis zu 8 % erlaubt, die natürlich den bei der Soll-Spannkraft erzielten Spannweg wesentlich verringern. Der Querschnitt sollte bei der Lieferung kontrolliert werden, damit solche Toleranzen in der Spannwegberechnung berücksichtigt werden können.

14.4 Rechnerische Ermittlungen des Spannweges

Der Spannweg (z.T. auch Dehnweg genannt) (extension) setzt sich zusammen aus

1. $\Delta \ell_z = \epsilon_z \ell_z =$ Dehnung des Spannstahles multipliziert mit der Länge des gespannten Stahles zwischen den Ankern

2. $\Delta \ell_b = \epsilon_b \ell_b =$ Dehnung (Kürzung) des Betons multipliziert mit der Länge des Betonkörpers zwischen den Ankern (ist trotz negativem ϵ_b zu addieren)

3. $\Delta Sp =$ Längenänderung der Spannelemente zwischen Ende von ℓ_z und Anker an der Spannpresse

4. $\Delta FA =$ etwaiger Schlupf oder Verformungsweg an festen Ankern FA

Anteil 3, ΔSp hängt von der Art der Spanneinrichtung ab und kann am Ort vom Spanningenieur zugeschlagen werden.

Anteil 4, ΔFA wird in der Regel vernachlässigt.

Demnach bleibt zu berechnen

$$\Delta \ell = \epsilon_z \ell_z + \epsilon_b \ell_b = \Delta \ell_z + \Delta \ell_b \qquad (14.1)$$

$\epsilon_z = \dfrac{Z}{A_z\,E_z}$ ist nicht konstant, wenn die Spannkraft $Z = f(V_o)$ durch Reibung vermindert wird (vgl. Kap. 13.4). Demnach muß der Spannkraftverlauf z.B. nach Bild 14.2 berücksichtigt werden.

$\epsilon_b = \dfrac{\sigma_{b,vo,g}}{E_b}$ hängt von der Betondruckspannung in der Betonfaser entlang dem Spannglied ab, die nicht nur von $V = f(V_o)$, sondern auch von M_v und M_g abhängt, soweit das Eigengewicht g beim Vorspannen zur Wirkung kommt.

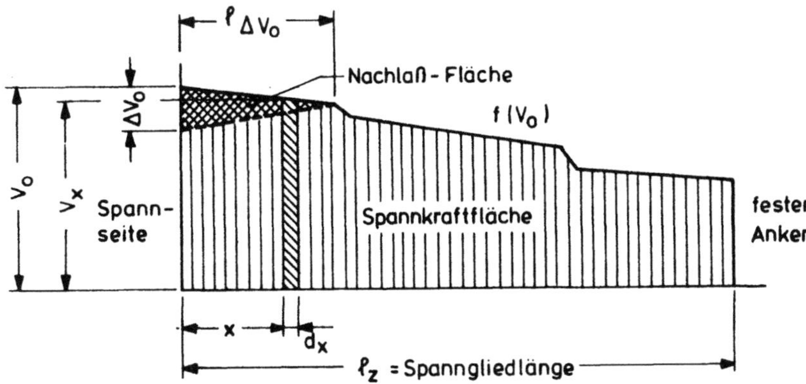

Bild 14.2   Spannkraft-Fläche mit Nachlaßfläche zur Ermittlung der Spann- und Nachlaßwege

Da der Anteil $\Delta \ell_b$ im Vergleich zu $\Delta \ell_z$ klein ist, genügt es in der Regel, wenn ein gemitteltes ϵ_b geschätzt wird.

Die Spannstahlverlängerung ist vom Verlauf $f(V_o)$ abhängig und kann geschrieben werden zu

$$\Delta \ell_z = \frac{1}{A_z\,E_z} \int_0^{\ell_z} V_x\,d_x = \frac{1}{A_z\,E_z} \cdot \text{Spannkraftfläche} \qquad (14.2)$$

Die Spannkraftfläche ist in Bild 14.2 schraffiert.

Ein Nachlassen der Spannkraft um ΔV_o wirkt sich abhängig vom Reibungswiderstand auf die Länge $\ell_{\Delta \cdot vo}$ aus. Nimmt man gleiche Reibung wie beim Vorspannen an, dann ist die Neigung der $f(V)$-Linie und damit die Länge $\ell_{\Delta vo}$ und die Nachlaßfläche bekannt (s. Bild 14.2). Aus der Fläche errechnet sich unter Vernachlässigung des Anteiles aus $\Delta \epsilon_b$ der Nachlassweg

$$\Delta \ell_{\Delta vo} = \frac{\frac{1}{2}\Delta V_o \cdot \ell_{\Delta vo}}{A_z\,E_z} \qquad (14.3)$$

Ein Keilschlupf oder Verformungen der Ankerteile in Richtung von V_o beim Umsetzen von V_o von der Presse auf den Beton (<u>Umsetzeffekt</u>) wirkt sich ähnlich aus wie das Nachlassen, nur ist hier $\Delta \ell_{ums}$ bekannt und gesucht werden ΔV_{ums} und $\ell_{\Delta v}$ - also zwei Unbekannte. Man löst dies am einfachsten durch Probieren, indem $\ell_{\Delta v}$ angenommen und verändert wird, bis die Gleichung

$$\Delta V_{ums} = \Delta \ell_{ums} \, \frac{2 \, A_z \, E_z}{\ell_{\Delta v}} \tag{14.4}$$

erfüllt ist.

14.5 Herstellung des nachträglichen Verbundes mit Einpreßmörtel

Nach Beendigung des Spannens muß möglichst bald der Korrosionsschutz und Verbund durch Einpressen von Zementmörtel (injection of cement grout) hergestellt werden. (Wir benützen den Ausdruck "Einpressen", gelegentlich hört man Auspressen; man preßt Zitronen aus, der Zementmörtel wird aber eingepreßt und verfüllt damit die Hohlräume, die wieder nicht ausgepreßt, sondern verpreßt werden können!) Die Anforderungen an den Einpreßmörtel als Material wurden in Kapitel 4.4 behandelt. Für die Durchführung des Einpressens ist Teil 5 der DIN 4227 zu beachten.

Ordnungsgemäßes Einpressen des Mörtels ist für die Dauerhaftigkeit der Spannbetontragwerke so wichtig wie ordnungsgemäßes Vorspannen. Deshalb muß auch bei diesem Arbeitsvorgang der Fachingenieur anwesend sein und Protokoll führen. Mehrfach sind Schäden aufgetreten, weil die Spannglieder nicht ordnungsgemäß injiziert waren.

Unmittelbar vor dem Einpressen des Mörtels sind die Spannglieder mit Wasser durchzuspülen, um ihre Durchgängigkeit zu prüfen und um die große Summe der Oberflächen von Drähten und Hüllrohr anzufeuchten, damit beim Einpressen die Spitze des Zementmörtels nicht austrocknet und dann den Durchfluß verstopft.

Die Temperatur in den Spanngliedern darf an keiner Stelle unter + 5 ^{o}C liegen. Nach längeren Frostperioden sind die Spannglieder möglichst mit warmem Wasser durchzuspülen.

Der Einpreßmörtel wird mit erprobten Pumpen von einem Ankerende aus über dicht angeschlossene Einpreßstutzen <u>langsam und mit möglichst niedrigem Druck</u> (2 bis 3 bar) eingepreßt. Langsames Einpressen ist nötig, damit der dickflüssige Mörtel Zeit hat, auch durch enge Zwischenräume hindurch die Hohlräume zu füllen, was nicht geschieht, wenn er durch stets vorhandene grobe Hohlräume rasch hindurchfließt. Ernsthafter Druck muß vermieden werden, weil er auf den Beton spaltend wirkt. Man muß sich stets bewußt sein, daß schon 5 bar Überdruck in einem Hüllrohr mit 80 mm Durchmesser eine Spaltkraft von 40 kN/m ergibt. Mehrmals sind durch Überdruck Betonstücke abgeplatzt.

Wenn sich an der Pumpe hoher Druck entwickelt, dann ist das Einpressen sofort zu unterbrechen, weil dann vermutlich ein Verstopfer entstanden ist. Am besten spült man dann sofort den bereits eingepreßten Mörtel wieder heraus und beseitigt die Ursache des Verstopfens.

Die Luft in den Hüllrohren wird am besten verdrängt, wenn der Mörtel von der tiefsten Stelle des Spanngliedes zu einer höher gelegenen Entlüftung eingepreßt wird.

Bei großen gekrümmten Spanngliedern empfiehlt es sich, an den Tiefpunkten Einpreßstutzen und an den Hochpunkten Entlüftungsstutzen anzubringen. Die Stutzen an den Tiefpunkten dienen gleichzeitig zum Ablassen des beim Durchspülen verwendeten Wassers.

Wenn der Mörtel an den hochgelegenen Entlüftungsstutzen oder am anderen Spanngliedende ankommt, dann muß solange weitergepreßt werden, bis der dort austretende Mörtel blasenfrei und mit normaler Konsistenz ausfließt.

Nach Beendigung des Einpressens sind die Einpreßstutzen so zu verschließen, daß kein Mörtel zurückfließen kann.

Eine sehr ausführliche Beschreibung der Einpreßtechnik und der Erfahrungen in den letzten 30 Jahren gibt G. Benz in [17]. Dort sind auch Angaben über das Einpressen von Kunstharzmörtel zu finden, das gelegentlich im Winter angewandt wird, damit die Spannglieder nicht zu lange in unverpreßtem Zustand der Korrosionsgefahr ausgesetzt sind.

15. Aufzählung der erforderlichen Nachweise

V o r b e m e r k u n g : Das Schwinden und Kriechen des Betons verursacht
Spannkraftverluste und bei statisch unbestimmt gelagerten Tragwerken
eine Veränderung der Schnittkräfte. Demnach muß bei den Nachweisen
stets zwischen dem A n f a n g s z u s t a n d , zur Zeit $t = 0$, also vor Schwinden und Kriechen (S + K) mit V o r s p a n n k r a f t V_o und dem E n d z u -
s t a n d Zeitpunkt $t = \infty$ nach Schwinden und Kriechen mit der V o r -
s p a n n k r a f t V_∞ oder einem Zwischenzustand zur Zeit t_i mit V_i unterschieden werden. Im folgenden wird dies jeweils nur durch V_o und V_∞
ausgedrückt.

15.1 Erforderliche Nachweise

1. Nachweise für die Gebrauchsfähigkeit

Alle Nachweise für den Gebrauchszustand werden mit der Elastizitätstheorie (geradlinige Spannungs-Dehnungs-Beziehungen) und mit Querschnittswerten nach Zustand I berechnet.

Im Gebrauchszustand dürfen die Druckspannungen in der v o r g e d r ü c k -
t e n Z u g z o n e infolge Eigengewicht und V_o die zulässigen Werte nicht
überschreiten, in der D r u c k z o n e darf infolge V_o keine nennenswerte
Zugspannung auftreten.

D u r c h b i e g u n g e n , besonders negative Durchbiegungen und ihre Zunahme durch Kriechen sind nur dann nachzuweisen, wenn sie die Gebrauchsfähigkeit beeinträchtigen können.

N a c h w e i s e v o n Z u g s p a n n u n g e n im Beton unter Gebrauchslast
sollten in Zukunft durchweg ersetzt werden durch N a c h w e i s e d e r
R i ß b r e i t e n b e s c h r ä n k u n g für all die Bereiche, in denen im Beton
Zugspannungen auftreten können, die den Mindestwert der Betonzugfestigkeit überschreiten. Dies kann der Fall sein durch Lasten in Zuggurten bei beschränkter oder teilweiser Vorspannung oder durch Zwangskräfte in statisch unbestimmt gelagerten Tragwerken. Dabei sind in der
Regel maßgebend V_∞ und volle Gebrauchslast, bei Zwangskräften max.
Temperaturdifferenz oder maximale ungleiche Setzungen.

Für B a u z u s t ä n d e sind Nachweise nötig, wenn das volle Eigengewicht
nicht gleich zur Wirkung kommt. Gefährdet ist dann die vorgedrückte Zugzone durch zu hohen Druck und die Druckzone durch möglichen Zug. Ab-
hilfe wird durch stufenweises Vorspannen erreicht.

2. Nachweise für die Tragfähigkeit

Für die Sicherung der Tragfähigkeit müssen die Angriffe, z.B. Lasten
mit einem Lastfaktor vermehrt und die Widerstandskräfte der Baustoffe
mit einem Materialfaktor vermindert werden.

In der Regel werden beide Sicherheitsfaktoren zu einem globalen Faktor
zusammengefaßt. Die DIN 4227 sieht globale Sicherheitsfaktoren wie bei
Stahlbeton vor. Die Tragfähigkeit wird nach Grenzzuständen der Dehnungen der Baustoffe im ungünstigsten Querschnitt des Tragwerkes beur-
teilt. Daraus folgt, daß diese Nachweise für Querschnittswerte des Zustandes II zu rechnen sind. Traglastnachweise mit Momentenumlagerung
(Mechanismen) oder planmäßig vorgesehenen Momentenverschiebungen in
statisch unbestimmten Tragwerken sind möglich, bei teilweiser Vorspannung sogar zum Teil günstig (siehe [0], Teil 4, Kapitel 8.5).

Die erforderliche Grenztragfähigkeit für Biegung ist in der Regel für V_{∞}
bei 1,75-fachen Gebrauchslasten nachzuweisen.

Für Schub aus Querkraft und Torsion sind die Zugglieder nach der erweiterten Fachwerkanalogie so zu bemessen, daß gleichzeitig die Bedingungen für die Rißbreitenbeschränkung und für Mindestbewehrungen erfüllt
sind. Die Grenzen der Druckspannungen in schiefen Druckstreben müssen
eingehalten sein.

3. Spannkraftverluste durch Reibung sowie durch Schwinden und Kriechen des Betons

Bei Nachweisen der Reibung ist zu ermitteln, ob und wie weit der Spannkraftverlauf beim Vorspannen durch vorübergehendes Überspannen, durch
Nachlassen und etwaiges zweites Spannen zu beeinflussen ist. Daraus ergeben sich Eintragungen im Spannprotokoll.

4. Berechnung der Spannwege der einzelnen Spannglieder für die Eintragungen im Spannprotokoll

5. Umlenkkräfte und Spreizkräfte

An Umlenkstellen der Spannglieder sind die Umlenkpressung auf den Beton und etwa nötige Querbewehrungen gegen Spaltkräfte nachzuweisen.

Es ist zu prüfen, ob die Umlenkkräfte der Spannglieder im Beton in Um-
lenkrichtung Zugkräfte erzeugen, die Rückhängebewehrungen nötig machen. Bei Umlenkungen der Schwerachse des Tragwerkes sind die durch
Umlenkung der Betondruckspannungen entstehenden Umlenkkräfte und
ihre Auswirkungen zu beachten.

An Spreizstellen von Spanngliedern oder zwischen Spanngliedern sind die
Spreizkräfte zu beachten.

6. Einleitung der Spannkräfte

Die Einleitung konzentrierter Spannkräfte verursacht Spaltkräfte und
Randzugkräfte im Einleitungsbereich, die nach [0] Teil 2, Kapitel 3, zu
behandeln sind.

7. Verkürzungen der Tragwerke

Die Verkürzung vorgespannter Tragwerke muß sowohl für den Zeitpunkt
$t = 0$ wie auch für $t = \infty$, also nach Schwinden und Kriechen, ermittelt

werden, wobei auch maximale Temperaturänderungen einzuschließen sind.
Die Auswirkung dieser Verkürzungen auf die Lager, Stützen, Bewegungs-
fugen, Fahrbahnübergänge usw. ist zu untersuchen.

8. Durchbiegung und Überhöhung

In allen Fällen, in denen Durchbiegungen (negativ oder positiv) die Gebrauchsfähigkeit beeinträchtigen, sind die Durchbiegungen für V_0 und V_∞ zu
berechnen. Die bei der Herstellung des Tragwerkes vorzusehende Überhöhung ist in der Regel für die mittlere Durchbiegung zwischen $t = 0$ und
$t = \infty$ zu bemessen. Bei hohem Vorspanngrad kann es notwendig werden,
daß anstelle einer Überhöhung eine geringe Durchbiegung für den Zustand beim Betonieren eingestellt werden muß.

15.2 Hinweise für die Berechnungsannahmen

Das statische System ist möglichst wirklichkeitsgetreu anzunehmen und muß für alle Lastfälle gleich bleiben. Merkliche Einspanngrade
dürfen nicht vernachlässigt werden, zudem die Vorspannung Einspann-
momente hervorruft, deren Weiterleitung verfolgt werden muß.

Veränderliche Trägheitsmomente müssen bei Spannbeton mehr
als im Stahlbetonbau üblich berücksichtigt werden, sie wirken sich auf statisch unbestimmte Größen erheblich aus.

Bei den Querschnittswerten dürfen keine Querschnittsteile vernachlässigt werden, dies gilt vor allem für die mitwirkende Breite von Platten
an Plattenbalken oder Kastenträgern. Auch die Höhenlage der Querschnittsteile ist ungeändert zu berücksichtigen.

In Spannbetontragwerken können die durch Spannkanäle bedingten Hohlräume im Querschnitt die Spannungen infolge V_{0+g} vor der Herstellung
des Verbundes wesentlich beeinflussen, vor allem in vorgedrückten Zuggurten. Deshalb sind für die zugehörigen Spannungsnachweise die Netto-
Betonquerschnitte nach Abzug der Hohlräume der Spannkanäle einzusetzen.
Umgekehrt kann nach Herstellung des Verbundes die Mitwirkung des schlaffen Bewehrungsstahles und der Spannstähle mit Verbund die Spannungen
günstig beeinflussen, so daß es sich bei hohen Bewehrungsgraden lohnt,
hier die ideellen Querschnitte $A_b + (n-1)(A_z + A_s)$ anzusetzen, wobei
für $n = E_z/E_b$-Werte mit etwa $n = 5$ bis 8 einzusetzen sind.

Wir unterscheiden also:

A_b = Querschnittsfläche des Betons, Spannkanäle und Stahlflächen
        nicht abgezogen

A_n = Nettofläche des Betons $A_b - A_{\text{Hüllrohre}}$

A_i = ideeller Verbundquerschnitt = $A_b + (n-1)(A_z + A_s)$

Auch bei Spanngliedern in weiten Hüllrohren wird für A_i nur der Wert
$(n-1)A_z$ angesetzt, man nimmt an, daß der erhärtete Einpreßmörtel
dem Beton gleichzusetzen ist.

Diesen Querschnittswerten entsprechen

Trägheitsmomente J_b, J_n und J_i

Widerstandsmomente W_b, W_n und W_i

16. Schnittkräfte und Spannungen infolge Vorspannung und Hinweise für die Spanngliedführung

16.1 Die Wirkung der Vorspannung auf den Beton

Zur Ermittlung der Schnittkräfte im Beton infolge der Vorspannung sind
die Vorspannkräfte V als ä u ß e r e K r ä f t e an den Verankerungsstel-
len nach Größe und Richtung auf den Beton anzusetzen. An Krümmungen
der Spannglieder kommen die durch die Krümmung hervorgerufenen U m -
l e n k k r ä f t e U und die dortigen Reibungskräfte R dazu (Bild 16.1).

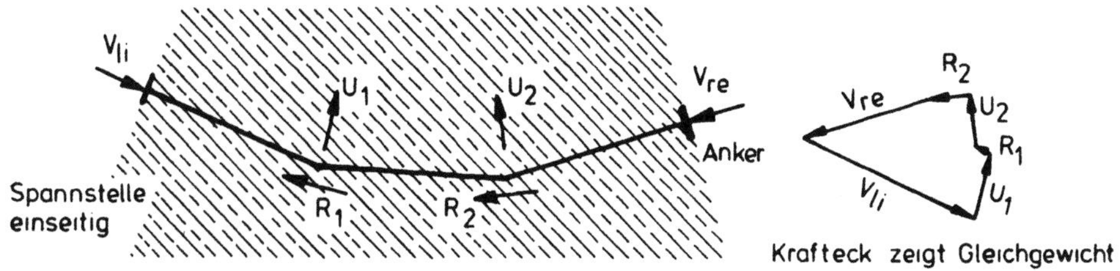

Bild 16.1 a Vorspann-, Umlenk- und Reibungskräfte in ihrer Wirkung
auf den Beton

Die R e i b u n g s k r ä f t e R wirken am Stahl gegen die Spannrichtung
und am Beton in der Spannrichtung (Bild 16.1). Sie werden meist nur
durch Verminderung der Vorspannkraft berücksichtigt; man vernachlässigt die am Beton angreifende, tangentiale Kraft R oder r.

Die A n k e r k r ä f t e V sind in der jeweiligen Richtung des Spanngliedes
an der Verankerungsstelle anzusetzen. Aus der üblichen Vorzeichende-
finition für Zug : +, Druck: - ergibt sich, daß V als Druckkraft auf
den Beton immer negativ ist. Wird die durch Vorspannung V bewirkte
Zugkraft im Spannstahl betrachtet, dann wird - um Verwechslungen zu
vermeiden - das Zeichen Z_V (positiv) verwendet.

Für die Berechnung der Schnittkräfte im Balken zerlegt man die Wirkung
der Ankerkraft V zweckmäßigerweise in Komponenten im Sinne der
Schnittkräfte N, Q, V (Bild 16.1 b):

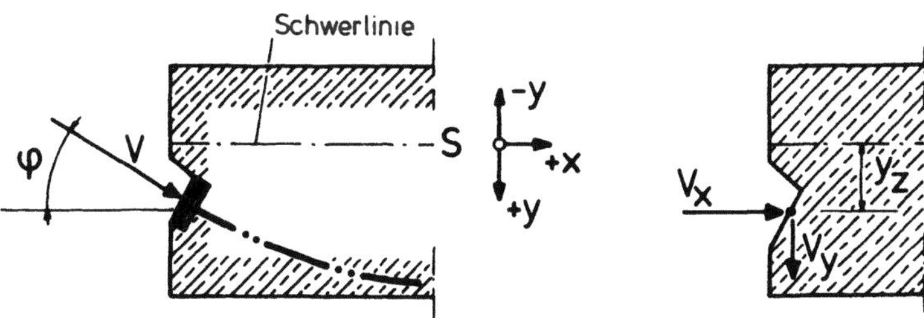

Bild 16.1 b   Schnittkräfte und ihre Bezeichnung an der Verankerungsstelle

$V_x = V \cdot \cos\varphi =$ Längskomponente, in Balkenachse wirkend

$V_y = V \cdot \sin\varphi =$ Vertikalkomponente im Sinne einer Querkraft

$M_v = y_z \, V \cdot \cos\varphi =$ Moment im Bezug auf die Balkenschwerachse.

Bei s c h l a n k e n T r a g w e r k e n sind die Neigungswinkel der Spannglieder meist klein, so daß wir näherungsweise $\cos\varphi = 1$ setzen können
und erhalten dann

$V_x = V$

$V_y = V \cdot \sin\varphi$

$M_v = y_z \cdot V$

Die U m l e n k k r ä f t e wirken in der Winkelhalbierenden der Knickstelle
oder bei konstanter Krümmung normal zur Spanngliedachse.

Die U m l e n k k r a f t U an einer Knickstelle ist

$$U \approx Z_v \cdot \text{arc}\,\alpha \qquad [\text{Kraft}] \tag{16.1}$$

Wir benützen die Näherung mit arc α , Bild 16.2, da es sich meist um
kleine Winkel handelt, zudem auch bei der Ermittlung der Reibungskräfte
die Bogenmaße der Winkel verwendet werden.

Bei Kreiskrümmung mit Halbmesser r hat die jeweils r a d i a l wirkende
Umlenkkraft die Größe

$$u = \frac{Z_v}{r} \qquad [\text{Kraft je Längeneinheit}] \tag{16.2}$$

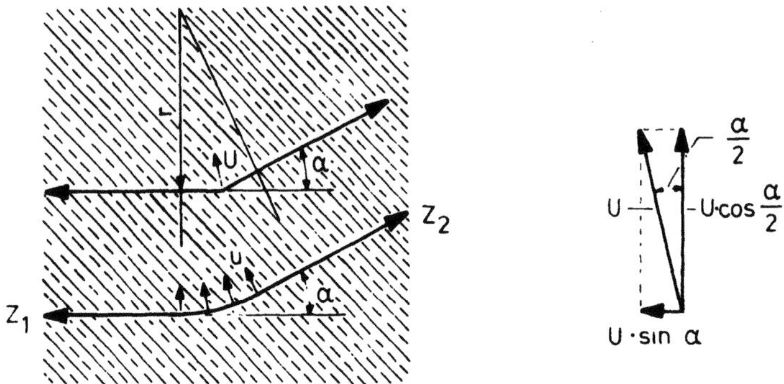

Bild 16.2 Umlenkkräfte und ihre Komponenten an Knickstellen und
kreisförmigen Krümmungen

Bei s c h l a n k e n T r a g w e r k e n können die Horizontalkomponenten der
Umlenkkräfte vernachlässigt werden (Bild 16.2). Bei kreisförmiger Krümmung rechnen wir also genähert mit gleichmäßiger lotrechter Umlenkkraft (lotrecht = y-Richtung)

$$u_y \approx u = \frac{Z_v}{r} \quad \text{bzw.} \quad U_y \approx \frac{Z_v}{r} \cdot \ell_K \tag{16.2a}$$

$\ell_K =$ Kreisbogenlänge für kleine Winkel

Diese Näherung wird fast stets bei parabelförmigen Spanngliedern, Bild
16.3, angewandt. Wir setzen dafür

$$u_y \approx u = \frac{8\, f\, Z_v}{\ell^2} \quad \text{mit } Z_v \text{ in } \ell/2. \qquad\qquad (16.3)$$

Dabei wird der Abfall der Spannkraft infolge Reibung zwischen Spannstelle und Anker dadurch berücksichtigt, daß der in $\ell/2$ vorhandene Wert
von Z_v angesetzt wird, falls Z_v nicht um mehr als 10 % von V_o abweicht.

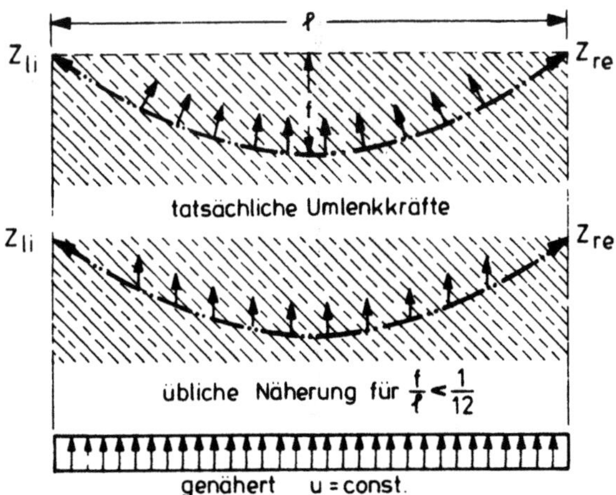

Bild 16.3   Die übliche Näherung vernachlässigt die Horizontalkomponenten
der Umlenkkräfte bei parabelförmigen Spanngliedern in schlanken Tragwerken und die Veränderlichkeit von Z_v, indem Z in $\ell/2$ als Konstante
eingesetzt wird.

16.2 Schnittkräfte und Spannungen am statisch bestimmten Träger

16.2.1 Schnittkräfte im Beton

Die äußeren Vorspannkräfte auf den Beton (Ankerkräfte, Umlenkkräfte,
Reibungskräfte) stehen untereinander im Gleichgewicht und ändern daher
am statisch bestimmten Tragwerk die Auflagerkräfte nicht. Sie führen
zu einem Eigenspannungszustand. Das bedeutet, daß in jedem
Querschnitt die Betonspannungen mit den Spanngliedkräften im Gleichgewicht stehen. Man kann deshalb bei statisch bestimmten Trägern - unter
Annahme ebenbleibender Querschnitte - die Betonspannungsverteilung in
einem Querschnitt unmittelbar aus der Größe, Lage und Richtung der
Spanngliedkraft im betreffenden Querschnitt ermitteln.

In einem Querschnitt wirken also die folgenden Schnittkräfte im Beton,
vgl. Bild 16.4

N_v = Längskraft = Komponente der Vorspannkraft V in Balkenachse
wirkend

M_v = Biegemoment aus Vorspannung durch Ausmittigkeit des Spanngliedes im untersuchten Schnitt (vgl. Bild 16.4)

Q_v = Querkraft = Vertikalkomponente der Kraft V , die sich aus der
Spanngliedneigung am Schnitt ergibt.

$$
\begin{aligned}
N_V &= V \cdot \cos \varphi & &= V_x \\
M_V &= y_z \cdot V \cdot \cos \varphi & &= y_z \cdot V_x \\
Q_V &= V \cdot \sin \varphi & &= V_y
\end{aligned}
\qquad (16.4)
$$

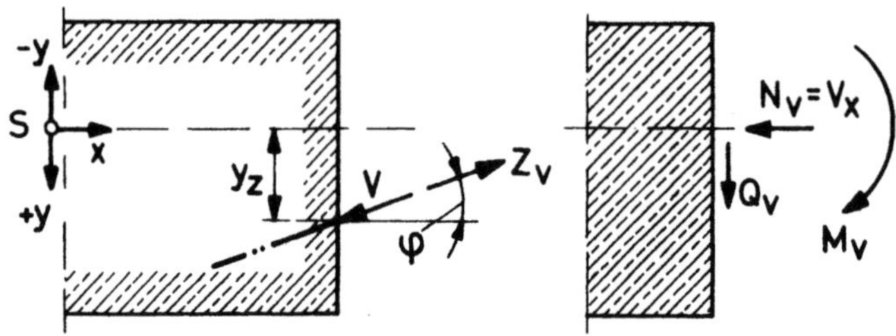

Bild 16.4   Schnittkräfte und ihre Bezeichnung

Bei flach geneigtem Spannglied oder in schlanken Trägern mit parabel-
förmig gekrümmten Spanngliedern $\left(f < \dfrac{1}{12} \, \ell \right)$ können wir $V_x \approx V$ setzen
und erhalten dann:

$$
\begin{aligned}
N_V &= V \\
M_V &= y_z \cdot V \\
Q_V &= \sin \varphi \cdot V
\end{aligned}
\qquad (16.4a)
$$

Wir unterscheiden dabei die beiden "Lastfälle":

Vorspannkraft vor S u. K:	V
Vorspannkraft nach S u. K:	V_∞^0
Umlenkkraft vor S u. K:	U_0 , u_0
Umlenkkraft nach S u. K:	U_∞ , u_∞

Die Bilder 16.5 bis 16.8 zeigen den Verlauf der Schnittkräfte in einfeldrigen Balken mit einigen besonderen Spanngliedführungen. (Reibung vernachlässigt!)

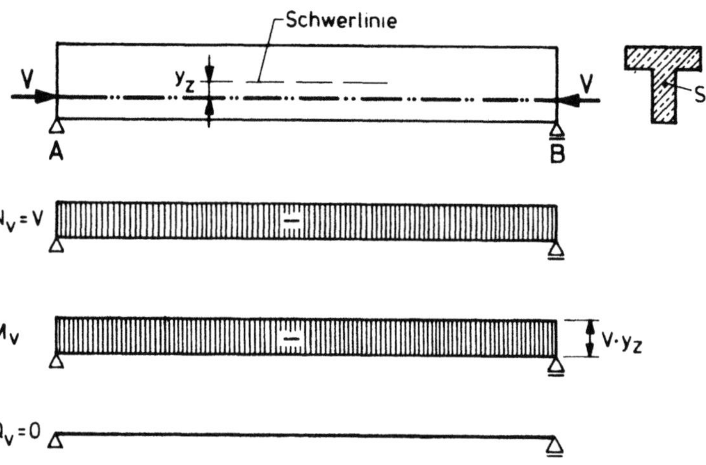

Bild 16.5   Einfacher Balken, gerades Spannglied

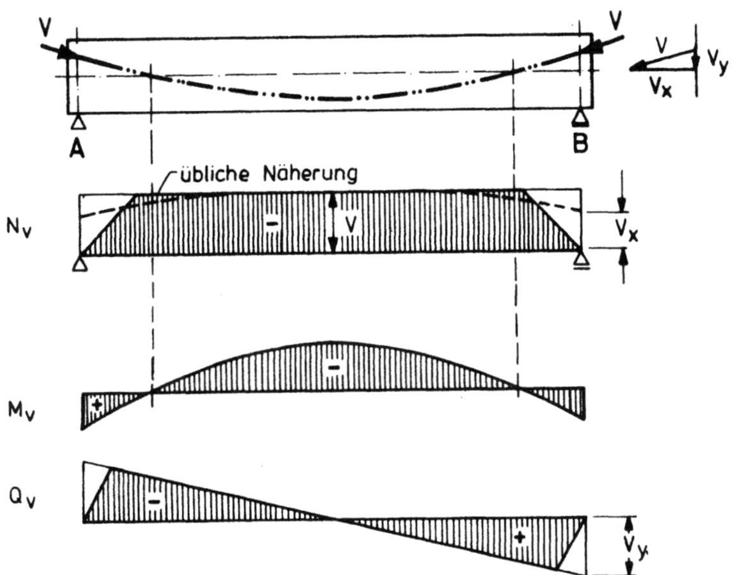

Bild 16.6   Einfacher Balken, parabelförmiges Spannglied

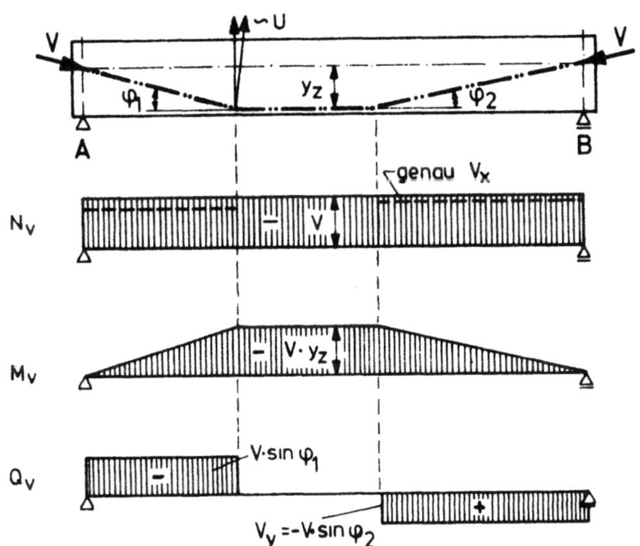

Bild 16.7   Einfacher Balken, polygonartiges Spannglied

Querbiegemomente $M_{z,v}$ entstehen in einem Stabtragwerk, wenn
der Schwerpunkt der Spannstahlkräfte in einem Schnitt nicht auf einer
Senkrechten durch den Schwerpunkt des Querschnittes liegt.

Torsions-Schnittkräfte entstehen, wenn die resultierende Umlenkkraft nicht durch den Schubmittelpunkt des Querschnittes geht.

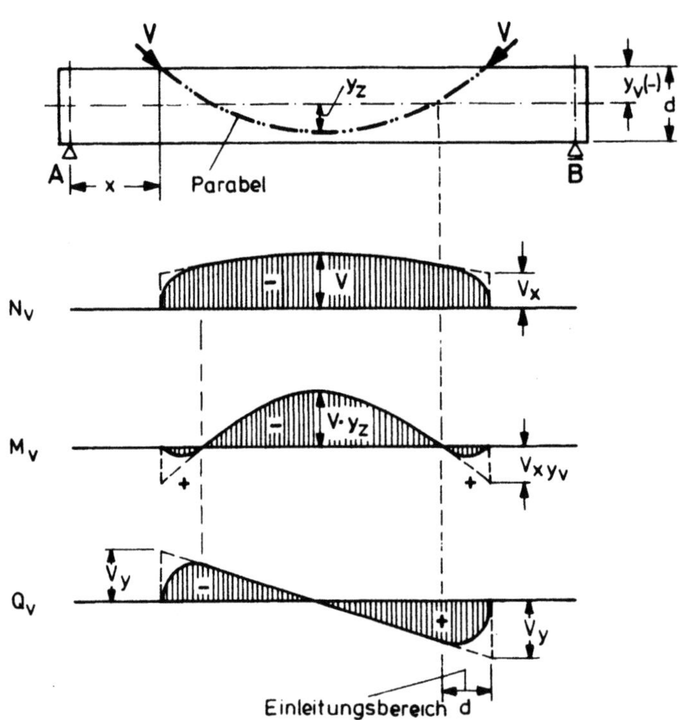

Bild 16.8 Einfacher Balken, parabelförmiges Spannglied, an Zwischen-
punkten verankert.

In den **Einleitungsbereichen** der Spannkräfte auf Länge $\ell_e \approx h$
sind die Vorspannkräfte und damit auch die Schnittkräfte noch nicht über
die Trägerhöhe stetig verteilt wirksam, dort kann daher die Biegelehre
nicht angewendet werden.

16.2.2 Ermittlung der Spannungen für Gebrauchslast

Kennt man alle Schnittkräfte, so werden die Längsspannungen wie üblich
ermittelt, Bild 16.9, wobei die Längskraft infolge der Vorspannkraft N_v

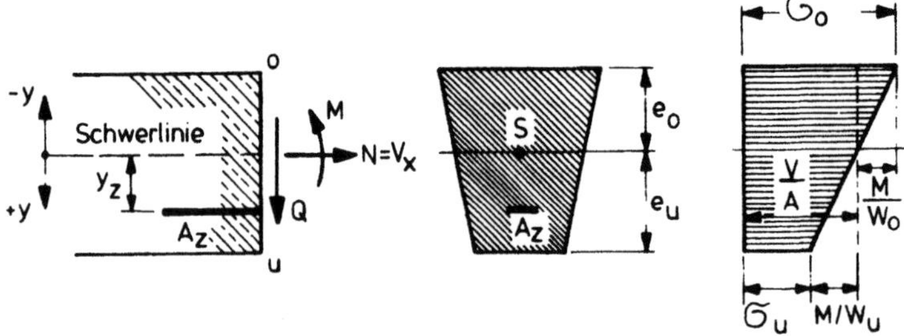

Bild 16.9 Längsspannungen σ_x

zu berücksichtigen ist: Die **beim Vorspannen** vorhandenen Kräfte
und Lasten wirken **auf den Nettoquerschnitt**, die nach Herstellung des Verbundes auftretenden zusätzlichen Lasten, z.B.
Δg und p, P wirken auf die **ideellen Querschnitte**:

$$\sigma_o = \frac{V}{A_n} - \frac{M_v + M_g}{W_{no}} - \frac{M_p}{W_{io}}$$

$$\sigma_u = \frac{V}{A_n} + \frac{M_v + M_g}{W_{nu}} + \frac{M_p}{W_{iu}}$$

$$(16.5)$$

Das Moment $M_v = V \cdot y_z$ infolge Vorspannung ist dabei mit dem Vorzeichen einzusetzen, das sich aus V (negativ) und Abstand y_z zwischen Schwerpunkt und Spannglied (vom Schwerpunkt abwärts = positiv) ergibt.

Für überschlägige Berechnungen genügt es, die Querschnittswerte des Betons ohne Abzug für A_n oder Zuschlag für A_i einzusetzen:

$$\sigma_{o,u} = \frac{V_o}{A_b} \mp \frac{\left(M_v + M_g + M_p \right)}{W_{o,u}}$$

$$(16.6)$$

Um die Größtwerte zu erhalten, muß man sich jeweils überlegen, ob der ungünstigste Lastfall vor S u. K oder nach S u. K maßgebend ist.

<u>Hauptspannungen</u> infolge Querkraft Q oder Torsion M_T:

'Die Berechnung der Hauptspannungen σ_I (Hauptzug) und σ_{II} (Hauptdruck) ist im Gebrauchslastfall eigentlich unnötig, weil in Spannbetontragwerken fast keine Schubrißgefahr unter (g+p) besteht, und die Bemessung nach Grenzlasten zusammen mit den Regeln für Rißbeschränkung auch die Gebrauchsfähigkeit sicherstellt.

DIN 4227 verlangt aber noch σ_I-Nachweise für Gebrauchslast. Dabei müssen die Normalspannungen σ_{x,v_∞} und bei Stegvorspannung σ_{y,v_∞} unbedingt beachtet werden, weil sie die Hauptzugspannungen stark vermindern oder ganz überdrücken. Es ist jedoch darauf zu achten, daß σ_I die zulässigen Werte nicht überschreitet.

Die Hauptspannungen ergeben sich aus Bild 16.10

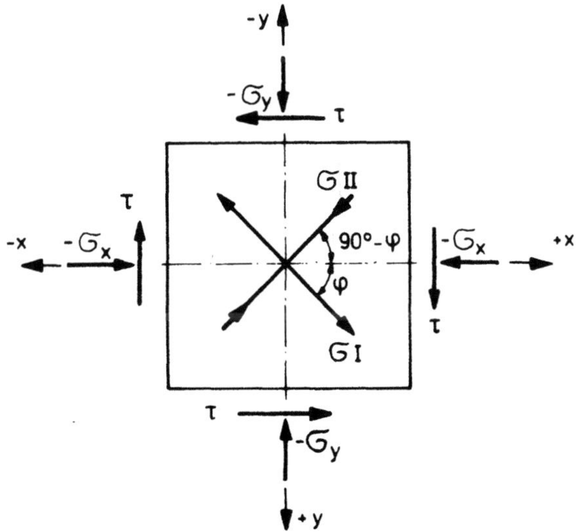

Bild 16.10 Spannungskomponenten am Körperelement, die die Hauptspannungen σ_I und σ_{II} ergeben

$$\sigma_I = \frac{\sigma_x + \sigma_y}{2} + \sqrt{\left(\frac{\sigma_x - \sigma_y}{2}\right)^2 + \tau^2}$$

$$\sigma_{II} = \frac{\sigma_x + \sigma_y}{2} - \sqrt{\left(\frac{\sigma_x - \sigma_y}{2}\right)^2 + \tau^2}$$

(16.7)

Der Winkel φ zwischen σ_I und x-Achse ist

$$\tan \varphi_I = \frac{\tau}{\sigma_I - \sigma_y} = \frac{\tau}{\sigma_x - \sigma_{II}}$$

Die Richtung der Hauptdruckspannung zur x-Achse ist $\vartheta = 90^o - \varphi$

Wenn die Stege nicht vorgespannt sind, kann $\sigma_y = 0$ gesetzt werden.
Dabei sind $\tau = \frac{Q\,S}{J \cdot b}$ und σ_x über die Querschnittshöhe veränderlich.
Es genügt in der Regel nicht, die σ_I in der Höhe der Schwerlinie des
Querschnittes zu berechnen.

16.2.3 Ermittlung der Längsspannungen σ_x bei Spannbettvorspannung

Im Spannbett werden die Spanndrähte mit der Kraft $Z^{(o)}$ bis zur erhöhten zulässigen Spannung $\sigma_{zv}^{(o)}$ z.B. nach DIN 4227 = $0,8\,\beta_{0,2}$ und damit
auf die Dehnung $\varepsilon_{zv}^{(o)}$ gespannt und bis zur Erhärtung des danach einge-
brachten Betons unter dieser Spannung gehalten.

Beim Lösen der Spanndrähte von ihrer Spannbett-Verankerung (= Umsetzen wirkt die nun frei gewordene Kraft als $V^{(o)}$ dank der Verbundverankerung auf den erhärteten Beton, der sich dabei verkürzt. Die im
Spannbett erzeugte Stahldehnung $\varepsilon_{z,v}^{(o)}$ fällt dabei auf den Betrag $\varepsilon_{z,v}$ (positiv) ab, wobei die Abnahme der Stahldehnung gleich groß sein muß wie
die eingetretene Betonkürzung in Höhe des Spanngliedes $\varepsilon_{bz,v}$ (negativ):

$$\varepsilon_{z,v} = \varepsilon_{z,v}^{(o)} + \varepsilon_{bz,v}$$

(16.8)

Diesen Dehnungen entsprechen die Spannungen

$$\sigma_{z,v} = \sigma_{z,v}^{(o)} + n \cdot \sigma_{bz,v}$$

(16.9)

Gleichung (16.9) wird in der Form

$$\boxed{\sigma_{z,v}^{(o)} = \sigma_{z,v} - n \cdot \sigma_{bz,v}}$$

(16.10)

zur Bestimmung der Spannbett-Stahlspannung im Kapitel 18 (Grenztragfähigkeit verwendet.

Die Spannung $\sigma_{bz,v}$ des Betons in Höhe des Spannstahles können wir durch
die auf den ideellen Querschnitt $A_i = A_n + n \cdot A_z$ bei Beginn des Umsetzvorganges wirkende Spannbettkraft $V^{(o)}$ o d e r durch die im Nettoquerschnitt A_n nach Abschluß des Umsetzvorganges vorhandene Vorspannkraft
V_o ausdrücken, vgl. Bild 16.11.

Den Beweis dazu liefert die Betrachtung eines Elementes, das wir uns
als mittig gedrückter Prisma aus dem Balken in Höhe des Spanngliedes
herausgeschnitten denken. Es ist

$$\sigma_{z,v} = \frac{-V_o}{A_z} \; ; \; \sigma_{z,v}^{(o)} = \frac{-V^{(o)}}{A_z} \; ; \; \sigma_{bz,v} = \frac{V_o}{A_n} \; ; \; A_i = A_n + n \cdot A_z \; ;$$

Aus Gl. (16.10) folgt

$$\frac{-V_o}{A_z} - n\frac{V_o}{A_n} = -\frac{V^{(o)}}{A_z} \quad \text{mit } V_o = V^{(o)}\frac{A_n}{A_i}$$

und damit für $\sigma_{bz,v}$

$$\sigma_{bz,v} = \frac{V_o}{A_n} = \frac{V^{(o)}}{A_i}$$

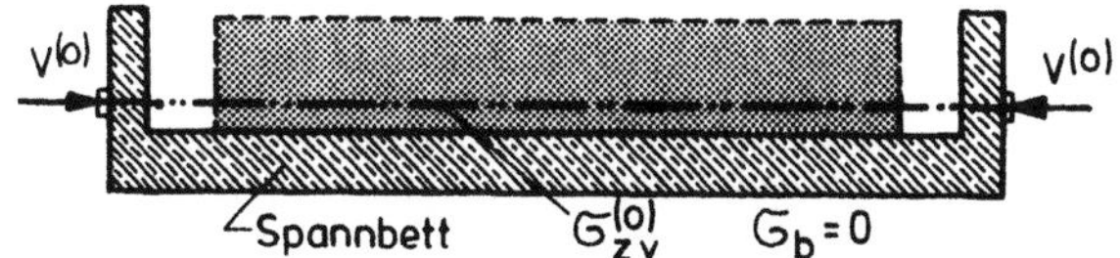

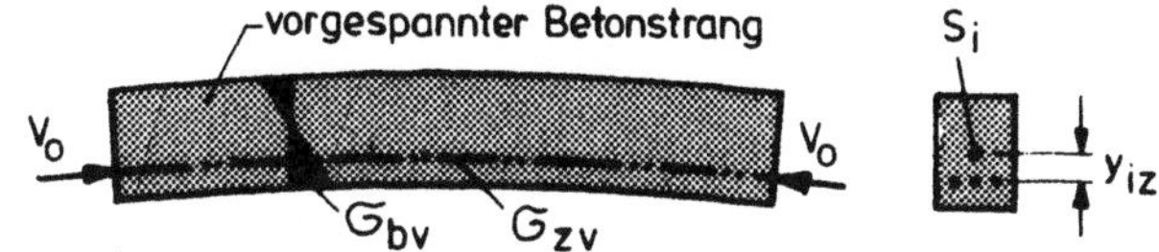

Bild 16.11   Vorspannkräfte $V^{(o)}$ am Spannbett und V_o am Träger

Entsprechend gilt für den allgemeinen Fall ausmittig angeordneter Spannglieder für die Betonspannung in Höhe der Spannglied-Schwerachse

$$\sigma_{bz,v} = V^{(o)}\left(\frac{1}{A_i} + \frac{y_{iz}^2}{J_i}\right) = V_o\left(\frac{1}{A_n} + \frac{y_{nz}^2}{J_n}\right) \qquad (16.11)$$

Dabei sind y_{nz} und J_n dem Nettoquerschnitt A_n, y_{iz} und J_i dem Verbundquerschnitt $A_i = A_n + nA_z$ zugeordnet. Zur Abkürzung schreiben wir

$$\mu_n = \frac{A_z}{A_n} \qquad \text{und} \qquad \mu_i = \frac{A_z}{A_i} = \frac{\mu_n}{1+n\mu_n}$$

Mit den Stahlspannungen

$$\sigma_{z,v}^{(o)} = \frac{-V^{(o)}}{A_z} \quad \text{und} \quad \sigma_{z,v} = \frac{-V_o}{A_z}$$

und den Ausdrücken für die Betonspannung nach Gl. (16.11) liefert nun Gl. (16.9) folgende Beziehungen zwischen Spannbettkraft $V^{(o)}$ und der wirksamen Vorspannkraft V_o :

$$\frac{-V_o}{A_z} = \frac{-V^{(o)}}{A_z} + n\,V^{(o)}\left(\frac{1}{A_i} + \frac{y_{iz}^2}{J_i}\right)$$

$$\boxed{\; V_o = V^{(o)}\left[\,1 - n\cdot\mu_i - \frac{n\,A_z\,y_{iz}^2}{J_i}\,\right] \;} \qquad (16.12)$$

bzw.

$$\frac{-V_o}{A_z} = \frac{-V^{(o)}}{A_z} + n\,V_o\left(\frac{1}{A_n} + \frac{y_{nz}^2}{J_n}\right)$$

$$\boxed{\; V_o = V^{(o)}\ \frac{1}{1 + n\cdot\mu_n + \dfrac{n\,A_z\,y_{nz}^2}{J_n}} \;} \qquad (16.13)$$

Die nach dem Umsetzen wirksame Spannstahl-Spannung $\sigma_{z,vo}$ wird mit den Gebrauchslast-Spannungen $\sigma_{z,g}$ und $\sigma_{z,p}$ überlagert. Nach DIN 4227 darf die Spannungs-Summe die zul. Spannung zul $\sigma_z = 0,55\,\beta_Z$ bzw. $= 0,75\,\beta_{0,2}$ nicht überschreiten. Diese Bedingung ist jedoch unnötig.

Bei Trägern, die nach Bild 16.9 ausmittig im Spannbett vorgespannt werden, wirkt vom Augenblick des Lösens der Spannbettverankerung ab das Moment $V\cdot y_z$, wodurch sich der Träger verbiegt, sich vom Spannbett abhebt und das Eigengewicht als Reaktion zur Geltung kommt. Die Spannungen (16.9) und (16.11) treten in Wirklichkeit also immer mit einer Überlagerung aus Eigengewichts-Biegespannungen auf.

Ergebnis: Randspannungen bei Spannbett-Vorspannung

$$\sigma_o = \frac{V^{(o)}}{A_i} - \frac{M_v^{(o)} + M_g + M_p}{W_{io}} = \frac{V_o}{A_n} - \frac{M_v}{W_{no}} - \frac{M_g + M_p}{W_{io}}$$

$$\sigma_u = \frac{V^{(o)}}{A_i} + \frac{M_v^{(o)} + M_g + M_p}{W_{iu}} = \frac{V_o}{A_n} + \frac{M_v}{W_{nu}} + \frac{M_g + M_p}{W_{iu}}$$

$$(16.14)$$

16.2.4 Gebrauchslastspannungen im Zustand II

Bei teilweiser Vorspannung mit niedrigem Vorspanngrad, etwa $\varkappa < 0,5$, kann es vorkommen, daß man die Spannungen unter Gebrauchslasten kennen will, z.B. für genaue Ermittlungen von Durchbiegungen oder Rißbreiten. Wenn unter der maßgebenden Last σ_{bZ}^{I} im Zuggurt größer errechnet wird als der Mittelwert von β_{bZ}, dann ist die Zugzone gerissen anzunehmen und man muß wie bei Stahlbeton mit Zustand II rechnen. Die Spannungen können nur iterativ ermittelt werden, z.B. nach der Methode von Colonetti [18] oder nach dem halbgrafischen Verfahren von Mörsch, siehe [0] Teil 1, Kapitel 7.3.4.3.

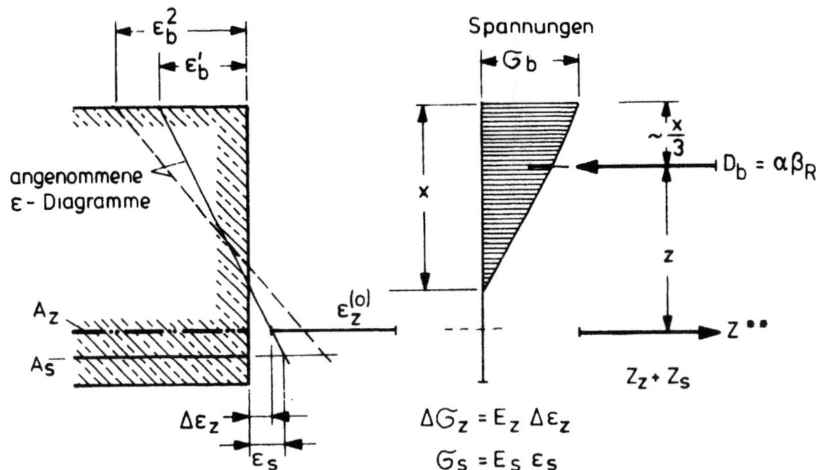

Bild 16.12   Iterative Annahme von ε-Diagrammen und Ermittlung der zugehörigen D_b und Z^{**}

Man nimmt dabei ein Dehnungsdiagramm an (Bild 16.12) und ermittelt die zugehörigen resultierenden Gurtkräfte D_b und Z^{**}, wobei die Druckspannungen σ_b sich aus dem σ-ε-Diagramm nach Bild 18.3 ergeben. Für die Zugkraft im Spannstahl wird eine Vordehnung $\varepsilon_{z,v\infty}^{(o)}$ eingesetzt (siehe auch Kap. 18.1), die sich aus der Spanngliedkraft ergibt, die dem Dekompressionsmoment M_D entspricht, bei dem die Betonspannung auf Spanngliedhöhe $\sigma_b = 0$ ist. Dabei geht man in der Regel von V_∞ aus.

Es ist dann

$$\varepsilon_z^{(o)} = \frac{Z^{(o)}}{E_z} = \frac{1}{E_z}\left(Z_{v\infty} + \frac{\sigma_{b,v}}{E_b}\,E_z A_z \right)$$

Aus $\varepsilon_z^{(o)} + \Delta\varepsilon_z$ ergibt sich σ_z und aus $\Delta\varepsilon_s$ das σ_s, wobei für M_D das $\sigma_s = 0$ angenommen wird. Damit ist

$$Z^{**} = A_z \sigma_z + A_s \sigma_s = D_b$$

Es muß dann sein $M_q = Z^{**} z = D_b z$

Da sich Z^{**} mit dem bekannten $Z_{v\infty}$ und einem kleinen Zuschlag für ΔZ infolge $M_q - M_D$ leicht schätzen läßt, kann man auch für die Nullinienlage aus $z = \dfrac{M_D}{Z^{**}}$ gleich eine gute Annahme treffen, so daß zwei bis drei Iterations-Schritte genügen.

16.3 Schnittkräfte in vorgespannten, statisch unbestimmt gelagerten Tragwerken und Folgerungen für die Spanngliedführung

16.3.1 Grundsätzliches zur Wirkungsweise

Die Vorspannkräfte erzeugen Längs- und Biegeverformungen. Bei statisch bestimmter Lagerung ist diese Verformung frei möglich, d.h. sie wird durch die Lagerung nicht behindert und verändert deshalb weder die Auflagerkräfte noch die Schnittkräfte infolge Vorspannung.

Bei statisch unbestimmter Lagerung dagegen paßt das durch Vorspannung verformte, gewichtslos gedachte Tragwerk meist nicht mehr auf
seine Lager. Zwingt man es auf seine Lager zurück, dann wirken "Zwängungskräfte"oder kürzer "Zwangskräfte". Wir machen dies am Zweifeldbalken klar: Spann man diesen mit unten liegendem geradem Spannglied
vor, so wölbt er sich nach oben und hebt sich von der Mittelstütze ab
(Bild 16.14). Um den Balken auf seinen Lagern zu halten, muß am Mittel-
lager eine verankernde, negative Auflagerkraft B_v wirken, die gerade so
groß ist, daß die Durchbiegung (Hebung) $v_B(-)$ aufgehoben wird. Entsprechend entstehen positive Auflagerkräfte in A und C.

Eine Vorspannung, die im Tragwerk Momente erzeugt, verändert also in
der Regel bei statisch unbestimmter Lagerung alle Auflagerkräfte, es
entstehen statisch unbestimmte Auflagerkräfte aus Vorspannung, die wir mit A_v, B_v, C_v.... bezeichnen wollen.

Wir wollen die im statisch bestimmt gelagerten Grundsystem, hier Balken AC des Bildes 16.14, entstehenden Vorspannmomente mit M_v^0 bezeichnen, sie sind

$$M_v^0 = V \cdot y_z \qquad (V = \text{negativ}; \ y_z \text{ unter der Schwerlinie positiv!})$$

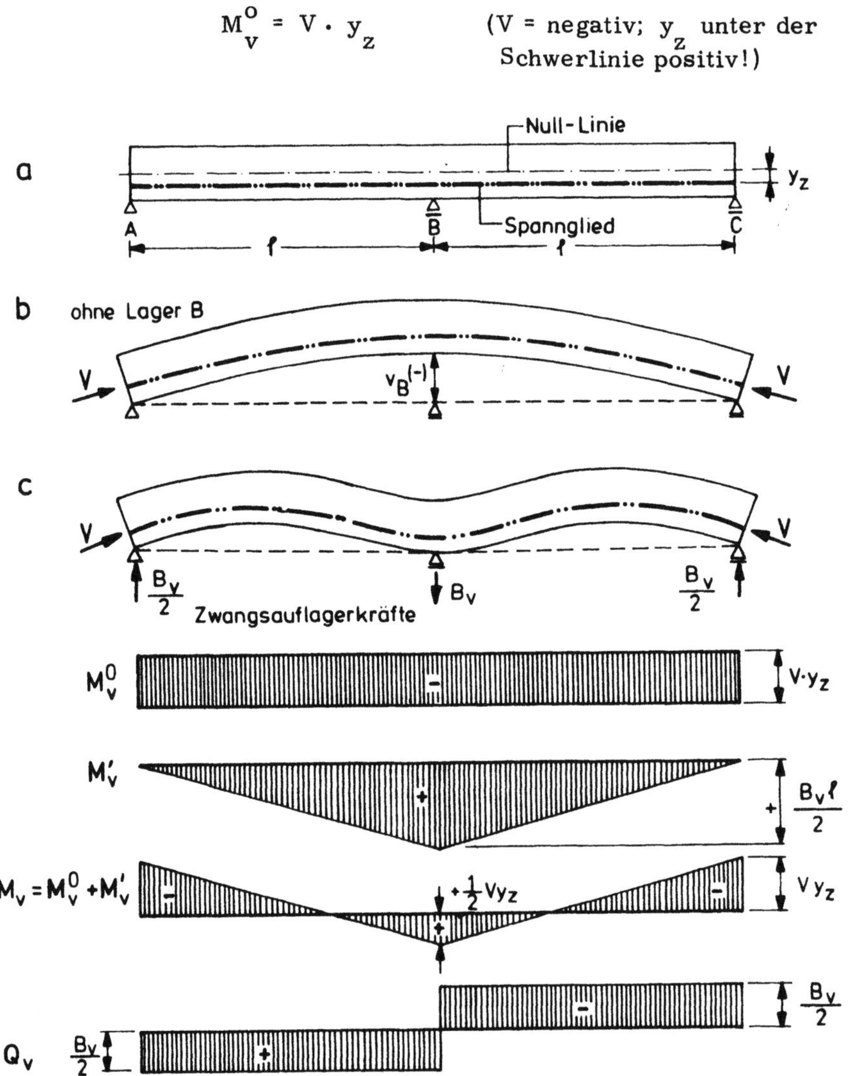

Bild 16.14 Das Entstehen statisch unbestimmter Auflagerkräfte = Zwangskräfte infolge Vorspannung, gezeigt am zweifeldrigen symmetrischen Balken mit geradem Sapnnglied (für Praxis unbrauchbare Spanngliedführung)

Das statisch unbestimmte Vorspannmoment, kurz Zwangsmoment M'_v gibt mit dem statisch bestimmten Vorspannmoment M^o_v
zusammen das endgültige Moment M_v infolge Vorspannung:

$$M_v = M^o_v + M'_v$$

Entsprechend gilt für Querkräfte

$$Q_v = Q^o_v + Q'_v$$

aber für Auflagerkräfte mit $A^o_v = 0$ (gewichtsloser Balken)

$$A_v = + A'_v$$

Die statisch unbestimmten Auflagerkräfte = Zwangskräfte = A'_v, B'_v, ...
aus Vorspannung müssen untereinander im Gleichgewicht sein, weil die
Vorspannkräfte selbst untereinander im Gleichgewicht sind und somit
keine äußere Resultierende übrig bleiben kann.

Die Größe der Zwangskräfte kann man durch die Führung der Spannglieder
beeinflussen. Sie werden besonders groß, wenn das Spannglied mit gros-
sem y_z auf e i n e r Seite der Schwerlinie bleibt, also die M^o_v groß sind
und das Vorzeichen nicht wechseln. Sie können zu Null werden, wenn das
Spannglied so geführt wird, daß sich keine zwängende Verformung an den
Lagern ergibt.

Man spricht dann von der "z w ä n g u n g s f r e i e n" oder " k o n k o r d a n -
t e n" Vorspannung. Die zwängungsfreie Vorspannung bietet keine besonderen Vorteile (vgl. S. 177), ja sie verhindert meist die Ausnützung der
Baustoffe.

Es sei noch darauf hingewiesen, daß die Zwangsbeanspruchungen aus Vorspannung sich anders verhalten als z.B. Zwangsmomente aus Stützensenkungen oder Temperaturunterschieden. Während letztere direkt proportional zur Steifigkeit EJ eines Balkens sind und z.B. auch durch Beton-
kriechen sehr stark abgebaut werden, sind die Zwangsmomente M'_v aus
Vorspannung unabhängig von einer gleichmäßigen Vergrößerung oder Ver-
kleinerung der Steifigkeit EJ und gehen durch Kriechen nur in dem Maße
zurück, wie sich die Vorspannkraft vermindert.

16.3.2 Berechnungsverfahren zur Ermittlung von Zwangs-Schnittkräften infolge Vorspannung

Für die Berechnung der Zwangskräfte aus Vorspannung stehen grundsätzlich die gleichen geläufigen Verfahren zur Verfügung wie zur Ermittlung unbestimmter, überzähliger Kräfte aus anderen Lastfällen (wie stän-
dige Last oder Verkehrslast).

1. Die Kraftgrößenverfahren

 1 a) A u f l a g e r k r ä f t e a l s U n b e k a n n t e :

    z.B. am Zweifeldbalken wird B_v als Unbekannte eingeführt und
    die Durchbiegung v_B infolge V und infolge B_v je am Balken A C
    gleichgesetzt (Bild 16.14).

    Die im allgemeinen übliche Vernachlässigung der Einflüsse aus N
    ist bei vorgespannten Rahmen und ähnlichen Tragwerken nicht
    zulässig!

1 b) Schnittkräfte, meist Momente, als Unbekannte:

z.B. für den Zweifeldbalken werden als statisch bestimmte Grundsysteme frei drehbare Einfeldbalken gewählt. Die Unbekannte ist M'_{Bv}, das Stützenmoment, das so zu bestimmen ist, daß die von V am Einzelbalken über B hervorgerufenen Drehwinkel (Endtangentenwinkel der Biegelinie) rückgängig gemacht werden, so daß die Schnittufer bei B wieder parallel sind und zusammenpassen (Bild 16.15).

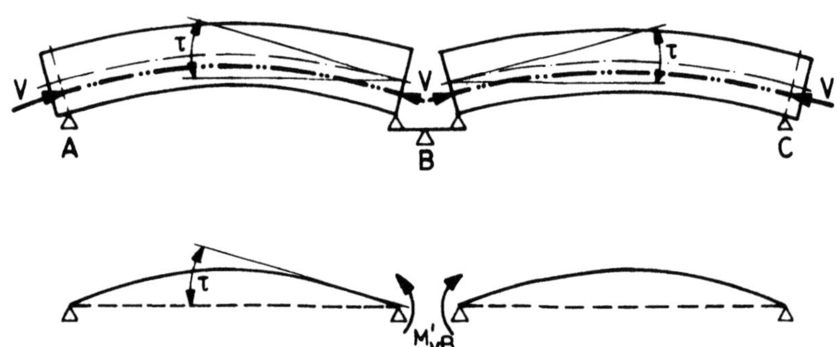

Bild 16.15   Durch einen Schnitt in B werden 2 Einfeldbalken als statisch bestimmtes Grundsystem gebildet

Da die Momentenflächen M^o_v und M'_v infolge $M'_B = 1$ bekannt sind, lassen sich die Endtangentenwinkel mit dem Mohr'schen Satz als Auflagerdrücke der $\frac{M}{EJ}$ - Fläche des Einzelbalkens A B oder B oder B C bei B besonders einfach anschreiben.

An den Trennschnitten durch das statisch unbestimmte System schneidet man auch die Spannglieder durch und läßt die Vorspannkräfte V auf beide Schnittufer in der Spanngliedachse als Druckkräfte wirken.

2.   Die Formänderungsgrößen-Verfahren,

darunter besonders das Ausgleichsverfahren nach Cross, Kani oder anderen. Man bestimmt die M'_v in diesem Fall am beid- oder einseitig voll eingespannten Balken für jedes Feld getrennt und gleicht die Volleinspann-Momente nach den Steifigkeiten der Felder aus. Diese Methode ist bei ungleichen Feldweiten, vielen Feldern oder allgemein hochgradig statisch unbestimmten Systemen ratsam.

3.   Verfahren mit Einflußlinien

Die Einflußlinien des statisch unbestimmten Systems enthalten bereits den Einfluß der statisch unbestimmten Lagerung. Wertet man sie für die Umlenkkräfte aus, dann erhält man unmittelbar die Gesamtschnittkräfte, z.B. M_v. Wenn man für Verkehrslasten ohnehin Einflußlinien braucht, dann ist dieser Weg besonders einfach. Hier muß auf die richtige Erfassung von Endmomenten (Spannglied z.B. an den Balkenenden nicht in der Schwerlinie) geachtet werden.

Mit dieser Methode können auch vorgespannte Platten behandelt werden, wenn dafür Einflußflächen aus Tafelwerken oder Modellmessungen vorliegen.

Dieses Verfahren wurde vom Verfasser schon ab 1952 angewandt, es wurde viel später in USA von T. Y. Lin als "load balancing method" eingeführt.

16.3.3 Grundsätzliche Erkenntnisse am Zweifeldbalken mit parabolischem Spannglied

16.3.3.1 Berechnung mit Schnittkraft M als Unbekannte
Spannkraft greift am Balkenende in der Schwerlinie an

Zur Vereinfachung wird J = const. und V_x = V = const. angenommen.

Die Pfeilhöhe f des parabolischen oder polygonal geführten Spanngliedes wird p o s i t i v eingeführt, wenn die Umlenkkraft nach o b e n gerichtet ist.

Zur weiteren Vereinfachung wollen wir bei der Ermittlung der statisch unbestimmten Schnittkräfte aus Vorspannung die nach unten gerichteten Umlenkkräfte im Bereich der kurzen Ausrundung des Spanngliedes über der Stütze B in einer Einzelkraft in der Achse des Auflagers B konzentrieren, so daß sie keine M und Q ergeben (Bild 16.16). Der dadurch begangene Fehler bleibt bei den üblichen Ausrundungslängen unter 1 %.

Die quadratischen Parabeln der Spanngliedachse denken wir uns also bis zur Auflagerachse verlängert, wo sie die Ordinate e (negativ) aufweisen. Die in die Rechnung eingeführten Pfeilhöhen f_1 und f_2 gelten für diese verlängerten Parabeln, sind also von der durch e gehenden Sehne aus zu messen. Bei der Ermittlung der Querschnittswerte und der statisch bestimmten Schnittkraftanteile muß aber das Spannglied im Bereich der Ausrundung mit seiner wirklichen Ausmittigkeit y_z eingesetzt werden.

Für die Bestimmung der M'_v berechnen wir an den zwei Einfeldbalken A B und B C (statisch bestimmtes Grundsystem) die Endtangentenwinkel τ der Biegelinie im Schnitt in B infolge der Vorspannkraft V und infolge M'_v = 1. Im Durchlaufträger muß die Biegelinie bei B stetig sein, d.h. das Zwangsmoment M'_{Bv}, das an beiden Schnittufern entgegengesetzt wirkt, muß so groß sein, daß die Stetigkeitsbedingung erfüllt ist. Dies ist der Fall, wenn $\Sigma\tau_B$ = 0 ist.

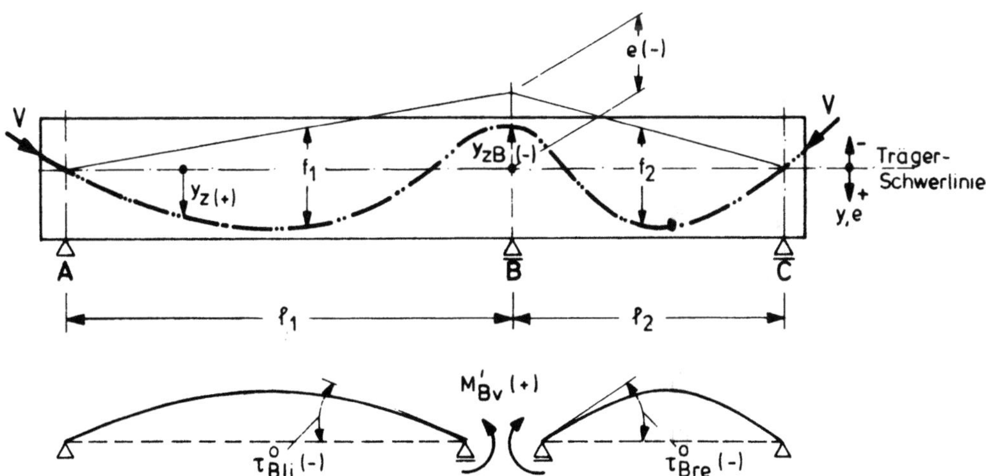

Bild 16.16 Der zweifeldrige Balken mit parabelförmigem Spannglied. Annahmen zur vereinfachten Berechnung und Endtangentenwinkel τ^o_B.

Die Endtangentenwinkel τ^o_B werden nach dem Satz von M o h r als Auflagerdrücke B der mit den $\dfrac{M^o_v}{EJ}$ - Flächen belasteten Einfeldbalken A B und B C ermittelt. Die M_v^o-Momente sind die am Grundsystem durch V hervorgerufenen Momente und sind für $V_x \approx V$ einfach

$$M_v^o = V \cdot y_z.$$

Sie sind der in Bild 16.17 a) schraffierten Fläche negativ proportional. Um sie in allgemeiner Form anschreiben zu können, wird diese Fläche aus den M^o Teilflächen b) und c) zusammengesetzt.

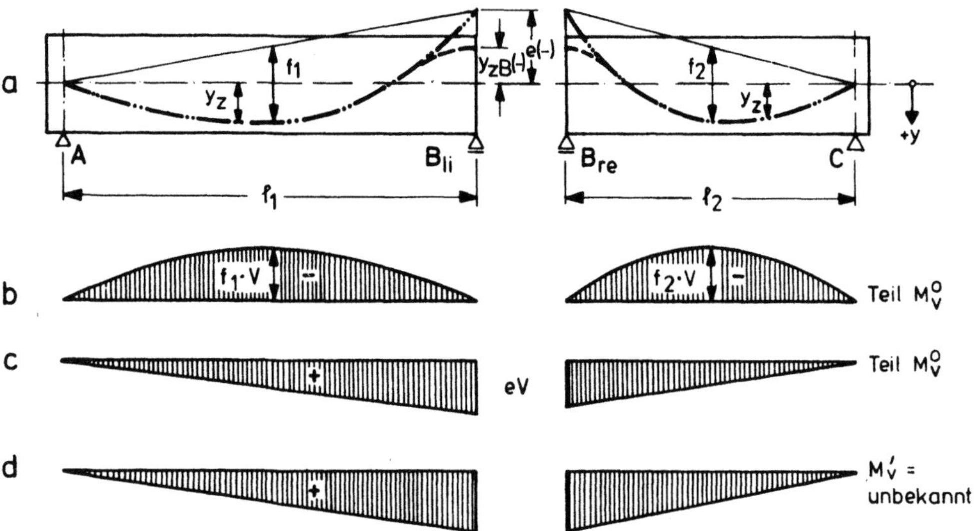

Bild 16.17   Momentenfläche zur Bestimmung der Endtangentenwinkel für den Balken in Bild 16.16

Um die gebräuchlichen Vorzeichen der M^o-Momente zu erhalten, ist y_z nach unten positiv angesetzt worden, da V als druckerzeugende Kraft negativ ist (e = negativ, f = positiv).

Die Endtangentenwinkel bei B infolge der M_v^o werden nun

$$E J \, \tau_{B\,li}^{o} = \frac{1}{2} \cdot \frac{2}{3} \, \ell_1 f_1 \, V + \frac{2}{3} \cdot \frac{\ell_1}{2} \cdot e \cdot V = \frac{V \cdot \ell_1}{3}(e+f_1),$$

$$E J \, \tau_{B\,re}^{o} = \qquad\qquad\qquad = \frac{V \cdot \ell_2}{3}(e+f_2) \, .$$

Das Zwangsmoment M_{Bv}' erzeugt am Grundsystem dreieckförmige M_v'-Momentenflächen gemäß Bild 16.17 d. Die Endtangentenwinkel infolge M_{Bv}' werden also

$$E J \, \tau_{B\,li}' = + \frac{2}{3} \cdot \frac{\ell_1}{2} \, M_{Bv}' = + \frac{\ell_1}{3} \, M_{Bv}' \, ,$$

$$E J \, \tau_{B\,re}' = \qquad\qquad = + \frac{\ell_2}{3} \, M_{Bv}' \, .$$

Die Stetigkeit der Biegelinie bedingt, daß die Summe der Endtangentenwinkel rechts und links vom Schnitt gleich Null ist. Es muß also sein

$$\Sigma \tau = \tau^{O}_{B\,li} + \tau^{O}_{B\,re} + \tau'_{B\,li} + \tau'_{B\,re} = 0$$

$$\frac{V \cdot \ell_1}{3}(e+f_1) + \frac{V \cdot \ell_2}{3}(e+f_2) + \frac{M'_{Bv}}{3}(\ell_1 + \ell_2) = 0 \;.$$

Daraus wird die Unbekannte M'_{Bv}

$$M'_{Bv} = -\frac{V \cdot \ell_1 (e+f_1) + V \cdot \ell_2 (e+f_2)}{\ell_1 + \ell_2}$$

$$\boxed{M'_{Bv} = -V\left(\frac{\ell_1 f_1 + \ell_2 f_2}{\ell_1 + \ell_2} + e\right)} \qquad (16.20)$$

für gleiche Spannweiten $\ell_1 = \ell_2$ und $f_1 = f_2 = f$ ergibt sich die sehr einfache Beziehung

$$\boxed{M'_{Bv} = -V(f+e)}$$

Da für die endgültigen Momente M_v aus Vorspannung

$$M_v = M^{O}_v + M'_v$$

gilt, wird das Stützenmoment bei B (Bild 16.18)

$$M_{Bv} = y_{z,B} \cdot V - V\left(\frac{\ell_1 f_1 + \ell_2 f_2}{\ell_1 + \ell_2} + e\right)$$

oder $\boxed{M_{Bv} = -V\left(\dfrac{\ell_1 f_1 + \ell_2 f_2}{\ell_1 + \ell_2} + \Delta e\right)}$ $\begin{array}{l}\text{mit } \Delta e = e - y_{z,B}\\ (\Delta e \text{ stets negativ!})\end{array}$ (16.21)

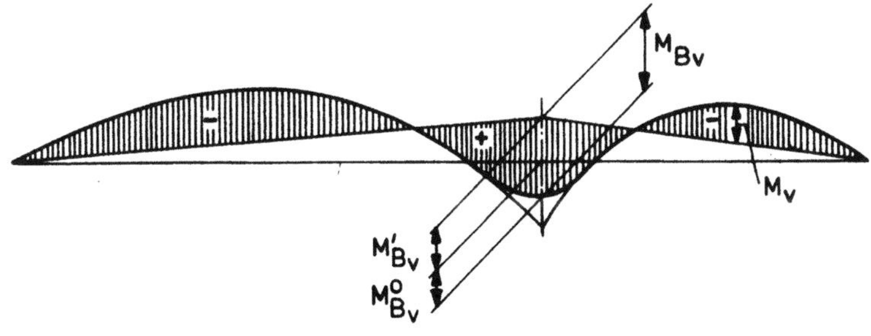

Bild 16.18   Endgültige Balkenmomente M_v infolge Vorspannung

Für $\ell_1 = \ell_2$ und $f_1 = f_2 = f$ ist $M_{Bv} = y_{z,B} \cdot V - V(f+e)$
also

$$\boxed{M_{Bv} = -V(f+\Delta e)} \qquad (16.22)$$

Mit M'_{Bv} ist auch der übrige Verlauf der Momente festgelegt. Es gilt im Schnitt mit dem Abstand x vom Auflager A :

$$M_v(x) = V \cdot y_z(x) + \frac{x}{\ell_1} \cdot M'_{Bv} \qquad (16.23)$$

Auch bei ungleichen ℓ und f fällt e heraus.

Folgerung:

> Bei Durchlaufträgern mit parabelförmigen Spanngliedern sind die endgültigen Vorspannmomente M_v außerhalb des Ausrundungs-bereichs von der Exzentrizität e des Spanngliedes über den Zwischenstützen unabhängig und werden nur von der Pfeilhöhe f beeinflußt. Im Bereich der Ausrundung hängen die Momente M_v dagegen von den Werten f und Δe ab. Der Beweis läßt sich auch allgemein für statisch unbestimmte Tragwerke erbringen.

Es läßt sich zeigen, daß auch Spannglieder mit anderer Form in ihrer Höhenlage zwischen den in Höhe der Schwerlinie liegenden Endpunkten beliebig verschoben werden können, solange entsprechend dem f der Parabel und dem Δe der Ausrundungskurve die Umlenkwinkel und damit die Umlenkkräfte gleich bleiben. <u>Es kommt also für die M_v und Q_v nur auf die Größe der Umlenkkräfte zwischen den Endauflagern an.</u> Dagegen ändern sich die Zwangskräfte M'_v und die Auflagerkräfte - aber auch die Grenztragfähigkeit (Bild 16.19).

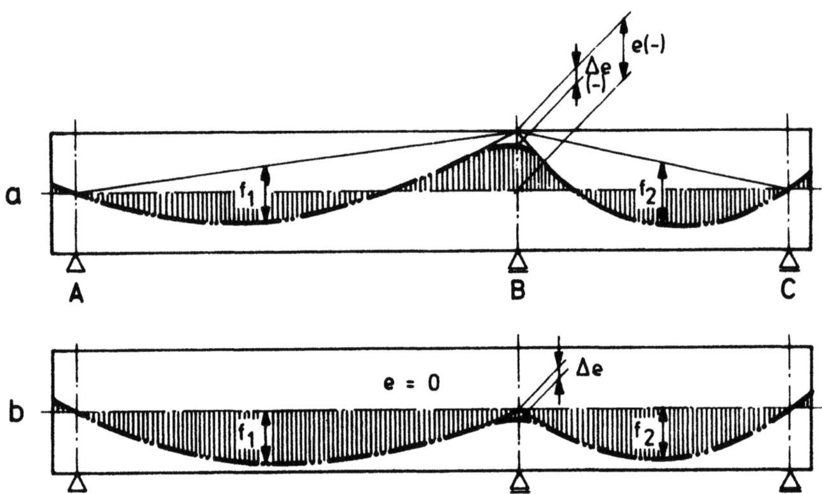

Bild 16.19 Diese verschiedenen Höhenlagen der Spannglieder ergeben gleiche M_v, aber ungleiche Zwangskräfte und Grenztragfähigkeiten

Aus Gl. (16.20) läßt sich die Bedingung ableiten, für die $M'_v = 0$ wird (zwängungsfreie Vorspannung), nämlich wenn

$$e + \frac{\ell_1 f_1 + \ell_2 f_2}{\ell_1 + \ell_2} = 0$$

oder bei $\ell_1 = \ell_2 = \ell$ und $f_1 = f_2 = f$, wenn $e + f = 0$ ist;

es ist dann $T_{B\,li} = -T_{B\,re}$.

Diese Bedingung läßt sich nur bei kleinen Pfeilhöhen der Spanngliedparabeln erfüllen, die aber der gewünschten Wirkung der Vorspannung meist abträglich sind. Man erkennt hieraus, daß die **zwängungsfreie Vorspannung nicht erstrebenswert ist**, weil man schon zur Erzielung einer hohen Grenztragfähigkeit stets versuchen wird, das Spannglied im Feld so tief und über der Zwischenstütze so hoch wie möglich zu legen.

Sind die Zwangsmomente M'_v ermittelt, dann lassen sich auch die statisch unbestimmten **Querkräfte** anschreiben.

Es ist für den Zweifeldbalken des Bildes 16.16

$$\left.\begin{array}{ll} Q'_{Av} = A'_v = \dfrac{M'_{Bv}}{\ell_1} \; ; & Q'_{Cv} = - \, C'_v = - \dfrac{M'_{Bv}}{\ell_2} \\[3ex] Q'_{B\,li_v} = \dfrac{M'_{Bv}}{\ell_1} \; ; & Q'_{B\,re_v} = - \dfrac{M'_{Bv}}{\ell_2} \\[3ex] & B'_v = Q'_{B\,re_v} - Q'_{B\,li_v} \end{array}\right\} \qquad (16.24)$$

Die Querkräfte im Grundsystem sind (bei kleinem α) allgemein

$$Q^o_v = V \cdot \sin\alpha \approx V \cdot \tan\alpha \qquad (16.25)$$

Für die Parabel des Bildes 16.16 ist

$$\tan\alpha = \frac{dy}{dx} = \frac{4f}{\ell} - \frac{8fx}{\ell^2} + \frac{e}{\ell}$$

Damit gilt für die statisch bestimmte Querkraft infolge Vorspannung mit parabelförmigem Spannglied außerhalb des Ausrundungsbereiches:

$$Q^o_v(x) = V\left(\frac{4f+e}{\ell} - \frac{8fx}{\ell^2}\right) \qquad (16.26)$$

Für die endgültige Querkraft erhalten wir

$$Q_v(x) = Q^o_v(x) + Q'_v(x)$$

Im Ausrundungsbereich ist $Q^o_v = V \cdot \tan\alpha'$, wenn mit α' der Neigungswinkel der Ausrundungskurve bezeichnet wird. Über der Mittelstütze gilt

mit $\alpha' = 0 : Q_{v,B} = 0 + Q'_{v,B} = \dfrac{M'_{v,B}}{\ell}$.

Für den Sonderfall, Bild 16.20, mit $\ell_1 = \ell_2$ ergibt sich außerhalb des Ausrundungsbereiches:

$$Q_v(x) = V\left(\frac{4f+e}{\ell} - \frac{8fx}{\ell^2} - \frac{f+e}{\ell}\right) = V\left(\frac{3f}{\ell} - \frac{8fx}{\ell^2}\right)$$

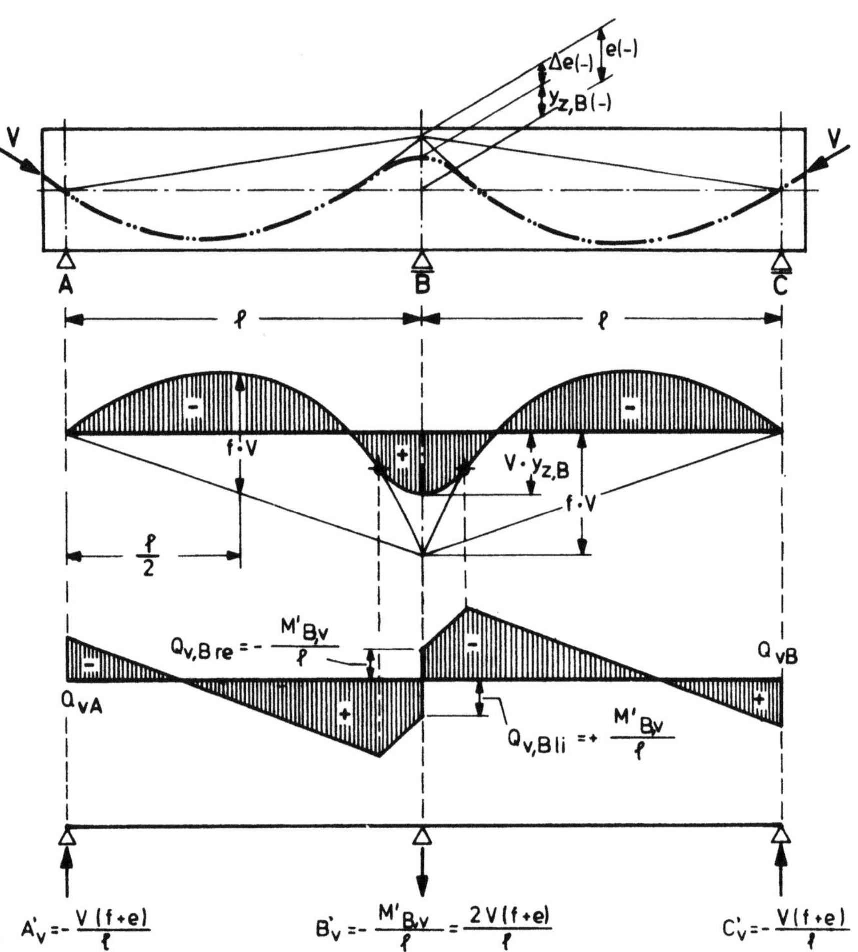

Bild 16.20   Momente, Querkräfte und Auflagerkräfte am symmetrischen
Zweifeldbalken infolge Vorspannung mit parabelförmigem Spannglied

Damit wird z.B. in A für x = 0:

$$Q_{vA} = V\frac{3\,f}{\ell}\ .$$

Die endgültigen Q_v sind also außerhalb des Ausrundungsbereiches bei
B wie die M_v von e unabhängig. Die endgültigen Auflagerkräfte A_v,
$B_v \ldots$ sind aber wegen $A_v^O = 0$; $B_v^O = 0$ gleich den statisch unbestimmten Zwangsauflagerkräften und deshalb von e abhängig!

16.3.3.2 Berechnung mit Umlenkkräften

Wir wollen den gleichen Balken nach dem <u>Verfahren mit Umlenkkräften
und Einflußlinien</u> untersuchen. Als Umlenkkräfte u werden dabei genähert nur ihre lotrechten Komponenten eingesetzt. Bei parabelförmiger Spanngliedführung gilt für die gleichmäßige Umlenkkraft u

$$u_f = \frac{-\,8\,f\,V}{\ell^2}$$

(f bezieht sich wieder auf die gedachte Spanngliedordinate
y = e über der Stütze B)

Im Ausrundungsbereich bei Auflager B gilt entsprechend (vgl. Bild 16.21 a)

$$u_a = \frac{8\,f_a\,V}{(2\,a)^2}$$

Denkt man sich die nach oben gerichtete Umlenkkraft $u_1 = u_f$ bis zur
Achse des Zwischenauflagers verlängert, so erhält man das in Bild 16.21
gezeigte Belastungsbild mit den im Ausrundungsbereich nach unten wirkenden Kräften

$$u_2 = u_a - u_f = \frac{8\,\Delta e\,V}{(2a)^2}$$

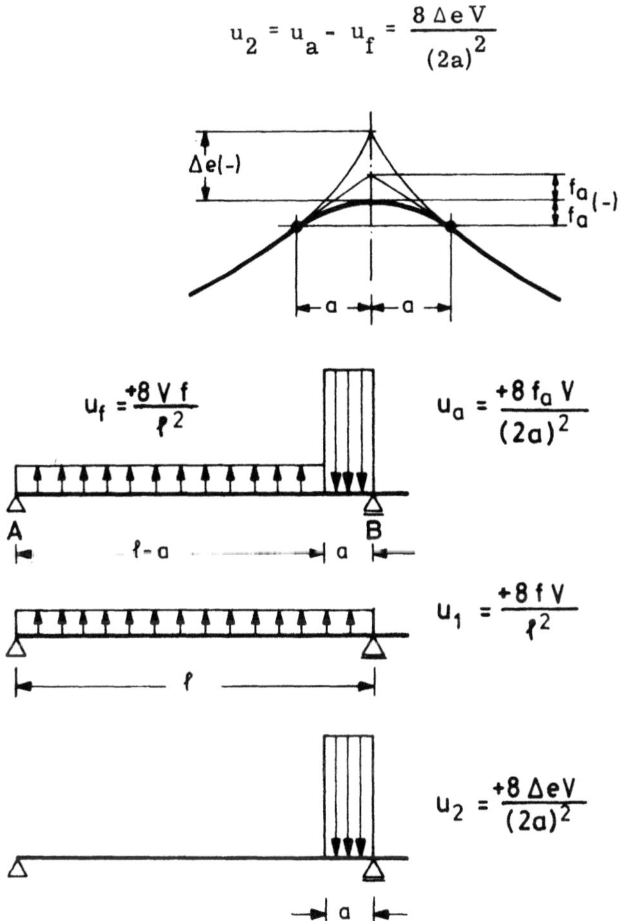

Bild 16.21 Ermittlung der Momente M_v mit Hilfe der lotrechten Komponenten der Umlenkkräfte

Für den Sonderfall des symmetrischen Zweifeldbalkens ($\ell_1 = \ell_2$, $f_1 = f_2$)
lassen sich die Momente M_v infolge der in Bild 16.21 gezeigten Belastung
sofort anschreiben

$$M_v = -u_1\frac{\ell^2}{8} - u_2\frac{a^2}{8}\left(2 - \frac{a}{\ell}\right)^2 = -V\cdot f - \frac{V\Delta e}{4}\left(2 - \frac{a}{\ell}\right)^2$$

$$= -V\left[f + \frac{\Delta e}{4}\left(2 - \frac{a}{\ell}\right)^2\right] \qquad\qquad (16.22\,\text{a})$$

Da $a \ll \ell$, wird daraus der gleiche Wert wie in Gleichung (16.22)

$$M_v = - V(f + \Delta e)$$

Um bei diesem Verfahren das Zwangsvorspannmoment M_v' zu erhalten, muß man

$$M_{Bv}' = M_{Bv} - M_{Bv}^o$$

ansetzen. Man erhält dann den gleichen Wert wie in (16.20)

$$M_{Bv}' = - V(f + \Delta e) - V \cdot y_{z,B} = - V(f + e)$$

Bild 16.22 zeigt noch den Ansatz der Umlenkkräfte auf eine Einflußlinie für einen Punkt im Abstand x vom Auflager A bei nicht parabelförmiger Spanngliedführung. Im rechten Feld ist gezeigt, wie die Umlenkkräfte eines nur auf die Länge ℓ_p gekrümmten Spanngliedes angesetzt werden.

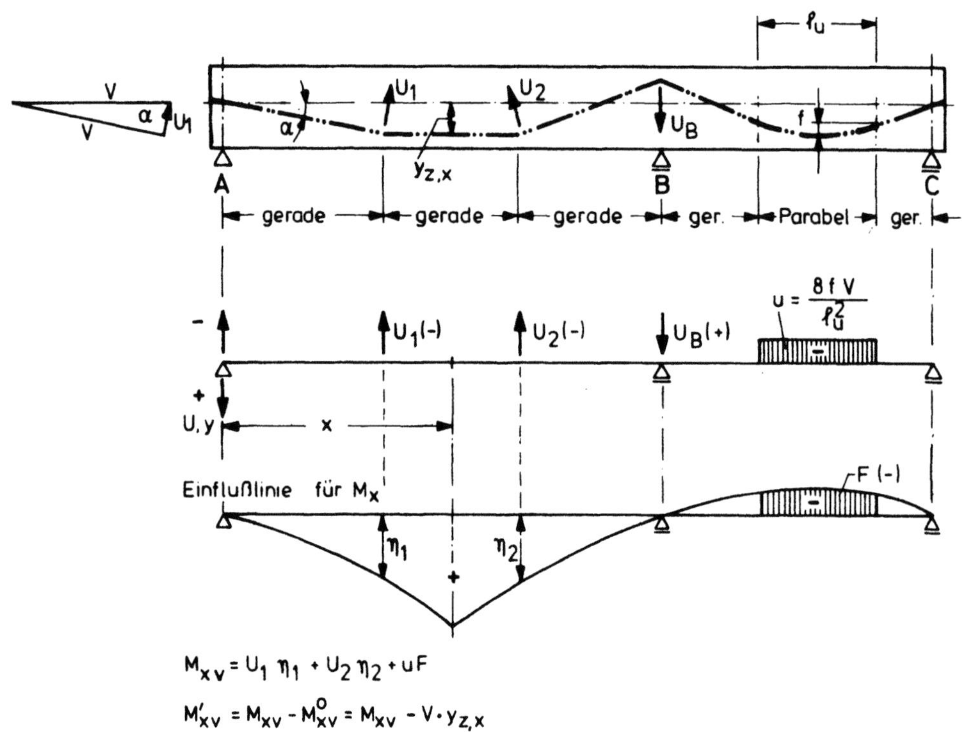

$$M_{xv} = U_1 \eta_1 + U_2 \eta_2 + uF$$
$$M_{xv}' = M_{xv} - M_{xv}^o = M_{xv} - V \cdot y_{z,x}$$

Bild 16.22 Die Bestimmung der M_v durch Auswertung von Einflußlinien für die lotrechten Komponenten der Umlenkkräfte

16.3.3.3 Spannkraft greift am Balkenende außerhalb der Schwerlinie an (parabolisches Spannglied)

Greift das Spannglied über dem Endauflager A mit der Ausmittigkeit e_A an (Bild 16.23), so tritt zu den bereits im Abschnitt 16.3.3.1 behandelten Momenten noch ein Momentendreieck mit

$$M_{Av}^o = V_x \cdot e_A \approx V \cdot e_A$$

hinzu, das negativ ist, wenn e_A positiv, - d.h. von der Schwerlinie nach unten gemessen ist.

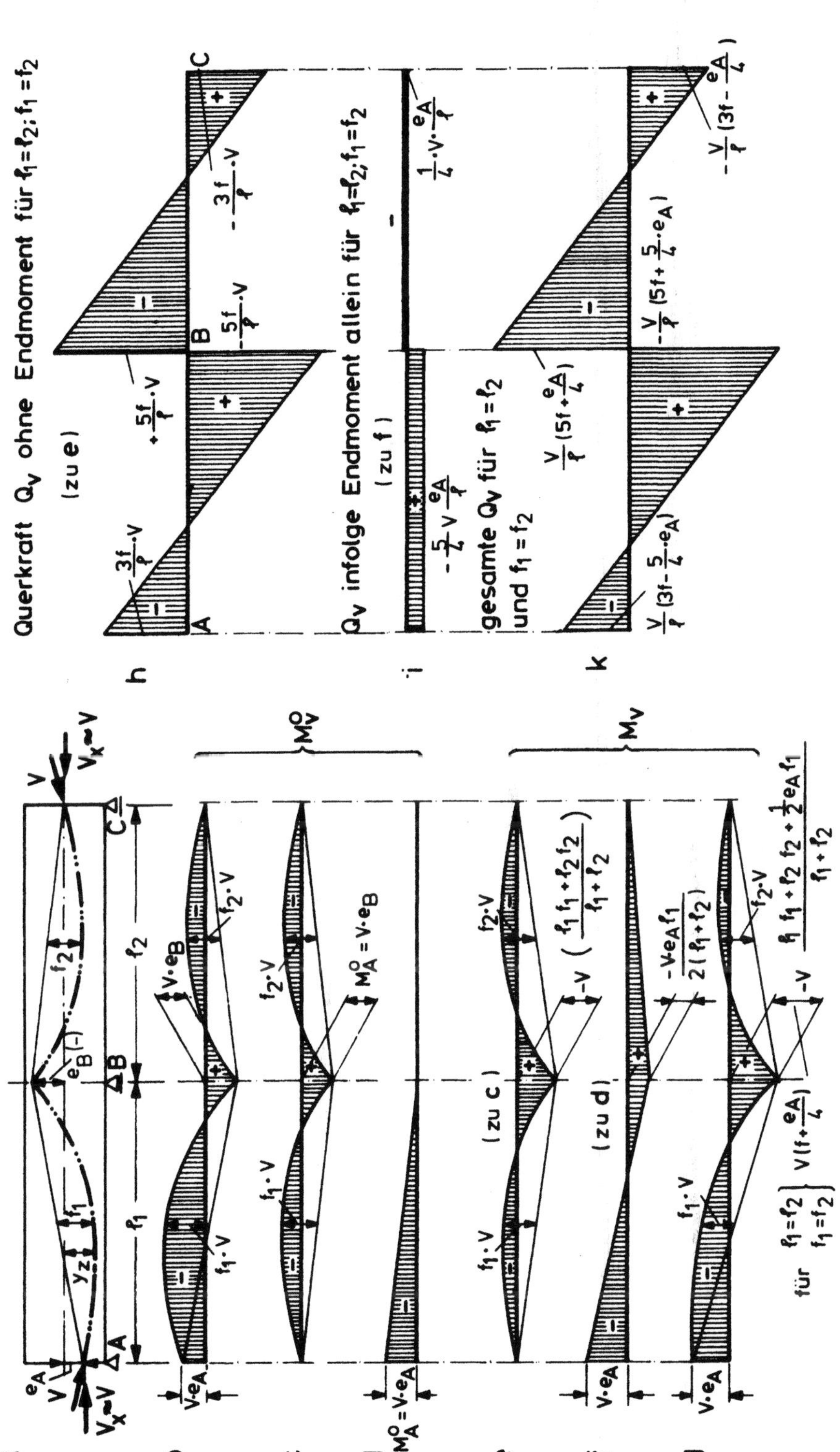

Bild 16.23   Zur Ermittlung von M_v und Q_v bei einseitig ausmittig eingeleiteter Spannkraft, parabelförmige Spannglieder

Dieses M_v^o-Dreieck (Bild 16.23 d) ergibt für den Endtangentenwinkel zusätzlich

$$\Delta \tau_{B\,li}^{o} = \frac{1}{3}\,\frac{V \cdot e_A \cdot \ell_1}{2} = \frac{V \cdot e_A \cdot \ell_1}{6}\;;\quad \Delta \tau_{B\,re}^{o} = 0$$

Die Endtangentenwinkel infolge des zusätzlich erzeugten $\Delta M_{Bv}'$ sind wie vorher

$$\Delta \tau_{B\,li}' = \frac{\Delta M_{Bv}' \cdot \ell_1}{3}\;;\quad \Delta \tau_{B\,re}' = \frac{\Delta M_{Bv}' \cdot \ell_2}{3}\;.$$

Die Stetigkeitsbedingung der Biegelinie $\Sigma\,\tau = 0$ ergibt

$$\frac{V \cdot e_A \cdot \ell_1}{6} + \frac{\Delta M_{Bv}'}{3}\left(\ell_1 + \ell_2\right) = 0\;.$$

Daraus

$$\Delta M_{Bv}' = -\,V\,\frac{3 \cdot e_A \cdot \ell_1}{6\,(\ell_1 + \ell_2)} = -\,V\,\frac{e_A \cdot \ell_1}{2\,(\ell_1 + \ell_2)} \tag{16.27}$$

und für den Sonderfall $\ell_1 = \ell_2$ und $f_1 = f_2$:

$$\Delta M_{Bv}' = -\,V \cdot \frac{e_A}{4} \tag{16.28}$$

Im Bild 16.23 f) ist die ΔM_v-Linie aus dem Moment ΔM_v^o infolge der Ausmittigkeit e_A dargestellt. Der Schnittpunkt dieser Linie mit der Schwerachse muß dem Festpunkt entsprechen. Zusammen mit Bild 16.23 e) ergeben sich die endgültigen M_v-Momente nach Bild 16.23 g). Man erkennt, daß eine positive Ausmittigkeit am Endauflager A bei gleichbleibendem f die Momente günstig vergrößert; das negative Feldmoment und das positive Stützenmoment M_v werden größer und wirken daher den M_g oder M_p, deren Vorzeichen gerade umgekehrt sind, zusätzlich entgegen.

Betrachten wir noch die durch ein Endmoment M_{Av}^o entstehenden Querkräfte, die bei geraden Momentenlinien je Feld konstant sein müssen:

$$\text{Es ist } \Delta Q_{AB} = -\,V \cdot \frac{e_A}{\ell_1} - V \cdot \frac{e_A \cdot \ell_1}{2\,\ell_1\,(\ell_1 + \ell_2)}$$

$$= -\,V \cdot e_A \cdot \frac{3\,\ell_1 + 2\,\ell_2}{2\,\ell_1\,(\ell_1 + \ell_2)}\;;$$

$$\Delta Q_{BC} = -\,\frac{M_{Bv}'}{\ell_2} = V \cdot e_A\,\frac{\ell_1}{2\,\ell_2\,(\ell_1 + \ell_2)}$$

Für $\ell_1 = \ell_2$ und $f_1 = f_2$ wird (Bild 16.23 i)

$$\Delta Q_{AB} = -\,V\,\frac{5e_A}{4\,\ell}\;;\quad \Delta Q_{BC} = +\,V\,\frac{e_A}{4\,\ell}\;.$$

Die endgültigen Querkräfte werden durch Addition mit den schon aus Abschn. 16.3.3.1 bekannten Q_v ermittelt, (Bild 16.23 h) und ergeben dann die in Bild 16.23 k) angegebenen Werte.

Aus dem Fall des Bildes 16.23 lassen sich die Werte für **beidseitige Endmomente** ohne weiteres anschreiben. Für $\ell_1 = \ell_2$ und f_1 und f_2, aber $e_A \neq e_C$ ist der Anteil der einzelnen Endmomente in Bild 16.24 a dargestellt, die Summe beider in Bild 16.24 b. Das positive Stützenmoment aus Vorspannung wird weiter vergrößert, wenn sich der Stich f der Parabeln nicht ändert.

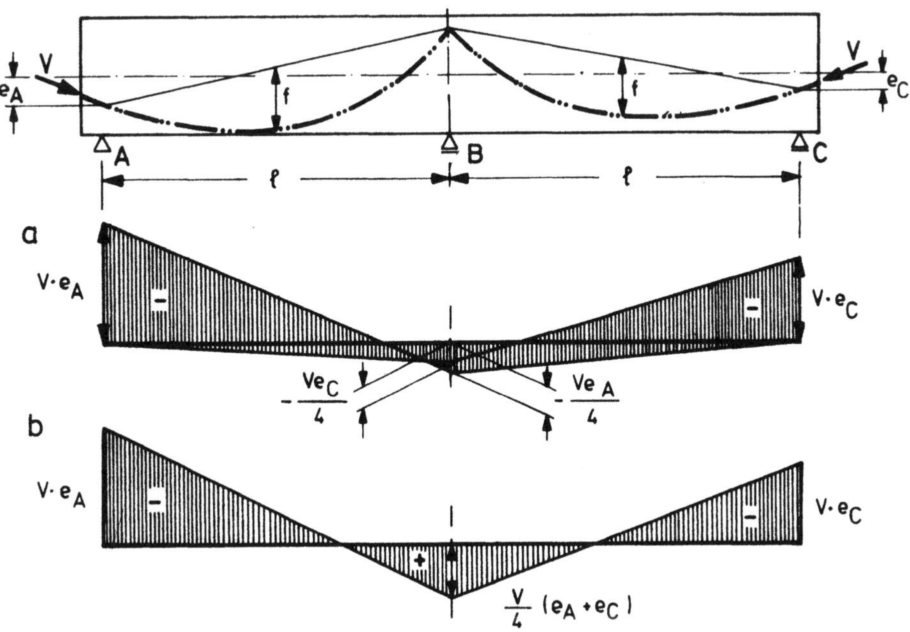

Bild 16.24   Zur Ermittlung der Momente bei beidseitig exzentrisch verankerten parabelförmigen Spanngliedern. Gezeichnet sind die für gleiche f durch die Ausmittigkeit entstehenden Zusatzmomente ($\ell_1 = \ell_2; f_1 = f_2; e_A \neq e_C$)

16.3.3.4 Sonderfall: feldweise gerade Spannglieder

Im Feld gerade verlaufende und über der Mittelstütze umgelenkte Spannglieder sind wenig wirkungsvoll und unzweckmäßig, wie hier am Beispiel nach Bild 16.25 gezeigt werden soll.

Die M_v^o-Fläche wird dreieckförmig:

$$M_{Bv}^o = V \cdot e_B.$$

Ihr steht mit $f = 0$ eine gleich große entgegengerichtete M_v'-Fläche gegenüber

$$M_v' = - V \cdot e_B.$$

Damit ergibt sich für jeden Schnitt

$$M_v = M_v^o + M_v' = 0 \ .$$

Ein solcher Balken ist also **mittig vorgespannt**, trotz ausmittig verlaufendem Spannglied. Die Momente sind Null, es entstehen jedoch Auflagerkräfte.

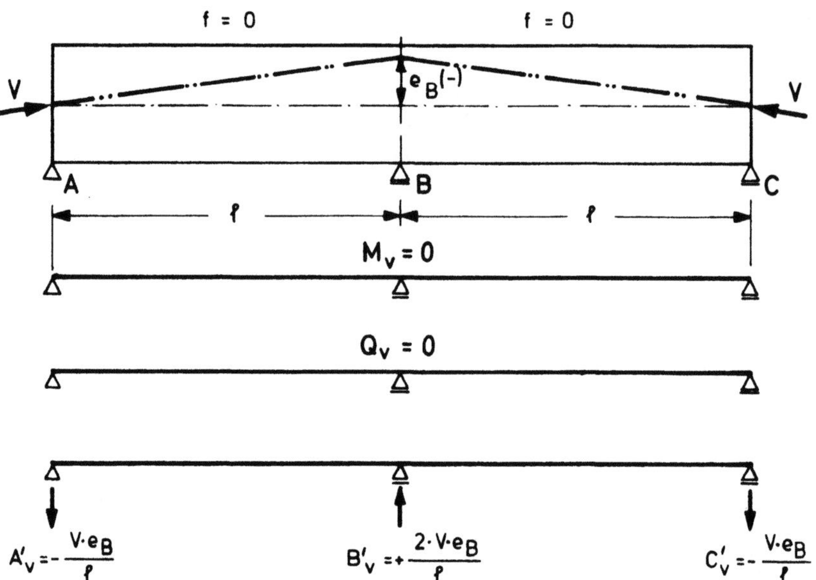

Bild 16.25   Gerade, ohne Ausmittigkeit an den Balkenenden verlegte
Spannglieder ergeben keine Vorspannmomente M_V und Querkräfte Q_V,
wohl aber M'_V, Q'_V und Auflagerdrücke

16.3.4 Balken mit mehr als zwei Feldern und allgemeine Fälle

Meist wird man die unbestimmten Vorspannmomente M'_V an den Zwischenstützen mit Hilfe der Endtangentenwinkel oder die endgültigen Vorspannmomente M_V direkt über Einflußlinien ermitteln, besonders wenn
Einflußlinien des statisch unbestimmten Tragwerks ohnehin berechnet
werden müssen.

Ist die Aufteilung des ganzen Tragwerkes in voll eingespannte Einfeldbalken, deren Schnittkräfte aus Tafeln usw. bekannt sind, leicht möglich,
dann sind auch Ausgleichsverfahren günstig anzuwenden (vgl. Abschnitt
16.3.6).

In der Praxis wird man häufig Spanngliedkurven wählen müssen, die von
der Parabelform abweichen und meist mathematisch nicht erfaßbar sind.
Man ermittelt die M'_V dann durch numerische Integration (Simpson'sche
Regel u.ä.).

Man kann allgemein sagen, daß die Exzentrizität e eines Spanngliedes über einer Z w i s c h e n s t ü t z e eines durchlaufenden Balkens
oder an voll eingespannten Balkenenden außerhalb der Ausrundungs-
bereiche ohne Einfluß auf M_V und Q_V ist, solange die Form der
Spanngliedkurve und damit die Umlenkkräfte nicht verändert werden.
Dagegen hängen die statisch unbestimmten Anteile M'_V und Q'_V und
damit die Auflagerkräfte von der Exzentrizität e ab, was beim Nachweis der Gebrauchsfähigkeit eine Rolle spielt.

Insgesamt werden die resultierenden M_V und Q_V außerhalb der Aus-
rundungsbereiche nur von Lage und Größe der Umlenkkräfte sowie von
Exzentrizitäten der Spannglieder a n f r e i d r e h b a r e n oder nach-
giebig eingespannten B a l k e n e n d e n bestimmt, nicht jedoch von der
Anfangsneigung des Spanngliedes gegen die Schwerlinie am freien Ende
oder neben Zwischenstützen. Im Ausrundungsbereich sind die Schnittkräfte M_V, Q_V jedoch zusätzlich von der Form der gewählten Ausrundungskurve abhängig.

Diese Feststellungen treffen nicht nur für parabelförmige Spannglieder zu,
sondern auch für jede andere Kurve des Spanngliedes. Sie gelten jedoch
nicht bei statisch bestimmt gelagerten Balken, weil dort die, den inneren
Ausgleich der Schnittkräfte hervorrufenden Zwangskräfte M'_v, Q'_v entfallen.

Veränderliche Balkenhöhen und damit veränderliche Trägheitsmomente sind bekanntlich von erheblichem Einfluß auf die Momentenverteilung statisch unbestimmter Tragwerke und können bei Vorspannung nicht
vernachlässigt werden. Bei $M^o_v = V \cdot y_z$ muß man y_z als Abstand der Spanngliedachse von der gekrümmten oder unstetigen Schwerlinie ablesen. Man
trägt die Spanngliedachse zweckmäßig von der gerade gestreckt gedachten Schwerlinie aus auf.

Hat man für das Spannglied in Wirklichkeit eine stetige Kurve, dann zeigt
die so aufgetragene Spanngliedachse an Knickstellen der Schwerlinie ebenfalls Knickstellen. Diesen Knickstellen sind gedachte "Umlenkkräfte" zuzuordnen und die von ihnen erzeugten Momente sind denen für gerade
Schwerlinie zu überlagern (vgl. [19]). Zweckmäßig ist es, entsprechende
Knickstellen im Spannglied auch als solche auszuführen, damit dort Umlenkkräfte des Spanngliedes der Abtriebskraft der Druckresultierenden im
Beton entgegenwirken.

Die Wirkung einer Änderung der Balkenhöhe wird anhand des
nachfolgenden Beispiels erläutert.

Der zweifeldrige durchlaufende Balken mit geraden Vouten des Bildes
16.26 sei mit einem Spannglied vorgespannt, das der Wirkung eines parabelförmigen gleichkomme. Demnach besteht die auf die gerade gestreckt gedachte Schwerlinie bezogene Spanngliedachse aus Parabeln
mit den Pfeilen f. Am tatsächlichen Spannglied ist dann am Beginn der
Voute ein Knick, der dem Knick der Schwerlinie entspricht.

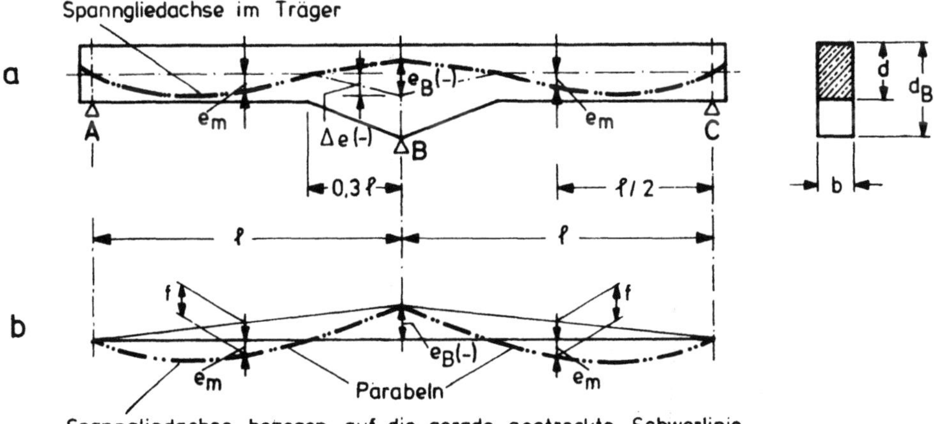

Bild 16.26 Der Zweifeldbalken mit Voute zeigt am Beginn der Voute
einen Knick in der Spanngliedlinie, wenn das Spannglied parabelförmig
wirken soll

Der Stich der Parabel in $\frac{1}{2}\ell$ ist $f = \dfrac{|e_B|}{2} + e_m$, er wird um den Wert $\Delta e/2$
größer als bei einem Balken ohne Vouten, da sich die Schwerlinie durch
die Voute an der Stütze B um den Betrag Δe nach unten verschiebt.

Zur weiteren Berechnung sei eine Voutenlänge von $\lambda \cdot \ell = 0,3\,\ell$ und mit $d_B = \sqrt[3]{5} \cdot d = 1,71\,d$ ein Verhältnis der Trägheitsmomente

$$n = \frac{J_{Feld}}{J_B} = 0,2$$

angenommen. Die Endtangentenwinkel zur Ermittlung des statisch unbestimmten Stützenmomentes M'_{Bv} können wieder als Auflagerdrücke des mit den $\frac{M}{EJ}$ - bzw. $\frac{M'}{EJ}$ - Flächen belasteten statisch bestimmten Grundsystems (Trennschnitt bei B) ermittelt werden.

Für gerade oder parabolische Vouten können die Endtangentenwinkel Tabellen entnommen werden, wie sie z.B. in G u l d a n (vgl. "Rahmentragwerke und Durchlaufträger", Springer-Verlag, Wien 1959, oder H i r s c h f e l d "Baustatik", Springer-Verlag, Berlin 1959) usw. angegeben sind.

Da die auf die gerade gestreckte Balkenschwerlinie bezogene Spanngliedachse eine P a r a b e l mit dem Pfeil f ist, ergibt die Vorspannung im Grundsystem genähert die gleiche Wirkung wie die gleichförmige negative Belastung $u = \dfrac{8\,V \cdot f}{\ell^2}$. Ferner wirkt am Trennschnitt in B das Endmoment $V \cdot e_B$.

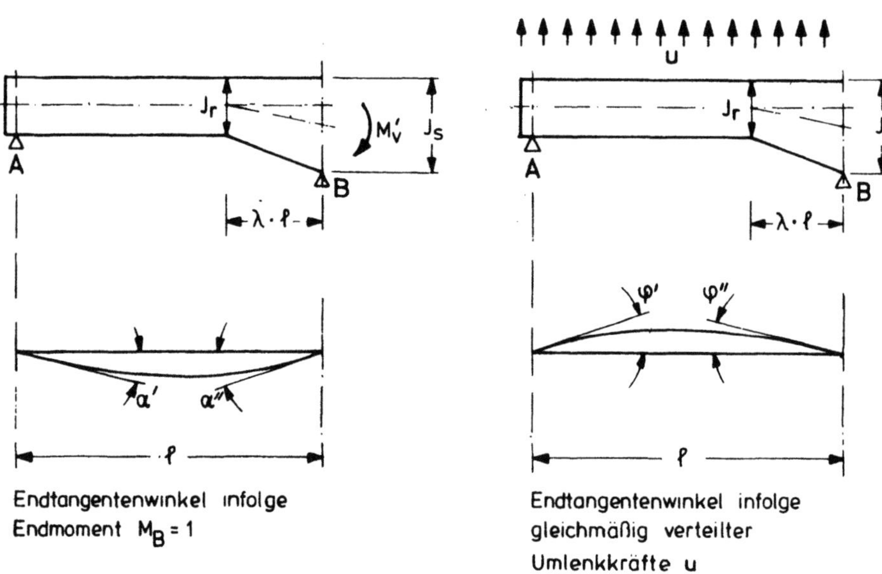

Endtangentenwinkel infolge
Endmoment $M_B = 1$

Endtangentenwinkel infolge
gleichmäßig verteilter
Umlenkkräfte u

Bild 16.27   Bezeichnung für Endtangentenwinkel zur Berechnung des Balkens, Bild 16.26

Da hier wegen Symmetrie der Endtangentenwinkel $\tau_B = 0$ sein muß, lautet die Bedingung für das statisch unbestimmte Einspannmoment bei B mit den Bezeichnungen des Bildes 16.27 einfach

$$+ e_B \cdot V \cdot \alpha' + M'_{Bv} \cdot \alpha'' + u \cdot \varphi'' = \tau_{B\,li} = 0 \; .$$

Daraus folgt

$$M'_{Bv} = \frac{- u\,\varphi'' - e_B \cdot V \cdot \alpha'}{\alpha''}$$

oder

$$M'_{Bv} = \frac{- u\,\varphi''}{\alpha''} - e_B \cdot V \; .$$

Die Werte φ'' und α'' ergeben sich aus den Tabellen (z.B. Tafel 32 a bei
H i r s c h f e l d) für $\lambda = 0,3$ und $n = 0,2$ zu:

$$u \cdot \varphi'' = \frac{u \cdot \ell^3}{E \cdot J_r} \cdot 0,0351 = \frac{8 \cdot V \cdot f \cdot \ell}{E \cdot J_r} \cdot 0,0351$$

$$\alpha'' = \frac{\ell}{E \cdot J_r} \cdot 0,2066 \ .$$

Damit erhält man das statisch unbestimmte Stützenmoment

$$M'_{Bv} = -8 \cdot V \cdot f \, \frac{0,0351}{0,2066} - e_B V$$

$$M'_{Bv} = -V \, (1,36 \, f + e_B) \ .$$

Das gesamte Stützenmoment beträgt somit:

$$M_{Bv} = M^o_{Bv} + M'_{Bv} = +V \cdot e_B - V \, (1,36 \, f + e_B)$$

$$M_{Bv} = -1,36 \, f V \ .$$

Bei $J = const$ über die Trägerlänge wäre $M_{Bv} = -V \cdot f'$, wobei wegen
$f' = f - \frac{1}{2} \Delta e_B$ die Pfeilhöhe kleiner ist.

Man erkennt daran, daß durch eine Voute das Stützenmoment aus Vorspannung mehr gesteigert wird als das Moment aus äußerer Last, weil
ja das Moment $V \cdot e_B$ mit dem vergrößerten e_B auftritt bzw. weil
nicht nur die Voute, sondern auch das vergrößerte f zur Wirkung gelangt.

Für sonst gleiche Verhältnisse ist bei Balken mit Vorspannung mit den
hier angenommenen Verhältnissen und für $e_m = |e'_B| = 0,4 \, d$

$$\frac{M_{Bv} \ \text{mit Voute}}{M_{Bv} \ \text{ohne Voute}} = 1,76 \quad ,$$

während sich unter der Last g allein

$$\frac{M_{Bg} \ \text{mit Voute}}{M_{Bg} \ \text{ohne Voute}} = 1,36 \quad \text{ergibt.}$$

Bei voller Ausnutzung der möglichen Pfeilhöhe erhält man daher durch
die Vouten meist aus Vorspannung zu große positive Stützenmomente und
zu kleine negative Feldmomente im Vergleich zu den zugehörigen $(g + p)$-
Momenten.

F o l g e r u n g :

Bei Spannbetonbalken sind die Vouten an Durchlaufträgern nicht so
günstig wie bei Stahlbetonbalken, wenn die Spannglieder mit konstantem Querschnitt durchlaufen. Bei Voutenträgern sind daher abge-
stufte Vorspannkräfte zweckmäßig.

16.3.5 Der eingespannte Balken als Grundlage für Ausgleichsverfahren

Ein Ende sei undrehbar (starr) und unverschieblich eingespannt, das andere undrehbar, aber längsbeweglich gelagert (Bild 16.28). Die Längsbeweglichkeit muß bei Spannbeton wegen der Verkürzung des Betons infolge V gewährleistet sein.

Die Schnittkräfte einiger Sonderfälle, die wertvolle Einblicke verschaf, fen, seien hier ohne Ableitung angegeben. Weitere Beispiele siehe [1], Kap. 11.44.

Der kürzeren Darstellung wegen wollen wir auch hier nur parabelförmige Spannglieder ohne Ausrundung an den Einspannstellen betrachten. Bei ausgerundeten Spanngliedern ändern sich die statisch unbestimmten Schnittkräfte M'_v, Q'_v praktisch nicht (vgl. Abschnitt 16.3.3.2), während bei den statisch bestimmten Schnittkraftanteilen wie auch bei den endgültigen Schnittkräften M_v, Q_v im Ausrundungsbereich die Umlenkkräfte anzusetzen sind, wie dies im Abschnitt 16.3.3.1 exemplarisch gezeigt wurde.

16.3.5.1 Beidseitige Einspannung

Parabelförmiges Spannglied mit ungleicher Höhenlage der Spanngliedachse an den Einspannstellen (Bild 16.28). Die Tangentenwinkel an den Balkenenden müssen gleich Null sein. Bei Annahme von $V_x \approx V$ ergibt sich für die statisch unbestimmten Zwangsmomente

$$\boxed{\begin{aligned} M'_{Av} &= - V \cdot \left(\frac{2}{3} f + e_A \right) \\[2ex] M'_{Bv} &= - V \cdot \left(\frac{2}{3} f + e_B \right) \end{aligned}} \qquad (16.29)$$

Da $M^o_{Av} = V \cdot e_A$ ist, erhält man für die endgültigen Volleinspannmomente aus Vorspannung:

$$\boxed{\begin{aligned} M_{Av} &= M^o_{Av} + M'_{Av} = V \cdot e_A - V \left(\frac{2}{3} f + e_A \right) = - \frac{2}{3} f V \\[2ex] M_{Bv} &= M^o_{Bv} + M'_{Bv} = V \cdot e_B - V \left(\frac{2}{3} f + e_B \right) = - \frac{2}{3} f V \end{aligned}} \qquad (16.30)$$

In Feldmitte ist

$$M_{0,5\ell,v} = \left(f + \frac{e_A + e_B}{2} \right) V - \frac{1}{2} \left(\frac{2}{3} f + e_A \right) V - \frac{1}{2} \left(\frac{2}{3} f + e_B \right) V$$

$$\boxed{M_{0,5\ell,v} = + \frac{1}{3} f V} \qquad (16.31)$$

1. Folgerung:

Die M_v-Momente der vorgespannten und beidseitig voll eingespannten Balken sind unabhängig von den Ausmittigkeiten des Spanngliedes an den Balkenenden und nur abhängig von der Pfeilhöhe f der Parabel, bzw. von den Umlenkkräften.

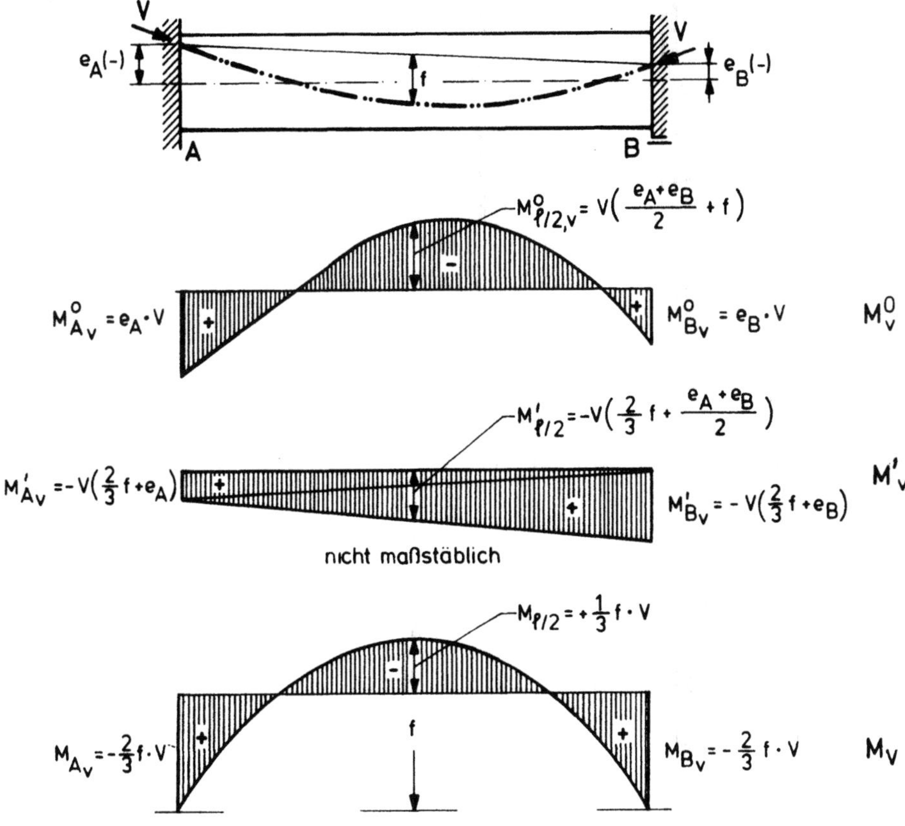

Bild 16.28 Beidseitig eingespannter Balken mit ungleichen Ausmittigkeiten an den Einspannstellen und parabelförmigem Spannglied

Auf die Zwangs-Einspannmomente aus Vorspannung M'_v, die allein an
Knoten ausgeglichen werden müssen, wirken sich dagegen die Ausmittigkeiten e_A und e_B aus. Die M'_v werden zu Null, wenn

$$- e_A = \frac{2}{3}\,f \quad \text{und} \quad - e_B = \frac{2}{3}\,f$$

gewählt wird. In diesem Fall liegt wieder z w ä n g u n g s f r e i e Vorspannung vor, so daß an Knoten nichts auszugleichen ist.

2. Folgerung:

Macht man das Spannglied gerade, d.h. $f = 0$, dann ergeben sich auch
bei Schräglage ($e_A \neq e_B$) keine Vorspannmomente M_v, sondern nur
die von e_A bzw. e_B abhängigen Zwangs-Einspannmomente M'_v (Bild
16.29).

Solche Balken sind also z e n t r i s c h vorgespannt und zeigen keine Ver-
biegung (= f o r m t r e u e Vorspannung). Zwängungsfreie Vorspannung
ergibt sich allerdings nur, wenn auch $e_A = e_B = 0$.

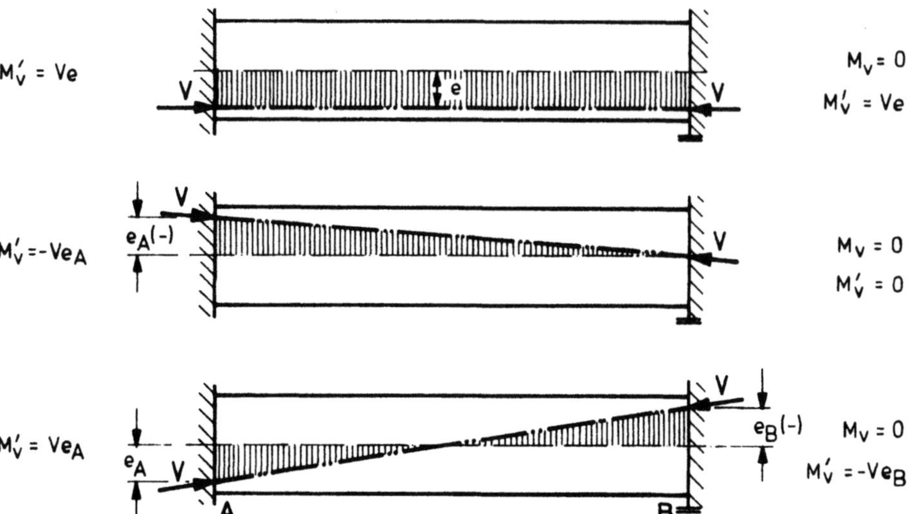

Bild 16.29   Gerade Spannglieder geben bei beidseitig voll eingespannten
Balken unabhängig von ihrer Lage stets $M_V = 0$. Die Wirkung auf die Einspannstelle mit M'_V ist jedoch verschieden.

16.3.5.2 Einseitige Einspannung

Für den einseitig eingespannten Balken mit **p a r a b e l f ö r m i g e m   S p a n n -
g l i e d   u n d   b e l i e b i g e r   A u s m i t t i g k e i t   a n   d e n   B a l k e n e n d e n**
ist (Bild 16.30)

$$
\begin{aligned}
M'_{Bv} &= -V\left(f + e_B + \tfrac{1}{2}\, e_A\right) \\[2mm]
M_{Bv} &= -V\left(f + \tfrac{1}{2}\, e_A\right) \\[2mm]
M_{0,5\ell,v} &= +\tfrac{1}{2}\, V\left(f + \tfrac{1}{2}\, e_A\right)
\end{aligned}
\tag{16.32}
$$

Das Feldmoment ist also gerade halb so groß wie das Stützenmoment bei
umgekehrtem Vorzeichen.

Für $e_A = 0$ am drehbar gelagerten Balkenende wird

$$
\begin{aligned}
M'_{Bv} &= -V\left(f + e_B\right) \\[2mm]
M_{Bv} &= -f \cdot V \\[2mm]
M_{0,5\ell,v} &= +\tfrac{1}{2} f V
\end{aligned}
\tag{16.33}
$$

Bei geradem Spannglied mit $f = 0$ werden auch hier alle M_V zu Null, nur
das statisch unbestimmte Einspannmoment bei B bleibt

$$
M'_{Bv} = -e_B \cdot V \, .
$$

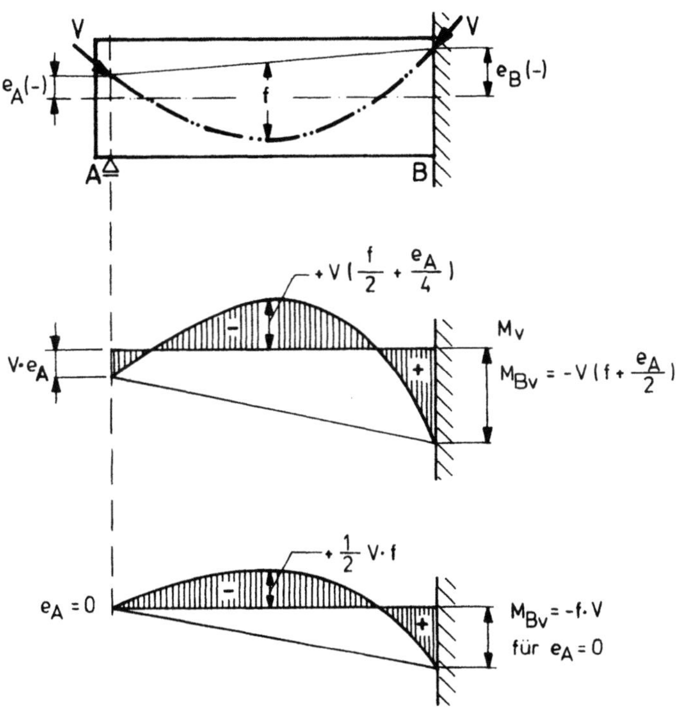

Bild 16.30   Der einseitig eingespannte Balken mit parabelförmigem
Spannglied und verschiedenen Ausmittigkeiten an den Balkenenden

Den Fall eines einmal geknickten, im übrigen gerade verlaufenden Spanngliedes im einseitig eingespannten Balken veranschaulicht das Bild 16.31.

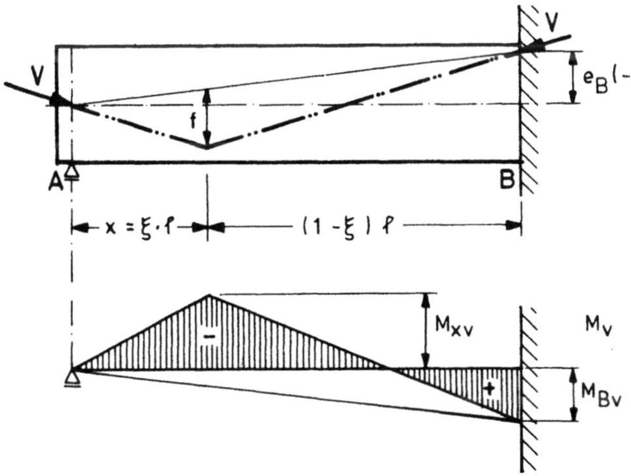

Bild 16.31   Der einseitig eingespannte Balken mit einmal geknicktem
geradem Spannglied

Mit dem Verfahren mit Endtangentenwinkeln erhält man für das statisch unbestimmte Einspannmoment

$$M'_{Bv} = - V \left[\frac{1}{2} f (1 + \xi) + e_B \right]$$

(16.34)

für das endgültige Balkenmoment an der Einspannstelle:

$$M_{Bv} = - \frac{1}{2} V \cdot f (1 + \xi)$$

(16.35)

und an der Knickstelle $(x = \xi \cdot \ell)$

$$M_{xv} = - V \cdot f \left[\frac{1}{2} \xi (1 + \xi) - 1 \right]$$

(16.36)

Für $\xi = \frac{1}{2}$ wird $M_{Bv} = - \frac{3}{4} f V$; $M_{\ell/2, v} = + \frac{5}{8} f V$.

Folgerung:

Bei gleicher Pfeilhöhe f gibt das geknickte Seilpolygon kleinere M_{bv} und größere $M_{0,5\ell, v}$ als das parabelförmige. Diese Feststellung trifft auch für Durchlaufbalken und volleingespannte Balken zu und kann zur Beeinflussung der M_v-Verteilung in solchen Tragwerken benützt werden.

16.3.6 Anwendung der Momentenausgleichsverfahren

Für die Berechnung mehrfach statisch unbestimmter Tragwerke haben sich die Verfahren der stufenweisen Annäherung nach Cross, Kani u.a. eingeführt. Ihre Anwendung wird durch zahlreiche Hilfstafeln erleichtert. Sie verdienen auch bei vorgespannten Tragwerken Beachtung.

Bei diesen Verfahren nimmt man zunächst alle Knoten als undrehbar fest an und ermittelt die Volleinspannmomente der einzelnen Stäbe. Die Differenz der Stabendmomente an einem Knoten (bzw. Summe dieser Momente bei Anwendung der von Cross eingeführten Vorzeichenregel) ergibt das Knotendrehmoment.

Beim Lastfall Vorspannung ist zu beachten, daß der Knoten nur von den statisch unbestimmten Zwangsmomenten M'_v beansprucht wird. Dabei wird angenommen, daß V, also auch M^o_v nur am Stab selbst und nicht am festgehaltenen Knoten wirkt.

Für den dreifeldrigen Balken des Bildes 16.32 mit durchlaufendem, parabelförmig gekrümmtem Spannglied und eingespannten Enden wollen wir z.B. das Knotendrehmoment am Knoten 2 ausgleichen und erhalten dafür mit Hilfe der Gl. (16.29):

$$\Delta \overline{M}'_{2v} = \overline{M}'_{2\,li_v} + \overline{M}'_{2\,re_v} = - V \left(\frac{2}{3} f_1 + e_2 \right) + V \left(\frac{2}{3} f_2 + e_2 \right)$$

(16.37)

$$= - \frac{2}{3} V \left(f_1 - f_2 \right)$$

Dieser Momentenbetrag wird entsprechend den Steifigkeiten K der angrenzenden Stäbe mit den Verteilungszahlen $v = \dfrac{K}{\Sigma K}$ in die Momentenanteile $v \cdot \Delta \overline{M}'_2$ zerlegt, die mit den zugehörigen Fortleitungszahlen μ an die Nachbarknoten weitergegeben werden.

Die obige Gleichung für $\Delta \overline{M}'_{2v}$ entspricht ΣM_v am Knoten 2 nach Gl. (16.30), weil die Ausmittigkeit e_2 beider Parabeln im Knoten 2 gleich groß ist.

Bei Spanngliedern, die an Stützen durchlaufen, kann man also die M_v direkt für die Knotendrehmomente ansetzen.

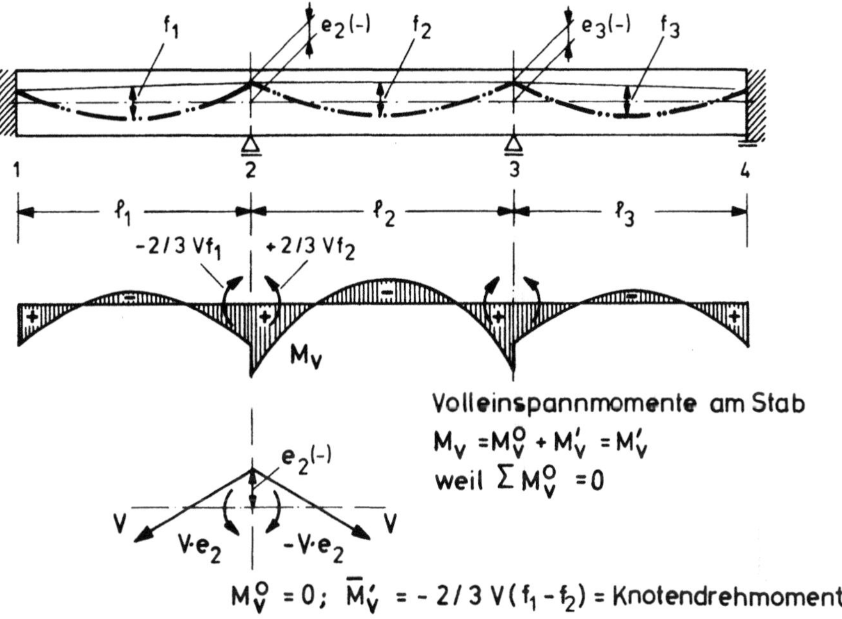

Bild 16.32   Der dreifeldrige Balken mit parabelförmigen Spanngliedern und den zugehörigen Knotendrehmomenten

Wäre aber $e_{2\,li}$ des Spanngliedes in Öffnung 1 nicht gleich $e_{2\,re}$ des Spanngliedes der Öffnung 2, dann würde in Gl. (16.37) e nicht herausfallen.

Dieser Fall tritt bei vorgespannten Rahmen auf, wobei außerdem an den Knoten B und C (Bild 16.33) nicht nur die Ausmittigkeit, sondern auch die Größe der Vorspannkraft in beiden Richtungen (Riegel R und Stiel St) meist verschieden sind.

Die am undrehbar gedachten Knoten B infolge der Vorspannung angreifende Momentendifferenz ist dann

$$\Delta \overline{M}'_{Bv} = - V_{St} \cdot e_{B,St} + V_R \left(\frac{2}{3} f + e_{B,R} \right) \qquad (16.38)$$

Zum gleichen Ergebnis kommt man, wenn man den Knoten B allein betrachtet (Bild 16.33). Am Knoten greifen als äußere Kräfte die beiden Spannkräfte V_R und V_{St} an. Als innere Kräfte wirken vom Stiel auf den Knoten M_{St} und N_{St} bzw. vom Riegel auf den Knoten M_R und N_R .

Nach den früheren Ableitungen ist aber das Moment des bei B starr eingespannten Stieles bei gerader Spanngliedachse $M_{St} = 0$. Das Stabmoment des bei B und C starr eingespannten Riegels ist dagegen

$$M_R = - \frac{2}{3} V_R \cdot f \, .$$

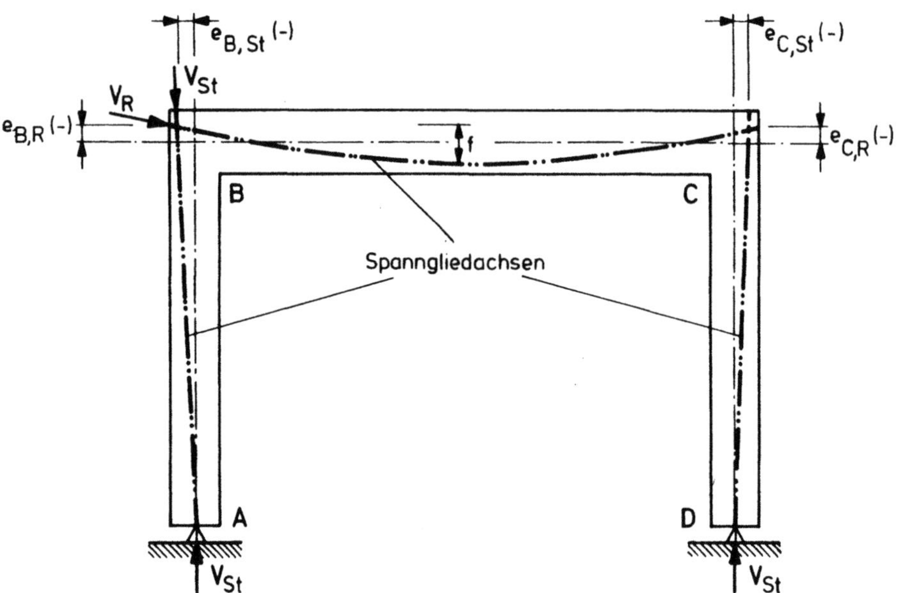

Bild 16.33   Der vorgespannte Rahmen mit an der Ecke sich überkreuzenden Spanngliedern des Riegels und des Stieles

Da die Summe aller am Knoten B wirkenden Momente gleich Null sein muß, ergibt sich unter Berücksichtigung des Drehsinnes (+ = im Uhrzeigersinn):

$$- V_R \cdot e_{B,R} + V_{St} \cdot e_{B,St} + M_R + M_{St} + \Delta \overline{M}'_{Bv} = 0$$

oder

$$- V_R \cdot e_{B,R} + V_{St} \cdot e_{B,St} - \frac{2}{3} V_R \cdot f + 0 + \Delta \overline{M}'_{Bv} = 0 \, .$$

Daraus folgt das Knotendrehmoment wie vor in Gl. (16.38)

$$\Delta \overline{M}'_{Bv} = - V_{St} \cdot e_{B,St} + V_R \cdot \left(\frac{2}{3} f + e_{B,R} \right).$$

Da nur die statisch unbestimmten Anteile M'_v bei starrer Einspannung
ausgeglichen werden, ergibt sich schließlich eine M'_v-Momentenlinie,
welche mit den statisch bestimmten Momenten M^o_v zu überlagern ist.

17. Ermittlung der Vorspannkräfte

17.1 Erforderliche Vorspannkraft bei statisch bestimmten Trägern

Wir betrachten den einfachen Balken mit positiven Lastmomenten. Der Betonquerschnitt sei für die Vorbemessung angenommen. Für die Ermittlung der Vorspannkraft erf. V_o müssen dann folgende Bedingungen bekannt sein bzw. Annahmen getroffen werden:

1. Vorspanngrad $\varkappa = \dfrac{M_D}{\max M_{g+p}}$, d.h. es muß bekannt sein, bei welchem Anteil von $(g+p)$ oder von p die Beton-Randspannung am Zuggurt $\sigma_u = 0$ werden darf. Das Dekompressionsmoment M_D ist also bestimmend für erf. V bei allen Vorspanngraden. Dabei ist V_∞ maßgebend.

2. Die Höhenlage der Vorspannkraft V im Querschnitt muß mit y_z so gewählt sein, daß sich die Spannglieder einwandfrei unterbringen lassen (Bild 17.1).

3. Spannungsbedingungen für Gebrauchslast (Bild 17.2) Gemäß Bild 17.2 müssen zul σ eingehalten sein.

D r u c k

3.1 σ_u bei min M_g oder $M_{\Delta g}$ (bei Vorspannung wirksamem Eigengewicht)

3.2 σ_o bei max $M_{(g+p)}$ und V_∞ - maßgebend ist Grenzlast

Z u g

3.3 $\sigma_u = 0$ bei $M_D = \varkappa \max M_{g+p}$ und V_∞

3.4 $\sigma_u \leqq$ zul σ_{bZ} bei beschränkter Vorspannung nach DIN infolge M_{g+p} und V_∞

3.5 $\sigma_u > 0$ nicht begrenzt bei teilweiser Vorspannung

3.6 $\sigma_o = 0$ oder in Ausnahmen $<$ zul σ_{oZ} bei min M_g oder $M_{\Delta g}$ und V_o (kein Zug im Druckgurt)

4. Bedingungen für die Grenztragfähigkeit spielen für die Ermittlung von erf. V_o keine Rolle.

Bei den vielen Bedingungen ist eine geschlossene Lösung für erf. V_o nicht möglich.

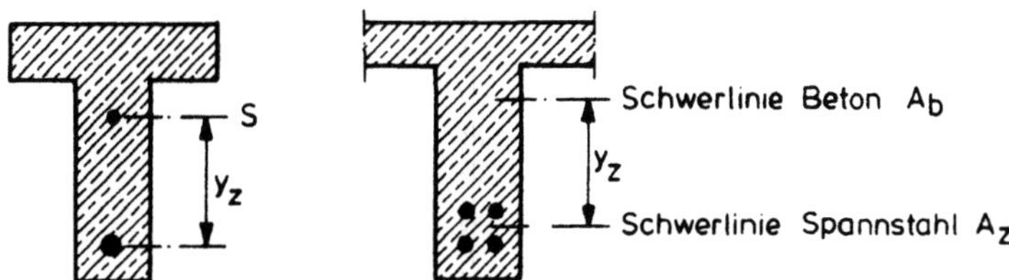

Bild 17.1 Bei Annahme von y_z ist der Platzbedarf der Spannglieder zu beachten

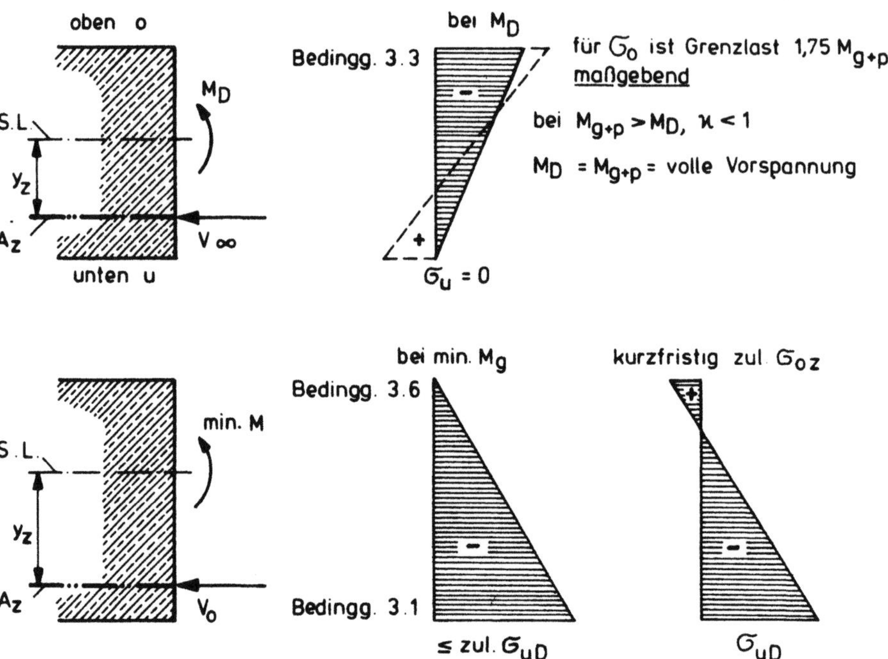

Bild 17.2   Spannungsbedingungen für Gebrauchslast

Für die Bemessung ist meist die Bedingung 3.3 kritisch. Sie ist erfüllt,
wenn

$$\sigma_{u,M_D} + \sigma_{u,v\infty} = 0 = \frac{M_D}{W_u} + \left(\frac{V'_\infty}{A_b} + \frac{V'_\infty \cdot y_z}{W_u} \right)$$

Daraus folgt für erf.V_∞

$$\text{erf.}V^{\star}_\infty = - \frac{\dfrac{M_D}{W_u}}{\dfrac{A_u}{A_b} + y_z}$$
(17.1)

Bei voller Vorspannung ist $M_D = \max M_{g+p}$ zu setzen.

Dabei ist $V^{\star}_\infty = - Z_{v\infty + g+p}$ gleich der Spanngliedkraft unter gleichzeitiger Wirkung von g+p. Diese Kraft ist um den Betrag $V_{g+p} = \sigma_{z,g+p} \cdot A_z$
größer als V_∞ aus dem Lastfall Vorspannung ohne g+p.

Bei beschränkter Vorspannung mit zul $\sigma_{u,Z}$ am unteren (Zug-)Rand ergibt sich analog:

$$\text{erf } V^{\star}_\infty = - \frac{\max M_{g+p} - \text{zul } \sigma_{u,Z} \cdot W}{\dfrac{W_u}{A_b} + y_z}$$
(17.2)

Mit den Gleichungen des Abschnitts 17.4 (Spannkraftverluste durch S u. K)
ermittelt man anschließend aus V_∞ die anfängliche Vorspannkraft V_0, mit
der die Bedingungen 3.1 und 3.6 zu überprüfen sind. Gegebenenfalls sind

die Höhenlage des Spanngliedes (y_z), Größe der Vorspannkraft (V_o) oder die Abmessungen des Betonquerschnitts (W_u, A) zu berichtigen und die Bemessung zu wiederholen.

Häufig wird der erfahrene Ingenieur nach Errechnung von V_∞ die anfängliche Vorspannkraft V_o mit einem geschätzten Wert für das Verhältnis $\omega = V_\infty : V_o$ berechnen und erst genauer weiterrechnen, wenn mit dem so geschätzten V_o die Bedingungen 3.1 und 3.6 erfüllt werden. Das Verhältnis ω liegt je nach Spannstahlgüte, Größe der Druckspannungen infolge g und v und je nach den Schwind- und Kriechmaßen ε_s und φ etwa zwischen 0,8 und 0,9. Eine gute Näherung für ω ergibt sich aus Gl. 17.10.

Der erf. Spannstahlquerschnitt ergibt sich nun streng genommen aus

$$\sigma_{z,v_o} + \sigma_{z,g+p} \leqq \text{zul } \sigma_z \quad \text{und mit } V_o = \frac{V_\infty}{\omega} \quad \text{zu}$$

$$\boxed{\text{erf.}A_z \geqq \frac{|V_o|}{\text{zul } \sigma_z - \sigma_{z,g+p}}} \tag{17.3}$$

wobei der Anteil $\sigma_{z,g+p}$ der Zugspannungen im Spannstahl infolge der Gebrauchslasten g+p verhältnismäßig klein ist und in der Regel ohne Beeinträchtigung der Sicherheit vernachlässigt wird. Wenn mit dem Vorspannen ein Teil des Eigengewichts wirksam wird, reduziert sich $\sigma_{z,g+p}$ ohnehin um diesen Anteil, und der Zuwachs an Spannstahlspannung aus den später aufgebrachten Lasten ist meistens geringer als die in der Zwischenzeit aufgetretenen Verluste durch Schwinden und Kriechen.

Die <u>Bemessung der zusätzlichen schlaffen Gurtbewehrung</u> ergibt sich aus dem Sicherheitsnachweis entspr. Kapitel 8 und den Erfordernissen zur Rissebeschränkung entspr. Kapitel 19.

Bei <u>Vorspannung im Spannbett</u> wird man nach der Bestimmung von $V_o = \frac{V_\infty}{\omega}$ noch prüfen, ob auch die zul. Spannbettspannung zul $\sigma_{z,v}^{(o)}$ nicht überschritten wird. Aus Gl. (16.9) und (16.10) ergibt sich

$$\sigma_{z,v}^{(o)} = -\frac{V_o}{A_z}\left(1 + n\cdot\mu_n + \frac{nA_z y_n^2}{J_n}\right)$$

$$= -\frac{V_o}{A_z}\cdot\frac{1}{1 - n\cdot\mu_i - \dfrac{nA_z y_{iz}^2}{J_i}} \leqq \text{zul } \sigma_z^{(o)} \tag{17.4}$$

In [1] Kapitel 11.63 sind Bemessungstafeln sowohl für Rechteckquerschnitte wie auch für regelmäßige Querschnitte von T, I, $\square$ -Balken enthalten, die für Überschlagsberechnungen gute Dienste leisten.

Hat man mit den Faustformeln dieses Abschnittes die Zulässigkeit der gewählten Annahmen überprüft oder gegebenenfalls Berichtigungen durchgeführt, dann wird man für das endgültige Eigengewicht die Spannkraft unter Abzug der Verluste aus Reibung und Schwinden und Kriechen genauer ermitteln und damit die endgültigen Spannungsnachweise für alle Lastfälle führen.

17.2 Erforderliche Vorspannkraft für statisch unbestimmte Träger

Für die Ermittlung der Vorspannkraft gelten bei statisch unbestimmt gelagerten Tragwerken die in 17. 1 angegebenen Bedingungen. Es ist jedoch zu beachten, daß mit $M_v = M_v^o + M_v'$ nun für die Betonspannungen infolge V anzuschreiben ist:

$$\sigma_{b,v} = \frac{V}{A_b} \pm \frac{M_v}{W} = \frac{V}{A_b} \pm \frac{M_v^o + M_v'}{W}$$

$$= \frac{V}{A_b} \pm \frac{V \cdot y_z + M_v'}{W}$$

Zweckmäßig zerlegt man für die Spannungsnachweise und zur Ermittlung von erf.V_∞ das statisch unbestimmte Vorspannmoment M_v' (wie M_v^o), in die Kraft V und einen gedachten Hebelarm

$$y_z' = \frac{M_v'}{V} \text{ , womit man erhält:}$$

$$M_v = V \cdot y_z + V \cdot y_z' = V (y_z + y_z') = V \cdot \bar{y}_z$$

y_z' kann also als ein Versatzmaß der Schwerlinie aufgefaßt werden, das dem Einfluß des Zwangsmomentes entspricht. Mit der Ordinate $\bar{y}_z = y_z + y_z'$ des Spanngliedes (anstelle von y_z) in Bezug auf die um $- y_z'$ verschobene Schwerlinie können die Gl. (17. 1) und (17. 2) zur Ermittlung von erf.V_∞ auch für Querschnitte statisch unbestimmter Tragwerke angewandt werden:

$$\text{erf.}V_\infty = \frac{M_D}{\dfrac{W_u}{A_b} + \bar{y}_z} \tag{17.5}$$

17.3 Zur zulässigen Spannstahlspannung beim Vorspannen = zul $\sigma_{z,\,vo}$

Wir haben anhand des Bildes 6. 12 dargelegt, daß bei Biegung die zulässige Stahlspannung im Spannstahl bei Gebrauchslasten wesentlich höher sein darf als $\beta_{0,2}/\nu = \beta_{0,2}/1,75$, weil die Stahlspannungen in Spannbetonträgern nicht linear von den Lasten abhängen. Das "Wie hoch" war jedoch international durch die letzten 30 Jahre hindurch dauernd umstritten.

In Frankreich erlaubte man $\sigma_{z,\,vo} = 0,8\,\beta_z$ ohne Rücksicht auf $\beta_{0,1\,\%}$, so daß ein Teil der erzeugten Spannung durch Relaxation des Spannstahles verlorengehen muß. In Deutschland erlaubte man nur $\sigma_{z,\,vo} = 0,75\,\beta_{0,2\,\%}$ oder $0,55\,\beta_z$ und war damit extrem niedrig. Leider werden diese niedrigen Werte in DIN 4227, 1979, beibehalten.

Im CEB wurde ein Kompromiß ausgehandelt mit

$$\text{zul } \sigma_{z, vo} = 0,85 \, \beta_{0,1\%} \leqq 0,75 \, \beta_Z \qquad \text{(CEB)}$$

für Deutschland ist für später vorgesehen

$$\text{zul } \sigma_{z, vo} = 0,80 \, \beta_{0,2\%} \leqq 0,70 \, \beta_Z \, ,$$

wobei $\beta_{0,01} \geqq 0,85 \, \beta_{0,2}$ sein soll um die Kriechfestigkeit sicherzustellen. Diese Werte geben auch genügend Sicherheit gegen Bruch beim Vorspannen.

Die Vorschriften erlauben Überschreitungen obiger Werte um wenige Prozente bei Spannbettvorspannung, kurzfristig zur Überwindung von Reibungskräften und in Fällen, in denen später im Gebrauch der Tragwerke keine Spannungszunahme von σ_z zu erwarten ist.

17.4 Spannkraftverluste durch Schwinden und Kriechen – Gebrauchsformeln

17.4.1 Vorbemerkung

Die Grundwerte der Schwind- und Kriechverformungen des Betons wurden in DIN 4227, Ausgabe 1979, gegenüber 1972 erneut geändert, so daß die Angaben in [0] Teil 1, Kap. 2.9.3.7 nicht mehr ganz gelten. Da außerdem Schwinden und Kriechen bei Spannbetontragwerken besondere Bedeutung hat, so vor allem für Verformungsberechnungen der Bauzustände z.B. beim Freivorbau großer Brücken, werden diese Einflüsse in Kapitel 23 grundlegend dargestellt. Dabei werden auch die verschiedenen theoretischen Ansätze vergleichend behandelt. Hier können wir uns daher auf Gebrauchsformeln für Spannkraftverluste beschränken.

17.4.2 Gebrauchsformeln für Spannkraftverluste

Der Spannkraftverlust ergibt sich aus den zeitabhängigen Verkürzungen der Betonfasern, die das Spannglied umgeben, bei Biegeträgern also in der Höhe y_z von der Trägerachse. Maßgebend sind die Verkürzungen im Dauerzustand, also in der Regel im Zustand der Spannungen unter Eigengewicht und etwaigen dauernd wirkenden Anteilen der Nutzlast, also infolge $g + \psi_D \cdot p$, was zur Vereinfachung hier mit dem Zeiger g geschrieben wird. Diese Verkürzungen ε_b vermindern die Stahldehnungen ε_z und damit die Stahlspannungen σ_z, wodurch die Zugkraft im Spannglied Z_z abnimmt um den Spannkraftverlust Z_{s+k}. Die auf den Beton wirkende Vorspannkraft V vermindert sich um

$$V_{s+k} = - Z_{s+k} \, .$$

Geht man bei der Berechnung des Spannkraftverlustes vom <u>Anfangszustand V_o zum Zeitpunkt $t = 0$ aus</u>, und bezieht man sich auf die Spannungen im Tragwerk bei V_o, dann wird mit der üblichen Näherung, daß ein Mittelwert zwischen V_o und $(V_o - V_{s+k})$ dauernd wirke, der Verlust V_{s+k} genügend genau berechnet zu

$$V_{s+k} = -Z_{s+k} = -V_o \; \frac{\varepsilon_s E_z + n\varphi\left(\sigma_{bg} + \sigma_{b,vo}\right)}{n\,\sigma_{b,vo}(1+\rho\varphi) - \sigma_{z,vo}} \qquad (17.6)$$

Hierbei sind alle Größen mit ihren Vorzeichen einzusetzen:
Druck negativ, Zug positiv. Es sind

σ_{bg} = Betonspannung infolge Dauerlast g oder $(g + \psi_D P)$ $\Big\}$ in Spann-
$\sigma_{b,vo}$ = Betonspannung infolge V_o allein $\Big\}$ glied-höhe

$\sigma_{z,vo}$ = Spannstahlspannung im Zeitpunkt t = 0

ε_s = $\varepsilon_{s,t} = \varepsilon_{s,o}\left(k_{s,tw} - k_{s,aw}\right)$ = Schwindmaß bis zum Zeitpunkt t des betrachteten Zustandes bei Nachweisen der Grenztragfähigkeit bei t = ∞ - siehe Kap. 23.1

φ = $\varphi_t = \varphi_o\left(k_{f,tw} - k_{f,aw}\right) + 0,4 \cdot k_{v,tw-aw}$ = Kriechmaß bis zum Zeitpunkt t .... siehe Kap. 23.1

n = $\dfrac{E_z}{E_b}$ zum Zeitpunkt t = 0

ρ = Relaxationskennwert nach Trost

ρ = 0,7 für unveränderte Dauerlast

ρ = 0,8 wenn Spannungen durch rasch ablaufende aufgezwungene Verformungen, z.B. Stützensenkungen entstehen.

Geht man vom Endzustand V_∞ zum Zeitpunkt t = ∞ aus, der in der Regel zuerst berechnet wird, so ergibt sich aufgrund der gleichen Näherungsannahme als rückläufiger Spannkraftverlust

$$-V_{s+k} = +Z_{s+k} = -V_\infty \; \frac{\varepsilon_s E_z + n\varphi\left(\sigma_{b,g} + \sigma_{b,v\infty}\right)}{n\,\sigma_{b,v\infty}(1-\rho\varphi) - \sigma_{z,v\infty}} \qquad (17.7)$$

Bedeutung der Zeichen wie bei (17.6)

Für die Bemessung der Spannglieder suchen wir

$$V_o = V_\infty + V_{s+k}$$

Wir erhalten eine bequeme Bemessungshilfe, wenn wir in (17.7) das erste Glied im Nenner vernachlässigen, das im Vergleich zu $\sigma_{z\,v\infty}$ klein ist, besonders wenn $\rho\varphi$ nahe bei 1 liegt. Die Spannungsveränderung σ_z im Spannstahl durch S+K läßt sich damit anschreiben zu

$$-\sigma_{z,s+k} = \varepsilon_s E_z + n\varphi\left(\sigma_{bg} + \sigma_{b,v\infty}\right) \qquad (17.8)$$

Damit wird

$$\sigma_{z,vo} = \sigma_{z,v\infty} + \sigma_{z,s+k} \quad \text{muß sein} \leq \text{zul } \sigma_{z,vo}$$

Für die **Bemessung der Spannglieder** erhalten wir als gute Näherung

$$\text{erf } A_z = \frac{|V_\infty|}{\text{zul } \sigma_{z,vo} - n\,\sigma_{b,g+p} - \sigma_{z,s+k}} \qquad (17.9)$$

Das Verhältnis $V_\infty : V_o$ läßt sich damit auch anschreiben zu

$$\omega = \frac{V_\infty}{V_o} = 1 + \frac{\varepsilon_s E_z + n\,\varphi\left(\sigma_{bg} + \sigma_{b,v\infty}\right)}{\text{zul } \sigma_{z,vo} - n\,\sigma_{b,g+p}} \qquad (17.10)$$

Der Summand wird negativ, da ε_s und $\sigma_{b,v\infty}$ negativ und zul σ_z und $\sigma_{b,g+p}$ positiv einzusetzen sind.

Wieder sei bemerkt, daß $n\,\sigma_{b,g+p}$ vernachlässigt werden kann.

17.4.3 Einfluß von Betonstahleinlagen auf die Spannkraftverluste

Bei teilweiser Vorspannung kann der Anteil von A_s im Zuggurt erheblich sein, die Bewehrung behindert dann die Verkürzungen des Betons durch S + K und der Spannkraftverlust wird kleiner. Bei statisch unbestimmten Trägern kann außerdem in manchen Bereichen sowohl im Obergurt als auch im Untergurt Spannstahl A_z und Betonstahl A_s liegen. Wenn das Trägheitsmoment dieser Stahlflächen in Bezug auf ihren Schwerpunkt groß ist im Verhältnis zum J des Trägers (z.B. $J_{s+z} > 0,05\,J_{Tr}$), dann werden die Spannungsänderungen durch S + K spürbar beeinflußt.

In [1] Kap. 12.2 sind Verfahren angegeben, um diese Einflüsse zu erfassen.

17.4.4 Maßgebende Schnitte für Spannkraftverluste

Die Spannkraftverluste sind dort am größten, wo $(\sigma_{bg} + \sigma_{b,vo}) = \sigma_{g+vo}$ also die Betondruckspannungen längs des Spanngliedes den höchsten Wert erreichen. Das max σ_{g+vo} fällt häufig nicht mit der Stelle des max M_{g+vo} zusammen, wenn z.B. die Spannglieder eines einfeldrigen Balkens im Zuggurt geradlinig oder wenig gekrümmt verlaufen. Dennoch wird der Schnitt mit max M für die Ermittlung von V_{s+k} maßgebend, weil dort bei Laststeigerung die ersten Risse auftreten werden und dieser Schnitt sowohl für das Dekompressions-Moment M_D, wie auch für die Grenztragfähigkeit maßgebend ist. Wird in benachbarten Schnitten V_{s+k} größer, so wird dieser kleine Spannungsunterschied leicht durch den Verbund ausgeglichen.

Bei statisch unbestimmten Trägern werden die V_{s+k} zunächst auch für die zur Bemessung maßgebenden Schnitte der max M_F und max M_{St} ermittelt, sie werden verschieden groß sein.

Im Bereich von Momenten-Nullpunkten werden meist nur Nachweise der Rißbeschränkung gebraucht, bei denen das M_D bzw. das Rißmoment M_R eine Rolle spielt. Wenn dort Spannglieder im Ober- und Untergurt sich übergreifen, dann wird man die V_{s+k} für beide Gurte rechnen müssen, die verschieden sein werden, um die M_D und M_R für Ober- und Untergurt richtig zu erfassen.

Allgemein sei gesagt, daß bei der Berechnung der V_{s+k} keine große Genauigkeit angestrebt oder verlangt werden sollte, weil die Ursachen-Werte ε_s und φ ohnehin eine starke Streuung aufweisen. In vielen Fällen genügt es, die V_{s+k} aufgrund von Rechenerfahrung zu schätzen und die Bemessung des Spannstahles mit solchen Schätzwerten durchzuführen, zudem die Spannkraftverluste in die eigentliche Bemessung für die Grenztragfähigkeit nicht eingehen.

18. Bemessung für die Tragfähigkeit

18.1 Biegung ohne Zwangsmomente

Die Tragfähigkeit für Biegemomente ist gewährleistet, wenn

$$M_u \geq \nu \left(M_g + M_p \right) \tag{18.1}$$

ist. M_u ist das Biegemoment, das im betrachteten Schnitt des Trägers
die als Grenzwerte definierten Dehnungen des Stahles ε_s = 5 ‰ und/oder
$\varepsilon_{z,q}$ = 5 ‰ (bei CEB 10 ‰) und/oder die Grenzdehnung des Betons
ε_b = 3,5 ‰ erzeugt. Es entspricht also einem in den Vorschriften festge-
legten Grenzzustand der Dehnungen und ergibt die vorhandene Grenztragfähigkeit bei Biegung. Es sei hier kurz "Grenzmoment" genannt, (in
Teil 1 der "Vorlesungen", 2. Auflage 1973 wurde M_u noch als "kritisches
M" bezeichnet). Das Bruchmoment liegt in der Regel wesentlich höher.

$\nu (M_g + M_p)$ ist die e r f o r d e r l i c h e G r e n z t r a g f ä h i g k e i t b e i
B i e g u n g und ist das mit dem globalen Sicherheitsfaktor ν multiplizierte
maximale Gebrauchslastmoment. Nach DIN ist ν = 1,75, wenn der Stahl
zuerst die Grenze ε erreicht und ν = 2,1, wenn der Beton vor dem Stahl
versagt. Es wird im Spannbetonbau mit ν = 1,75 einheitlich gerechnet,
die höhere Sicherheit gegen Beton-Versagen wird durch Abminderung der
Druckfestigkeit des Betons mit $\frac{1,75}{2,1}$ erreicht, so daß sich als Rechenwert der Betondruckfestigkeit β_R = 0,6 β_{wN} ergibt. $\nu (g+p)$ wird nach
DIN "r e c h n e r i s c h e B r u c h l a s t" genannt, besser wäre " e r f o r -
d e r l i c h e G r e n z l a s t", weil die Bruchlast gar nicht gemeint ist.

In der CEB-FIP Mustervorschrift werden Teilsicherheitsfaktoren verwendet, was richtiger ist, wenn wie bei Spannbeton keine lineare Last-
Spannungsfunktion vorliegt. Der globale Sicherheitsfaktor ist jedoch für
die Praxis einfacher.

Das Moment M_v infolge V tritt beim Tragfähigkeitsnachweis nicht in
Erscheinung, die Vorspannung wirkt sich nur bei den Gurtkräften aus.

Das Grenzmoment M_u ergibt sich aus (Bild 18.1)

$$M_u = Z_u \cdot z \qquad \text{oder } D_u \cdot z, \tag{18.2}$$

wobei Z = D sein muß.

Ob Z_u oder D_u maßgebend ist, hängt davon ab, ob bei Laststeigerung
zuerst im Stahl oder zuerst im Beton die Grenzdehnung erreicht ist.
z ist der innere Hebelarm zwischen den Resultierenden der inneren
Längs- oder Gurtkräfte Z und D.

Es wird ein geradliniges Dehnungsdiagramm und vollständiger Verbund
angenommen (Querschnitt bleibt eben), obwohl dies beim Spannbeton besonders im Bereich großer Q nicht zutrifft.

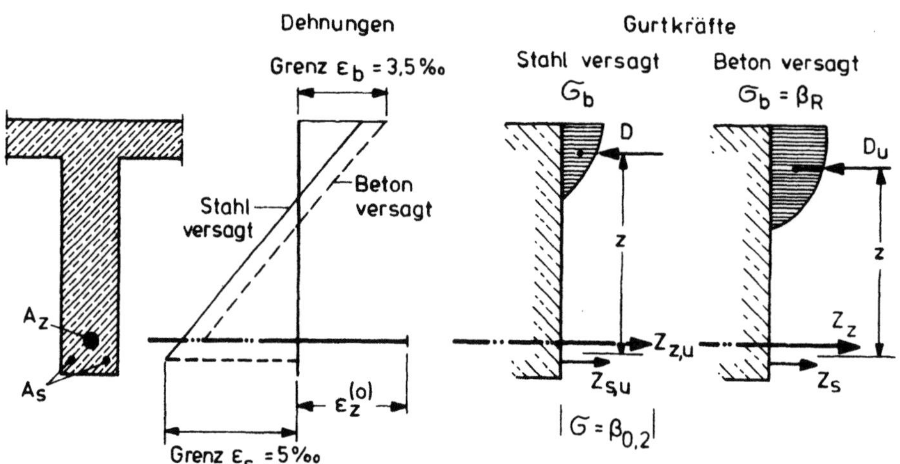

Bild 18.1   Grenztragfähigkeit bei Biegung, ε-Linien, Gurtkräfte und Hebelarme je nach Bruchart

<u>Ermittlung von Z_u</u> = Grenz-Zugkraft im Zuggurt, der aus Spannstahl mit A_z und Betonstahl mit A_s als Querschnitte besteht. Bei Erreichen von $\varepsilon_{qu} = 5‰$ infolge $q_u = \nu\,(g+p)$ kann angenommen werden, daß beide Stahlarten die zur 0,2 %-Dehngrenze gehörige Spannung, also $\sigma_z = \beta_{z,0,2}$ und $\sigma_s = \beta_S$ erreicht haben, weil beim Spannstahl die durch das Vorspannen erzeugte Dehnung $\varepsilon_{z,v}^{(o)}$ hinzukommt (Bild 18.2). Hierbei wird die Dehnung angesetzt, die im Spannstahl unter einem M vorhanden ist, das in Höhe des Spanngliedes die Spannung $\sigma_b = 0$ erzeugt. Diese <u>vorweggenommene Dehnung</u>, auch S p a n n b e t t d e h n u n g genannt, wird für Tragfähigkeitsnachweise auf den Zustand nach S u. K, also auf $t = \infty$ bezogen und ist dann

$$\varepsilon_{z,v\infty}^{(o)} = \varepsilon_{z,v_0}^{(o)} + \frac{1}{E_z}\left(\sigma_{z,s+k} - n\,\sigma_{b,s+k}\right) \tag{18.3}$$

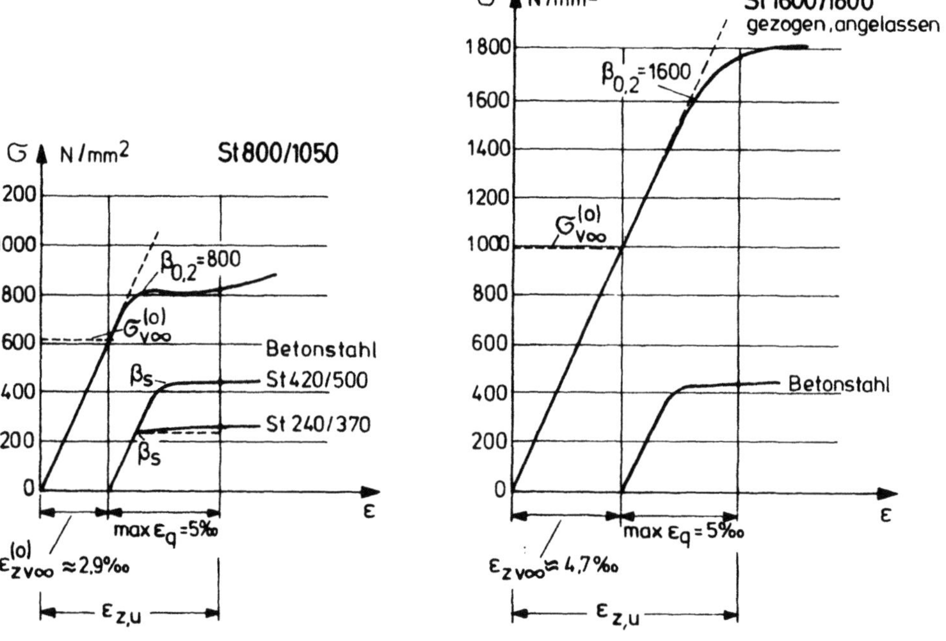

Bild 18.2   Vorweggenommene Dehnung $\varepsilon_z^{(o)}$ und Lastdehnung ε_{qu} ergeben die Stahlspannungen bei Grenzlast

Für die Praxis genügt folgende Näherung, weil sich kleine Änderungen
der Dehnung $\epsilon_{z,u}$ bei der Grenze von 5 ‰ auf die Spannung $\sigma_{z,u}$ kaum
mehr auswirken:

$$\epsilon^{(o)}_{z,v\infty} \approx \frac{\text{zul } \sigma_{z,vo}}{E_z} \qquad (18.4)$$

Die Spannstahldehnung ist also $\epsilon_{z,u} = \epsilon^{(o)}_{z,v\infty} + \epsilon_{qu}$, wird damit die

0,2 % Grenze erreicht, dann ist

$$Z_u = A_z \beta_{z,02} + A_s \beta_S \qquad (18.5)$$

Versagt der Beton-Druckgurt vor dem Stahl, dann ist $\epsilon_q < 5$ ‰ und die
zu $\epsilon_z = \epsilon^{(o)}_{z,v} + \epsilon_q$ gehörigen Stahlspannungen sind aus den σ-ϵ-Diagram-
men (bei Spannstahl in Zulassung!) abzulesen. Damit wird

$$Z_u = A_z \sigma_{z,u} + A_s \sigma_{s,u} \qquad \text{infolge erf. } M_u \qquad (18.6)$$

Der <u>Ermittlung von D_u</u> wird das Parabel-Rechteck-Diagramm der
σ_b-ϵ_b-Linie mit $\beta_R = 0,6 \beta_{WN}$ gemäß Bild 18.3 zugrunde gelegt. Dies
entspricht DIN 1045 und 4227 und CEB-1978.

Die Ermittlung von D_u ist damit bei Spannbeton gleich wie bei Stahlbeton
und ist in [0], Teil 1, Kapitel 7.1.4 ausführlich behandelt.

Bei D_u wirkt sich die Vorspannung nur dadurch aus, daß die Nullinie
etwas tiefer bleibt als bei Stahlbeton und daß die Vorspannkraft aus Gleich-
gewichtsgründen mit $Z_u = D_u$ eine höhere Druckgurtkraft ergibt als die
Last allein.

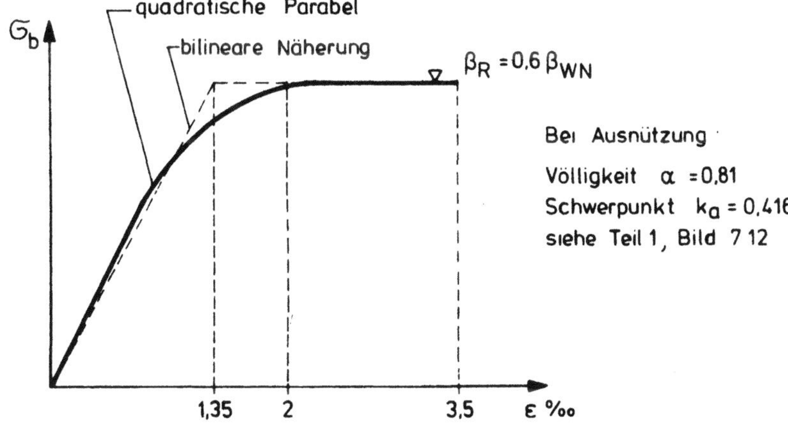

Bild 18.3   Spannungs-Dehnungslinie des Betons nach DIN für die Ermittlung von D_u

<u>Die Ermittlung des aufnehmbaren Grenzmomentes M_u</u>

$$M_u = Z_u \cdot z = D_u \cdot z$$

ist in Teil 1, Kapitel 7.3 nach verschiedenen Verfahren ausführlich dargestellt. Bei Spannbetonquerschnitten ist der Hebelarm z sinngemäß

auf die Lage der Resultierenden Z_u aus Spannglied- und Bewehrungs-
kräften zu beziehen.

Für Näherungsberechnungen kann der Hebelarm z besonders bei
T- und I-Querschnitten leicht geschätzt und $M_u = Z_u \cdot z$ berechnet werden.

Bemessung des Zuggurtes

Bei hohem Vorspanngrad (bis etwa $\varkappa \gtreqqless 0,6$) genügt der nach Kapitel 17
mit Gl. (17.3) ermittelte Spannstahl zusammen mit der Mindestbeweh-
rung an Betonstahl in der Regel für die erf. Tragfähigkeit = erf.M_u.

Bei teilweiser Vorspannung mit $\varkappa < 0,6$ muß Betonstahl A_s für die
Tragfähigkeit zugelegt werden. Das erf. A_s läßt sich aus Bild 7.3
abschätzen. Mit geschätztem Hebelarm z wird dann überprüft, ob
$Z_u \cdot z > $ erf.$M_u = 1,75 \ (M_g + M_p)$ ist.

18.2 Biegung mit Zwangsmomenten

18.2.1 Stand des Wissens

In Kapitel 16 haben wir gesehen, daß in statisch unbestimmten Tragwerken abhängig von der Spanngliedführung erhebliche Zwangsschnittkräfte
M_v' und Q_v' auftreten, die so groß sein können wie M_g. Die Zwangsmomente sind nötig, um zul σ_b im Gebrauchszustand einzuhalten. Würden wir sie beim Tragfähigkeitsnachweis wie Lastmomente behandeln,
also verlangen, daß

$$\text{vorh } M_u \gtreqqless \nu \left(M_{g+p} + M_v' \right)$$

ist, dann würde eine viel zu große Sicherheit entstehen, wenn M_v' gleiches Vorzeichen hat wie M_{g+p} und eine zu kleine Sicherheit, wenn M_v'
entgegengesetztes Vorzeichen hat.

Die Zwangsmomente müssen daher anders behandelt werden als die Lastmomente. Dies ergibt sich auch aus dem Verhalten des Tragwerkes beim
Übergang zur Grenzlast oder zur Bruchlast. Unsere Sicherheitsbetrach-
tung geht ja davon aus, daß die Lasten von $(g+p)$ auf $\nu \ (g+p)$ gesteigert
werden, die Vorspannkraft bleibt aber unverändert. Durch die Laststeigerung nehmen jedoch die Stahlspannungen in den Spanngliedern besonders
im Zustand II zu, was bei der Ermittlung von vorh. M_u angesetzt wird.
Die Frage ist nun, ob mit dem Anwachsen der Spannglied-Zugkräfte auch
die Zwängungsmomente infolge Vorspannung, also die M_v' zunehmen oder
sich sonstwie verändern.

Merkwürdigerweise ist diese Frage bisher nicht sauber abgeklärt.

Die Zwangsmomente entstehen durch Behinderung der freien Biegekrümmung infolge der Auflagerbedingungen des Trägers, sie sind also von der
Biegesteifigkeit $K_B = E J$ abhängig und zwar dank der Vorspannung zunächst von K_B^I in Zustand I. Beim Übergang zur Grenzlast entstehen jedoch auch in voll vorgespannten Trägern Risse, also der Zustand II und
dadurch geht die Biegesteifigkeit im gerissenen Bereich auf K_B^{II} stark
zurück, weil die Zuggurte aus Spannstahl mit $E A_z$ weniger steif sind als
bei Stahlbeton mit $E A_s > E A_z$ (vgl. Bild 6.13). Dies muß zu einer Veränderung, meistens einer Abnahme der M_v' führen, auch wenn die Gurt-
zugkräfte Z_z zunehmen.

Zum Teil rühren die M'_v von den Umlenkkräften der Spannglieder her, die
mit einer Zunahme der Spanngliedkräfte auch zunehmen müssen. Diese
Zunahme der Umlenkkräfte wird durch den Übergang in den Zustand II nur
wenig beeinträchtigt, aber auch hier verändert die in Teilbereichen ab-
nehmende Biegesteifigkeit den Zwang.

Bedenkt man, daß sich beim Übergang zur Grenzlast der Zustand II zunächst nur in Teilbereichen der Trägerlänge einstellt und daß sich dadurch
der Momentenverlauf erheblich verändert, dann wird klar, daß es eigentlich falsch ist, die Tragfähigkeit statisch unbestimmter Träger durch Ermittlung der Grenzmomente an einzelnen Schnitten bei einem festgeschrie-
benen Momentenverlauf für konstantes EJ nachzuweisen, wie dies nach
DIN 4227 geschieht. Man bleibt damit zwar auf der sicheren Seite. R i c h -
t i g e r   w ä r e   e s   jedoch, das Traglastverfahren unter Beachtung der entstehenden Momentenumlagerung etwa nach [0], Teil 4, Kap. 8.5 oder die
Plastizitätstheorie nach B. Thürlimann, die hier in Kapitel 24 von R. Walther
skizziert ist, anzuwenden.

18.2.2 Derzeitige Regel des Nachweises

Bei statisch unbestimmt gelagerten Trägern gilt der Nachweis ausreichender Tragfähigkeit als erfüllt, wenn an den Schnitten mit den größten
positiven oder negativen Biegemomenten (Momentenverlauf für EJ^I gerechnet) infolge $g+p+v$ folgende Bedingung erfüllt ist

$$\boxed{M_u \geqq \nu \left(M_g + M_p \right) + \nu' M'_{v\infty}} \tag{18.7}$$

Nach DIN 4227 ist dabei $\nu = 1,75$ und $\nu' = 1,0$.

Nach Auffassung des Verfassers sollte ν' nach Ursachen und Vorzeichen
des Zwangsmomentes M'_v variiert werden. Wirkt M'_v günstig (entgegengesetztes Vorzeichen wie M_{g+p}) dann sollte $\nu' = 0,8$ bis $0,9$ gesetzt werden, der höhere Wert, wenn M'_v hauptsächlich von Umlenkkräften her-
rührt. Wirkt M'_v ungünstig (gleiches Vorzeichen), dann sollte $\nu' = 1,0$
gesetzt werden.

Bei Zwangsmomenten aus anderen Ursachen, wie ΔT oder ungleichen
Stützensenkungen kann in der Regel $\nu' = 0$ gesetzt werden, wenn das Tragwerk an den höchst beanspruchten Stellen genügend Zähigkeit aufweißt,
also genügende Rotationsfähigkeit hat (siehe Kap. 24.2.3 und [0] Teil 4,
Kap. 8.4 sowie Teil 6, Bild 11.5).

Bei Stützmomenten von Durchlaufträgern ist noch zu beachten, daß das
Dehnungsdiagramm nicht gerade bleibt, wenn M und Q gleichzeitig groß
sind und die Biegedruckzone schmal ist wie bei Plattenbalken (vgl. Bild
6.19). Die Folge ist, daß die Höhe der Biegedruckzone x_S wesentlich
kleiner (bis 0,6) wird als das für Biegung allein berechnete x_B. Damit
wird D_{bu} in Wirklichkeit kleiner als der übliche Rechenwert und entsprechend ist Vorsicht am Platz. Leider gibt es noch keine einfache Rechen-
regel, um x_S richtig zu bestimmen. Auf die Stuttgarter Dissertation
von W. Lippoth "Theoretische Untersuchung des Spannungs- und Verfor-
mungszustands von Stahlbetonträgern im Biegeschubrißbereich", 1972,
sei verwiesen.

18.3 Biegung ohne Verbund

Bleiben die Spannglieder ohne Verbund, dann kann der Spannstahl im
Hüllrohr auf ganze Länge gleiten und die zur Anpassung an eine örtliche
Biegekrümmung nötige Längenänderung mit einer geringen Dehnung aus
weniger gekrümmten Bereichen (Auflagernähe) herholen. Dies bedeutet,
daß die Spannungszunahme im Spannstahl weit hinter der Biegespannung
$\sigma_{z,q}$ zurückbleibt. Eine Berechnung der Spannungszunahme für die erf.
Grenzlast ist nicht nur umständlich, sondern auch wegen der erforderlichen vagen Annahmen fragwürdig. Deshalb hat man aufgrund bisheriger
Versuche in DIN 4227 empfohlen, bei Grenzlast das Z_u für erf. M_u zu
rechnen mit:

bei Einfeldbalken: $\sigma_{zu} = \sigma_{z,v}^{(o)} + 110 \ \text{N/mm}^2$

bei Kragträgern, wenn das Spannglied an der Einspannstelle festgehalten ist:

$$\sigma_{zu} = \sigma_{z,v}^{(o)} + 50 \ \text{N/mm}^2 \qquad\qquad (18.8)$$

bei Durchlaufträgern:

$$\sigma_{zu} = \sigma_{z,v}^{(o)}$$

Dabei kann $\sigma_{z,v}^{(o)}$ der Spannbettdehnung nach Gl. (18.4) gleichgesetzt werden.

Bei Spannbeton ohne Verbund ist in der Regel die Grenz-Tragfähigkeit nur
mit einem erheblichen Anteil an Betonstahlbewehrung zu erreichen.

18.4 Querkraft – Schub

Die Tragfähigkeit für Querkräfte - die Schubtragfähigkeit - ist gewährleistet, wenn die aufnehmbare Querkraft vorh $Q_u \geqq$ erf Q_u, wobei

$$\text{erf } Q_u = 1,75 \ (Q_g + Q_p) + \nu_q \ Q_{v\infty}^o + \nu' Q_{v\infty}' \qquad\qquad (18.9)$$

Hier wird die aus der Spanngliedneigung entstehende Querkraft Q_v^o, die in
der Regel entlastend wirkt, auf der rechten Seite angesetzt. Dieses Q_v^o
nimmt bei $\nu = 1,75$-facher Laststeigerung meist nur wenig zu, weil die
Spannglieder im Querkraftbereich, wo sie gegen die Trägerachse geneigt sind, außerhalb der Zone der Biegerisse liegen und ihre Spannung
durch den Übergang zum Zustand II nur wenig zunimmt. In Auflagernähe bleiben die Spannbetonträger selbst bei 1,75-facher Last im Zustand I, so daß Q_v fast nicht über den für Gebrauchslast gültigen Wert
anwächst. Deshalb wird empfohlen, den Beiwert

$$\nu_q = 1,0 \ \text{bis} \ 1,2$$

zu setzen. Der niedrige Wert gilt, wenn das Spannglied in dem für Schub
maßgebenden Bereich nahe der Schwerachse liegt, der höhere Wert gilt,
wenn das Spannglied dort nahe am gerissenen Biegezuggurt liegt.

Für die Zwangskraft $Q_{v\infty}'$ und ν' gilt das gleiche wie für die Zwangsmomente .
Näherungsweise gilt

$$\boxed{\ \text{erf } Q_u = 1,75 \ (Q_g + Q_p) + \nu_q \ Q_{v\infty}\ } \qquad\qquad (18.9a)$$

18.4.1 Platten ohne Schubbewehrung

In **Platten** kann die Bedingung der Gl. (18.9) ohne Schubbewehrung erfüllt sein, indem die Querkräfte Q_u ganz von der Biegedruckzone aufgenommen werden (Bogenwirkung). Die Grenzen hierfür sind leider noch wenig erforscht. Die für Stahlbeton in DIN 1045 mit $\tau_o < \tau_{o11}$ für Gebrauchslast angegebenen Grenzen können sicher überschritten werden, weil die Vorspannung das Entstehen der Risse bei Laststeigerung verzögert, wobei nahe am Zuggurt bleibende Spannglieder günstiger sind als stark aufgebogene (vgl. Bilder 6.21). DIN 4227 gibt die Grenzen in Form von Werten der $\tau_o = \dfrac{Q_u}{b\,z}$ (z = Hebelarm für max M_u), die nur ν-fach über den Werten τ_{o11} der DIN 1045 liegen. Dies ist sicher zu vorsichtig.

Richtiger ist wohl von der Biegezugspannung im schubriß-gefährdeten, auflagernahen Bereich mit $x = 3\,h$ auszugehen. Wenn dort die Spannung σ_b infolge $1,75\,(g+p)$ und V_∞

$$\sigma_{bZu} < 0,2\,\beta_W^{2/3} \quad [\text{N/mm}^2]$$

bleibt, dann besteht keine Schubbruchgefahr. Diese Bedingung schließt den Einfluß der Höhenlage des Spanngliedes ein.

Eine andere Bedingung kann durch Begrenzung der schiefen Hauptzugspannung σ_I bei Grenzlast und V_∞ in Höhe der Schwerlinie im Schnitt $x = h$ oder $x = \ell_e$ gestellt werden mit

$$\sigma_{I,u} < 0,11\,\beta_W^{2/3} \quad [\text{N/mm}^2]$$

Die Grenzwerte sind:

Tabelle 18.I

Betongüte	B 25	B 35	B 45	B 55	N/mm^2
$\sigma_{bZu} <$	1,7	2,1	2,5	2,9	N/mm^2
$\sigma_{Iu} <$	1,0	1,2	1,4	1,6	N/mm^2

Ferner ist in vorgespannten Platten keine Schubbewehrung nötig, wenn

1. in $x = h$ oder in $x = \ell_e$ der Längsbewehrungsgrad aus $(A_z + A_s)$
   $\mu_L \leq 0,7\,\%$ und die Plattendicke < 500 mm ist. Vorspanngrad $\varkappa > 0,4$

2. wenn bei gleichförmiger Last die Schlankheit $\ell/h < 8$ ist

3. wenn die Schlankheit $\ell/h > 16$ und $\mu_L < 1\,\%$ oder $\Big]$ Vorspanngrad
   die Schlankheit $\ell/h > 24$ und $\mu_L < 2\,\%$ ist. $\Big\}$ $\varkappa > 0,4$
   (Zwischenwerte geradlinig interpolieren)

Die angegebenen μ_L sind aufgrund von Versuchen an Stahlbetonplatten ohne Vorspannung vorsichtig geschätzt und bedürfen noch der experimentellen Bestätigung.

18.4.2 Träger mit Schubbewehrung

18.4.2.1 Die erweiterte Fachwerkanalogie

Die bei Schubbeanspruchung in Spannbetonträgern auftretenden inneren
Kräfte werden mit der erweiterten Fachwerkanalogie erklärt, wie sie in
[0] Teil 1, Kapitel 8.4.3, aus Versuchsergebnissen hergeleitet wurde
und in den Bildern 18.4 und 18.5 dargestellt ist. Abhängig von der Querschnittsform des Trägers, gekennzeichnet durch $b : b_0$, wird ein Teil
der Querkraft von der Biegedruckzone aufgenommen (Neigung des Druckgurtes im Fachwerk), der umso größer ist, je kleiner b/b_0 ist und der
durch die Vorspannung gegenüber Stahlbeton vergrößert wird. Dieser
Anteil D_y verkleinert den Anteil von Q, der vom Steg zu tragen ist und
im Steg Zugkräfte erzeugt, die von den Fachwerk-Zugstäben (vertikal
oder geneigt) aufzunehmen sind.

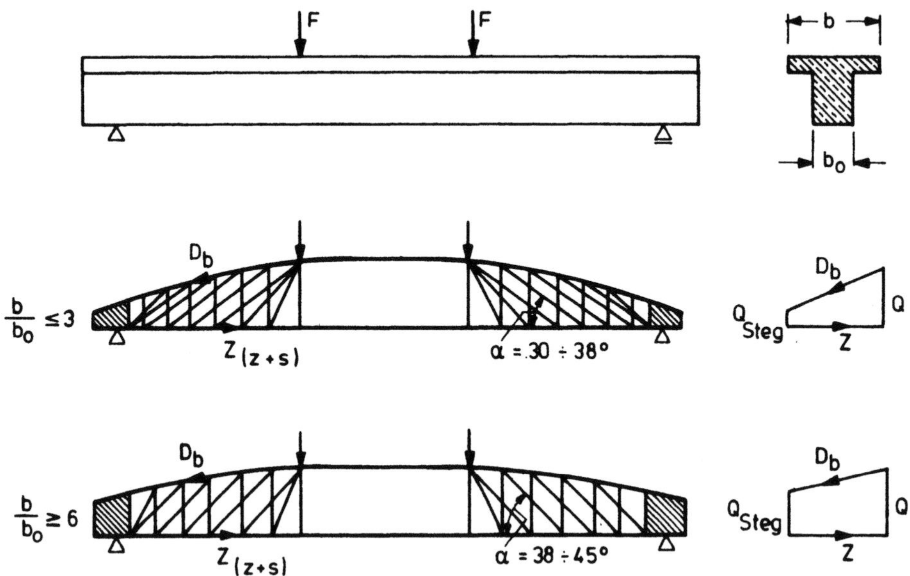

Bild 18.4   Erweitertes Fachwerkmodell für Einfeldbalken

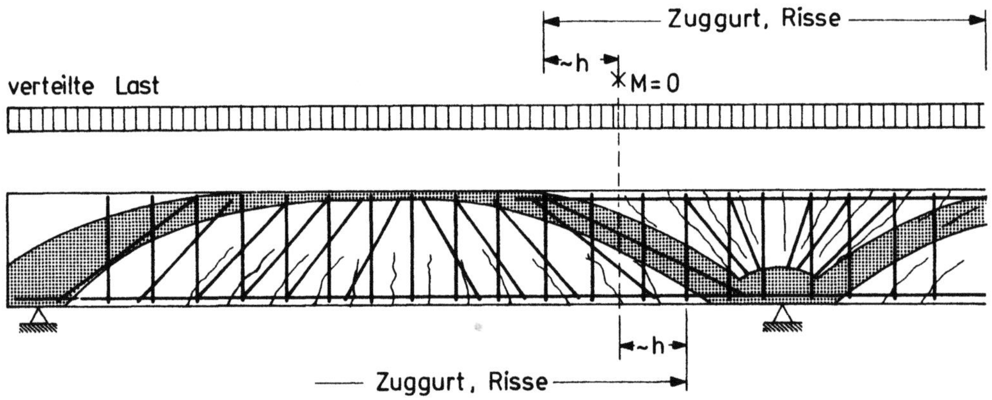

Bild 18.5   Erweitertes Fachwerkmodell für Durchlaufträger

Die Stegzugkräfte werden kleiner, wenn die Neigung der Schubrisse und
damit die Neigung ϑ der Druckstreben flacher als 45° ist. Die Druckstreben werden umso flacher, je kleiner b/b_0 und je größer die Vorspannung ist. Eine Ausnahme sind die Bereiche mit fächerförmiger

Rißbildung über Zwischenstützen der Durchlaufträger (Bild 18.5) oder
unter hohen Einzellasten (Bild 6.15), dort sind Schubrisse und damit
Druckstreben mit $\vartheta = 45^o$ Neigung und mehr unvermeidbar. In diesen
Bereichen herrschen große Momente und damit große Druckgurtkräfte,
die schon bei geringer Gurtkraft-Neigung ein großes D_v ergeben, das
dort die Stege entlastet.

Im Bereich der Momenten-Nullpunkte der Durchlaufträger ist sowohl im Obergurt wie auch im Untergurt des Fachwerkes bei der Grenzlast Zug. (Die
durch die Fachwerkwirkung bedingten Versatzmaße übergreifen sich!)
Dort kann also kein Anteil D_v im Druckgurt entstehen. Dafür stellen sich
dort noch flachere Neigungen ϑ der Druckstreben ein als im normalen Bereich, womit auch dort die Stegzugkräfte kleiner werden als im "klassischen Fachwerk" (Teil 1, Kap. 8.3.2.2).

Schließlich bleibt nahe an drehbaren Endauflagern eine <u>Zone a</u> frei von
Biegerissen. In dünnen Stegen (großes b/b_o) treten aber dennoch Schubrisse im Steg auf. Ein großer Teil von Q bleibt jedoch in den schub-
steiferen Gurten, so daß dort nur sehr kleine Stegzugkräfte aufzunehmen
sind (vgl. Bild 6.14 und 6.20).

Die Fachwerke sind wegen der sich kreuzenden Stegstäbe, wegen der Biegesteifigkeit der Gurte und wegen der biegesteifen Verbindung der Druckstreben mit den Gurten innerlich vielfach statisch unbestimmt. Wollte
man sie zur Ermittlung der gesuchten Stegzugkräfte durchrechnen, dann
müßten vor allem die sehr unterschiedlichen Steifigkeitswerte der Stäbe
berücksichtigt werden. In Stuttgarter Dissertationen (Rajagopalan (1973)
und Lippoth (1973)) sind solche Berechnungen mit dem Prinzip des Mini-
mums der Formänderungsenergie durchgeführt worden und gaben eine
brauchbare Übereinstimmung mit Versuchsergebnissen. Für die Praxis
sind solche Berechnungen viel zu aufwendig und auch für EDV-Programme
wegen der Unsicherheit der vielen Eingabedaten kaum gangbar.

Deshalb wird hier der in [0] Teil 1, Kap. 8.5.3 entwickelte Weg benützt und für die Vorspannung erweitert. Dieser Weg fand auch in die
CEB/FIP-Mustervorschrift 1978 als "Standard-Methode" Eingang.

18.4.2.2 Bemessung der Schubbewehrung mit Abzugswerten Q_D

Die folgenden Wirkungen vermindern die Stegzugkräfte

   1. Druckgurt übernimmt einen Teil von Q_u
   2. die Druckstreben werden flacher als 45° .

Sie verändern sich über die Trägerlänge. Sie können dennoch durch
einen gemeinsamen ersten Abzugswert

$$Q_D = \tau_{oD} \cdot b_o \cdot z \qquad\qquad (18.10a)$$

berücksichtigt werden, wobei τ_{oD} der Tabelle 18.II zu entnehmen ist.

Ein zweiter Abzugswert ergibt sich aus dem Vorspanngrad gemäß den
in Bild 6.17 und 6.18 dargestellten Wirkungen. Wir nennen ihn Q_{Dv}.

Dieses Q_{Dv} wird nach einem Vorschlag von A. L o s b e r g, Göteborg, der für CEB gewählt wurde, sehr einfach angesetzt zu

$$Q_{Dv} = \varkappa_u \cdot Q_D \quad \text{mit } \varkappa_u = \frac{M_D}{M_u} \tag{18.10b}$$

mit M_D = Dekompressionsmoment

M_u = 1,75 $(M_g + M_p)$. Dieses $\varkappa_u$ berücksichtigt also den Vorspanngrad $\varkappa$. Bei voller Vorspannung wird $\varkappa_u$ = 1/1,75 = 0,57.

Demnach bleibt für die Zugkräfte des Steges nur noch

$$Q_{Steg} = Q_u - Q_D - Q_{Dv} = Q_u - (1 + \varkappa_u) Q_D \tag{18.11}$$

$$Q_u \text{ nach Gl. } (18.9a)$$

Zur <u>Bemessung der Bewehrung</u> für die Stege benützen wir die bei Schub üblichen R e c h e n w e r t e d e r S c h u b s p a n n u n g für Zustand II:

$$\tau_{ou,St} = \frac{Q_{Steg}}{b_o z} \tag{18.12}$$

Für τ_{ou} ist der Hebelarm z zwischen den resultierenden Gurtkräften Z_u und D_u im Bereich der größten Grenzmomente des betrachteten Trägerfeldes einzusetzen. Die Abnahme von z durch Neigung des F a c h w e r k druckgurtes gemäß Bild 18.4 wird nicht berücksichtigt.

Wie in Teil 1, Kap. 8.5.3.3 hergeleitet wurde, kommt man mit τ_o zu der für die Praxis überaus einfachen Formel für die <u>Bemessung der Schubbewehrung,</u> die für Bügelneigungen von α = 90° bis 45° gilt:

<u>Der erforderliche Schubbewehrungsgrad in Zone b</u> nach Bild 6.14 ist:

$$\boxed{\text{erf } \mu_S = \frac{\tau_{ou,St}}{\beta_S}} \tag{18.13}$$

$$\text{mit } \mu_S = \frac{A_{Bü}}{b_o \cdot e_S \cdot \sin\alpha}$$

$$\text{für vertikale Bügel } \mu_S = \frac{A_{Bü}}{b_o \cdot e_S}$$

und β_S = Streckgrenze des Stahles für die Bügel $\leqq$ 420 N/mm^2.

<u>Spannglieder zur Schubdeckung im Steg</u> dürfen nach DIN 4227 mit einer Zugkraft

$$Z_{Su} = A_z \left(\sigma_{z,vo} + 420 \, [N/mm^2] \right) \leqq A_z \beta_{z,02}$$

angerechnet werden. Es ist bisher experimentell nicht nachgewiesen, daß diese hohe Ausnützung bei größeren Trägerhöhen eintritt. Daher wird ein kleinerer Spannungszuwachs über $\sigma_{z,vo}$ empfohlen.

Der Abzugswert τ_{oD} ergab sich aus den Versuchen zu $0,035\ \beta_W$ bis $0,05\ \beta_W$ also von der Druckfestigkeit des Betons abhängig, was zu erwarten ist, weil die Steifigkeitsverhältnisse der Fachwerkstäbe ihn beeinflussen. Er ist bei sehr starkem Zuggurt (großes μ_L) größer als bei schwächerem Zuggurt. Er wurde zunächst mit $\tau_{oD} = 0,03\ \beta_W$ empfohlen (siehe [0] Teil 1 von 1973). In den Beratungen der Ausschüsse für DIN und CEB wurde beschlossen τ_{oD} von $\beta_W^{2/3}$ abhängig zu machen, um den Abzug bei hohen Betongüten relativ zu verringern. Die Abzugswerte des CEB entsprechen etwa

$$\tau_{oD} = 0,11\ \beta_W^{2/3} \qquad [\,N/mm^2\,]$$

Dies ergibt die Werte in Tabelle 18.II, Zeile 1; in Zeile 2 sind die etwas kleineren Werte $\Delta\tau$ der DIN 4227, 1979, eingetragen.

Tabelle 18.II Abzugswerte τ_{oD}

Betongüte	B 25	B 35	B 45	B 55	N/mm^2
τ_{oD} (empfohlen)	1,0	1,2	1,4	1,6	N/mm^2
$\Delta\tau$ (DIN 4227)	0,85	1,08	1,20	1,32	N/mm^2

Der gesamte Abzug $Q_D + Q_{Dv}$ ließe sich auch aus der Schubrißlast Q_R ermitteln (Bild 18.6). Das Biegerißmoment M_R, das am betrachteten Schnitt zum Schubriß führt und zu dem Q_R gehört, habe die Größe, die im Zustand I eine Biegezug-Randspannung $\sigma_{bz} = 0,1\ \beta_W^{2/3}$ (unter der 5 % Fraktile von β_{bZ}!) erzeugt. Da die Bügelspannungen bei Spannbeton nicht parallel zur Linie des klassischen Fachwerkes, sondern steiler ansteigen, setzen wir vorsichtig nur $0,7\ Q_R$ für den ganzen Abzugswert $Q_D + Q_{Dv}$ an. Dieser Ansatz bedingt zwar einen zusätzlichen Rechengang zur Ermittlung von Q_R, ergibt aber größere Abzugswerte als die vorsichtig gewählte Losberg-Formel.

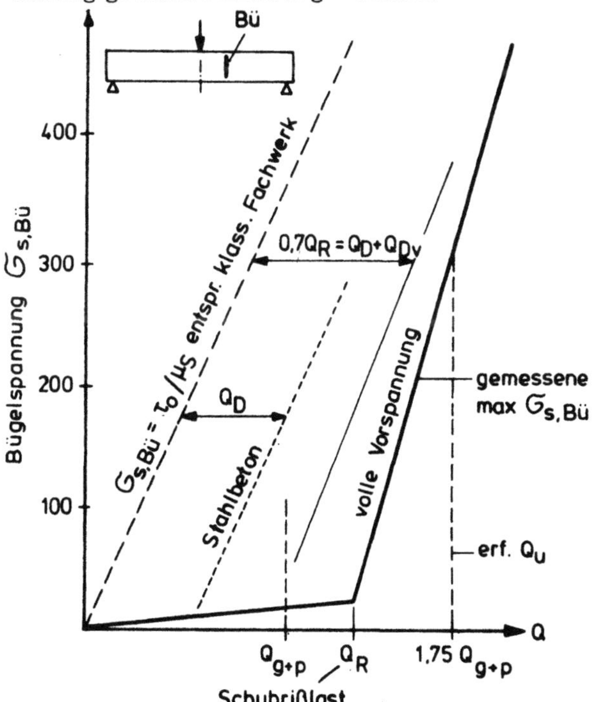

Bild 18.6.
Charakteristischer Verlauf der Bügelspannungen im Spannbetonbalken im Vergleich zum Stahlbetonbalken als Grundlage der Bügelbemessung

<u>Bemerkung zu DIN 4227:</u> In Abschnitt 12.4.2 wird die verminderte Schub-
deckung mit der Formel(12)

$$\tan \vartheta = 1 - \Delta\tau/\tau_{ou} \qquad \text{mit } \tau_{ou} \text{ aus vollem } Q_u$$

hergeleitet. Damit wird die Verminderung der Stegzugkräfte ganz der flachen Neigung $\vartheta < 45^o$ zugeschrieben, was eindeutig falsch ist und zu falschen Vorstellungen und Widersprüchen zu den Versuchsergebnissen führt,
besonders dort, wo 45°-Risse unvermeidlich sind und die Verminderung
ganz von dem Biege-Druckgurt bewirkt wird. Der Umweg über das "fiktive"
$\tan \vartheta$ führt zwar in der Bemessung der Bügel bei vertikalen Bügeln $\alpha = 90^o$
zum gleichen Ergebnis wie der direkte Abzug $Q_u - Q_D$, bei geneigten Bügeln,
z.B. $\alpha = 45^o$ ergeben sich damit falscherweise größere Werte. DIN 4227
berücksichtigt ferner die günstige Wirkung der Vorspannung nicht. Eine
baldige Berichtigung ist erwünscht.

<u>Bemessung in Zone a</u>

Zone a (Bild 6.14) gibt es nur bei hohen Vorspanngraden. Schubrisse treten dort erst bei sehr hohen Laststufen ein und bleiben klein, weil die un-
gerissenen Gurte das Öffnen der Risse behindern. Deshalb ist es dort berechtigt, bei der Ermittlung der Zugkräfte im Steg von den σ_I (Hauptzugspannungen in Höhe der Schwerlinie) des homogenen Querschnittes (Zustand I) auszugehen. Die Versuche ergaben, daß

$$\mu_S = \frac{\sigma_{Iu} - 0,7\,\tau_{oD}}{\beta_S} \tag{18.14}$$

die erforderliche Sicherheit für Zug im Steg ergibt. Meist werden hier
die Regeln für Mindestbewehrung maßgebend.

18.4.2.3 Auswirkungen der Querkräfte auf den Zuggurt

Im homogenen Träger ist die Zuggurtkraft

$$Z = \frac{M}{z}$$

Im Fachwerk mit vertikalen Bügeln und 45° Druckstreben ist (Bild 18.7)

$$Z = \frac{M}{z} + \frac{Q}{2}$$

Im Fachwerk mit vertikalen Bügeln und Druckstreben in der Neigung ϑ
zur x-Achse ist (Bild 18.7)

$$Z = \frac{M}{z} + \frac{Q}{2} \cdot \cot \vartheta$$

Die Zuggurtkraft in einem Schnitt wird also umso größer, je flacher die
Druckstrebe ist. An der Stelle des max M_u, das für die Bemessung des
Zuggurtes für Z_u maßgebend ist, ist aber $Q = 0$ (größtes Feldmoment).
Am Stützenmoment von Durchlaufträgern sind keine flachen Druckstreben
vorhanden und die fächerförmigen Streben bedingen keine über M_u/z
hinausgehende Gurtkraft.

Die Fachwerkwirkung beeinflußt also den Bemessungswert $\max Z_u = \dfrac{\max M_u}{z}$
nicht, wohl aber den Verlauf der Zuggurtkräfte, also die m ö g l i c h e
A b s t u f u n g der Gurt-Spannglieder oder der Gurtbewehrung. Diese

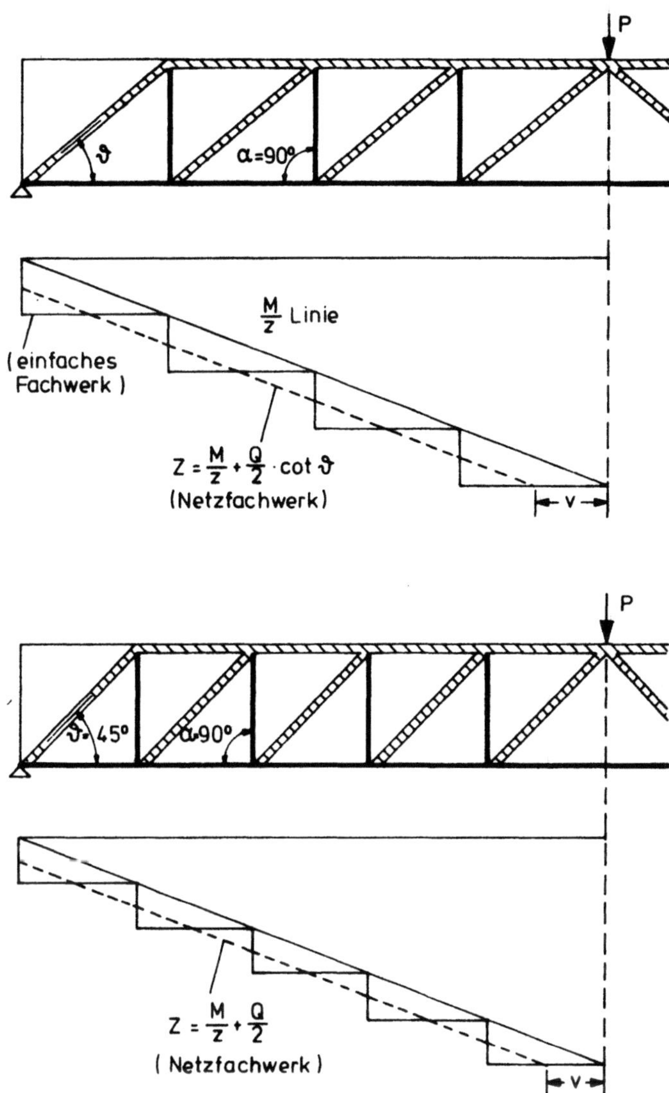

Bild 18.7   Fachwerkskizze zur Ermittlung der Zuggurtkraft

Wirkung wird durch das V e r s a t z m a ß v berücksichtigt, das angibt,
um welches Maß die M/z-Linie in x-Richtung verschoben werden muß, um
diese Zuggurtkräfte zu decken.

Da bei den Spannbetonträgern die Druckstreben flacher als 45° sind, muß
hier das Versatzmaß größer gewählt werden als bei Stahlbeton. Es kommt
noch hinzu, daß der Hebelarm z infolge der Druckgurtneigung zum Endauflager hin kleiner wird, was die Zuggurtkraft ebenfalls vergrößert. An
Stützmomenten wird z dagegen größer als das für reine Biegung gerech-
nete (kleineres x_S und starke Exzentrizität der leicht geneigten Druckgurtkraft D_u). Die Veränderung von z hängt von der Querschnittsform, u.a.
von b/b_o ab.

Diese Folgen aus der Fachwerkwirkung können global durch ein Versatzmaß berücksichtigt werden, das vom Schubdeckungsgrad η abhängig ist

$$\eta = \frac{\tau_{ou} - (1+\varkappa_u)\,\tau_{oD}}{\tau_{ou}} \qquad \text{(hier } \tau_{ou} \text{ aus } Q_u)$$

Das Versatzmaß wird bei vertikalen Bügeln

$$v \approx (1,2 - 0,7 \cdot \eta) \cdot h \qquad\qquad \text{für } \eta = 1 \quad v = \frac{h}{2}$$

$$\eta = 0,3 \quad v \sim h$$

Bei Durchlaufträgern wird empfohlen, am Momenten-Nullpunkt 1,5 v anzusetzen (Bild 18.8) nicht nur, weil dort die flachste Druckstrebenneigung entsteht, sondern auch weil sich die Lage des für konstantes EJ und Lastmomente gerechneten M = 0 Punktes beim Übergang zu Zustand II und beim Auftreten von Zwangsmomenten $M_{\Delta T}$ oder $M_{\Delta s}$ beträchtlich verschieben kann.

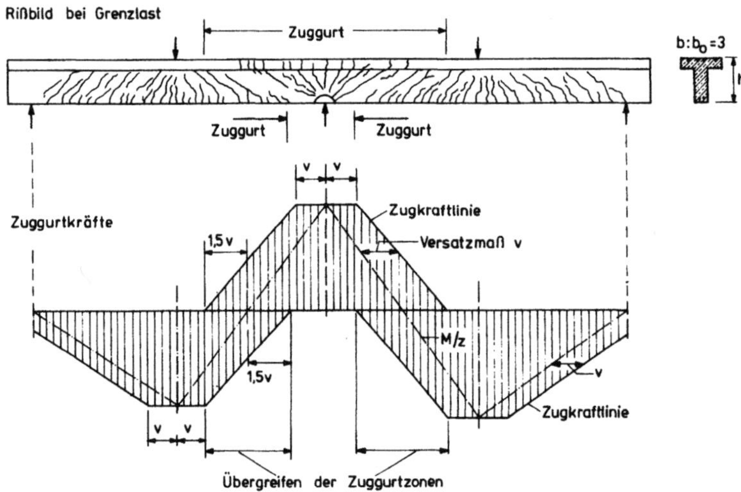

Bild 18.8   Anwendung der Versatzmaße v für die zu deckende Zugkraftlinie der Zuggurte von Durchlaufträgern

18.4.2.4 Nachweis der Druckstreben
(Sicherheit gegen Druckstrebenbruch in Stegen)

Die Neigung der Druckstreben = Neigung der Schubrisse stellt sich etwa nach der Neigung der Hauptspannung σ_{II} im Zustand I in Höhe der Schwerlinie des Trägerquerschnittes ein. Bei Spannbetonträgern ist es sinnvoll, diese Neigung für volle Gebrauchslast, also für $M_{g+p+v\infty}$ zu rechnen (siehe Bild 16.10, an Stelle von $(90^{\circ} - \varphi)$ wird der Winkel wieder mit ϑ bezeichnet).

Bei vertikalen Bügeln ist damit die auf die Längeneinheit bezogene Druckstrebenkraft

$$D'_S = \frac{Q}{z \cdot \sin \vartheta} \qquad\qquad (18.16)$$

Bei mit α geneigten Bügeln ist

$$D'_S = \frac{Q}{z} \cdot \frac{1}{\sin^2\vartheta \cdot (\cot \vartheta + \cot\alpha)} \qquad\qquad (18.17)$$

Als Q ist anzusetzen:

a) Das ganze Q_u im Bereich kleiner Momente (kein großes Q_D des Druckgurtes),

b) $Q_u - \frac{1}{2}(Q_D + Q_{Dv})$ nach Gl. 18.10 im Bereich großer Biegemomente
   z.B. in der Nähe von Zwischenstützen der Durch-
   laufträger.

Im Bereich $x = h$ rechts und links von Zwischenstützen ist D_S für 45°-Nei-
gung und für das volle Q_u zu rechnen.

Die Druckspannung $\sigma_{DS,u} = \dfrac{D'_{S,u}}{b_w} \leqq 0,6\, \beta_{WN}$ $\hspace{2cm}$ (18.18)

darf den Rechenwert der Betondruckfestigkeit nicht überschreiten. Die
wirksame Stegdicke ist

$$b_w = b_o - \Sigma\,\emptyset \qquad \text{(Bild 18.9)}$$

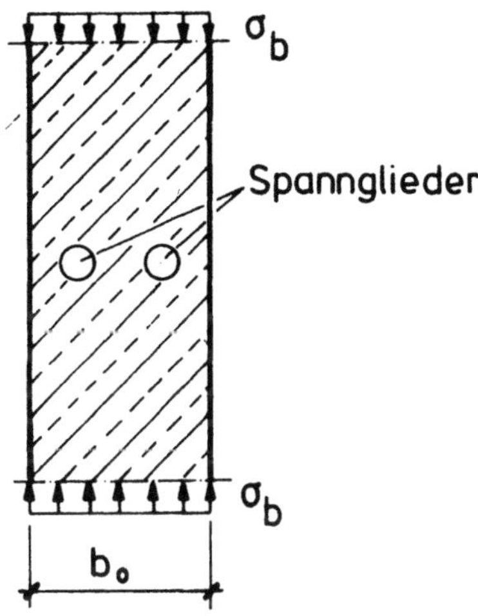

Bild 18.9 Nutzbare Stegdicke
wird durch Spannglieder oder
dicke Bewehrungsstäbe im
Steg vermindert

wobei $\Sigma\,\emptyset$ die Summe der $\emptyset$ der im Steg
liegenden Hüllrohre oder Betonstahl-
stäbe dicker als 25 mm ist, solange
die Spannglieder nicht verpreßt sind
(Bauzustände). Nach Erhärten des Einpreßmörtels genügt ein geringerer
Abzug mit etwa $0,5\,\Sigma\,\emptyset$. Bei sehr dichter Schubbewehrung (Bügelabstände
< 100 mm) sollte man nur die Beton-
dicke innerhalb der Bügel b_k in Rechnung stellen, weil in Versuchen die Betondeckung bei dichter Bewehrung meist
vorzeitig abplatzte.

In DIN 4227 ist zul σ_{DS} sehr niedrig
angesetzt, weil der Hüllrohrabzug ver-
preßter Spannglieder nicht gefordert
wird. Damit benachteiligt man Tragwerke, bei denen bewußt große Spannglieder in Stegen vermieden werden.

18.5 Torsion

Die Tragfähigkeit für Torsionsmomente ist gewährleistet, wenn das aufnehmbare Torsionsmoment

$$M_{Tu} \geqq \nu\left(M_{Tg} + M_{Tp}\right) + \nu_T M_{Tv\infty} + \nu' M'_{Tv\infty} \quad .$$

Für die M_T infolge Vorspannung gilt das Gleiche wie für die Querkräfte
$Q_{v\infty}$ und entsprechend sind ν_T und ν' wie bei den Querkräften zu wählen. Bei geraden Stab-Tragwerken (z.B. Kastenträgern) wird meist so
vorgespannt, daß keine M_{Tv} und M'_{Tv} entstehen. Bei gekrümmten Trägern werden die Spannglieder jedoch gern so angeordnet, daß M_{Tv} entstehen, die den M_{Tg} entgegenwirken (vgl. [0] Teil 6, Kap. 14.6).

Die vorhandene Torsionstragfähigkeit M_{Tu} wird für volle und hohle Querschnitte mit Hilfe des Hohlkasten-Fachwerkmodelles berechnet, wie dieses in [0] Teil 1, Kap. 9.3.2, entwickelt worden ist. Zur Bemessung der Zugglieder dient der Rechenwert der Torsionsschubspannung (Bild 18.10)

$$\tau_{Tu} = \frac{\text{vorh } M_{Tu}}{2\,F_m \cdot t_T} \qquad (18.19)$$

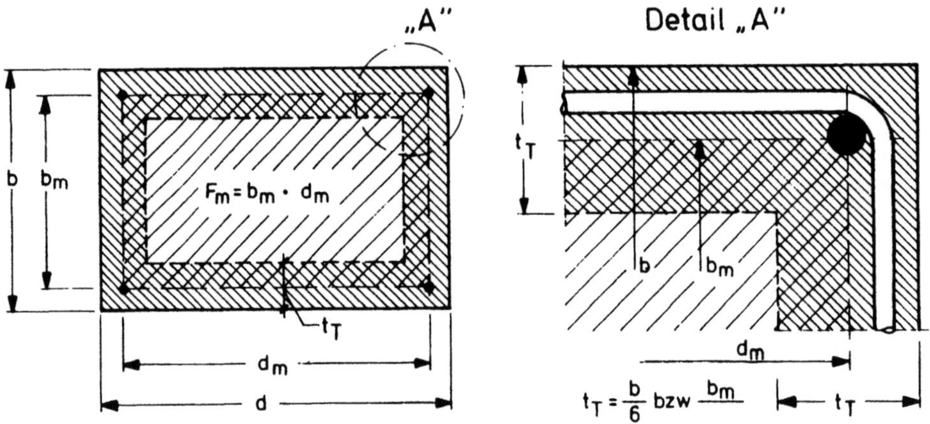

Bild 18.10   Ersatzhohlkasten für Torsion bei Rechteckquerschnitten. Andere Fälle siehe Bilder 9.20 bis 9.23 in Teil 1 von [0]

Die Neigung der Druckstreben wird in der Regel zu $\vartheta = 45^o$ angenommen (in DIN 4227 so verlangt), so daß der erforderliche Bewehrungsgrad für die Bügel und für die Längsbewehrung einfach angeschrieben werden kann zu

$$\text{erf } \mu_{T,Bü} = \mu_{T,L} = \frac{\tau_{Tu}}{\beta_s} \qquad (18.20)$$

Dabei ist **für senkrechte Bügel**

$$\mu_{T,Bü} = \frac{A_{s,Bü}}{t_T \cdot e_s} = \frac{A_s \text{ eines Bügelschenkels}}{t_T \cdot \text{Abstand der Bügel}}$$

$$\mu_{T,L} = \frac{\Sigma A_{s,L}}{t_T \cdot u_m} = \frac{\text{Summe der Längsstäbe}}{t_T \cdot \text{Umfang der Wandmittellinie}} \qquad (18.21)$$

für Bügel unter 45° $\mu_{T,Bü} = \dfrac{A_{s,Bü}\sqrt{2}}{t_T \cdot e_s}$

Bei 45°-Bügeln ist nur Montage-Längsbewehrung nötig.

Quer zur Trägerachse liegende Spannglieder, Spannglieder in Stegen oder Gurtplatten des Hohlkastens, die zur Aufnahme der Schub- und Torsionsbeanspruchung dienen, können mit einer Zugkraft von $A_z(\sigma_{z,vo} + 420)$ $\leq A_z\beta_{z,02}$ angerechnet werden, wenn sie außerhalb der Mittellinie der Kastenwand verankert sind.

Ein Abzugswert τ_{oD} wie bei Querkräften ist hier nicht möglich, weil bei reiner Torsion kein Druckgurt entsteht. Die bei Spannbetonträgern in der Regel vorhandenen Längsspannglieder können mit ihrer im Grenzzustand vorhandenen Längskraft $A_z \cdot \beta_{z,02}$ unabhängig von ihrer Lage im Querschnitt angerechnet werden. Wenn jedoch außer der Torsion M_T auch Biegung M_B aufzunehmen ist, dann dürfen die im Biege-Zuggurt liegenden Spannglieder $A_{z,B}$ und Längsbewehrungen $A_{s,B}$ nur mit der Spannung $\beta_{0,2} - \sigma_B$ angerechnet werden, wobei σ_B aus dem Biegemoment zu rechnen ist, das bei der Laststellung entsteht, die max M_T erzeugt (für Grenztragfähigkeit jeweils mit ν multiplizierte M!). Gleiches gilt für Bügel, die sowohl Torsion wie auch Querkräfte bei Biegung aufzunehmen haben.

Nachweis mit der Plastizitätstheorie

Thürlimann u.a. [8] haben nachgewiesen, daß die Querbewehrung auch bei Torsion abgemindert werden kann. Im Versuch stellen sich dabei flachere Risse mit Neigungen $\vartheta < 45^o$ ein. Da der Träger im Zustand I noch nicht weiß, daß seine Querbewehrung geschwächt ist, bilden sich zuerst 45°-Risse, die dann durch flachere Risse überlagert werden. Die Folge der flacheren Druckstreben-Neigung sind größere Längskräfte, d.h. bei abgemindertem $\mu_{T,Bü}$ muß $\mu_{T,L}$ größer gewählt werden.

Diese Vorgänge werden als Plastifizierung der Stege im Zustand II bezeichnet und bilden die Grundlage für das "verfeinerte Bemessungsverfahren" (refined method) für Bügel in Trägerstegen der CEB-FIP Mustervorschrift von 1978. Die Neigung des Winkels ϑ ist dabei mit $\tan \vartheta = 0,6$ begrenzt. Man nimmt hier den Winkel ϑ an und baut darauf die Bemessung der Quer- und Längsbewehrung auf. Vorteile entstehen hauptsächlich dort, wo bei der Laststellung, die max M_T erzeugt, das zugehörige Biegemoment M_B erheblich kleiner ist als max M_B, so daß die Gurt-Zugglieder $(A_z + A_s)$ Reserve für Torsionslängskräfte haben. Das Verfahren erlaubt die Bemessung bei Torsion mit Biegung und Querkraft auf einheitlicher Grundlage vorzunehmen.

19. Bemessung für die Gebrauchsfähigkeit

19.1 Begrenzung der Verformungen

Die Gebrauchsfähigkeit kann durch übermäßige Verformungen des Tragwerkes beeinträchtigt werden. Bei Spannbeton müssen hier besonders
beachtet werden:

1. Die Verkürzung des Tragwerkes durch die Längs-Druckkräfte der
   Vorspannung $\Delta \ell_{el} + \Delta \ell_{s+k}$. Für die nötige Beweglichkeit an Lagern
   und Fugen muß gesorgt werden.

2. Die Durchbiegungen des Tragwerkes durch Biegemomente infolge
   $g+V_0$ oder $g+p+V_\infty$, je mit den Einflüssen von Schwinden und Kriechen. Hier ist auch auf negative Durchbiegungen (Aufbiegung, Krümmung nach oben) zu achten, wie sie bei niedrigem Verhältnis g/p und
   hohen Vorspanngraden entstehen, besonders wenn zu früh vorgespannt
   wird, solange das "wirksame Betonalter" noch niedrig ist. Die für
   die Gebrauchsfähigkeit maßgebenden Grenzen der Durchbiegungen sind
   für die Wahl des Vorspanngrades (s. Kap. 7) oft bestimmend. Man
   kann hier jedoch auch durch die Wahl des Querschnittes die entstehenden Verformungen beeinflussen, indem ausreichend große Betongurte
   für die vorgedrückte Zugzone gewählt werden. So verhalten sich
   Kastenträger in dieser Hinsicht stets wesentlich günstiger als Plattenbalken.

   Für den Gebrauchszustand bleiben die Spannbetontragwerke auch bei
   teilweiser Vorspannung praktisch im Zustand I, so daß die Berechnung
   der Durchbiegungen einfach ist - siehe hierzu [0] Teil 4.

3. Schwingungen bleiben bei Spannbetontragwerken in der Regel in Grenzen, die die Gebrauchsfähigkeit nicht beeinträchtigen. Die Dämpfung
   (log. Dekrement $\vartheta \approx 0,04$) ist groß genug, um im Resonanzfall die
   Amplituden klein zu halten. Bei sehr schlanken Trägern der mittleren
   Spannweiten (30 bis 60 m) sind Eigenfrequenzen zwischen 0,8 und 1,5
   Hertz möglichst zu vermeiden, wenn das Bauwerk von Fußgängern benützt wird, weil diese Frequenzen auch bei kleinen Amplituden Menschen ängstigen.

19.2 Begrenzung der Rißbreiten

19.2.1 Anforderungen

Die Anforderungen hinsichtlich der zul. Rißbreiten w_m oder w_{90} müssen
abhängig von der Nutzungsart und der gewünschten Lebensdauer des Bauwerkes festgelegt werden. Rissefreiheit ist nur erforderlich für Flüssig-
keits- und Gasbehälter, wobei es genügt, Trennrisse zu verhüten, während
Biegerisse die Dichtheit der Behälter nicht aufheben. Bei allen anderen
Bauwerken sind Risse selbst im Dauerzustand unschädlich, wenn sie auf

zul w begrenzt werden. Auch wenn die Versuche z.B. von Schießl [14] und Rostásy [21] zeigten, daß Rißbreiten bis w_{90} = 0, 3 mm eine mögliche Korrosion nicht steigern, wird man doch die Rißbreite in korrosiver Umwelt auf einen kleineren Wert, z.B. w_m = 0, 1 mm, begrenzen und die größeren Werte 0, 2 bis 0, 3 mm nur in wenig aggressiver Umgebung zulassen. Mit bloßem Auge sichtbar werdende Risse sollten bei allen Bauteilen vermieden werden, Wenn die Menschen diese Bauteile häufig aus nur 1 bis 2 m Entfernung sehen, dann ist es zweckmäßig zul w_m = 0, 1 mm zu setzen; bei größerer Entfernung genügt zul w_m = 0, 2 mm.

Diese Anforderungen können auf verschiedene Weise erfüllt werden:

1. mit einem Vorspanngrad, der $M_{g+\psi p}$ = M_D setzt, wobei ψp dem häufig vorkommenden Anteil der Verkehrslast entspricht. Als schlaffe Bewehrung genügt dann meist die Mindestbewehrung.

2. mit einem Vorspanngrad, bei dem $M_D \approx M_g$ oder sogar M_D = 0, 8 M_g gewählt wird. Hier muß dann die Bewehrung so gewählt werden, daß sie die Tragfähigkeit und zul w bei voller Gebrauchslast sicherstellt.

3. mit einem noch kleineren Vorspanngrad oder sogar ohne Vorspannung. Die Begrenzung der Rißbreiten fällt dann ganz der Betonstahlbewehrung zu, wobei mit den heutigen Kenntnissen selbst zul w = 0, 1 mm eingehalten werden kann.

Man sollte es dem Ingenieur überlassen, mit welchen Mitteln er die Anforderungen an zul w erfüllt. Diese Freiheit der Wahl der Mittel ist in der CEB-FIP Mustervorschrift von 1978 gegeben. Für den Bauherrn spielt es keine Rolle, w i e die Anforderungen erfüllt werden, wesentlich ist, d a ß sie erfüllt werden.

In der Regel führt der Lösungsvorschlag Nr. 2 zur wirtschaftlich und konstruktiv besten Lösung, die auch außergewöhnlichen Beanspruchungen gegenüber das günstigste Verhalten ergibt.

Für die B e m e s s u n g der Bewehrungen zur Begrenzung der Rißbreiten sind die Grundlagen in [0] Teil 4 gegeben. Im folgenden werden v e r - e i n f a c h t e R e g e l n für die praktische Anwendung mitgeteilt, wie sie vom Verfasser für die DIN 4227, 1978, vorgeschlagen worden waren:

19.2.2 Mindestbewehrungen

Mindestbewehrungen zur Begrenzung der Rißbreiten sind nur dort nötig, wo aus den vorgeschriebenen Lastkombinationen (Gebrauchslasten ohne Sicherheitsbeiwert) rechnerisch zwar keine oder nur sehr kleine Betonzugspannungen auftreten und keine Bewehrung für die Tragfähigkeit nötig wäre, wo aber durch Eigen- und Zwangsspannungen infolge extremer Temperatur- oder Schwindgradienten, durch Stützensenkungen oder dergleichen eine Rißbildung denkbar ist.

1. Forderung

Die Mindestbewehrung muß dann als erste Forderung so bemsssen sein, daß sie beim Entstehen des Risses durch den Spannungssprung im Stahl nicht über die Streckgrenze beansprucht wird. Dies ergibt bei mittigem Zug und freier Dehnbarkeit

$$\min \mu_s = \frac{\beta_{bZ}}{\beta_{0,2}} \qquad \frac{0,24\,\beta_w^{2/3}}{\beta_{0,2}} \quad [\text{N/mm}^2] \qquad\qquad (19.1)$$

also Werte von $\mu_s = 0,55\,\%$ bei B 35 und St 420

und von $\mu_s = 0,75\,\%$ bei B 55 und St 420

und damit ziemlich hohe Bewehrungsgrade.

Nun ist reiner Zug und freie Dehnbarkeit nur bei reinen Zugstäben gegeben, meist haben wir behinderte Dehnbarkeit (z.B. schiefer Zug in Stegen) oder Biegung oder Biegung mit Normalkraft als Druck aus Vorspannung. Der Spannungssprung im Stahl wird dabei wesentlich kleiner (vgl. [0] , Bild 2.8 in Teil 4), wobei der Spannungssprung natürlich auch von μ abhängig ist.

Als grobe Regel kann b e i B i e g u n g angesetzt werden

$$\min \mu_s = 0,4\,\frac{\beta_{bZ}}{\beta_{0,2}} \qquad\qquad (19.2)$$

Bei B i e g u n g m i t L ä n g s d r u c k genügt je nach dem Verhältnis $\frac{M}{h \cdot N}$ ein noch kleinerer Wert bis herab zu Null, wenn die mögliche Rißtiefe

$$t_R = (h-x) < 2500 \ \text{zul} \ w \qquad\qquad (19.3)$$

bleibt, (abgeleitet aus Gl. (2.25) in [0] Teil 4, Kap. 2.11

wobei gleichzeitig $(h-x) = t_R < 0,25\,h$ sein muß).

In Gl. (19.2) ist μ_s auf folgende Betonflächen zu beziehen:

bei Zug auf $\qquad A_b = b\,h \qquad$ bis $\qquad h \leqq 0,4$ m

bei Biegung auf $\quad A_{BZ} = b \cdot \frac{2}{3}\,(h - x_I)$ bis $h \leqq 0,8$ m

Sind die Abmessungen von h größer als obige Grenzwerte, dann ist μ_s auf die W i r k u n g s z o n e A_{bw} nach Bild 19.1 zu beziehen (entspricht Bild 2.13 des Teiles 4 oder der CEB-FIP-Mustervorschrift - in DIN 4227 leider nicht enthalten), man spricht dann oft auch von μ_{sw}. Hinter dieser Wirkungszone sind im anschließenden inneren Betonteil breitere Sammelrisse möglich und meist unbedenklich. Spannglieder mit nachträglichem Verbund sollten auf diese Mindestbewehrungen nicht angerechnet werden.

2. Forderung

Die Mindestbewehrung muß zweitens so bemessen und verteilt sein, daß sie die R i ß b r e i t e n auf die geforderten zul w-Werte b e g r e n z t .

Das für eine zulässige Rißbreite w erforderliche μ_s ist für reinen Zug bei freier Dehnbarkeit abhängig vom gewählten Stabdurchmesser $\emptyset$ aus dem Falkner-Diagramm Bild 19.2 bequem abzulesen. Es gilt für B 25. Bei höheren Betongüten sind die μ_s mit dem Verhältnis der Betonzugfestigkeiten zu multiplizieren (in Bild 19.2 angegeben). Die μ_s sind wieder auf A_{bw} nach Bild 19.1 zu beziehen.

Für Biegung und Biegung mit Normalkraft ist das μ_s des Bildes 19.2 als Näherung abzumindern mit

$$k_B = \frac{h - x_{II}}{h} \qquad\qquad (19.4)$$

(siehe auch Bild 19.3), wobei x_{II} die Höhe der Biegedruckzone im Zustand II bei linearer Betonspannungsverteilung für ein zunächst angenommenes A_s und für das zum Erzeugen des ersten Risses nötige Rißmoment M_R

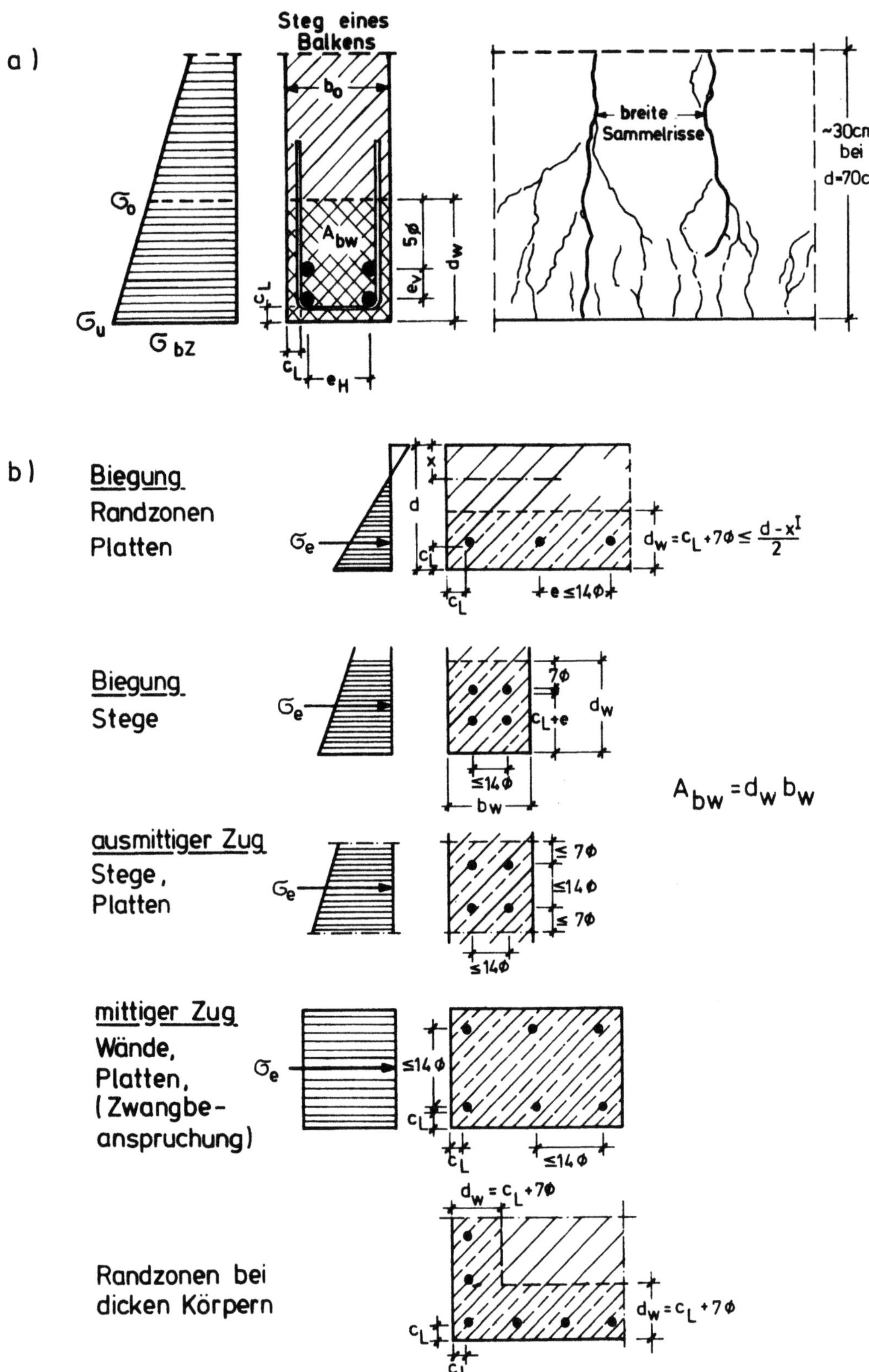

Bild 19.1 Wirkungszone A_{bw} der Bewehrung für Nachweise der Rißbreitenbeschränkung

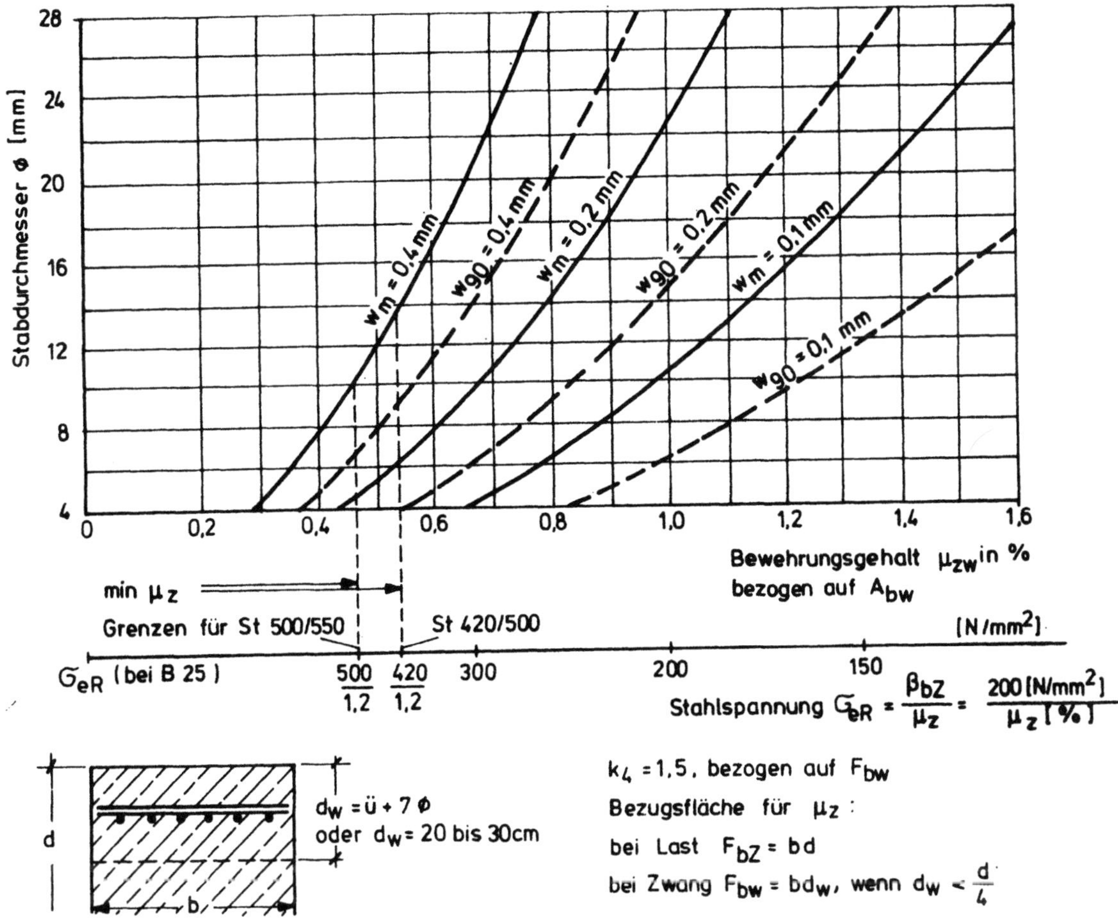

$d_W = \ddot{u} + 7\,\phi$
oder $d_W = 20$ bis 30 cm

$k_4 = 1,5$, bezogen auf F_{bw}

Bezugsfläche für μ_z :

bei Last $F_{bZ} = b\,d$

bei Zwang $F_{bw} = b\,d_w$, wenn $d_w < \dfrac{d}{4}$

Bild 19.2   Erforderlicher Bewehrungsgehalt zur Beschränkung der Rißbreiten auf w_m und w_{90} und zugehöriger Stabdurchmesser für mittige
Zugbeanspruchung aus Zwang oder Last bei B 25 bis etwa 1,2 σ_{eR}, Betondeckung 15 bis 30 mm, gerippter Betonstahl St 420/500 oder 500/550
Für $w_{90}{:}w_m$ wurde 1,5 angenommen.

	B 35	45	55
Für höhere Betongüten ist der Multiplikator	1,25	1,50	1,70

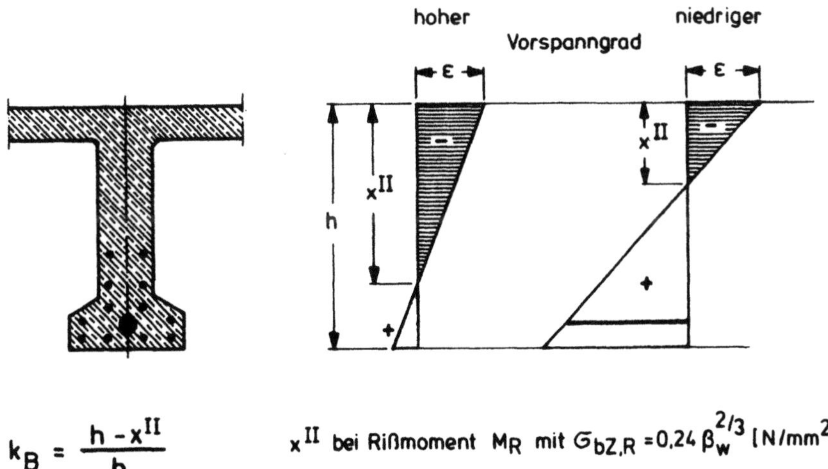

$k_B = \dfrac{h - x^{II}}{h}$ x^{II} bei Rißmoment M_R mit $\sigma_{bZ,R} = 0,24\,\beta_w^{2/3}$ [N/mm²]

Bild 19.3   Erläuterung zum Beiwert k_B

ist (gerechnet mit $\sigma_{bZ} = 0,24\,\beta_w^{2/3}\,[\text{N/mm}^2]$). Dabei ist die Wirkung der Vorspannung mit V_∞ anzusetzen. x_{II} kann auch geschätzt und mit dem zugehörigen ϵ-Diagramm grob nachgerechnet werden.

Liegen Spannglieder mit nachträglichem Verbund im Zuggurtbereich, so dürfen sie bei der Ermittlung von x_{II} wegen ihrer niedrigen Verbundgüte nur mit $k_b \cdot A_z$ angesetzt werden, wobei k_b höher gewählt wird als ξ nach Kap. 5, weil der Verbund am Anfang der Rißbildung nur wenig geschädigt ist.

$k_b = 0,6$ bei glattem Spannstahl
$k_b = 0,75$ bei Litzen oder gerippten Flachdrähten
$k_b = 0,9$ bei Gewi-Stäben.

Diese k_b-Werte sind zunächst geschätzt und müssen durch weitere Forschungsarbeiten überprüft werden.

μ_z ist auch hier auf die Wirkungszone A_{bw} zu beziehen und wird dann auch als μ_{zw} bezeichnet.

19.2.3 Rißbreitenbegrenzung, wenn Bewehrung für die Tragfähigkeit erforderlich ist

In all den Fällen, in denen die erf. Grenztragfähigkeit Bewehrung bedingt, ist nachzuweisen, daß mit dem vorhandenen μ_s bzw. μ_{sw} und den gewählten $\emptyset$ der Stäbe die zul w eingehalten sind. Dabei dürfen Spannglieder mit nachträglichem Verbund, die in der betrachteten Zone A_{bw} liegen, nur mit dem ξ-fachen Querschnitt A_z angesetzt werden, wobei nach Kap. 5, Tafel 5.2 und nach DIN 4227 gilt:

$\xi = 0,2$ bei glattem Spannstahl

$\xi = 0,4$ bei Litzen und gerippten Flachdrähten

$\xi = 0,6$ bei Gewi-Stäben.

Die Bedingungen sind ohne besonderen Nachweis erfüllt, wenn die μ_{sw} und die Stababstände den Werten der folgenden Tafel genügen, wobei B 35 angenommen wurde, bei höheren Betongüten sind Zuschläge angezeigt.

Tafel 19.1	Rißnachweise unnötig, wenn bei $B \leqq 35$			
Beanspruchg. Art	zul w_{90} in mm	0,1	0,2	0,4
Zug	$\mu_{sw}\,\% >$	1,4	0,9	0,6
	Stababstand mm	100	150	200
Biegung	$\mu_{sw}\,\% >$	0,8	0,6	0,4
	Stababstand mm	100	150	250
Schub und Schub mit Torsion	vertikale Bügel e_s mm bei τ_o bis 2 N/mm^2	50	100	200
	bei τ_o bis 3 N/mm^2	-	75	100
	45° bis 60° Bügel τ_o bis 3 N/mm^2	100	150	250

20. Verformungen und Umlagerung von Schnittkräften

20.1 Verformungen

Bei Spannbetontragwerken spielen die zeitabhängigen Einflüsse des Kriechens des Betons und - in geringerem Maße - des Schwindens eine umso
größere Rolle, je höher der Vorspanngrad ist oder je größer die durch
Vorspannung erzeugten Betondruckspannungen sind. Die genaue Berechnung der Verformungen unter diesen Einflüssen ist aufwendig, zudem
häufig die Kriechbehinderung durch Bewehrungen zu berücksichtigen ist.

In [1] Kap. 12 sind Berechnungsmethoden ausführlich dargestellt, wobei
die Kriecheinflüsse noch mit der Dischinger' schen Differentialgleichung
behandelt sind. Die Auswirkung der Relaxation (H. T r o s t u.a.) kann
jedoch leicht mit dem Trost' schen Relaxationskennwert ρ berücksichtigt
werden. Die Theorien hierzu folgen hier in Kap. 23, wo auch die nützliche Kriechfasermethode von A. Busemann gezeigt wird.

Hier sei zunächst das für die Praxis Wesentliche erwähnt:
Wenn die Verformungen für das Gelingen der Ausführung und das spätere
Verhalten von Spannbetontragwerken von Bedeutung sind, dann müssen
die Daten der Schwind- und Kriecheigenschaften des vorgesehenen Betons,
also $\varepsilon_s(t)$, $\varphi(t)$ zum Zeitpunkt des voraussichtlichen wirksamen Alters
bei Belastungsbeginn, der zugehörige E_b-Modul, die voraussichtlichen
Temperaturen unter Beachtung der Hydratationswärme und etwaiger
Wärmeschutz-Behandlung möglichst wirklichkeitsnah bekannt sein.

Man darf also nicht einfach E_b, ε_s und φ einer DIN-Vorschrift entnehmen. Man muß ferner überlegen, ob untere oder obere Grenzwerte oder
Mittelwerte maßgebend sind. Die ε_s und φ -Werte der DIN 4227 sind im
Hinblick auf Spannkraftverluste mehr obere Grenz- als Mittelwerte.

Die ganzen heute möglichen und theoretisch ausgereiften EDV-Berechnungen solcher Verformungen nützen nichts, wenn die physikalischen
Eingabewerte nicht stimmen. Bei den Querschnittswerten muß deutlich
unterschieden werden, ob Spannglieder noch ohne Verbund oder mit Verbund wirken. Für Kriech- und Schwindverformungen bleiben Spannstahlquerschnitte in gedrückten Betonfasern außer Ansatz, weil sie die Verformung ohne Widerstand und ohne Beanspruchung des Verbundes mitmachen - die Verkürzungen wirken sich dort im Spannstahl durch die Spannkraft-Abnahme aus.

Die Spanngliedführung hat einen erheblichen Einfluß auf die Verformungen.
So wird z.B. beim statisch bestimmten Balken die Durchbiegung nach oben
durch Vorspannung bei im Zuggurt unten gerade geführtem Spannglied um
ca. 20 % größer als bei parabelförmigem Spannglied.

Weiteres siehe [1] Kap. 12.

20.2 Umlagerung von Schnittkräften

Bei statisch unbestimmten Spannbetontragwerken oder Querschnitten
(Kastenträgern) muß man sich bewußt sein, daß das Kriechen des Betons
zu erheblichen inneren Spannungsumlagerungen führen kann, die über die
Querschnitte integriert auch als Schnittkraft-Umlagerungen behandelt
werden können. Die Umlagerungen betreffen nicht nur Lastspannungen,
sondern auch durch Schwindbehinderung hervorgerufene Spannungen.

Die theoretischen Grundlagen für die Berechnung solcher Umlagerungen
werden in Kap. 23 dieses Bandes behandelt. Einfach verständliche Nachweise sind in [1] Kap. 12.4 und 12.5 zu finden.

Wesentliche Merkmale des Verhaltens der Spannbetontragwerke
sind:

1. Das Kriechen erzeugt und ändert keine durch stat. Unbestimmte bedingte Schnittkräfte infolge Lasten oder Vorspannung, solange das
   statische System und die Auflagerbedingungen nicht geändert werden
   und solange die Vorspannkraft gleich bleibt. Die Spannkraftabnahme
   V_{s+k} (nach Kap. 17.4) ändert nur die Zwangs-Schnittkräfte infolge
   V, also die M_v', Q_v'. Voraussetzung ist dabei, daß das Tragwerk aus
   durchweg gleichem Beton mit gleichem E-Modul besteht, der in den
   rechnerischen Ansätzen herausfällt.

2. Wird jedoch das statische System geändert oder verschiebt sich ein
   Auflager, dann werden die durch die Systemänderung verursachten
   Schnittkräfte durch Kriechen verändert, in der Regel abgebaut. Das
   Maß der Schnittkraftveränderung hängt vom zeitlichen Verlauf der
   Systemänderung ab. Ursache ist die Tatsache, daß diese durch Sy-
   stemänderung hervorgerufenen Schnittkräfte von $\frac{\sigma}{\varepsilon}$ = E-Modul abhän-
   gen, der hier nicht herausfällt, so daß sich die ε_k auswirken.

3. Schnittkräfte, die durch zeitlich rasch ablaufende (kurzzeitige) Systemänderungen, z.B. durch rasche Stützensenkungen bei Durchlaufträgern entstehen, werden stark abgebaut, z.B. ein Moment M_o,
   das zum Zeitpunkt t = 0 bei der Stützensenkung entsteht, wird zu

$$M_\infty = M_o \left(1 - \frac{\varphi}{1+\rho\varphi} \right) \qquad (20.1)$$

mit Relaxationskennwert ρ = 0,8.

Für φ = 2,5 sinkt das Moment auf 0,16 M_o ab!

4. Schnittkräfte, die durch langsame, lang andauernde Systemänderungen
   entstehen, z.B. durch Stützensenkungen auf bindigem Boden, die 2 bis
   3 Jahre oder mehr dauern, werden abgemindert auf

$$M_\infty = M_o \left(\frac{1}{1+\rho\varphi} \right) \qquad (20.2)$$

mit ρ = 0,8 .   Bei φ = 2,5 verbleibt M_∞ = 0,33 M_o.

Diese Abminderung gilt auch für Schnittkräfte, die durch Schwinden
verursacht werden. Dabei würde für den langsamen Verlauf der Systemänderung etwa der gleiche zeitliche Verlauf wie der des Kriechens angenommen. Unterschiede im zeitlichen Verlauf können natürlich dazwischen liegende Werte ergeben.

5. Die Umlagerungen führen dazu, daß als Kragarme im Freivorbau gebaute Balkenbrücken, die in der Mitte der Spannweite biegesteif verbunden werden, durch Kriechen im Laufe der Zeit beinahe eine Momentenverteilung annehmen, wie sie sich bei Herstellung als Durchlaufträger auf einem Lehrgerüst ergeben würde (Bild 20.1). Dabei ist vorausgesetzt, daß die entstehenden Feldmomente im Zustand I aufgenommen werden, daß sich also das E J nicht ändert. Entsprechend muß eine ausreichende Vorspannung im Feld vorbereitet und ausgeführt werden, wodurch ein Teil der Momentenumlagerung bereits erzeugt und vorweggenommen wird.

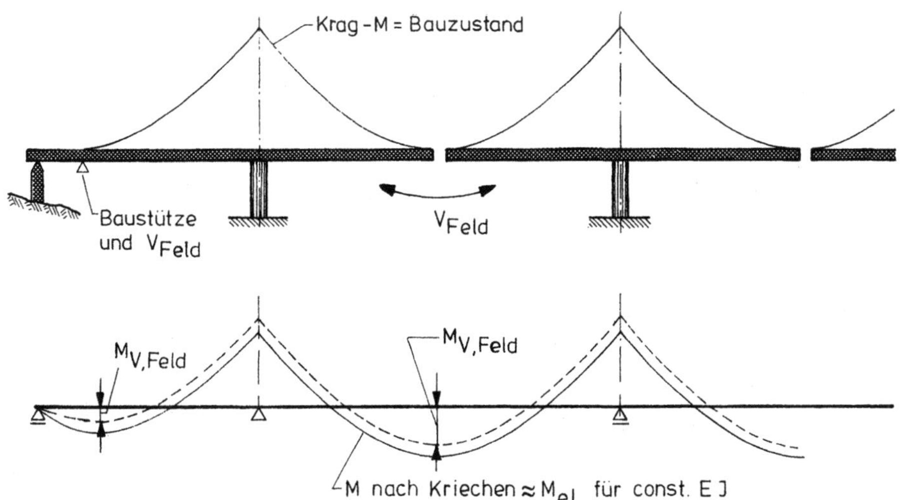

Bild 20.1 Kragmomente, wie sie im Freivorbau entstehen, werden nach Herstellung der Kontinuität durch Kriechumlagerung abgebaut. Es entsteht beinahe die Momentenverteilung des Durchlaufträgers, wobei durch die dafür nötige Feldvorspannung nachgeholfen wird.

Kommen während der Umlagerung Teile des Tragwerkes in den Zustand II, dann entstehen zusätzliche Momentenumlagerungen durch Veränderung der Biegesteifigkeit von $K_B^I = E J^I$ zu $K_B^{II} = E J^{II}$ (vgl. [0] Teil 4).

Auch wenn vorgefertigte Einfeldträger zu Durchlaufträgern verbunden werden, kriecht die Momentenverteilung auf den Zustand hin, der bei Herstellung als Durchlaufträger auf einem Lehrgerüst entstanden wäre, insbesondere wenn wiederum durch Vorspannung über den Zwischenstützen dafür gesorgt wurde, daß die negativen Stützmomente im Zustand I aufgenommen werden.

Für die rechnerischen Nachweise siehe Kapitel 23.5.3.

21. Konstruktive Regeln

Unter "Konstruieren" wollen wir nach deutschem Sprachgebrauch die
Wahl und Festlegung der baulichen Einzelheiten verstehen, was englisch
"structural detailing" genannt wird. Gutes Konstruieren ist für ein Bauwerk wichtiger als übertrieben genaues Rechnen. Es erfordert die Kenntnis der Vorgänge bei der Bauausführung und ein gutes räumliches Vorstel-
lungsvermögen.

Konstruieren beginnt mit der Vorstellung der Bauteile im Kopf, die sich
in Skizzen niederschlägt und mit Ausführungszeichnungen endet, die alle
Abmessungen, Maße, Arten und Güte der Baustoffe usw. enthalten
müssen.

Die für Stahlbeton entwickelten Regeln über Mindestabmessungen, Betondeckung der Bewehrungen, Richtlinien der Bewehrungsführung usw. gelten natürlich auch für Spannbetontragwerke. Darüber hinaus ist zu beachten:

Spannglieder sollten grundsätzlich innerhalb eines Beweh-
rungsnetzes liegen, mindestens innerhalb der Querbewehrungen, die
in allen Trägerteilen nötig sind, die mit mehr als rund $0,05\ \beta_w$ gedrückt
werden. Der Abstand der Spannglieder in Hüllrohren und ihre
Betondeckung sollte die in Bild 21.1 dargestellten Maße nicht unterschrei-
ten. Bündelung von Spanngliedern ist nur dort vertretbar, wo die
Spannglieder gerade verlaufen und keine Umlenkkräfte ausüben. Man sollte jedoch höchstens zwei Spannglieder ohne Abstand übereinander
legen (Bild 21.2). Dicht nebeneinander liegende Spannglieder stören
den Kraftfluß der Schubdruckstreben - sie können höchstens bei kleinen
Spanngliedern mit Hüllrohren $\emptyset < 35$ mm als zulässig betrachtet werden,
wenn die Betondeckung dadurch größer gewählt werden kann (Bild 21.3).

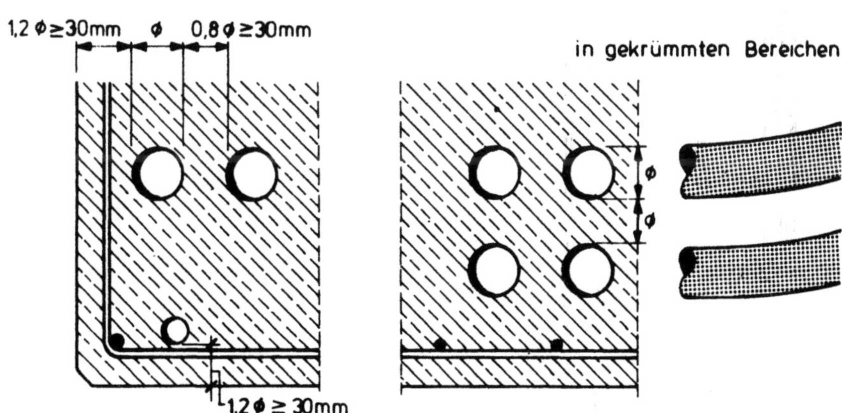

Bild 21.1   Regeln für Mindestabstände der Spannglieder in Hüllrohren

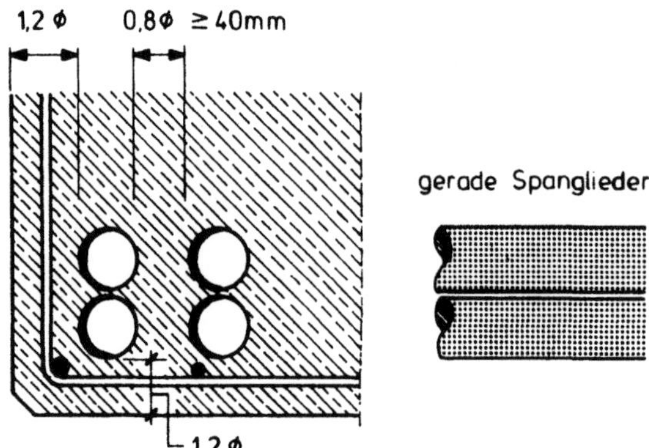

Bild 21.2   Spannglieder sollten nur vertikal gebündelt werden, sofern
keine vertikalen Umlenkkräfte gegen das anliegende Spannglied wirken

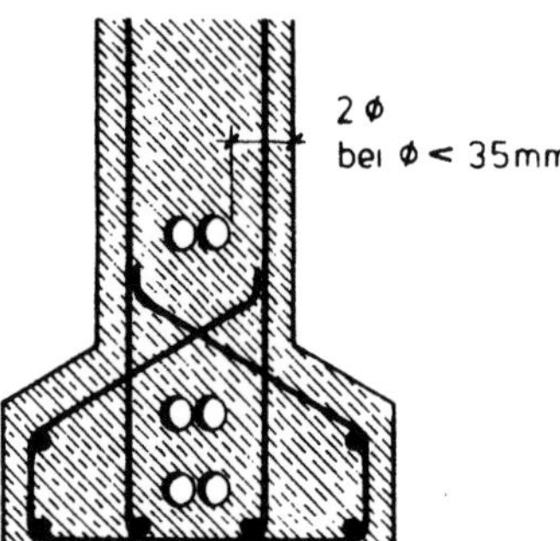

Bild 21.3
Bedingungen für kleine Spannglieder
nebeneinander

Bei einer Häufung der Spannglieder sind Betonierlücken mit mind. 120 mm
Breite im Abstand von etwa 0,8 bis 1,0 m anzuordnen, damit der unter
den Spanngliedern liegende Beton mit Schüttrohren eingebracht und mit
Tauchrüttlern verdichtet werden kann.

Die planmäßige Unterstützung der Spannglieder mit Beton-
leisten (bis ~ 100 mm Höhe) oder mit Standbügeln, an denen Querstäbe in
planmäßiger Höhe angeschweißt oder einstellbar angeschraubt sind, muß
zeichnerisch festgelegt werden. Für die Abstände der Unterstützungen gelten die Maße, die in der Zulassung des Spannverfahrens angegeben sind.
Die Spannglieder müssen zum Ausrichten zugänglich bleiben und auch in
der Querrichtung unverschieblich festgelegt werden.

Die Verankerungen müssen genügend Abstand von der Stelle haben,
an der die durch Vorspannung erzeugte Druckspannung für die Tragfähigkeit gebraucht wird. D.h. die Krafteinleitungszonen mit den dort erforderlichen Bewehrungen müssen beim Entwerfen der Ankerbereiche beachtet werden. Dies gilt besonders bei

1. Ankern an Endauflagern von Balken

2. Zwischenankern

3. Übergreifungsstößen von Spanngliedern

4. Rahmenecken, bei denen die Anker eigentlich außerhalb der Ecke
   liegen sollten. Bei Hohlkastenrahmen, die z.B. für große Torsions-
   kräfte quer vorgespannt werden, kann dies mit einem Flansch nach
   Bild 21.4 erreicht werden.

Für die gegenseitigen Abstände der Verankerungen sind die Mindestwerte nach Zulassung streng zu beachten.

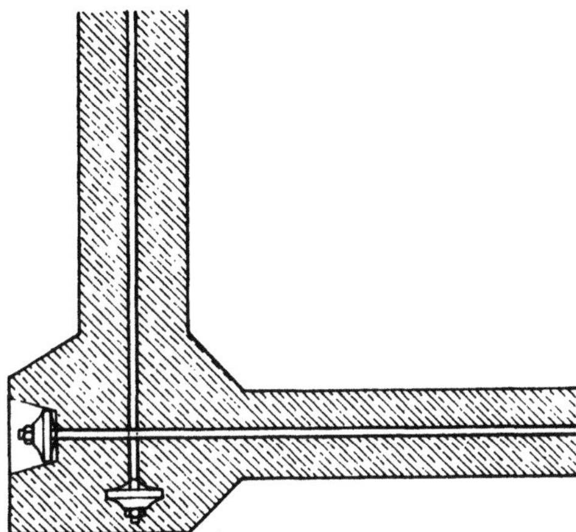

Bild 21.4   An Rahmenecken müssen die Spanngliedanker so weit außen
liegen, daß sich eine wirksame Resultierende bilden kann

Zur S p a n n g l i e d f ü h r u n g   ist im Zusammenhang mit Spannbetonbrük-
ken in [0] Teil 6 Wesentliches gesagt. Für Sonderbauwerke finden sich
in [1] Kap. 16 und in [23] zahlreiche Beispiele.

Für das Verpressen der Hohlräume in den Hüllrohren mit Einpreßmörtel
müssen für jedes Spannglied die Stellen des Einpressens und Entlüftens
festgelegt werden. Bei langen und gekrümmten Spanngliedern kann es
zweckmäßig sein, auch zwischen den Ankerstellen, möglichst an den tiefsten Punkten Einpreßstutzen und an Hochpunkten Entlüftungen mit Stand-
rohren anzuordnen.

22. Bemerkungen zur Bauausführung und zur Bauüberwachung

Beim Spannbeton werden Stähle sehr hoher Festigkeit verwendet, die
gegen Korrosion oder Kerben usw. empfindlich sind; sie werden im Verhältnis zu ihrer Festigkeit sehr hoch gespannt. Auch der Beton wird
besonders im Bereich der Verankerungen der Spannglieder, aber auch
in vorgedrückten Zuggurten hoch beansprucht. Deshalb sind bei der Herstellung von Spannbeton-Tragwerken die anerkannten Regeln, wie sie
vor allem in DIN-Vorschriften niedergelegt sind, mit größter Sorgfalt
zu beachten. Dies betrifft nicht nur die Güteüberwachung der Baustoffe,
sondern auch die strenge Überwachung der Schalungen und Rüstungen
hinsichtlich der Maßgenauigkeit, der Spannglieder und Bewehrungen hinsichtlich Abmessungen, Abständen, Betondeckung, Lage in Höhe und
Richtung.

Da die Höhenlage der Spannglieder im Trägerquerschnitt einen beachtlichen Einfluß auf die Vorspannmomente hat, muß die Soll-Lage mit
kleinen Toleranzen eingehalten werden. Der erforderliche Genauigkeits-
grad hängt von der Kernweite des Querschnittes ab. Die Abweichung sollte nicht größer sein als $\pm \dfrac{h}{100} \leqq 20$ mm, was allerdings bei kleinen
Querschnittshöhen z.B. in Platten schwer einzuhalten ist. Ankerplatten,
auf denen Spannpressen angesetzt werden, müssen möglichst genau rechtwinklig zur Spanngliedachse unverschieblich fest eingebaut werden.

Besondere Aufmerksamkeit verdient der Einfluß der Witterung, der
T e m p e r a t u r e n der Luft, des Frischbetons, der Temperaturent-
wicklung durch Hydratation im Beton, der Abkühlung beim Erhärten des
Betons, die eventuell durch wärmedämmende Abdeckungen verzögert
werden muß. Wenn in den ersten zwei bis vier Nächten hohe Eigenspan-
nungen durch ΔT infolge nächtlicher Kühle entstehen, dann können trotz
Bewehrung grobe Risse entstehen, weil der junge Beton noch keine ausreichende Verbundfestigkeit entwickelt hat, um die Bewehrung zur Begrenzung der Rißbreiten wirksam zu machen.

Auch starke Sonnenbestrahlung und trockener Wind können im jungen
Beton grobe Risse verursachen, wenn der Beton nicht geschützt ist.

Der Einfluß der Temperatur auf den Erhärtungsverlauf muß besonders
auch im Hinblick auf Spanntermine beachtet werden.

Die Temperatur verändert die Länge der Spannstähle in den Spanngliedern. An heißen windstillen Tagen können Stahlteile in der Sonne über
$70\,^{\circ}$C warm werden. Nachts kühlen sie wieder ab. Dies muß bei langen
Spanngliedern beachtet werden, die an den Enden mit Muttern in Anker-
teilen festliegen, die wiederum an starren Schalungen befestigt sind.
Die Muttern müssen für dieses $\Delta \ell_T$ Spiel lassen, sonst heben sich
heiß eingebaute gekrümmte Spannglieder bei Nacht von den Unterstützungen ab oder kühl eingebaute knicken an warmen Tagen seitlich aus.

Daß die Vorspann- und Einpreßarbeiten vom Fachingenieur streng überwacht und die zugehörigen Protokolle gewissenhaft geführt werden müssen, wurde weiter vorne schon gesagt.

Bei Herstellung auf Lehrgerüsten oder Vorbau-Rüstungen ist stets zu beachten, daß die Rüstung die Verkürzung des Betons durch Temperaturrückgang und durch Druckspannungen infolge Vorspannung nicht behindern darf. Schalungen aus Holz behindern die Zusammendrückung nur geringfügig.

Rüstungen verformen sich unter dem Gewicht des Frischbetons und müssen entsprechend überhöht oder beim Betonieren nachgestellt werden. Ob eine weitere Überhöhung oder "Unterhöhung" zum Ausgleich der Verformung des erhärteten Spannbetonträgers durch Vorspannung und Dauerlast - besonders im Hinblick auf die zeitabhängigen späteren Verformungen durch S + K nötig ist - hängt von den Nutzungsbedingungen ab.

Sind die Druckspannungen σ_{g+V_o} eines Trägers im vorgedrückten Zuggurt größer als im Druckgurt, dann hebt sich der Träger beim Vorspannen von seiner Unterlage ab, wenn diese starr ist. Das zunächst auf die Trägerlänge verteilte Eigengewicht wird von der Unterlage abgehoben und trägt sich frei zu den Auflagern, die entsprechend belastet werden (Bild 22.1). Die Lager müssen daher beim Vorspannen funktionsfähig sein.

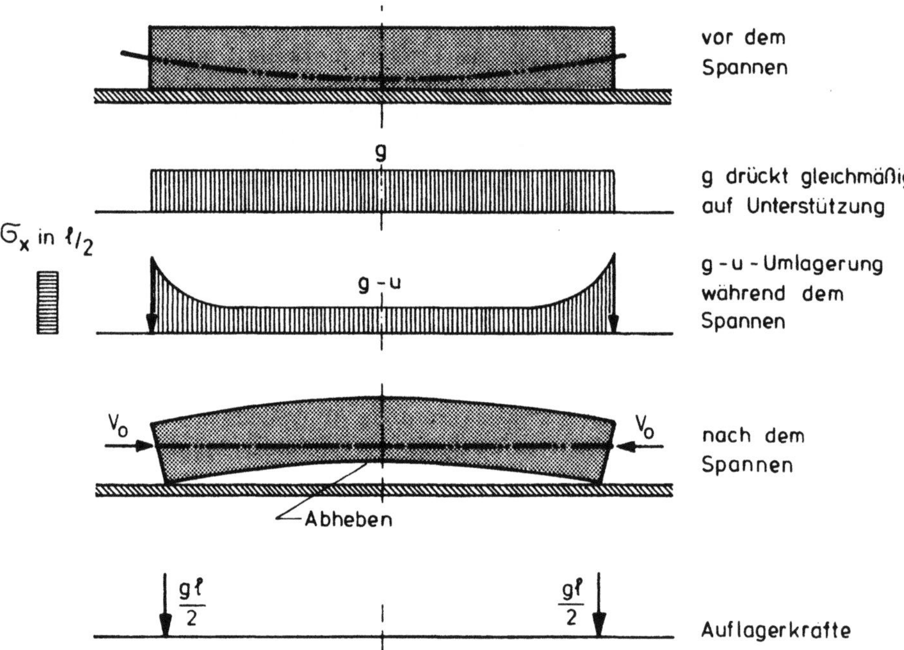

Bild 22.1   Gewichtsverlagerung beim Spannen eines Balkens auf starrer Unterlage

Ist die Unterlage ein Lehrgerüst oder ein Rüstträger, der sich unter dem Frischbetongewicht elastisch verformt hat, dann wird dieser Träger beim Vorspannen zurückfedern, sich zurückbiegen und dabei mit seiner Federkraft von unten nach oben auf den Spannbetonträger drücken (Bild 22.2). Das Eigengewicht kommt also nicht voll zur Wirkung, was zu hohe Druckspannungen im Zuggurt und sogar Zugspannungen im Druckgurt zur Folge haben kann. Man darf dann die volle Vorspannkraft nicht aufbringen, bevor der Rüstträger oder das Lehrgerüst nicht so weit abgesenkt ist, daß die Rückfederung nicht mehr auf den Spannbetonträger wirkt.

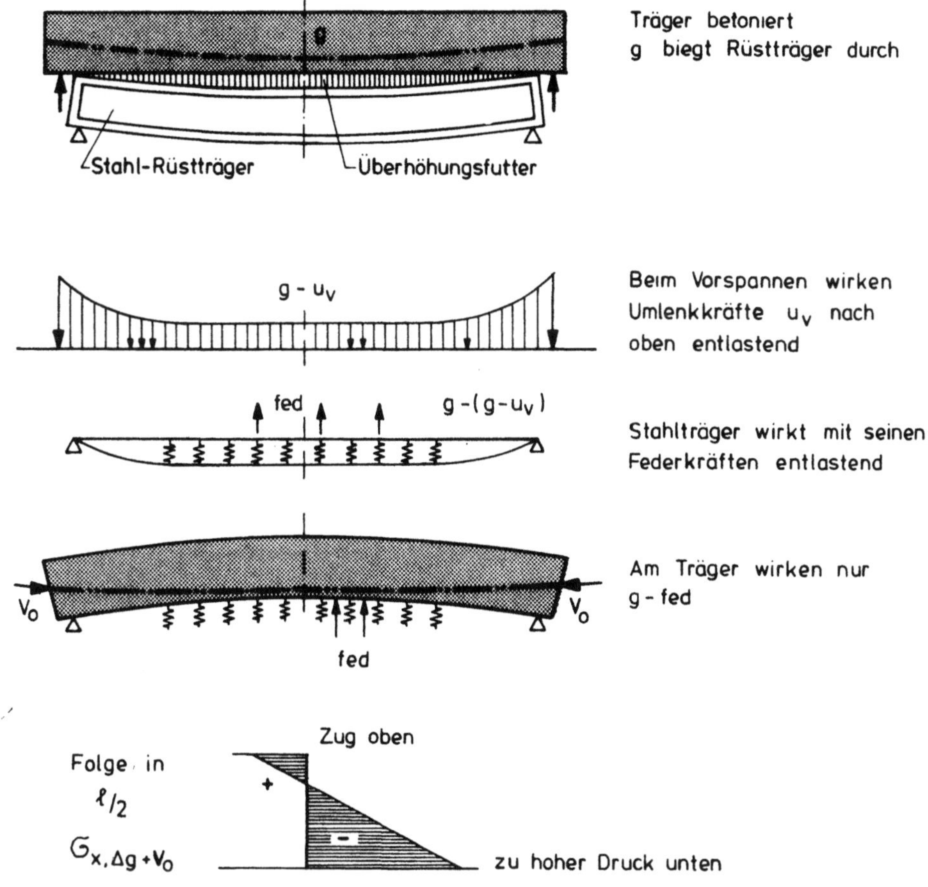

Bild 22.2   Hochfedern eines Lehrgerüstträgers

Auf die Unfallgefahren beim Umgang mit hydraulischen Pressen,
Hochdruckpumpen, Hochdruckleitungen und großen Vorspannkräften sei
auch hier hingewiesen. Näheres entnehme man den Bestimmungen der
Bauberufsgenossenschaften.

23. Grundlagen für die Schwind- und Kriecheinflüsse

23.1 Ermittlung der Schwind- und Kriechmaße nach DIN 4227, Ausgabe 1979

Die zeitabhängige Betondehnung $\varepsilon_b(t)$ unter konstanter Spannung σ_b setzt sich aus drei Anteilen zusammen (Bild 23.1).

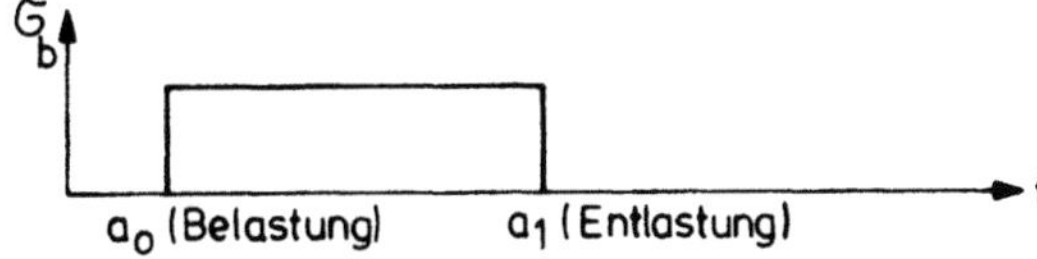

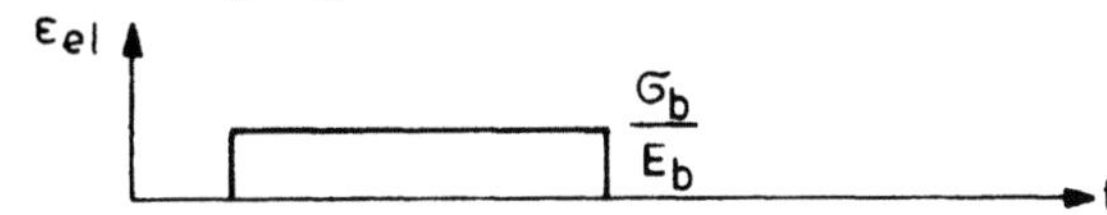

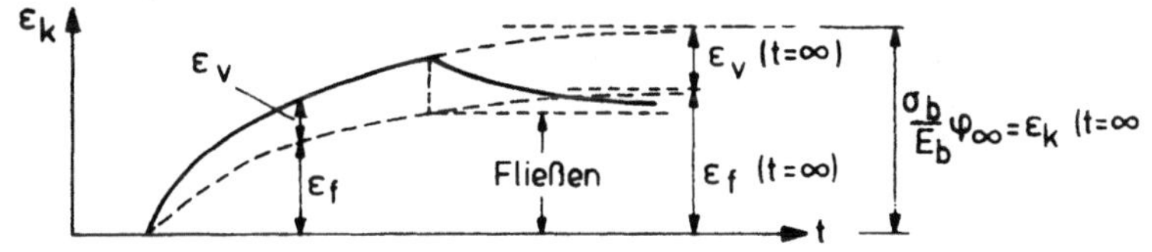

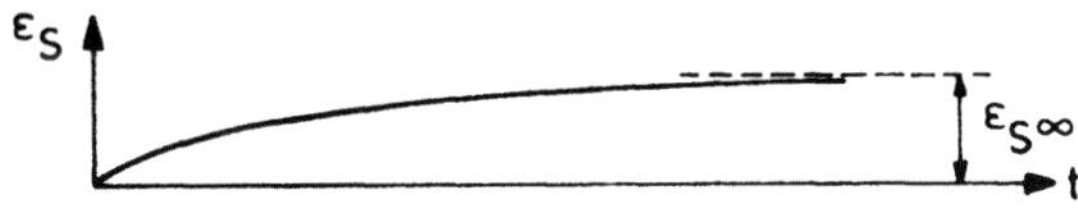

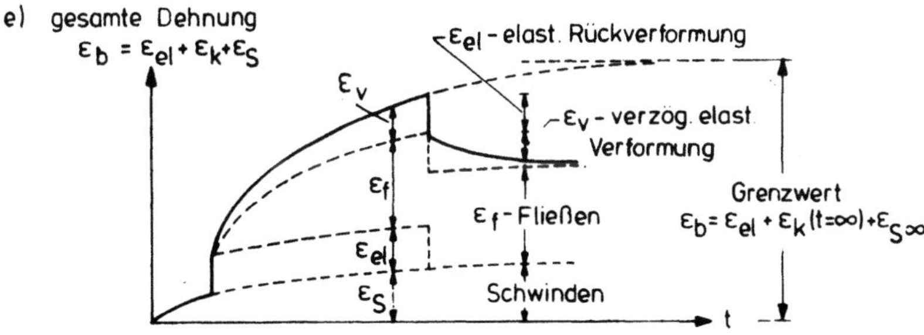

Bild 23.1 Verlauf der Kriech- und Schwindverformungen im Laufe der Zeit t

$$\varepsilon_b(t) \cdot \varepsilon_{el} + \varepsilon_{k,t} + \varepsilon_{S,t}$$

(23.1)

Darin sind $\varepsilon_{el} = \dfrac{\sigma_b}{E_b}$ die konstante elastische Dehnung,

$$\varepsilon_{k,t} = \frac{\sigma_b}{E_b}\,\varphi_t \qquad\qquad (23.2)$$

die Kriechdehnung mit der auf die elastische Dehnung bezogenen Kriechzahl

$$\varphi_t = \varphi_{fo}(k_{f,t} - k_{f,a}) + 0{,}4\,k_{v,(t-a)} \qquad\qquad (23.3)$$

und

$$\varepsilon_{s,t} = \varepsilon_{so}(k_{s,t} - k_{s,a}) \qquad\qquad (23.4)$$

die Schwinddehnung.

Nach (23.2), (23.3) wird die Kriechdehnung als Summe eines irreversiblen "Fließanteils"

$$\varepsilon_{f,t} = \frac{\sigma_b}{E_b}\,\varphi_{fo}(k_{f,t} - k_{f,a})$$

und eines Anteils aus verzögerter Elastizität

$$\varepsilon_{v,t} = \frac{\sigma_b}{E_b}\,0{,}4\,k_{v,(t-a)}$$

dargestellt. Wird sehr junger Beton im Alter von zwei bis fünf Tagen belastet, sollte ein zusätzlicher irreversibler Anteil zur Berücksichtigung merklicher Anfangsverformungen [25, 26] hinzugefügt werden, der nicht in der Norm enthalten ist.

Die Kriechzahl φ_t hängt von vielen Einflüssen ab, die in [0] Teil 1, Kap. 2.9 behandelt sind.

In (23.3) für φ_t bedeuten:

φ_{fo} = G r u n d f l i e ß z a h l nach Tafel 23.2, Spalte 3

k_f = B e i w e r t nach Bild 23.2 für den zeitlichen A b l a u f d e s F l i e -
ß e n s bei der wirksamen Körperdicke d_w oder d_{eff}. Die Zeit
wird ausgedrückt als wirksames Betonalter t, das von der Z e m e n t -
a r t beeinflußt wird, was durch drei verschiedenen Skalen der
Abszisse berücksichtigt wird.

t = Wirksames Betonalter zum untersuchten Zeitpunkt, oft auch Beobachtungszeitpunkt genannt

a = Wirksames Betonalter beim Aufbringen der Spannung σ_b oder bei
Beginn der Belastung (teilweise Belastungsalter genannt, was mißverstanden werden kann)

Bei Zement Z 25 oder 35 L und Betontemperatur von 20°C ist
t = tatsächliche Zeit oder tatsächliches Alter. Niedrigere Temperatur verzögert die Erhärtung und vermindert damit das wirksame Betonalter, höhere Temperatur über 20°C beschleunigt die
Erhärtung und erhöht t z.B. in t_i Tagen:

$$t = \sum_i \frac{T_i + 10^\circ C}{30^\circ C}\,t_i \qquad\qquad (23.5)$$

Dabei ist T_i = mittlere Temperatur des Betons innerhalb des
Tages i in $^\circ$C
t_i = Anzahl der Tage mit mittlerer Temperatur

Bei der Bestimmung von a ist sinngemäß zu verfahren.

d_w = wirksame Körperdicke

$$d_w = k_{ef} \frac{2A}{u} \qquad (23.6)$$

mit k_{ef} = Beiwert für Feuchte der umgebenden Luft nach Spalte 5 der Tafel 23.1

A = Querschnittsfläche des Betonteiles

u = Abwicklung der der Austrocknung ausgesetzten Außenflächen des Betonteiles. Bei Kastenträgern ist zusätzlich die innere Abwicklung hälftig zu nehmen.

k_v = Beiwert für die verzögerte elastische Verformung, abhängig von der Belastungsdauer t - a, ausgedrückt im wirksamen Betonalter nach (23.5) (s. Bild 23.3). Wenn sich der Kriechprozeß über mehr als drei Monate erstreckt, darf vereinfachend $k_{v(t-a)}$ = 1 gesetzt werden.

Die Einflüsse auf das Schwindmaß $\varepsilon_{S,t}$ (23.4) werden durch die folgenden Parameter erfaßt:

ε_{So} = Grundschwindmaß nach Tafel 23.1, Spalte 4

k_S = Beiwert nach Bild 23.4 für den zeitlichen Ablauf des Schwindens bei verschiedenen d_w, abhängig von t (Einfluß der Zementart unklar!)

t   wirksames Betonalter im untersuchten Zeitpunkt

a   wirksames Betonalter zu dem Zeitpunkt, von dem ab das Schwinden wirkt. Es wird in der Regel nicht mit dem wirksamen Betonalter a (23.3) beim Aufbringen der Spannung übereinstimmen.

Bei der Berechnung der Auswirkungen des Schwindens darf sein Verlauf näherungsweise affin zum Kriechen angenommen werden.

Trägt man den zeitlichen Verlauf des Fließanteils $k_{f,t}$, $k_{f,a}$ oder den Verlauf der Schwinddehnung $k_{S,t}$ - $k_{S,a}$ auf, so entstehen die Kurven für verschiedene a aus der in der Norm angegebenen Kurve durch vertikales Verschieben (Bild 23.5). Die Kurven für verschiedene a besitzen für ein festes t die gleiche Steigung. Die Kurven $k_{v(t-a)}$ des verzögert, elastischen Anteils für verschiedene a folgen durch horizontales Verschieben aus der Kurve $k_{v(t-a)}$ der Norm (Bild 23.6).

Die drei Anteile (23.1) der Betondehnung sind in Bild 23.1 für eine Belastung, die σ_b im wirksamen Betonalter a_o verursacht, und eine Entlastung im wirksamen Betonalter a_1 schematisch dargestellt. Dabei wird die Entlastung wie ein selbständiger Lastfall im wirksamen Betonalter a_1 behandelt, so daß nach der Entlastung in der Kriechdehnung der konstante Fließanteil

$$\varepsilon_f = \frac{\sigma_b}{E_b} \varphi_{fo} \left(k_{f,a_1} - k_{f,a_o} \right)$$

und der zeitabhängige verzögert elastische Anteil

$$\varepsilon_{v,t} = \frac{\sigma_b}{E_b} 0{,}4 \left(k_{v,(t-a_o)} - k_{v,(t-a_1)} \right)$$

übrigbleiben.

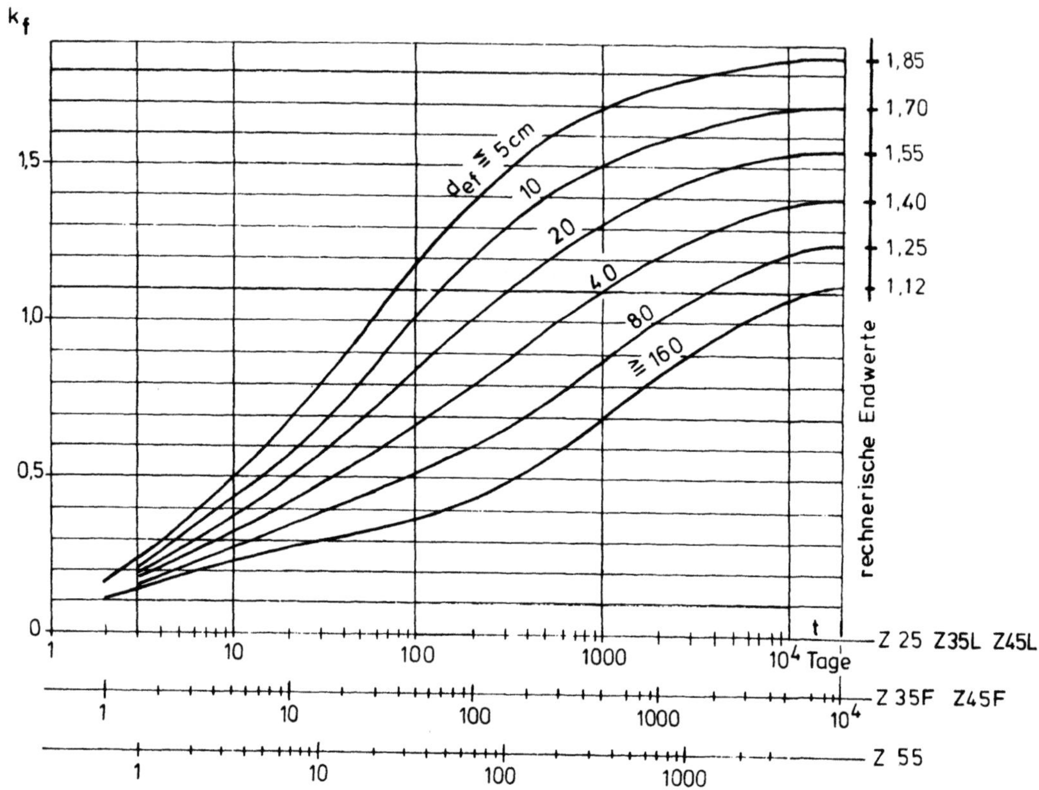

Bild 23.2　Beiwert k_f für den zeitlichen Verlauf des Fließens, die Zeit ausgedrückt als wirksames Betonalter t nach Gl. (23.5) für verschiedene Zementarten, dargestellt für verschiedene wirksame Dicken d_w nach Gl. (23.6)

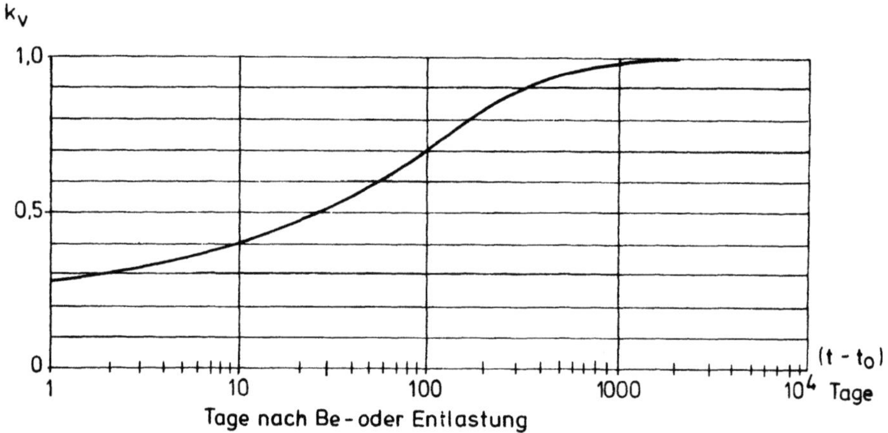

Bild 23.3　Beiwert k_v für die verzögerte elastische Verformung abhängig von der wirksamen Belastungsdauer

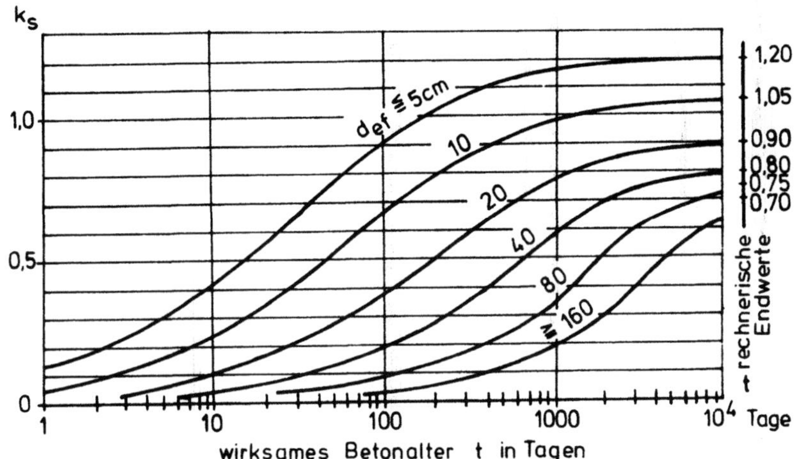

Bild 23.4   Beiwert k_S für den zeitlichen Verlauf des Schwindens, abhängig vom wirksamen Betonalter t nach Gl. (23.5) für verschiedene wirksame Dicken d_w nach Gl. (23.6)

Tafel 23.1   Grundfließzahl und Grundschwindmaß in Abhängigkeit von der Lage des Bauteiles

Richtwerte

	1	2	3	4	5
	Lage des Bauteiles	mittl. relative Luftfeuchte in % etwa	Grund-fließ-zahl φ_{fo}	Grund-schwind-maß $\varepsilon_{S,o}$	Beiwert k_{ef} nach Gleichung (23.6)
1	im Wasser		0,8	$+ 10 \cdot 10^{-5}$	30
2	in sehr feuchter Luft z.B. unmittelbar über dem Wasser	90	1,3	$- 13 \cdot 10^{-5}$	5,0
3	allgemein im Freien	70	2,0	$- 32 \cdot 10^{-5}$	1,5
4	in trockener Luft, z.B. in trockenen Innenräumen	50	2,7	$- 46 \cdot 10^{-5}$	1,0
Anwendungsbedingungen s. Tafel 23.2					

Da für den Nachweis der Grenztragfähigkeit und die dafür nötigen Berechnungen der Spannkraftverluste nur die Endwerte der Kriechzahl φ_∞ und des Schwindmaßes $\varepsilon_{S\infty}$ gebraucht werden, sind diese in DIN 4227 wie folgt angegeben:

Tafel 23.2   Endkriechzahl und Endschwindmaß in Abhängigkeit vom wirksamen Betonalter bei Belastungsbeginn bzw. Schwindbeginn für verschiedene mittlere Dicken d_w. (DIN 4227 gibt nicht an, ob dies Mittelwerte oder obere Fraktilwerte sind, es wird empfohlen, sie als letzteres zu betrachten.)

Tafel 23.2   Endkriechzahl und Endschwindmaß in Abhängigkeit vomwirksamen
Betonalter und der mittleren Dicke des Bauteiles

Richtwerte

Kurve	Lage des Bauteiles	Körperdicke $dm = 2\dfrac{A}{u}$	Endkriechzahlen φ_∞	Endschwindmaße $\varepsilon_{s\infty}$
1	feucht, im Freien (rel. Feuchte $\approx$ 70 %	klein ($\leqq$ 10 cm)	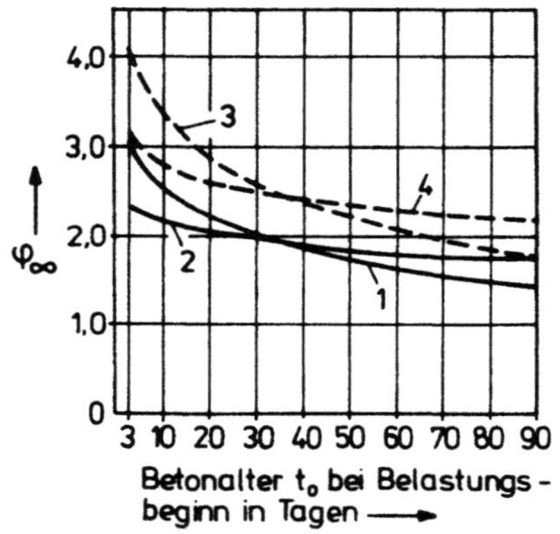	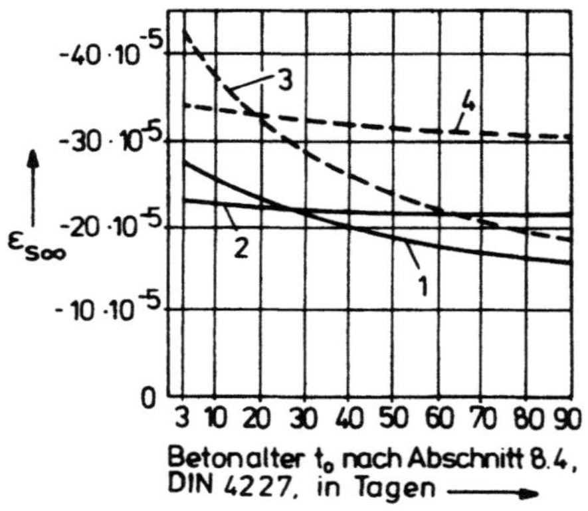
2		groß ($\leqq$ 80 cm)		
3	trocken, in Innen- räumen (rel. Feuchte $\approx$ 50 %)	klein ($\leqq$ 10 cm)		
4		groß ($\geqq$ 80 cm)		

(A = Fläche des Betonquerschnitts; u = der Atmosphäre ausgesetzter Umfang des Bauteiles)

Die Werte der Tafel 23.2 gelten für den Konsistenzbereich K 2. Für die Konsistenzbereiche K 1 bzw. K 3
sind die Zahlen um 25 % zu ermäßigen bzw. zu erhöhen. Bei Verwendung von Fließmitteln darf die Ausgangs-
konsistenz angesetzt werden.

Tafel 23.2 gilt für Beton, der unter Normaltemperatur erhärtet und für den Zement der Festigkeitsklassen Z 35 F
und Z 45 F verwendet wird. Der Einfluß auf das Kriechen von Zement mit langsamerer Erhärtung (Z 25, Z 35 L,
Z 45 L) bzw. mit sehr schneller Erhärtung (Z 55) kann dadurch berücksichtigt werden, daß die Gültigkeitsbereiche
für das Betonalter bei Belastungsbeginn verdoppelt bzw. auf 2/3 verringert werden.

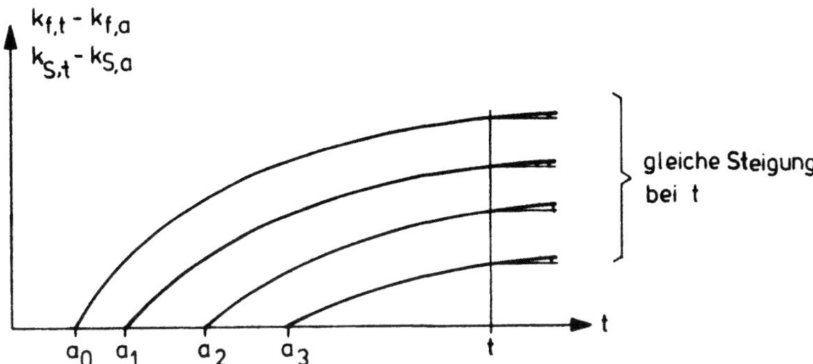

Bild 23.5　Zeitlicher Verlauf des Fließanteiles der Kriechverformung und der Schwindverformung bei verschiedenem Alter a des Betons bei Beginn der Belastung oder des Schwindens

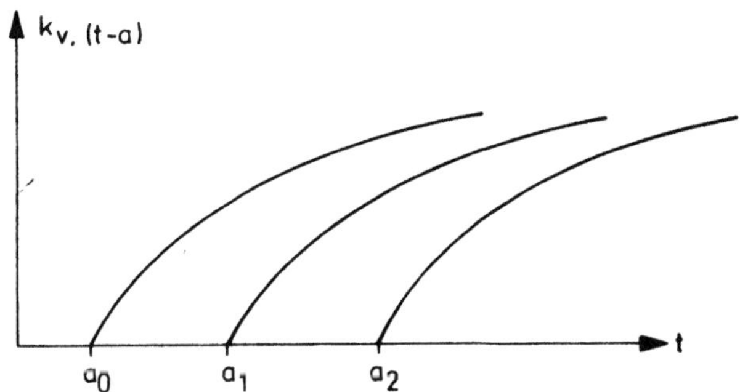

Bild 23.6　Zeitlicher Verlauf der verzögerten elastischen Verformung bei verschiedenem Alter a des Betons bei Belastungsbeginn

23.2 Betondehnungen unter veränderlichen Betonspannungen

23.2.1 Bezeichnungen

Um die von der im wirksamen Betonalter gemessenen Zeit abhängigen Dehnungen und Beiwerte zu kennzeichnen werden im Abschnitt 23.1 die Fußzeiger t und a benutzt. Die Dehnungen und Beiwerte sind Funktionen der Zeit. Deshalb wird die Zeit im folgenden als unabhängige Variable abweichend von DIN 1080 nicht als Fußzeiger an die abhängige Variable angehängt, sondern in Klammern der abhängigen Variablen nachgestellt. Die im wirksamen Betonalter gemessene Zeit tritt in zwei Bedeutungen auf: Für den untersuchten Zeitpunkt oder Beobachtungszeitpunkt wird die Variable t , für den veränderlichen Belastungszeitpunkt wird die Variable τ verwendet. Wird eine konstante Spannung bei einem festen Betonalter aufgebracht, wird dieses nicht mit dem Buchstaben a, sondern durch die mit Fußzeiger versehene Variable τ , z.B. τ_o , τ_1 bezeichnet.

23.2.2 Der allgemeine Ansatz

In einem vorgespannten Betonquerschnitt vergrößern sich die Betonverformungen im Laufe der Zeit unter den dauernd wirkenden Spannungen. Dabei ändern sich auch die Größe der Vorspannkraft und damit die Betonspannungen aus Vorspannung. Daher müssen Betondehnungen infolge zeitlich stetig veränderlicher Betonspannungen betrachtet werden.

Im Bereich der Gebrauchsspannungen, solange $\sigma_b < 0,4$ bis $0,6\ \beta_R$ ist [25, 26], kann man bei konstanten Umweltbedingungen mit guter Näherung ein lineares Spannungs-Dehnungsgesetz auch für die zeitabhängigen Betonspannungen und -dehnungen annehmen, wenn eine größere Umkehr der Dehnungen vermieden wird [28]. Das lineare Stoffgesetz erlaubt es, Kriechverformungen aus verschiedenen Spannungsanteilen zu überlagern.

Wir geben uns eine veränderliche Betonspannung $\sigma(t)$ (Bild 23.7) vor. Im wirksamen Betonalter τ_0 wird zunächst die Spannung σ_0 kurzfristig aufgebracht. Die stetige Spannungsänderung fassen wir als eine Folge von Lastfällen mit den Spannungsstufen $d_\tau\sigma = \dfrac{\partial\sigma(\tau)}{\partial\tau}\,d\tau$ im variablen wirksamen Betonalter τ auf. Die Spannungsänderungen rufen Dehnungen im Beobachtungszeitpunkt t

$$d\varepsilon_b(t) = d_\tau\sigma\,\frac{1}{E_b}\,(1+\varphi(t,\tau))$$

hervor. Die Dehnungen aus allen Stufen werden von dem Zeitpunkt der Erstbelastung τ_0 bis zum Beobachtungszeitpunkt t, beide gemessen im wirksamen Betonalter, überlagert

$$\varepsilon_b(t)=\frac{\sigma_0}{E_b}\,(1+\varphi(t,\tau_0))+\int_{\tau_0^+}^{t}\frac{\partial\sigma(\tau)}{\partial\tau}\cdot\frac{1}{E_b}\,(1+\varphi(t,\tau))\,d\tau+\varepsilon_S(t) \qquad (23.7)$$

Eine Anwendung von (23.7) mit (23.3) und (23.4) auf Betontragwerke wird sehr umständlich, wenn die veränderliche Betonspannung $\sigma(\tau)$, unter dem Integral gesucht ist, so daß Umformungen von (23.7) und numerische Verfahren notwendig werden. Es sind je nach Aufgabe, Tragwerksart, Genauigkeitsanforderungen und Hilfsmittel sehr verschiedene Verfahren für die Anwendung von (23.7) entwickelt worden. Hier werden zwei Näherungsverfahren behandelt, die ohne den Einsatz einer EDV-Anlage auskommen.

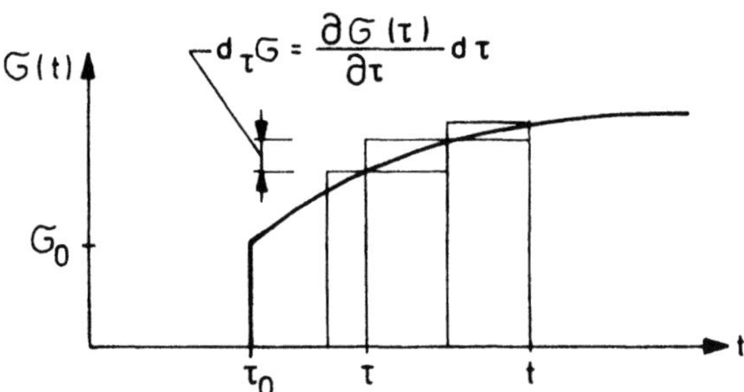

Bild 23.7　Spannungsstufen

23.2.3 Das Verfahren mit dem Relaxationskennwert (Alterungsbeiwert) nach Trost, Zerna, Bažant

Trost [29] und Zerna [30] gelingt es mit Hilfe einer Näherung die Integralformulierung (23.7) des Stoffgesetzes durch eine algebraische Gleichung mit dem Relaxationskennwert zu ersetzen. Sie benutzen dabei die damals in den Vorschriften angegebene Kriechzahl. Bažant [31] gibt eine geschlossene Formel für den Relaxationskennwert (aging coefficient, Alterungsbeiwert) an, die für beliebige vorgegebene Kriechzahlen benutzt

werden kann. Zahlenwerte für den Relaxationskennwert nach den neuen
Vorschriften finden sich in [26, 32, 33]. Einen guten Überblick über
die verschiedenen Verfahren gibt M. Birkenmaier [34].

Wir wollen hier dem Vorschlage Bažants folgen. Dabei läßt sich das auf
Rüsch zurückgehende Verfahren mit der mittleren kriecherzeugenden
Spannung in die Ableitung einordnen. Dieses wurde lange angewandt, als
der Ansatz von Dischinger für die Auswirkungen von Kriechen und Schwinden allgemein anerkannt war.

Unser Ziel ist es, das unbequeme Integral in (23.7) loszuwerden. Das
erste Glied in der Klammer des Integranden läßt sich ausintegrieren, für
das zweite führen wir den Relaxationskennwert dimensionslos gemacht
ein:

$$\rho(t,\tau_o) = \frac{\int_{\tau_o}^{t} \frac{\partial \sigma(\tau)}{\partial \tau}\, \varphi(t,\tau)\, d\tau}{[\sigma(t) - \sigma(\tau_o)]\, \varphi(t,\tau_o)} < 1 \qquad (23.8)$$

Damit wird aus (23.7) eine algebraische Gleichung:

$$\varepsilon_b(t) = \frac{\sigma_o}{E_b}\,[1 + \varphi(t,\tau_o)] + \frac{\sigma(t)-\sigma_o}{E_b}\,[1 + \rho(t,\tau_o)\,\varphi(t,\tau_o)] + \varepsilon_s(t) \qquad (23.9)$$

In (23.9) erfaßt der Relaxationskennwert ρ die im höheren Betonalter
kleiner werdende Kriechfähigkeit des Betons dadurch, daß die später
eintretende Spannungsänderung $\sigma(t)-\sigma_o$ eine um den Faktor ρ abgemin-
derte Kriechzahl antrifft. Deshalb wird ρ auch als Alterungsbeiwert bezeichnet.

Die zunächst rein formale Einführung des Alterungsbeiwertes wird frucht-
bar, wenn man den unbekannten Spannungsverlauf $\sigma(\tau)$ unter dem Integral durch einen Näherungsansatz vorwegnimmt. Dies ist möglich, weil
sich der Beton im inhomogenen Verbundsystem aus Beton und Stahl der
Spannungsaufnahme durch Kriechen entzieht und die Betonspannungen auf
Endwerte abklingen.

Führen wir für den veränderlichen Spannungsverlauf $\sigma(\tau)$ unter dem
Integral den zuerst von Rüsch in anderem Zusammenhang benutzten konstanten Mittelwert

$$\sigma(\tau) = \frac{\sigma(t) + \sigma_o}{2} \qquad (23.10)$$

zwischen dem Anfangswert σ_o und der Spannung $\sigma(t)$ zum Beobachtungszeitpunkt ein ("mittlere kriecherzeugende Spannung"), ergibt sich nach
einer Teilintegration, die die partielle Ableitung unter dem Integral in
(23.8) von σ auf φ überträgt, unabhängig vom Ansatz für φ

$$\rho = \frac{1}{2}\;.$$

Diese Näherung erlaubt die DIN 4227, wenn die Endspannung nicht mehr
als 30 % von der Anfangsspannung abweicht.

Bažant [31] gelingt es, mit dem Ansatz

$$\sigma(\tau, \tau_o) = \sigma_o R(\tau, \tau_o) \qquad (23.11)$$

in (23.8) eine geschlossene Formel für den von t, τ_o und verschiedenen
Parametern abhängenden Relaxationskennwert

$$\rho(t,\tau_o) = \frac{1}{1 - R(t,\tau_o)} - \frac{1}{\varphi(t,\tau_o)} \qquad (23.12)$$

anzugeben, worin R (t, τ_o) die über die Integralgleichung

$$1 \cdot [1 + \varphi(t,\tau_o)] + \int_{\tau_o^+}^{t} \frac{\partial R(\tau,\tau_o)}{\partial \tau} [1 + \varphi(t,\tau)] \, d\tau \qquad (23.13)$$

der Kriechzahl $\varphi(t, \tau_o)$ zugeordnete normierte Relaxationsfunktion ist. Es läßt sich zeigen, daß (23.9) mit (23.12) die Lastfälle Kriechen, Relaxation und Schwindrelaxation exakt beschreibt, solange das Schwinden zeitlich affin zum Kriechen verläuft. Dadurch kann eine Abschätzung des durch den Ansatz (23.11) verursachten Fehlers erleichtert werden.

Mit (23.12) und (23.13) hat man zwar nur die Lösung der Integralgleichung (23.7) auf die Lösung der Integralgleichung (23.13) verschoben, aber die Lösung R (t, τ) der Integralgleichung (23.13) ist nicht mehr problemabhängig und braucht für eine gegebene Kriechzahl nur einmal berechnet zu werden. Die numerische Auswertung [33] zeigt, daß mit guter Näherung $\rho \approx 0,8$ gesetzt werden kann, sofern das wirksame Betonalter im Beobachtungszeitpunkt t $\geqslant$ 180 bis 200 Tage ist. Für einen früheren Beobachtungszeitpunkt liegt $0,5 \leqslant \rho \leqslant 0,8$.

Andere Parameter haben keinen großen Einfluß auf ρ. Eine hohe Genauigkeit in ρ ist meist nicht nötig, weil ρ immer multipliziert mit φ auftritt und φ auch nicht sehr genau vorhergesagt werden kann. Ferner zeigt die Erfahrung, daß der numerische Einfluß von Änderungen in ρ bei statischen Berechnungen oft nicht groß ist.

Trost [32] bestimmt $\rho \approx 0,8$ bei Zwangsbeanspruchungen und schlägt $\rho \approx 0,7$ bei der Ermittlung von Spannungsumlagerungen infolge Dauerlast und Vorspannung vor. Er berechnet dabei ρ für die Kriechzahl der DIN 4227 aus der erweiterten Dischinger-Differentialgleichung. Zerna [35] zeigt, daß $\rho \approx 0,8$ auch für einige von der DIN 4227 abweichende Ansätze der Kriechzahl gilt. CEB/FIP beabsichtigen Tabellen für ρ in einem Handbuch anzugeben.

23.2.4 Erweiterte Dischinger-Gleichung nach Rüsch, Jungwirth, Kupfer

Die Integralgleichung (23.7) läßt sich mit (23.3) selbst für eine einfache numerische Form von $k_v(t-\tau)$ nur in eine unhandliche Differentialgleichung zweiter Ordnung umwandeln [36]. Mit einer Näherung für (23.3) [26, 37] gelingt es jedoch, der Integralgleichung (23.7) eine einfachere Differentialgleichung in der Form zuzuordnen, wie sie bei dem Ansatz der Kriechzahl von Dischinger benutzt wird. Es wird in dieser Näherung angenommen, daß die verzögert-elastische Dehnung, die im Vergleich zur Fließdehnung relativ rasch eintritt, sofort wirksam wird.

$$k_v(t-\tau) = 1 \quad \text{für } (t-\tau) > 180 \text{ Tage} \qquad (23.14)$$

Gl. (23.1) wird mit (23.14)
$$\varepsilon_b(t) = \frac{\sigma_o}{E} [1 + \varphi_{fo}(k_f(t) - k_f(\tau_o)) + 0,4] + \varepsilon_S(t)$$

$$= \frac{\sigma_o}{E} [1 + \varphi(t,\tau_o)] + \varepsilon_S(t)$$

und
$$\varphi(t,\tau_o) = 0,4 + \varphi_{fo}(k_f(t) - k_f(\tau_o))$$

in die Form
$$\varepsilon_b(t) = \frac{\sigma_o}{\bar{E}} [1 + \bar{\varphi}(t,\tau_o)] = \frac{\sigma_o}{\bar{E}} [1 + \bar{\varphi}(t) - \bar{\varphi}(\tau_o)] \qquad (23.15)$$

mit
$$\bar{E} = E_b / 1,4 \quad , \quad \bar{\varphi}(t,\tau_o) = (\varphi(t,\tau_o) - 0,4) / 1,4$$

gebracht

Ist $t - \tau \leqslant 180$ Tage, so wird empfohlen [37], statt (23.14) den zu $(t - \tau)$ gehörenden Wert k_v aus dem Diagramm (Bild 23.3) zu entnehmen und in (23.15) statt 0,4 und 1,4 die Zahlenwerte $0,4\,k_v\,(t - \tau)$ und $1 + 0,4\,k_v\,(t-\tau)$ zu benutzen. Setzen wir (23.15) in (23.7) ein, so fällt nach Teilintegration und Differentiation das Integral in (23.7) weg und es bleibt eine Differentialgleichung

$$\dot{\varepsilon}_b(t) = \frac{\dot{\sigma}}{\overline{E}} + \frac{\sigma(t)}{\overline{E}}\,\dot{\overline{\varphi}} + \dot{\varepsilon}_S(t) \quad , \quad (\dot{\,}) = \frac{d(\,)}{dt} \qquad (23.16)$$

in der Form der Dischinger-Differentialgleichung mit $\overline{E}$ und $\overline{\varphi}$ übrig. Nimmt man näherungsweise den Verlauf des Schwindens affin zu $\overline{\varphi}$ an

$\varepsilon_{S}(t) = \varepsilon_{S\,\infty} \cdot \overline{\varphi}\,(t, \tau_0)\,/\,\overline{\varphi}\,(\infty, \tau_0)$, dann läßt sich die Zeit als Parameter eliminieren.

$$\frac{\partial \varepsilon_b}{\partial \overline{\varphi}} = \frac{1}{\overline{E}} \cdot \frac{\partial \sigma}{\partial \overline{\varphi}} + \frac{1}{\overline{E}}\,\sigma + \frac{\varepsilon_{S\infty}}{\overline{\varphi}\,(\infty, \tau_0)} \qquad (23.16')$$

Das erweiterte Verfahren von Dischinger führt auf eine Differentialgleichung gleicher Form, wie sie ursprünglich von Dischinger angegeben worden war. Da gegen das Dischinger-Verfahren Bedenken vorgebracht wurden, scheinen zwei Bemerkungen notwendig: Obwohl die Kriechzahl (23.3) gegenüber der ursprüngliche Theorie Dischingers auch verzögert elastische Dehnungen nach Entlastung enthält, nimmt die der Integralgleichung (23.7) zugeordnete Differentialgleichung (23.16) mit der Näherung (23.14) die Form der Dischinger-Differentialgleichung an, weil man in (23.15) die verzögert-elastischen Dehnungen den sofort eintretenden elastischen Dehnungen zuschlägt und in $\overline{\varphi}\,(t, \tau) = \overline{\varphi}\,(t) - \overline{\varphi}\,(\tau)$ nur die Fließdehnung in der Form einer Dischinger-Kriechzahl als alleinigen zeitabhängigen Term übrig läßt. Im Unterschied zur Theorie Dischingers wird für unstetige und stetige, später eintretende Spannungsänderungen mit einem um den Faktor 1,4 abgeminderten Elastizitätsmodul gerechnet.

Die Differentialgleichung (23.16) läßt sich auch anschaulich herleiten. Die Änderung der Betondehnung $d\varepsilon_b(t)$ setzt sich aus drei Anteilen zusammen. Elastische und verzögert elastische Dehnungen entstehen aus einer Spannungsänderung $d\sigma(t)/\overline{E}$. Aus der im Zeitpunkt t vorhandenen Spannung folgt bezogen auf $\overline{E}$ eine Fließdehnung $\sigma(t)\,d\overline{\varphi}\,(t)/\overline{E}$. Dazu kommt noch der Schwindeinfluß

$$d\varepsilon_b(t) = \frac{d\sigma(t)}{\overline{E}} + \frac{\sigma(t)\,d\overline{\varphi}(t)}{\overline{E}} + d\varepsilon_S(t) \quad ,$$

so daß sich nach "Division" durch dt (23.16) ergibt.

Der zweite Term auf der rechten Seite enthält eine wesentliche Eigenschaft der Näherung (23.14) in Übereinstimmung mit der Theorie Dischingers. Die Spannung $\sigma(t)$ kann aus verschiedenen Lastfällen zu den Belastungszeitpunkten $\tau_0 \ldots \tau_i \ldots \tau_n$ entstanden sein. In (23.3) muß bei der Kriechzahl $\varphi(t, \tau)$ Belastungs- und Beobachtungszeitpunkt unterschieden werden. Da jedoch mit (23.14) nur der Fließanteil, für den

$$\frac{d}{dt}\left(\overline{\varphi}\,(t) - \overline{\varphi}\,(\tau)\right) = \frac{d\overline{\varphi}(t)}{dt}$$

unabhängig vom Belastungszeitpunkt τ ist, als einziger zeitabhängiger Term übrigbleibt, wird der Zuwachs der Kriechzahl $d\varphi(t) = \varphi_{fo}\,dk_f(t)/1,4$ für alle Spannungsanteile aus verschiedenen Lastfällen zu verschiedenen Belastungszeitpunkten gleich angesetzt.

Diese für die Anwendung günstige Eigenschaft folgt aus dem Ansatz des Fließanteils als Differenz φ_{f0} $(k_f(t) - k_f(\tau))$. Die Kurven für verschiedene τ entstehen durch vertikales Verschieben der gleichen Kurve. Daher besitzen alle Kurven für verschiedene τ zu einem beliebigen festen Zeitpunkt t die gleiche Steigung (Bild 23.5).

23.3 Berechnung des Spannungsabfalls in Spanngliedern mit Verbund

23.3.1 Verfahren mit dem Relaxationskennwert

Die Dauerlasten g bzw. $(g + \psi_D p)$ verursachen in einem dem Spannglied benachbarten Betonelement die Betonspannung $\sigma_{b,g}$, die Vorspannung ruft im Spannglied die Spannung $\sigma_{z,vo}$ im benachbarten Betonelement die Spannung $\sigma_{b,vo}$ hervor (Bild 23.8).

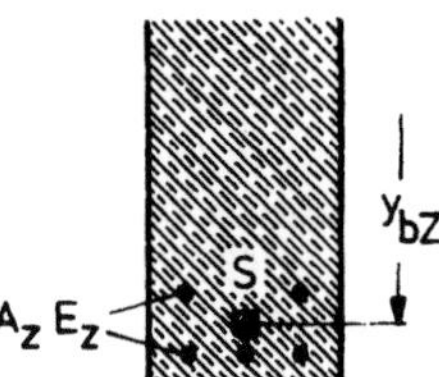

Bild 23.8 Benachbartes Betonelement in der Höhe des Schwerpunkts der Spannglieder

Die Änderung der Betonspannung $\sigma_{b,k+S}$ infolge Kriechen und Schwinden – in (23.9) mit $\sigma(t) - \sigma_o$ bezeichnet – und die Änderung der Spannung des Spannstahls müssen so bestimmt werden, daß der Verbund dauernd erhalten bleibt, daß die Verträglichkeitsbedingung

$$\varepsilon_{z,k+S} = \varepsilon_{b,k+S} \tag{23.17}$$

immer erfüllt wird. In $\varepsilon_{b,k+S}$ übernehmen wir alle zeitabhängigen Glieder aus (23.9)

$$\varepsilon_{b,k+S} = (\sigma_{b,g} + \sigma_{b,v})\frac{\varphi}{E_b} + \sigma_{b,k+S}\frac{1 + \beta\varphi}{E_b} + \varepsilon_S \tag{23.18}$$

Den Spannstahl nehmen wir vollständig elastisch an:

$$\varepsilon_{z,k+S} = \frac{\sigma_{z,k+S}}{E_z} \tag{23.19}$$

So ergibt sich mit $n = E_z/E_b$

$$\sigma_{z,k+S} = n\left[(\sigma_{b,g} + \sigma_{b,v})\varphi + \sigma_{b,k+S}(1 + \beta\varphi) + E_b\varepsilon_S\right] \tag{23.20}$$

eine Gleichung für zwei Unbekannte $\sigma_{z,k+S}$, $\sigma_{b,k+S}$. Wir setzen weiter voraus, daß sich die Änderung der Vorspannung ebenso wie die Vorspannung selbst auf die Betonspannungen auswirkt, also die Proportionalität

$$\frac{\sigma_{z,k+S}}{\sigma_{b,k+S}} = \frac{\sigma_{z,v}}{\sigma_{b,v}} \quad , \quad \sigma_{b,k+S} = \sigma_{z,k+S}\frac{\sigma_{b,v}}{\sigma_{z,v}} \tag{23.21}$$

gilt, so daß wir (23.20) mit (23.21) nach $\sigma_{z,k+S}$ auflösen können.

$$\sigma_{z,k+S} = \frac{n\left[(\sigma_{b,g} + \sigma_{b,v})\varphi + E_b\varepsilon_S\right]}{1 - n\dfrac{\sigma_{b,v}}{\sigma_{z,v}}\left[1 + \rho\varphi\right]} \tag{23.22}$$

Für $\rho = 1/2$ ergibt sich die vielbenützte Formel von Rüsch [26 , 37].

Bei hohen Spannungen des Spannstahles zeigt auch der Spannstahl zeitabhängiges Dehnungsverhalten. Unter einer konstant gehaltenen hohen Dehnung nimmt die Stahlspannung ab (Relaxation). Zur Berücksichtigung dieser Relaxation muß in (23.19) auf der rechten Seite ein Glied $\varepsilon_{z,\,relax}$ hinzugefügt werden, das dann in

$$\sigma_{z,k+S} = \frac{n\left[(\sigma_{b,g} + \sigma_{b,v})\varphi - E_z\varepsilon_{z,relax} + E_b\varepsilon_S\right]}{1 - n\dfrac{\sigma_{b,v}}{\sigma_{z,v}}\left[1 + \rho\varphi\right]} \tag{23.23}$$

negativ im Zähler zusätzlich auftaucht. Bei geringer Stahlrelaxation entnimmt man $\varepsilon_{z,\,relax}$ der Spannstahlzulassung an der Anfangsspannung $\sigma_{z,\,vo}$. Bei höherer Spannstahlrelaxation wird $\sigma_{z,\,k+S}$ geschätzt und $\varepsilon_{z,\,relax}$ für $\sigma_{relax} = \sigma_{z,\,vo} - 0,3\,\sigma_{z,\,k+S}$ bestimmt und in (23.23) eingesetzt [25, 26,·39]. Ein Vergleich des geschätzten mit dem berechneten $\sigma_{z,\,k+S}$ und falls nötig eine Iteration schließen sich an.

Die Ableitung von (23.22) läßt sich auf zwei (und mehr) Spannglieder übertragen (Bild 23.9). Gegeben sind die Betonspannungen aus Dauerlasten in Höhe der Spannglieder 1, 2 σ_{b1}, σ_{b2}

infolge Spannglied 1 in Höhe der Spannglieder 1, 2 $\sigma_{b1,\,v1}$, $\sigma_{b2,\,v1}$

infolge Spannglied 2 in Höhe der Spannglieder 1, 2 $\sigma_{b1,\,v2}$, $\sigma_{b2,\,v2}$ und

die Stahlspannungen aus Vorspannung $\sigma_{z1,\,v1}$, $\sigma_{z2,\,v2}$.

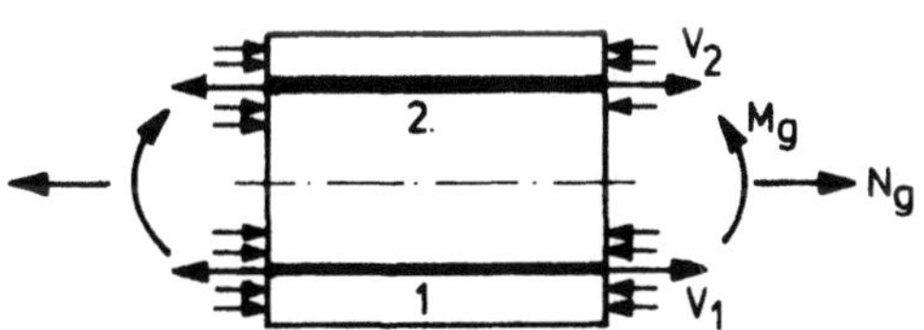

Bild 23.9   Zwei Spannstahlstränge

Die gesuchten Änderungen der Stahlspannungen ergeben sich aus den beiden Verträglichkeitsbedingungen, daß an beiden Spanngliedern der Verbund erhalten bleiben muß.

$$\varepsilon_{bj,\,k+S} = \varepsilon_{zj,\,k+S}\,, \qquad j = 1 \text{ und } 2 \tag{23.24}$$

Eine der Stahlspannungen wollen wir hier weiterverfolgen, die andere ergibt sich durch Vertauschen der Indices 1, 2.

Aus
$$\left(\sigma_{b1,g} + \sigma_{b1,v1} + \sigma_{b1,v2}\right)\varphi + \left(\sigma_{b1,\,k+S,v1} + \sigma_{b1,\,k+S,v2}\right)\frac{(1 + \rho\varphi)}{E_b} + \varepsilon_S = \frac{\sigma_{z1,\,k+S}}{E_b}$$

und den "Proportionalitäten"

$$\sigma_{b1,\,k+S,v1} = \frac{\sigma_{z1,k+S}}{\sigma_{z1,v1}}\,\sigma_{b1,v1} \;,\qquad \sigma_{b1,\,k+S,v2} = \frac{\sigma_{z2,k+S}}{\sigma_{z2,v2}}\,\sigma_{b1,v2}$$

ergibt sich die erste Gleichung aufgelöst nach den Unbekannten $\sigma_{z1,k+S}$, $\sigma_{z2,k+S}$

$$\sigma_{z1,k+S}\left(1 - n\,\frac{\sigma_{b1,v1}}{\sigma_{z1,v1}}(1+\beta\varphi)\right) - \sigma_{z2,k+S}\cdot n\,\frac{\sigma_{b1,v2}}{\sigma_{z2,v2}}(1+\beta\varphi) =$$

$$= n\left[\left(\sigma_{b1,g} + \sigma_{b1,v1} + \sigma_{b1,v2}\right)\varphi + E_b\,\varepsilon_S\right]$$

(23.25)

und die zweite durch Vertauschen der Indices 1, 2. Im konkreten Beispiel liegen die
Koeffizienten in Zahlen vor, und die Unbekannten sind leicht zu berechnen.

23.3.2 Verfahren mit der erweiterten Dischinger-Gleichung

Die Verträglichkeitsbedingung nimmt hier wegen der Differentialgleichung (23.16)
differentielle Form an.

$$d\,\varepsilon_b(t) = d\,\varepsilon_z(t) = d\,\varepsilon_{z,k+S}(t)$$

In (23.16') eingesetzt ergibt sich

$$\frac{1}{\bar E}\cdot\frac{\partial\sigma_{b,k+S}}{\partial\bar\varphi} + \frac{1}{\bar E}\left(\sigma_{b,g} + \sigma_{b,v} + \sigma_{b,k+S}\right) + \frac{\varepsilon_{S\infty}}{\bar\varphi_\infty} = \frac{1}{E_z}\cdot\frac{\partial\sigma_{z,k+S}}{\partial\bar\varphi}$$

mit der Proportionalität (23.21) eine Differentialgleichung

$$\frac{\partial\sigma_{z,k+S}}{\partial\bar\varphi} + \sigma_{z,k+S}\,\frac{1{,}4\,\alpha}{1+0{,}4\alpha} + \sigma_{z,v}\left(1 + \frac{\sigma_{b,g}}{\sigma_{b,v}} + \frac{\bar E\,\varepsilon_{S\infty}}{\sigma_{b,v}\cdot\bar\varphi_\infty}\right)\frac{1{,}4\,\alpha}{1+0{,}4\alpha} = 0 \qquad,\qquad (23.26)$$

worin

$$\alpha = \frac{n\,\sigma_{b,v}}{n\,\sigma_{b,v} - \sigma_{z,v}}$$

abgekürzt wird.

Die Lösung lautet für die Anfangsbedingung $t = \tau_o$,

$$\bar\varphi = 0, \qquad \sigma_{z,k+S} = 0$$

$$\sigma_{z,k+S} = -\sigma_{z,v}\left(1 + \frac{\sigma_{b,g}}{\sigma_{b,v}} + \frac{E_b\,\varepsilon_{S\infty}}{\varphi_{fo}\left(k_f(\infty) - k_f(\tau_o)\right)}\right)\left(1 - e^{\frac{-\alpha(\varphi - 0{,}4)}{1+0{,}4\alpha}}\right)$$

(23.27)

Spannkraftverlust, Gebrauchs- und Bemessungsformeln sind in Kap. 17.4
angegeben.

23.4 Einfach statisch unbestimmtes System aus Beton und Stahl

23.4.1 Verfahren mit dem Relaxationskennwert

Wir betrachten als Standardbeispiel ein einfach statisch unbestimmtes
System (Bild 23.10), in dem ein kriechender Bauteil, der Betonbogen, und
ein rein elastischer, das Stahlzugband, zusammenwirken. Die Form des
Tragwerkes ist dabei nur symbolisch gemeint, denn das Ergebnis läßt sich
auf verschiedene Aufgaben übertragen, z.B. auch auf die der Berechnung
des Spannkraftverlustes in einem Balken [26,37].

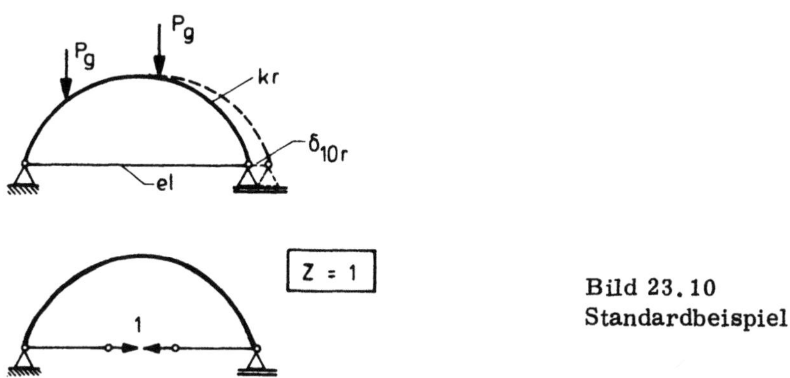

Bild 23.10
Standardbeispiel

Das Tragwerk ist mit Dauerlasten P_g belastet. Es erleidet zusätzlich
eine vorgegebene Auflagerverschiebung δ_{10r}. Der Betonbogen schwindet.
Gesucht ist die Zugbandkraft, die wir als statisch Unbestimmte wählen,
zur Zeit τ_0, wenn die Lasten aufgebracht werden, und zu einem beliebigen
späteren Zeitpunkt t.

Die elastische, statisch unbestimmte Rechnung liefert die Zugbandkraft
zur Zeit τ_0,

$$Z(\tau_0) = -\frac{\delta_{10g}(\tau_0)}{\delta_{11}} - \frac{\delta_{10,v}}{\delta_{11}} - \frac{\delta_{10,r}}{\delta_{11}} - \frac{\delta_{10S}(\tau_0)}{\delta_{11}}$$

$$= Z_g(\tau_0) + Z_v(\tau_0) + Z_r(\tau_0) + Z_S(\tau_0) \tag{23.28}$$

$$\delta_{11} = \delta_{11}^{kr} + \delta_{11}^{el}$$

wobei wir in die Lastfälle Dauerlast (Index g), Vorspannung (Index v),
Zwang (Index r), Schwinden (Index S) aufspalten. Die δ_{ik} werden wie in
der Baustatik üblich berechnet. Bei der Berechnung von δ_{11} ergeben sich
zwei Anteile, die aus den elastischen Verformungen des kriechfähigen Be-
tonbogens (δ_{11}^{kr}) und des elastischen Zugbandes (δ_{11}^{el}) herrühren.

Verträglichkeit soll zu jedem beliebigen späteren Beobachtungszeitpunkt t
erfüllt sein.

In $\quad \delta_{10}(t) + Z(t)\,\delta_{11}(t) = 0$

spalten wir in die einzelnen Anteile nach (23.9) auf

$$\delta_{10,g}(\tau_o)\left(1+\varphi(t,\tau_o)\right)+\delta_{10,v}+\delta_{10,r}+\delta_{10,S}(t)+$$

$$+\,Z(\tau_o)\,\delta_{11}^{kr}\left(1+\varphi(t,\tau_o)\right)+\left(Z(t)-Z(\tau_o)\right)\delta_{11}^{kr}\left(1+\rho\varphi(t,\tau_o)\right)+Z(t)\,\delta_{11}^{el}=0 \qquad (23.29)$$

und behandeln die einzelnen Lastfälle getrennt weiter.

$$Z_g(t)=Z_g(\tau_o)\left[1+\frac{1-\alpha}{\alpha}\cdot\frac{\alpha\,\varphi(t,\tau_o)}{1+\alpha\,\rho\,\varphi(t,\tau_o)}\right]=Z_g(\tau_o)\,C_g \qquad (23.30)$$

$$Z_v(t)+Z_r(t)=\left[Z_v(\tau_o)+Z_r(\tau_o)\right]\left[1-\frac{\alpha\,\varphi(t,\tau_o)}{1+\alpha\,\rho\,\varphi(t,\tau_o)}\right]=$$

$$=\left[Z_v(\tau_o)+Z_r(\tau_o)\right]C_r \qquad (23.31)$$

Die Lastfälle Vorspannung und Zwang sind mechanisch gleichwertig und besitzen daher die gleiche Zeitabhängigkeit. Im Lastfall Schwinden beziehen wir das Ergebnis nicht auf $Z_S(\tau_o)$, sondern auf

$$Z_S^{el}(t)=Z_S(\tau_o)\,\frac{\varepsilon_S(t,a_S)}{\varepsilon_S(\tau_o,a_S)}$$

$$Z_S(t)=Z_S^{el}(t)\,\frac{1}{1+\alpha\,\rho\,\varphi(t,\tau_o)}=Z_S^{el}(t)\cdot C_S \qquad (23.32)$$

Wir haben dabei die Abkürzung

$$\alpha=\frac{\delta_{11}^{kr}}{\delta_{11}^{kr}+\delta_{11}^{el}} \qquad (23.33)$$

für das Nachgiebigkeitsverhältnis α eingeführt und in den Faktoren C_g, C_r, C_S die Zeitabhängigkeit zusammengefaßt.

Bei bewehrten und vorgespannten Bauteilen ist α meist klein, in der Größenordnung $\alpha \approx 0,1$. Bei Stahlverbundträgern können etwa beim Verfahren mit den Busemann'schen Kriechfasern Werte $\alpha \geqslant 0,9$ vorkommen. Das Nachgiebigkeitsverhältnis α gibt an, in welchem Maße sich der Stahl an der Lastabtragung beteiligt. Ist δ_{11}^{el} groß gegen δ_{11}^{kr}, also α klein, beteiligt sich der Spannstahl in geringem Maße an der Lastabtragung. Die Spannungen im Spannstahl erhöhen sich aus Lasten wenig gegenüber den Spannungen aus Vorspannung. Die Lasten müssen von dem sehr viel steiferen Betonquerschnitt übernommen werden, wo die Druckspannungen aus Vorspannung abgebaut werden.

23.4.2 Verfahren mit der erweiterten Dischinger-Gleichung

Eine ähnliche Rechnung läßt sich nach dem erweiterten Dischinger-Verfahren durchführen mit dem Unterschied, daß die Verträglichkeitsbedingung für die Dehnungsänderungen differentielle Form annimmt. Wir müssen für den Beton alle Glieder entsprechend (23.16) berücksichtigen.

$$\delta_{10,g}\,d\bar{\varphi}+Z(t)\,1{,}4\,\delta_{11}^{kr}\,d\bar{\varphi}+\delta_{10,S}(\infty)\,\frac{d\bar{\varphi}}{\bar{\varphi}_\infty}+dZ(t)\left(1{,}4\,\delta_{11}^{kr}+\delta_{11}^{el}\right)=0$$

Da bei der elastischen Berechnung für die Betonbauteile der Elastizitätsmodul E_b benützt wird, in der Kriechrechnung zur näherungsweisen Berücksichtigung der verzögert elastischen Verformungen der durch den Faktor 1,4 dividierte Elastizitätsmodul E_b notwendig wird, sind alle δ_{ik} aus dem Betonbauteil mit dem Faktor 1,4 multipliziert. Aus der Verträglichkeitsbedingung ergibt sich die Differentialgleichung

$$\frac{dZ(t)}{d\bar{\varphi}} + Z(t)\frac{1{,}4\,\alpha}{1+0{,}4\alpha} - Z_g(\tau_o)\frac{1{,}4\,\alpha}{1+0{,}4\alpha} - Z_{S\infty}\frac{1}{1+0{,}4\alpha} = 0$$

$$\text{mit}\quad Z_g(\tau_o) = -\frac{\delta_{10,g}}{\delta_{11}^{kr}+\delta_{11}^{el}}\quad,\quad Z_{S\infty} = -\frac{\delta_{10,S\infty}}{(\delta_{11}^{kr}+\delta_{11}^{el})\bar{\varphi}(\infty)} \tag{23.34}$$

und α nach (23.33). Ausgangsgrößen für die Kriechberechnung sind die Ergebnisse der elastischen Rechnung $Z_g(\tau_o)$, $Z_v(\tau_o)$, $Z_r(\tau_o)$. Bevor wir jedoch die stetigen Änderungen von (23.34) berechnen können, müssen wir die verzögert elastischen Dehnungen des Betons für $Z_g(\tau_o)$, $Z_v(\tau_o)$, $Z_r(\tau_o)$ den sofortigen elastischen Dehnungen hinzufügen.

$$\bar{Z}_g(\tau_o) = -\frac{\delta_{10,g}\cdot 1{,}4}{\delta_{11}^{kr}\cdot 1{,}4+\delta_{11}^{el}} = Z_g(\tau_o)\frac{1{,}4}{1+0{,}4\alpha}$$

$$\bar{Z}_v(\tau_o)+\bar{Z}_r(\tau_o) = -\frac{\delta_{10,v}+\delta_{10,r}}{\delta_{11}^{kr}\cdot 1{,}4+\delta_{11}^{el}} = \left(Z_v(\tau_o)+Z_r(\tau_o)\right)\frac{1}{1+0{,}4\alpha}$$

Die Anfangsbedingung für $t = \tau_o$, $\bar{\varphi} = 0$ lautet daher

$$Z(\tau_o) = \bar{Z}_g(\tau_o) + \bar{Z}_v(\tau_o) + \bar{Z}_r(\tau_o)\quad,$$

so daß sich die Integrationskonstante C in der Lösung

$$Z = C\cdot e^{\frac{-\alpha(\varphi-0{,}4)}{1+0{,}4\alpha}} + \frac{Z_g(\tau_o)}{\alpha} + Z_{S\infty}\frac{1}{1{,}4\alpha}$$

$$\text{zu}\quad C = -Z_g\frac{1-\alpha}{(1+0{,}4\alpha)\alpha} + \left(Z_v(\tau_o)+Z_r(\tau_o)\right)\frac{1}{1+0{,}4\alpha} - Z_{S\infty}\frac{1}{1{,}4\alpha}$$

bestimmt. Die Lösung lautet, wenn wir wieder nach den drei Lastfällen aufspalten

$$Z_g(t) = Z_g(\tau_o)\left(\frac{1}{\alpha} - \frac{1-\alpha}{(1+0{,}4\alpha)\alpha}\cdot e^{\frac{-\alpha(\varphi-0{,}4)}{1+0{,}4\alpha}}\right) = Z_g(\tau_o)\,C_g \tag{23.35}$$

$$Z_v(t)+Z_r(t) = \left(Z_v(\tau_o)+Z_r(\tau_o)\right)\frac{e^{\frac{-\alpha(\varphi-0{,}4)}{1+0{,}4\alpha}}}{1+0{,}4\alpha} = \left(Z_v(\tau_o)+Z_r(\tau_o)\right)C_r \tag{23.36}$$

$$Z_S(t) = Z_{S\infty}\frac{1}{1{,}4\alpha}\left(1 - e^{\frac{-\alpha(\varphi-0{,}4)}{1+0{,}4\alpha}}\right) \tag{23.37'}$$

In (23.37') wollen wir statt $Z_{S\infty}$ noch eine andere Bezugsgröße einführen $Z_S^{el}(t)$.

$$Z_{S\infty} = -\frac{\delta_{10,S\infty}}{(\delta_{11}^{kr}+\delta_{11}^{el})\bar{\varphi}(\infty)} = -\frac{\delta_{10,S}(t)}{(\delta_{11}^{kr}+\delta_{11}^{el})\bar{\varphi}(t)} = \frac{Z_S^{el}(t)}{\bar{\varphi}(t)}$$

$$Z_S(t) = Z_S^{el}(t)\left(\frac{1-e^{\frac{-\alpha(\varphi-0{,}4)}{1+0{,}4\alpha}}}{\alpha(\varphi-0{,}4)}\right) = Z_S^{el}\,C_S \tag{23.37}$$

Die Funktionen C_d, C_r, C_S sind nicht mehr so einfach zu handhaben wie (23.30 bis 23.32). Dafür sind sie in den Handbüchern [25, 26, 37] in Kurvenform über φ mit α als Parameter aufgetragen.

23.4.3 Drei Beispiele für die Anwendung der C_d, C_r, C_S-Werte

23.4.3.1 Statisch unbestimmtes, homogenes Betontragwerk

Wir betrachten unseren Betonbogen (Bild 23.10), dessen rechtes Auflager jetzt nicht mit einem elastischen Zugband, sondern unverschieblich gehalten sein soll. Wir erhalten diesen Sonderfall durch eine Grenzbetrachtung. Bei starrer Lagerung wird $\delta_{11}^{el} = 0$, $\alpha = 1$. $Z(t)$ wird zur horizontalen Auflagerkraft.

Wir erhalten für Dauerlasten sowohl nach (23.30) als nach (23.35) für $\alpha = 1$, $C_g = 1,0$, $Z_g(t) = Z_g(\tau_o)$. Der Spannungszustand aus Dauerlasten verändert sich nicht.

Im Lastfall kurzzeitig eintretender Zwang ergibt sich durch Relaxation ein Abbau der Zwangskraft nach (23.31) für $\alpha = 1$

$$Z_r(t) = Z_r(\tau_o)\left(1 - \frac{\varphi}{1+\rho\varphi}\right) \tag{23.38}$$

und im Zahlenbeispiel $\varphi = 2,0$, $\rho = 0,8$ ein Abbau der Zwangskraft auf

$$Z_r(\infty) = Z_r(\tau_o) \cdot 0,231$$

und nach (23.36)

$$Z_r(t) = Z_r(\tau_o)\frac{1}{1,4}\cdot e^{-\frac{\varphi-0,4}{1,4}} \tag{23.39}$$

mit $\varphi = 2,0$ ein Abbau der Zwangskraft auf

$$Z_r(\infty) = Z_r(\tau_o) \cdot 0,228$$

Der Abbau der Zwangkraft wird im Beispiel von beiden Formeln nahezu gleich vorhergesagt.

Im Lastfall allmählich eintretender Zwang (Schwindrelaxation) berechnet sich für $\alpha = 1$ der Abbau der Zwangskraft nach (23.32) zu

$$Z_s(\infty) = Z_s^{\alpha}(\infty)\frac{1}{1+\rho\varphi} \tag{23.40}$$

im Zahlenbeispiel $\varphi = 2,0$, $\rho = 0,8$

$$Z_S(\infty) = Z_S^{el}(\infty) \cdot 0,385$$

und nach (23.37) zu

$$Z_s(\infty) = Z_s^{el}(\infty)\frac{1 - e^{-\frac{\varphi-0,4}{1,4}}}{\varphi-0,4} \tag{23.41}$$

im Zahlenbeispiel $\varphi = 2,0$

$$Z_S(\infty) = Z_S^{el}(\infty) \cdot 0,426$$

Hier ist die Abweichung der beiden Verfahren etwas größer, der Unterschied beträgt etwa 10 %. Der Abbau eines allmählich eintretenden Zwanges ist kleiner als bei einer sofortigen Lagerverschiebung, da die Zwangskräfte sich auch erst allmählich aufbauen und eine geringere Zeit zur Verfügung steht, sie wiederum durch Relaxation abzubauen.

23.4.3.2 Mittig gedrücktes, bewehrtes Betonprisma

Wir geben uns ein mit der Last P_g gedrücktes zentrisch bewehrtes Betonprisma vor (Bild 23.11). Die Last verteilt sich zunächst entsprechend der Dehnsteifigkeiten auf den Stahl und den Beton.

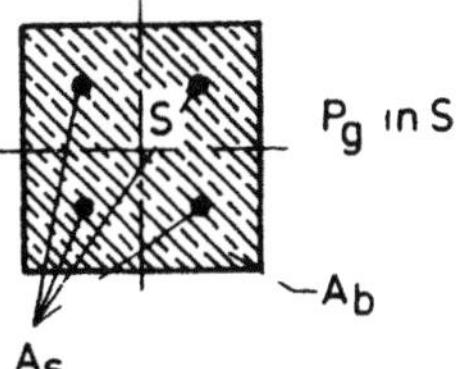

Bild 23.11
Zentrisch bewehrtes Betonprisma

Die elastische Rechnung liefert aus

$$-P_g = \sigma_b A_b + \sigma_s A_s \qquad \epsilon_b = \frac{\sigma_b}{E_b} = \epsilon_s = \frac{\sigma_s}{E_s}$$

die Kräfte im Beton und Stahl

$$N_{sg} = \frac{-P_g \, n\mu}{(1 + n\mu)} \quad , \qquad N_{bg} = \frac{-P_g}{1 + n\mu}$$

$$n = \frac{E_a}{E_b} \quad , \qquad \mu = \frac{A_s}{A_b}$$

Verkürzt sich der Beton kurzfristig um $\epsilon_S(t)$, so werden die folgenden Kräfte elastisch geweckt

$$\sigma_b A_b + \sigma_s A_s = 0 \qquad \epsilon_b + \epsilon_S = \epsilon_s$$

$$N_{sS} = \frac{n \, E_b \, \epsilon_S \, A_s}{1 + n\mu} \qquad N_{bS} = -\frac{E_b \, \epsilon_S \, A_b}{1 + n\mu}$$

Als Nachgiebigkeitsverhältnis α (23.33) erhalten wir mit

$$\delta_{11}^k = \left(E_b A_b\right)^{-1}, \; \delta_{11}^{el} = \left(E_s A_s\right)^{-1}$$

$$\alpha = \frac{\left(E_b A_b\right)^{-1}}{\left(E_b A_b\right)^{-1} + \left(E_s A_s\right)^{-1}} = \frac{n\mu}{1 + n\mu}$$

Die Änderung der Stahlkraft schreibt sich

$$N_{s,S+k} = N_{s,g}\left(C_g - 1\right) + N_{s,S}\, C_s$$

$$= N_{s,g} \frac{1-\alpha}{\alpha} \cdot \frac{\alpha\varphi}{1 + \alpha\rho\varphi} + N_{s,s} \cdot \frac{1}{1 + \alpha\rho\varphi}$$

$$= \left(-\frac{P_s}{1 + n\mu} + \frac{E_b \, \epsilon_s \, A_b}{\varphi}\right) \cdot \frac{\alpha\varphi}{1 + \alpha\rho\varphi} \qquad\qquad (23.42)$$

Bei Vorspannung mit Verbund läßt sich der Spannungsabfall im Spannglied wie im folgenden Abschnitt aus C_r bestimmen. Man muß dort nur alle Terme, die die Exzentrizität des Spanngliedes und die Biegesteifigkeit des Querschnittes erfassen, vernachlässigen. Im Falle, daß schlaffe Bewehrung und Spannstahl vorhanden sind, verweisen wir auf die Darstellung in [1].

23.4.3.3 Spannungsabfall in einem Spannglied

Wir wollen Gleichung (23.22) zur Berechnung des Spannungsabfalles in einem Spannglied mit den C_g-, C_r-, C_S-Werten benützen [39].
Sie schreibt sich sehr einfach:

$$\sigma_{z,K+S}(t) = \sigma_{zg}\left(C_g - 1\right) + \sigma_{zv}\left(C_r - 1\right) + \sigma_{zS}^{el} C_S \tag{23.43}$$

Wir setzen C_g, C_r, C_S nach (23.30 bis 23.32) ein

$$\sigma_{z,K+S}(t) = \sigma_{zg}\,\frac{1-\alpha}{\alpha}\cdot\frac{\alpha\varphi}{1+\alpha\varrho\varphi} - \sigma_{zv}\frac{\alpha\varphi}{1+\alpha\varrho\varphi} + \sigma_{zS}^{el}\frac{1}{1+\alpha\varrho\varphi} \tag{23.44}$$

Wir müssen σ_{zg} und σ_{zv} durch die Spannungen in dem dem Spannglied benachbarten Betonelement ausdrücken. Weil die Dauerlast auf den Betonquerschnitt im Verbund mit dem Spannglied wirkt, gilt:

$$\sigma_{zg} = n\,\sigma_{bg} \tag{23.45}$$

Die Gleichung

$$\sigma_{zv} = -\frac{n(1-\alpha)}{\alpha}\,\sigma_{bv} \tag{23.46}$$

werden wir am Ende des Abschnittes beweisen.
σ_{zS}^{el} berechnet sich, wie wir gleich zeigen, zu

$$\sigma_{zS}^{el} = n\,E_b\,(1-\alpha)\,\varepsilon_S\,(t) \tag{23.47}$$

Setzen wir (23.45) bis (23.47) in (23.44) ein

$$\sigma_{z,K+S}(t) = n\sigma_{bg}(1-\alpha)\,\frac{\varphi}{1+\alpha\varrho\varphi} + n\,\sigma_{bv}(1-\alpha)\frac{\varphi}{1+\alpha\varrho\varphi} + n\,\frac{E_b\,\varepsilon_S\,(1-\alpha)}{1+\alpha\varrho\varphi}\,,$$

so folgt nach kurzer Rechnung

$$\sigma_{z,K+S}(t) = \frac{n\left[(\sigma_{bg}+\sigma_{bv})\varphi + E_b\varepsilon_S\right]}{1+\dfrac{\alpha}{1-\alpha}(1+\varrho\varphi)}$$

und mit (23.46) dann (23.22).

Beweis für (23.46)

Wir berechnen die Spannung in der dem Spannglied benachbarten Betonfaser infolge von Z_v (Bild 23.12) auf zwei Wegen. Wir lassen die Vorspannung Z_v auf den Betonquerschnitt wirken

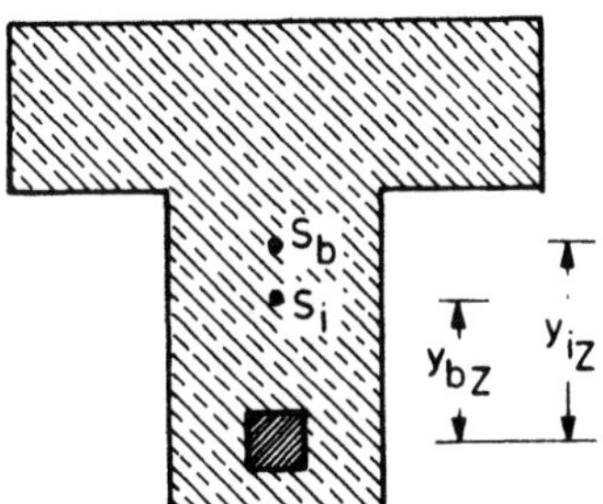

Bild 23.12
Betonquerschnitt,
ideeller Querschnitt

$$\sigma_{b,v} = -Z_v\left(\frac{1}{E_b A_b} + \frac{y_{bz}^2}{E_b J_b}\right) = -\lambda A_z \sigma_{zv} \quad\text{mit}\quad \lambda = \left(\frac{1}{E_b A_b} + \frac{y_{bz}^2}{E_b J_b}\right) \tag{23.48}$$

oder die Spannbettkraft Z_v^o, für die

$$\epsilon_{zv}^o = \epsilon_{zv} - \epsilon_{b,zv} \quad\text{oder mit } E_z \text{ multipliziert } \sigma_{zv}^o = \sigma_{zv} - n\sigma_{b,zv} \tag{23.49}$$

gilt, auf den ideellen Querschnitt

$$\sigma_{b,v} = -Z_v^o\left(\frac{1}{E_b A_i} + \frac{y_{iz}^2}{E_b J_i}\right) = -A_z \sigma_{zv}^o\left(\frac{1}{E_b A_i} + \frac{y_{iz}^2}{E_b J_i}\right).$$

Wir führen die Abkürzung

$$\alpha = nA_z\left(\frac{1}{E_b A_i} + \frac{y_{iz}^2}{E_b J_i}\right) \quad\text{ein, damit}\quad \sigma_{b,v} = \frac{-\alpha}{n}\sigma_{z,v}^o \quad, \tag{23.50}$$

woraus mit (23.49)

$$\sigma_{b,v} = \frac{-\alpha}{n(1-\alpha)}\sigma_{zv} \quad (23.46)\text{ folgt.}$$

Setzt man (23.48) ein, so folgt

$$\alpha = \frac{nA_z\lambda}{1+nA_z\lambda} = \frac{\dfrac{1}{E_b A_b} + \dfrac{y_{bz}^2}{E_b J_b}}{\dfrac{1}{E_z A_z} + \left(\dfrac{1}{E_b A_b} + \dfrac{y_{bz}^2}{E_b J_b}\right)} \tag{23.51}$$

was sich leicht als Nachgiebigkeitsverhältnis (23.33) deuten läßt, wenn die statisch Unbestimmte X = 1 in Höhe des Spanngliedes zwischen Beton-querschnitt und Spannglied wirkt. Es existieren also zwei Ausdrücke für das Nachgiebigkeitsverhältnis α, (23.50) bezogen auf den idellen Quer-schnitt,(23.51) bezogen auf Beton-und Stahlquerschnitt.

Beweis für (23.47)

$$\sigma_{zS}^{el} = -\frac{\delta_{10S}(t)}{\delta_{11}^{kr} + \delta_{11}^{el}} = \frac{\varepsilon_S(t)}{A_z\left(\dfrac{1}{E_b A_b} + \dfrac{y_{bz}^2}{E_b J_b} + \dfrac{1}{E_z A_z}\right)}$$

$$= n E_b (1-\alpha)\varepsilon_S(t)$$

wobei α nach (23.51) benützt wird.

23.5 Verfahren mit dem wirksamen Elastizitätsmodul

23.5.1 Kraftgrößenverfahren

Die Grundgleichung des Verfahrens mit dem Relaxationskennwert läßt eine Umformung zu, die sich bei mehrfach statisch unbestimmten Syste-men, bei denen die Steifigkeit der Bewehrung gegenüber der des Betons vernachlässigt wird, bewährt, wenn die elastische Berechnung vorliegt und nur die Umlagerungen in einem Zeitabschnitt interessieren.

$$\varepsilon_{bk} = \varepsilon(t) - \frac{\sigma_o}{E_b} = \sigma_k \frac{(1 + \rho\varphi)}{E_b} + \frac{\sigma_o \varphi}{E_b} \tag{23.52}$$

mit $\sigma_k = \sigma(t) - \sigma_o$,

wobei wir hier der Einfachheit halber $\varepsilon_S(t)$ weglassen.

Der Zuwachs der Dehnung ε_k vom Belastungszeitpunkt τ_o bis zum Beboachtungszeitpunkt t ist der Spannungsänderung σ_k mit dem wirk-samen Elastizitätsmodul $E^* = E_b/(1 + \rho\varphi)$ proportional. Die Kriech-dehnung infolge der Spannung σ_o ersetzt als eingeprägte Verformung die Belastung.

Das Rechenverfahren wollen wir uns am Beispiel (Bild 23.13) klar machen. Die elastische Rechnung liefert das Einspannmoment

$$\delta_{11} = \frac{\ell}{3E_b J} + \frac{1}{c} = \frac{2\ell}{3E_b J} \quad , \quad \delta_{10} = -\frac{g\ell^2}{24 E_b J}$$

$$X = \frac{g\ell^2}{16}$$

Die Verträglichkeitsbedingung muß für alle späteren Zeitpunkte erfüllt sein. Die Änderung der statisch Unbestimmten X_k ruft elastische und Kriechverformungen hervor, wobei die Kriechverformungen mit dem Relaxationskennwert abgemindert werden müssen, weil die Änderung X_k erst später eintritt. Mit $\varphi = 2,0$, $\rho = 0,8$ für den Betonbalken er-halten wir

$$\delta_{11}^{*} = \frac{\ell\,(1+\rho\varphi)}{3E_{b}J} + \frac{\ell}{c} = \frac{3{,}6\,\ell}{3E_{b}J} \tag{23.53}$$

Im statisch bestimmten System entsteht von τ_{o} bis t zusätzlich aus Lasten

$$\delta_{10}^{*} = \frac{1}{3}\left(-g\frac{\ell^{2}}{8} + g\frac{\ell^{2}}{16}\right)\frac{\ell}{E_{b}J}\,\varphi = -\frac{g\ell^{3}}{24E_{b}J}\quad, \tag{23.54}$$

so daß wir als Veränderung des Einspannmoments

$$X_{\kappa} = \frac{g\ell^{2}}{48E_{b}J}\,\varphi \Big/ \left(\frac{\ell(1+\rho\varphi)}{3E_{b}J} + \frac{1}{c}\right) = \frac{g\ell^{2}}{28{,}8} \tag{23.55}$$

erhalten.

Für δ_{11}^{*} wird im Gegensatz zur elastischen Rechnung $E^{*} = E_{b}/(1 + \rho\varphi)$ benutzt, δ_{10}^{*} besteht aus den Kriechverformungen an der Stelle der Unbekannten infolge des vor dem Kriechen vorhandenen Spannungszustands.

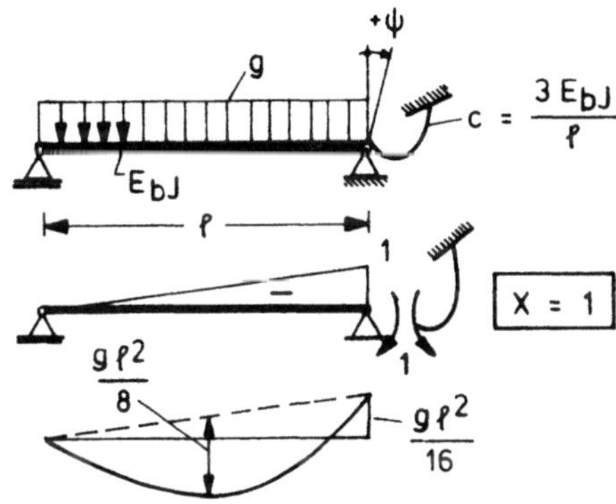

Bild 23.13 Einfach statisch und geometrisch unbestimmtes System, Drehfeder elastisch $c = 3\,E_{b}J/\ell$, Balken $\varphi = 2{,}0$, $\rho = 0{,}8$

23.5.2 Weggrößenverfahren

Für die elastische Berechnung eines im allgemeinen biegesteifen Stabwerks steht meist ein Programm auf einer EDV-Anlage zur Verfügung, das nach dem Weggrößenverfahren arbeitet, und es ist sinnvoll, dieses Programm zur Berechnung der Kriechumlagerung einzusetzen. Das Vorgehen machen wir uns wieder am Beispiel (Bild 23.13) klar.

Die elastische Rechnung liefert mit dem Starreinspannmoment $X^{E} = \dfrac{g\ell^{2}}{8}$

$$\left(\frac{3E_{b}J}{\ell} + c\right)\psi = -g\frac{\ell^{2}}{8}\quad,\quad \psi = -\frac{g\ell}{48E_{b}J}$$

für den Balken $X = X^{E} - g\dfrac{\ell^{2}}{16} = g\dfrac{\ell^{2}}{16}$

für die Feder $X = \dfrac{3\,E_b\,J}{\ell}\,\psi = -\dfrac{g\,\ell^2}{16}$ richtig in negativer ψ-Richtung.

Für die Kriechrechnung benötigen wir die Änderung des Starreinspannmoments, die aus Kriechen unter dem vorhandenen Spannungszustand im starr eingespannten System entsteht. Es bestimmt sich aus einer statisch unbestimmten Rechnung am Einzelstab, die wir im Beispiel von (23.53 bis 23.55) übernehmen, wo wir die Federanteile weglassen.

$$\delta_{M}^{*} = \frac{\ell\,(1+\rho\varphi)}{3E_b J} \quad , \quad \delta_{Mo}^{*} = \frac{g\,\ell^3\varphi}{48E_b J} \quad , \quad X_k^{E} = \frac{g\,\ell^2\varphi}{16\,(1+\rho\varphi)} \tag{23.56}$$

Es ergibt sich dann aus der Gleichung

$$\left(\frac{3E_b J}{(1+\rho\varphi)\ell} + c\right)\psi_k = -\frac{g\,\ell^2\varphi}{16\,(1+\rho\varphi)}$$

$$\psi_k = -\frac{g\,\ell^2\varphi}{16\,(1+\rho\varphi)} \bigg/ \left(\frac{3E_b J}{(1+\rho\varphi)\ell} + c\right) = -\frac{g\,\ell^3}{8\cdot 10{,}8\,E_b J}$$

und daraus für die Feder

$$X_k = c\cdot\psi_k = \frac{3E_b J}{\ell}\,\psi_k = -\frac{g\,\ell^2}{28{,}8} \tag{23.57}$$

ein Moment, das auf die Feder in negativer ψ-Richtung wirkt. Für den Balken ergibt sich aus

$$X_k = X_k^{E} + \frac{3\,E_b\,J}{(1+\rho\varphi)\,\ell}\,\psi_k$$

das gleiche Ergebnis in positiver ψ-Richtung.

Sieht das Programm der EDV-Anlage nicht die Möglichkeit von eingeprägten Verformungen als Lasten vor, so berechnet man sich die Starreinspannmomente X_k^{E} stabweise und bringt sie als Knotenlasten auf das Stabwerk auf, bei dem für alle kriechenden Stäbe der Elastizitätsmodul in $E^{*} = E_b\,/(1+\rho\varphi)$ geändert wird. Als Ergebnisse druckt das Programm die Biegemomente infolge dieser Starreinspannmomente als Knotenlasten aus. Zu diesen Biegemomenten muß man die Stabmomente infolge der Starreinspannmomente wieder hinzufügen, um die Änderungen aus Kriechen zu erhalten, da die Knotenlasten nicht als äußere Lasten wirken, sondern aus eingeprägten Verformungen der Stäbe entstehen. Ein ähnliches Vorgehen ist auch bei Temperaturlastfällen notwendig, wenn das Programm nicht die Möglichkeit von eingeprägten Verformungen als Lasten vorsieht.

23.5.3 Verbindung zweier Fertigteilträger, Bauzustände [27]

Wir betrachten zunächst zwei Einfeldträger (Bild 23.14). Sie werden gleichzeitig getrennt aus gleichem Beton hergestellt. Das Eigengewicht wird zum Zeitpunkt τ_o wirksam. Dann werden die Träger verbunden. Es entsteht ein Stützmoment. Wir berechnen es, in dem wir die Träger im statisch bestimmten Grundsystem in Gedanken wieder trennen und das Stützmoment als Unbekannte einführen.

Im statisch bestimmten Grundsystem entsteht aus Kriechen die gegenseitige Klaffung der Schnittufer

$$\delta_{10}^{*} = \delta_{10} \cdot \varphi \, .$$

Sie muß durch das allmählich entstehende Stützmoment rückgängig gemacht werden (Voraussetzung ist, daß das Stützmoment im Zustand I aufgenommen werden kann!)

$$\delta_{11}^{*} = \delta_{11} \, (1 + \rho\varphi) \, ,$$

so daß sich

$$X_{k} = -\frac{\delta_{10}}{\delta_{11}} \cdot \frac{\varphi}{1 + \rho\varphi} = X_{o} \frac{\varphi}{1 + \rho\varphi} \tag{23.58}$$

das Stützmoment des von Anfang an (auf Lehrgerüst) verbundenen Trägers X_{o} mit der Zeitfunktion $(1 - C_{r})$ so aufbaut, wie sich ein sofortiger Zwang abbaut (23.38).

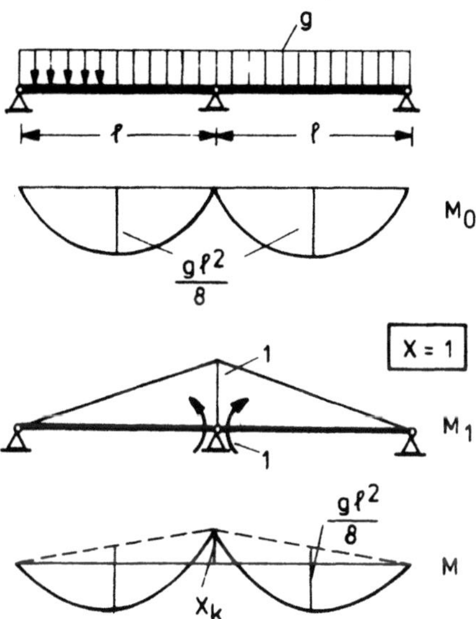

Bild 23.14   Verbinden zweier Einfeldträger

Als zweites Beispiel wählen wir einen Zwei-Feldträger [39], der in zwei Bauabschnitten hergestellt wird (Bild 23.15). Es wird zuerst Feld 1 betoniert, die Eigenlast g_1 wird zur Zeit t_1, im wirksamen Betonalter τ_{1g} von Feld 1 wirksam. Dann wird Feld 2 dagegen betoniert und zur Zeit $t_2 > t_1$ ausgerüstet. Die wirksamen Betonalter der Felder 1, 2 betragen dabei τ_1, τ_2 . Es entsteht ein Stützmoment, das rein elastisch aus der Last g_2 resultiert.

$$M_{mo} = -\frac{\delta_{g2o}}{\delta_{11}} \quad , \quad \delta_{g2o} = \int M_{g2o}^{(2)} M_{1}^{(2)} \frac{dx}{E_{b}J}$$

$$\delta_{11} = \int M_{1}^{(1)} M_{1}^{(1)} \frac{dx}{E_{b}J} + \int M_{1}^{(2)} M_{1}^{(2)} \frac{dx}{E_{b}J} \tag{23.59}$$

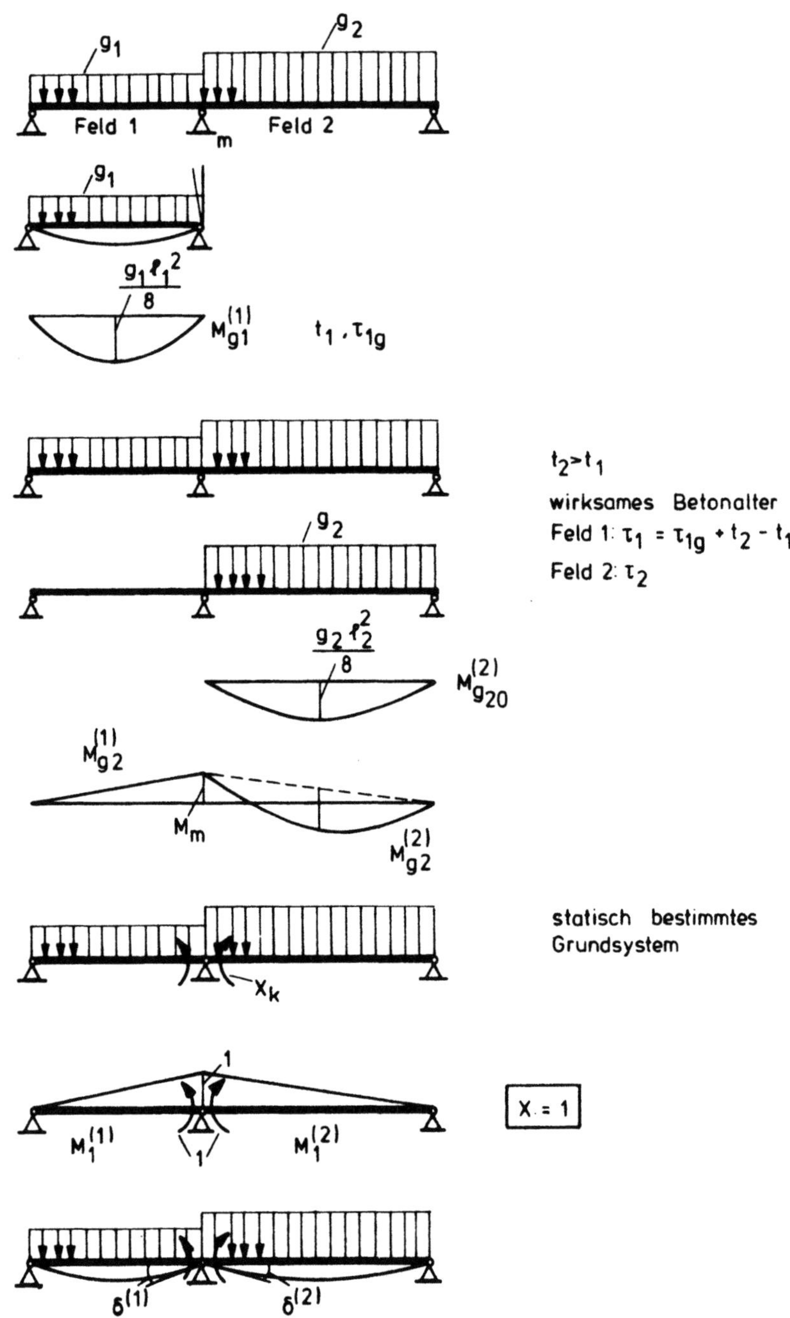

Bild 23.15   Zweifeldträger in zwei Bauabschnitten

Darin haben wir die Momente unten durch den Lastfall, oben durch das Feld gekennzeichnet. Gegeben sind weiterhin die Kriechzahlen und Relaxationskennwerte

$\quad$ 1. Lastfall g_1 $\quad$ Feld 1 $\quad$ $\varphi_{1g}(t, \tau_{1g})$, $\quad$ $\tilde{\varphi}_{1g}(t_2, \tau_{1g})$

$\quad$ 2. Lastfall g_2 $\quad$ Feld 1 $\quad$ $\varphi_1(t, \tau_1)$, $\quad$ $\rho_1(t, \tau_1)$

$\quad$ 3. Lastfall g_2 $\quad$ Feld 2 $\quad$ $\varphi_2(t, \tau_2)$, $\quad$ $\rho_2(t, \tau_2)$

Gesucht ist die Größe des Stützmomentes zu einem Beobachtungszeitpunkt $t \gg t_2$.

Wir wählen das Stützmoment als statisch Unbestimmte und berechnen die gegenseitige Verdrehung der Schnittufer getrennt für Feld 1, $\delta^{(1)}$ und Feld 2, $\delta^{(2)}$.

$$\delta_1^{(1)} = \delta_{g1}^{(1)}(\varphi_{1g} - \tilde{\varphi}_{1g}) + \delta_{g2}^{(1)}\varphi_1 + \delta_k^{(1)}(1 + \beta_1\varphi_1)$$

mit

$$\delta_{g1}^{(1)} = \int M_{g1}^{(1)} M_1^{(1)} \frac{dx}{E_b J} \quad , \quad \delta_{g2}^{(1)} = \int M_{g2}^{(1)} M_1^{(1)} \frac{dx}{E_b J}$$

$$\delta_k^{(1)} = X_k \int M_1^{(1)} M_1^{(1)} \frac{dx}{E J}$$

$$\delta^{(2)} = \delta_{g2}^{(2)}\varphi_2 + \delta_k^{(2)}(1 + \beta_2\varphi_2)$$

mit

$$\delta_{g2}^{(2)} = \int M_{g2}^{(2)} M_1^{(2)} \frac{dx}{E_b J} \quad , \quad \delta_k^{(2)} = X_k \int M_1^{(2)} M_1^{(2)} \frac{dx}{E_b J}$$

Aus der Verträglichkeitsbedingung $\delta^{(1)} + \delta^{(2)} = 0$ folgt die Änderung des Stützmomentes

$$X_k = -\frac{\delta_{g1}^{(1)}(\varphi_{1g} - \tilde{\varphi}_{1g}) + \delta_{g2}^{(1)}\varphi_1 + \delta_{g2}^{(2)}\varphi_2}{\delta_{11}^{(1)}(1 + \beta_1\varphi_1) + \delta_{11}^{(2)}(1 + \beta_2\varphi_2)}$$

eine etwas komplizierte Formel, die wir mit folgender Vereinfachung deuten wollen:

$$\tilde{\varphi}_{1g} \approx 0, \quad \rho_1 \approx \rho_2, \quad \varphi_1 \approx \varphi_2 \quad .$$

Damit wird

$$X_k = -\frac{\left(\delta_{g1+g2}^{(1)} + \delta_{g2}^{(2)}\right)\varphi}{\left(\delta_{11}^{(1)} + \delta_{11}^{(2)}\right)} \cdot \frac{\varphi}{1 + \beta\varphi} = -\frac{\delta_{10}}{\delta_{11}} \cdot \frac{\varphi}{1 + \beta\varphi} \qquad\qquad (23.60)$$

Es baut sich also nach dem Verlauf von $(1 - C_r)$ ein zusätzliches Stützmoment X_k auf

$$M_m(t) = M_{mo} + X_o \frac{\varphi}{1 + \rho\varphi} \,, \qquad X_o = -\frac{\delta_{10}}{\delta_{11}} \,,$$

wobei sich δ_{10} zu

$$\delta_{10} = \int M_{g1}^{(1)} M_1^{(1)} \frac{dx}{E_b J} + \int M_{g2}^{(1)} M_1^{(1)} \frac{dx}{E_b J} + \int M_{g2}^{(2)} M_1^{(2)} \frac{dx}{E_b J} \qquad (23.61)$$

ergibt. Wegen (23.59) heben sich mit

$$M_{g2}^{(1)} = -\frac{\delta_{g2o}}{\delta_{11}^{(1)} + \delta_{11}^{(2)}} M_1^{(1)}$$

$$M_{g2}^{(2)} = M_{g2o}^{(2)} - \frac{\delta_{g2o}}{\delta_{11}^{(1)} + \delta_{11}^{(2)}} M_1^{(2)}$$

die letzten beiden Glieder in (23.61) weg, so daß sich X_o infolge

$$\delta_{10} = \int M_{g1}^{(1)} M_1^{(1)} \frac{dx}{E_b J}$$

der beim Anbetonieren "eingefrorenen" gegenseitigen Verdrehung der Schnittufer aufbaut.

In den beiden vorangegangenen Beispielen treten die größten Biegemomente während des Bauzustandes im Feld auf. Durch Kriechen baut sich dann im Endzustand ein Stützmoment nahezu von der Größe des Stützmoments des kontinuierlichen Systems auf. Man muß also für die Beanspruchungen im Bauzustand zusätzliche Vorspannung im Feld, für die Beanspruchung im Endzustand Vorspannung über der Stütze einlegen, was unwirtschaftlich ist. Es ist daher sinnvoller, das Bauverfahren so zu wählen, daß möglichst kleine Kriechumlagerungen entstehen, der Ort der großen Beanspruchungen vom Bauzustand zum Endzustand nicht wesentlich wechselt. Dies kann durch rechtzeitiges Vorspannen über der Stütze geschehen, wodurch das Stützmoment infolge g ganz oder teilweise erzeugt wird.

Ein Vorschlag für einen abschnittsweise hergestellten Durchlaufträger mit der Arbeitsfuge im Feld findet sich in [40], den wir uns für den einfachen Fall eines Zweifeldträgers mit einem Lastfall g klar machen wollen. Die Arbeitsfuge im rechten Feld des Durchlaufträgers (Bild 23.16) soll so festgelegt werden, daß keine Kriechumlagerungen entstehen: Der Abstand x der Arbeitsfuge muß so bestimmt werden, daß die Tangente an die Biegelinie an der Stelle der Arbeitsfuge durch das Lager C geht.

Die Tangente an dem Ende der Biegelinie zeigt (nach dem Ausrüsten des ersten Bauabschnitts) dann und nur dann auf das Auflager C, wenn die Auflagerreaktion C des gewichtslos gedachten Balkens AC, der von A bis B' mit g belastet ist, verschwindet. Wenn C = 0 ist, verschwinden auch M_g und Verkrümmungen des Balkenstücks B'C. Daher ist die Momentenverteilung im Bereich des ersten Bauabschnitts von der Existenz des gewichtslos gedachten Balkenstückes B'C unabhängig. Man kann sich daher auch während des ersten Bauabschnitts das Balkenstück BC' als in Gedanken vorhanden vorstellen, auch wenn es in Wirklichkeit noch nicht vorhanden ist. Betoniert man dann noch den Rest des Feldes 2 (Lastfall g_2, Bild 23.16),

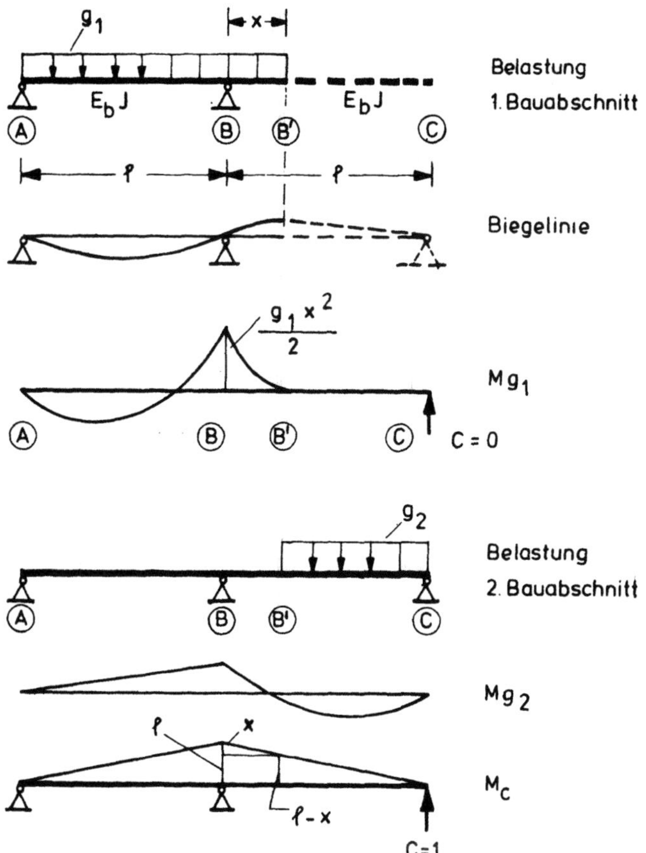

Bild 23.16   Ort der Arbeitsfuge ohne Kriechumlagerungen

so handelt es sich, wenn man von den unterschiedlichen Kriecheigenschaften infolge verschiedenen Alters des Betons in Bauabschnitt 1 und 2 und
dem Kriechen während des ersten Bauabschnittes absieht, um zwei Lastfälle g_1, g_2 in einem homogenen statisch unbestimmten System mit konstanten Randbedingungen, in dem unter Dauerlasten nach Abschnitt 23.4.3.1
C_g = 0 ist und keine Kriechumlagerungen vorkommen.

Man bestimmt die Kraglänge x am einfachsten aus der Bedingung, daß infolge M_{g1} im System des 1. Bauabschnittes mit dem nicht beanspruchten
Balkenstück BC die Verschiebung in C verschwindet.

$$M_{g1} \, M_c \, \frac{dx}{EJ} = 0 \qquad\qquad (23.62)$$

Aus dieser Bedingung ergibt sich ein Polynom vierter Ordnung für $\xi = x/\ell$

$$\xi^4 - 4\,\xi^3 - 4\,\xi^2 + 1 = 0$$

das eine Nullstelle bei ξ = 0,426 besitzt. Diese Kragweite ist bauprak-
tisch betrachtet zu groß, man kann die Kragweite wählen, die dem Momenten-Nullpunkt für M_g entspricht und nimmt dann eben Kriechumlagerungen
bzw. Vorspannmomente an der Fuge in Kauf.

Bei mehreren Feldern und Lastfällen muß man die (23.62) entsprechenden
Bedingungen numerisch lösen.

23.6 Verbundquerschnitte mit dehn- und biegesteifem Stahlteilquerschnitt

23.6.1 Verschiedene Verbundquerschnitte

Beim in Abschnitt 23.4.3.2 behandelten mittig gedrückten bewehrten Betonprisma gehen nur die Dehnsteifigkeiten von Beton und Stahl in die Rechnung ein. Der in Abschnitt 23.3 behandelte Spannkraftverlust gilt für einen dehn- und biegesteifen Betonquerschnitt. Der Spannstahl besitzt nur eine Dehnsteifigkeit. Sind nun die Spannglieder oder die Bewehrung über den Betonquerschnitt so verteilt, daß sie nicht zu wenigen Strängen,wie in Abschnitt 23.3.1 vorausgesetzt, zusammengefaßt werden können, so werden die Spannglieder zu einem Spannstahlquerschnitt zusammengefaßt, der eine Fläche A_z und ein Trägheitsmoment J_z besitzt (Bild 23.17).

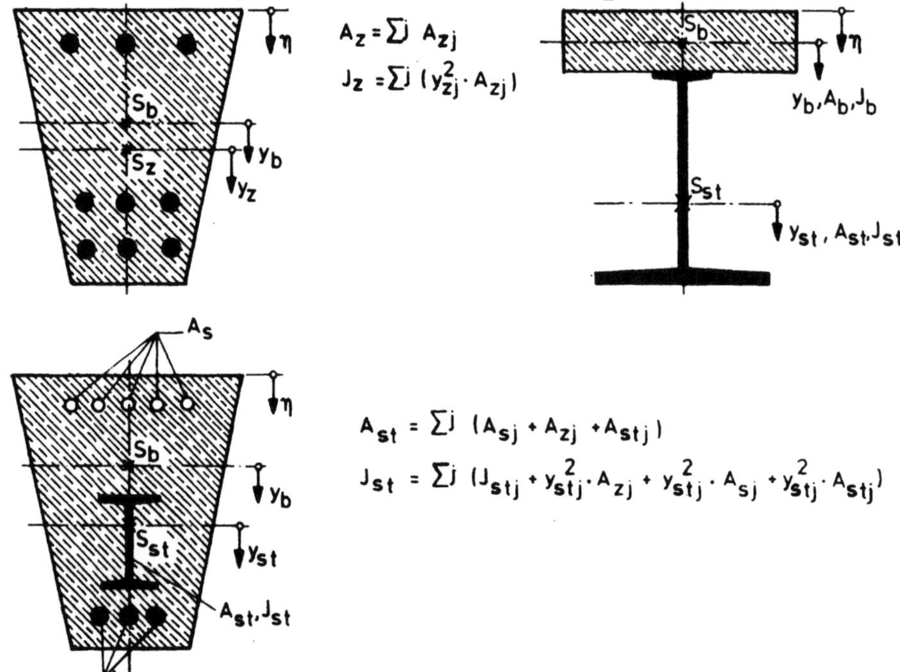

Bild 23.17   Verbundquerschnitte mit biegesteifem Stahlteilquerschnitt

Auch in einem Verbundquerschnitt aus einem Stahlprofilträger mit Betonplatte besitzen die Teilquerschnitte sowohl Fläche als auch Trägheitsmoment. Wird ein Plattenbalken aus einem Fertigteilsteg und einer Ortbetonplatte hergestellt, entsteht wiederum ein Verbundquerschnitt aus zwei biegesteifen Teilquerschnitten mit unterschiedlichen Kriecheigenschaften infolge des verschiedenen Alters des Betons.

K. Sattler gibt einen Abgrenzungskennwert an, der zeigt von welcher Größe des Eigenträgheitsmoments J_z des Stahles ab der Einfluß des Stahles praktische Bedeutung gewinnt [41], [1], Kap. 12.2.

23.6.2 Ideelle Querschnittswerte, Verteilungsgrößen nach dem Weggrößenverfahren

In der Rechnung sind Schwerpunkt, Fläche und Trägheitsmoment für den Stahlquerschnitt S_{st}, A_{st}, J_{st}, der sich aus verschiedenen Anteilen Bewehrung, Profilstahl und Spannstahl zusammensetzen kann (Bild 23.17), und für den Betonquerschnitt S_b, A_b, J_b gegeben [34, 41 bis 46]. Wir behandeln im folgenden symbolisch den Verbundträger aus Betonplatte und Stahlprofilträger, bei dem die Teilquerschnitte auch örtlich getrennt sind, so daß die Skizzen übersichtlicher werden (Bild 23.18).

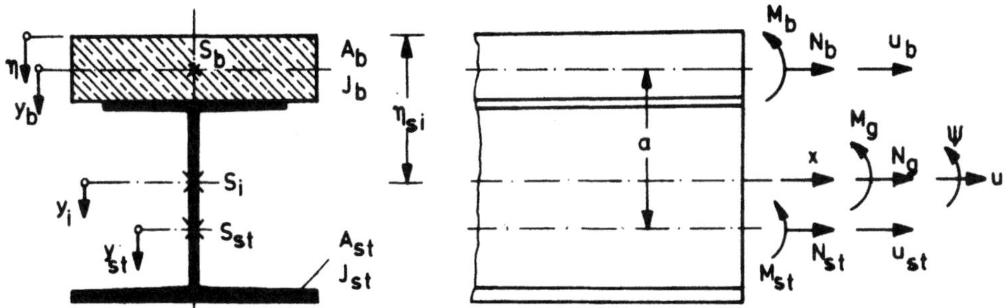

Bild 23.18　Koordinaten, Verformungen, Schnittkräfte am Verbundquerschnitt

Bei einem vorgespannten Betonträger mit nachträglichem Verbund ergeben sich die Schnittgrößen $N_{b,v}$, $M_{b,v}$ im Lastfall Vorspannung in üblicher Weise. Sie sind später bei der Berechnung der Umlagerungsgrößen den kriecherzeugenden Schnittgrößen des Betonteilquerschnitts aus Dauerlasten hinzuzufügen. Bei der Berechnung der Schnittgrößen aus Lastfällen nach Herstellen des Verbundes, kann man bei starker Bewehrung wie bei einem Stahlprofilträger die Steifigkeit des Stahles im statisch unbestimmten Stabwerk nicht vernachlässigen. Die Schnittkräfte des gesamten ideellen Querschnitts müssen dann auf die Teilquerschnitte Beton und Stahl bzw. Bewehrung verteilt werden.

Die Querschnitte des Verbundträgers bleiben nach üblicher Annahme eben:

$$u_{st} = u + y_{st}\,\psi \,, \qquad u_b = u + y_b\,\psi$$

oder differenziert mit den Dehnungen $\varepsilon_{st} = u'_{st}$, $\varepsilon_b = u'_b$,

und der Verkrümmung $\varkappa = \psi'$, $(\ )' = d(\ )/dx$

$$\varepsilon_{st} = \varepsilon + y_{st}\,\varkappa \,, \qquad \varepsilon_b = \varepsilon + y_b\,\varkappa \tag{23.63}$$

In die Elastizitätsgleichungen der Teilquerschnitte bezogen S_{st}, S_b

$$N_{st} = E_{st}A_{st}\varepsilon_{st} \,, \qquad N_b = E_b A_b \varepsilon_b$$

$$M_{st} = E_{st}J_{st}\varkappa \,, \qquad M_b = E_b J_b \varkappa \tag{23.64}$$

setzen wir (23.63) und (23.64) wiederum in die Gleichgewichtsbedingungen

$$N_{st} + N_b = N_g$$

$$M_{st} + M_b + y_{ist}N_{st} + y_{ib}N_b = M_g \tag{23.65}$$

ein und sortieren nach ε und $\varkappa$

$$\left[\begin{array}{c|c} E_c A_i & E_{st} A_{st} y_{ist} + E_b A_b y_{ib} \\ \hline E_{st} A_{st} y_{ist} + E_b A_b y_{ib} & E_c J_i \end{array}\right] \left[\begin{array}{c} \varepsilon \\ \varkappa \end{array}\right] = \left[\begin{array}{c} N_g \\ M_g \end{array}\right] \qquad (23.66)$$

wobei wir als Abkürzungen
die ideelle Fläche $A_i = (E_{st} A_{st} + E_b A_b)/E_c$ und das

ideelle Trägheitsmoment $J_i = [\, E_{st} (A_{st} y_{ist}^2 + J_{st}) + E_b (A_b y_{ib}^2 + J_b)\,]/E_c$
bezogen auf den Vergleichselastizitätsmodul E_c eingeführt haben. Die
Elastizitätsmatrix (23.66) wird zur Diagonalmatrix, wenn wir y_i vom
elastischen Schwerpunkt S_i aus zählen

$$E_{st} A_{st} y_{ist} + E_b A_b y_{ib} = 0$$

Daraus ergibt sich mit $y_{ist} = \eta_{st} - \eta_{si}$, $y_{ib} = \eta_b - \eta_{si}$
der Abstand des elastischen Schwerpunktes

$$\eta_{si} = \frac{E_{st} A_{st} \eta_{st} + E_b A_b \eta_b}{E_{st} A_{st} + E_b A_b} \qquad (23.66')$$

vom oberen Rand. Die resultierenden Elastizitätsgleichungen

$$\varepsilon = N_g/E_c A_i, \qquad \varkappa = M_g/E_c J_i \qquad (23.66'')$$

des Verbundquerschnitts haben die gleiche Form wie für einen Stab mit
homogenem Querschnitt, so daß Schnittkräfte und Verformungen wie für
Stabwerke mit homogenem Querschnitt berechnet werden können. Liegen
die Schnittkräfte N_g, M_g der Stabwerksrechnung mit (23.66'') vor, dann
erhalten wir aus (23.63), (23.64) die Schnittgrößen der Teilquerschnitte,
Verteilungsgrößen genannt

$$N_{st} = \frac{E_{st} A_{st}}{E_c A_i} N_g + \frac{E_{st} A_{st} y_{ist}}{E_c J_i} M_g$$

$$M_{st} = \frac{E_{st} J_{st}}{E_c J_i} M_g$$

$$\qquad (23.67)$$

$$N_b = \frac{E_b A_b}{E_c A_i} N_g + \frac{E_b A_b y_{ib}}{E_c J_i} M_g$$

$$M_b = \frac{E_b J_b}{E_c J_i} M_g$$

23.6.3 Umlagerungsgrößen infolge Kriechen und Schwinden des Betons bei statisch bestimmtem Stabwerk

Zur Berechnung der Änderungen der Schnittkräfte $N_{st,k+S}$, $N_{b,k+S}$, $M_{st,k+S}$, $M_{b,k+S}$ in Abhängigkeit von den Änderungen der Verformungen ε_{k+S}, $\varkappa_{k+S}$ gehen wir vom Elastizitätsgesetz für den Stahl und von (23.52) für den Beton aus

$$\sigma_{st,k+S} = E_{st}\,\varepsilon_{st,k+S} \qquad (23.68)$$

$$\sigma_{b,k+S} = \frac{E_b}{1+\rho\varphi}\,\varepsilon_{b,k+S} - \sigma_b\frac{\varphi}{1+\rho\varphi} - \frac{\varepsilon_S\,E_b}{1+\rho\varphi}$$

integrieren über die Teilquerschnitte, sowie multiplizieren mit y_b, y_{st} und integrieren über die Teilquerschnitte und setzen (23.63) für die Änderungen ε_{k+S}, $\varkappa_{k+S}$ ein

$$N_{st,k+S} = E_{st}A_{st}\left(\varepsilon_{k+S} + y_{ist}\,\varkappa_{k+S}\right)$$

$$M_{st,k+S} = E J_{st}\,\varkappa_{k+S} \qquad (23.69)$$

$$N_{b,k+S} = \frac{E_b A_b}{1+\rho\varphi}\left(\varepsilon_{k+S} + y_{ib}\,\varkappa_{k+S}\right) - N_b\frac{\varphi}{1+\rho\varphi} - \frac{\varepsilon_S\,E_b A_b}{1+\rho\varphi}$$

$$M_{b,k+S} = \frac{E_b J_b}{1+\rho\varphi}\,\varkappa_{k+S} - M_b\frac{\varphi}{1+\rho\varphi}$$

In N_b, M_b sind die kriecherzeugenden Schnittkräfte erfaßt, die sich aus N_{bg}, M_{bg} und N_{bv}, M_{bv} zusammensetzen können.

Die Umlagerungsgrößen (23.69) bilden in einem statisch bestimmten Stabwerk einen Eigenspannungszustand im einzelnen Querschnitt

$$N_{st,k+S} + N_{b,k+S} = 0 \qquad (23.70)$$

$$M_{st,k+S} + M_{b,k+S} + y_{ist}\,N_{st,k+S} + y_{ib}\,N_{b,k+S} = 0$$

Aus (23.70) erhalten wir mit (23.69) zwei Gleichungen nach dem Weggrößenverfahren für die Unbekannten ε_{k+S}, $\varkappa_{k+S}$

ε_{k+S}	$\varkappa_{k+S}$	$=$
$E_{st}A_{st} + \dfrac{E_b A_b}{1+\rho\varphi}$	$E_{st}A_{st}\,y_{ist} + \dfrac{E_b A_b\,y_{ib}}{1+\rho\varphi}$	$N_b\dfrac{\varphi}{1+\rho\varphi} + \dfrac{\varepsilon_S(t)\,E_b A_b}{1+\rho\varphi}$
$E_{st}A_{st}\,y_{ist} + \dfrac{E_b A_b\,y_{ib}}{1+\rho\varphi}$	$E_{st}J_{st} + y_{ist}^2\,E_{st}A_{st} + \dfrac{E_b J_{st}}{1+\rho\varphi} + \dfrac{y_{ib}^2\,E_b A_b}{1+\rho\varphi}$	$M_b\dfrac{\varphi}{1+\rho\varphi} + \dfrac{y_{ib}\,N_b\,\varphi}{1+\rho\varphi} + \dfrac{y_{ib}\,\varepsilon_S(t)\,E_b A_b}{1+\rho\varphi}$

Auf der linken Seite ist gegenüber (23.66) E_b durch $E_b/(1 + \rho\varphi)$ ersetzt, so daß die beiden Nebendiagonalglieder nicht mehr verschwinden und die Elimination etwas komplizierter ist, weil die Matrix voll besetzt ist. Auf der rechten Seite stehen die Schnittkräfte der beidseits starr gehaltenen Betonplatte mit dem Elastizitätsmodul $E/(1 + \rho\varphi)$ infolge eingeprägter Verformungen

$$\frac{N_b\varphi}{E_b A_b} \, , \qquad \varepsilon_S(t) \, , \qquad \frac{M_b\varphi}{E_b J_b}$$

Die Änderungen der Verformungen lassen sich aus (23.71) bestimmen und in (23.69) einsetzen, so daß sie die Umlagerungsgrößen der Teilquerschnitte liefern, wenn die Koeffizienten und Lastspalten (23.71) bei einer konkreten Aufgabe in Zahlen vorliegen.

Es lassen sich jedoch auch geschlossene Formeln für die Umlagerungsgrößen angeben [34, 43 bis 46]. Um die Elimination zu vereinfachen, multiplizieren wir die erste Gleichung (23.71) mit y_{ib} und ziehen sie von der zweiten ab, d.h. wir beziehen die Momentengleichung (23.70) auf die Schwerachse S_b des Betons

$$M_{st,k+S} + a\,N_{st,k+S} + M_{b,k+S} = 0$$

$$a = y_{ist} - y_{ib} \tag{23.69'}$$

Um die Symmetrie der Gleichungen zu erhalten, multiplizieren wir die erste Spalte von (23.71) mit y_{ib} und ziehen sie von der zweiten ab, d.h., wir führen statt ε_{k+S} die Änderung der Betondehnung

$$\varepsilon_{b,k+S} = \varepsilon_{k+S} + y_{ib}\varkappa_{k+S}$$ als erste Unbekannte ein.

$\varepsilon_{b,k+S}$	$\varkappa_{k+S}$	
$E_{st}A_{st} + \dfrac{E_b A_b}{1+\rho\varphi}$	$E_{st}A_{st}\,a$	$N\dfrac{\varphi}{1+\rho\varphi} + \dfrac{\varepsilon_S(t)E_b A_b}{1+\rho\varphi}$
$E_{st}A_{st}\,a$	$E_{st}J_{st} + E_{st}A_{st}\,a^2 + \dfrac{E_b J_b}{1+\rho\varphi}$	$M_b\dfrac{\varphi}{1+\rho\varphi}$

$$\tag{23.72}$$

Aus (23.72) und (23.69) lassen sich die Umlagerungsgrößen nach einer kurzen Zwischenrechnung mit den Abkürzungen $n = E_{st}/E_b$,

$$D = \left[1 + n\frac{A_{st}}{A_b}(1 + \rho\varphi)\left(1 + \frac{A_b\,a^2}{J_b}\right) + \right.$$

$$\left. + \frac{n J_{st}}{J_b}(1 + \rho\varphi)\left(1 + n\frac{A_{st}}{A_b}(1 + \rho\varphi)\right) \right]$$

angeben.

$$N_{St,k+S} = -N_{b,k+S} \cdot \frac{1}{D}\left[\left(E_{St}A_{St}\,\varepsilon_S + \varphi n\,\frac{A_{St}}{A_b}\,N_b\right)\left(1+n\,\frac{J_{St}}{J_b}(1+\varphi\varphi)\right)+\varphi n\,\frac{A_{St}\,a}{J_b}\,M_b\right]$$

$$M_{St,k+S} = \frac{nJ_{St}}{DJ_b}\left[-\left(E_{St}A_{St}\,\varepsilon_S + \varphi n\,\frac{A_{St}}{A_b}\,N_b\right)\left(1+\varphi\varphi\right)a + \varphi\left(1+n\,\frac{A_{St}}{A_b}(1+\varphi\varphi)\right)M_b\right]$$

$$M_{b,k+S} = \frac{1}{D}\left\{-\left(E_{St}A_{St}\,\varepsilon_S + \varphi n\,\frac{A_{St}}{A_b}\,N_b\right)a - \varphi\left[n\,\frac{A_{St}\,a^2}{J_b} + n\,\frac{J_{St}}{J_b}\left(1+n\,\frac{A_{St}}{A_b}(1+\varphi\varphi)\right)\right]M_b\right\}$$

$$(23.73)$$

Daraus ergibt sich für eine exzentrische, einlagige Bewehrung (Index s) ohne Biegesteifigkeit $J_s = 0$, $a = y_{bs}$ eine zu (23.22) analoge Gleichung

$$N_{s,k+S} = A_s\,\frac{\left[E_s\varepsilon_S + n\varphi\left(\frac{N_b}{A_b}+\frac{M_b y_{bs}}{J_b}\right)\right]}{1+n\,\frac{A_s}{A_b}\left(1+\frac{A_b a^2}{J_b}\right)(1+\varphi\varphi)}$$

$$(23.74)$$

Aus (23.71) folgt, daß mit der Umlagerung der Schnittgrößen im Querschnitt (23.73) auch Änderungen der Dehnungen und der Krümmungen des Stabes verbunden sind, die sich bei einem statisch bestimmten Stabwerk einstellen können. Bei einem statisch unbestimmten Stabwerk können Änderungen der statisch Unbestimmten des Stabwerks geweckt werden. Da die Elastizitätsmatrix (23.71) keine Diagonalmatrix mehr ist, werden Sonderüberlegungen notwendig, so daß wir auf die schon genannte und darin angegebene Literatur verweisen.

23.6.4 Verfahren mit Kriechfasern von Busemann [47]

23.6.4.1 Homogener Querschnitt als Zweipunktquerschnitt

Die Gleichungen (23.73) für die Umlagerungsgrößen sind sehr viel umfangreicher als (23.67) für die Verteilungsgrößen, weil (23.66) durch die Wahl des elastischen Schwerpunkt als Bezugspunkt zur Diagonalmatrix wird. Da in (23.66') die Elastizitätsmoduln eingehen, ist die Umwandlung in eine Diagonalmatrix nur einmal bei (23.66'') nicht mehr bei (23.71) möglich.

Busemann hat im Jahre 1950 eine andere Form der Diagonalisierung der Elastizitätsmatrix angegeben, die sich auch auf die Umlagerungsgrößen übertragen läßt. Er führt statt eines Balkenquerschnitts mit der Fläche a und dem Trägheitsmoment J einen Zweipunktquerschnitt mit zwei Flächen A_1 und A_2 in einem Abstand f ein (Bild 23.19).

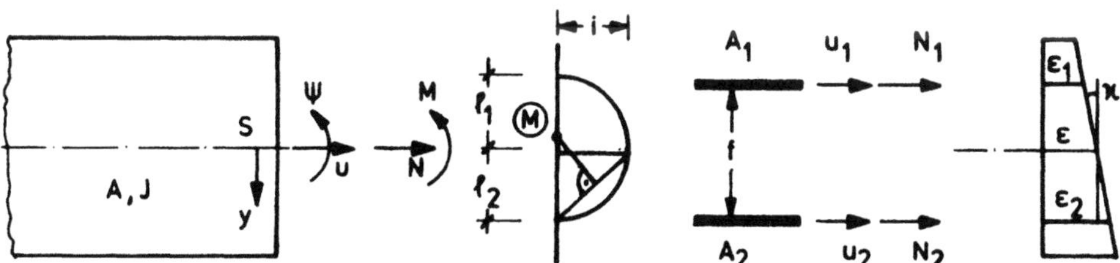

Bild 23.19   Homogener Querschnitt als Zweipunktquerschnitt

Für einen homogenen Balken gelten die Elastizitätsgleichungen

$$N = EA u' = EA \varepsilon \, , \qquad M = EJ \psi' = EJ \varkappa$$

Um aus ihnen die Elastizitätsgleichungen für den Zweipunktquerschnitt herzuleiten, müssen wir ε, $\varkappa$ mit dem Ebenbleiben der Querschnitte durch die Dehnungen ε_1, ε_2 im Schwerpunkt der Flächen des Zweipunktquerschnitts ersetzen.

$$\begin{aligned} u_1 &= u - e_1 \psi \qquad \text{differenziert} \qquad \varepsilon_1 = \varepsilon - e_1 \varkappa \\ u_2 &= u + e_2 \psi \qquad\qquad\qquad\qquad\quad \varepsilon_2 = \varepsilon + e_2 \varkappa \end{aligned} \qquad (23.75)$$

oder

$$\varepsilon = \frac{\varepsilon_1 e_2 + \varepsilon_2 e_1}{f} \, , \quad \varkappa = \frac{\varepsilon_2 - \varepsilon_1}{f} \, , \quad f = e_1 + e_2$$

N und M werden mit den Gleichgewichtsbedingungen

$$N = N_1 + N_2 \, , \qquad\qquad M = - N_1 e_1 + N_2 e_2$$

oder

$$N_1 = \frac{Ne_2 - M}{f} \qquad\qquad N_2 = \frac{Ne_1 + M}{f} \qquad (23.76)$$

eliminiert. Die Elastizitätsgleichungen für den Zweipunktquerschnitt

$$\begin{bmatrix} N_1 \\ N_2 \end{bmatrix} = \frac{EA}{f^2} \begin{bmatrix} (e_2^2 + i^2) & (e_1 e_2 - i^2) \\ (e_1 e_2 - i^2) & (e_1^2 + i^2) \end{bmatrix} \begin{bmatrix} \varepsilon_1 \\ \varepsilon_2 \end{bmatrix} \qquad (23.77)$$

$$\text{mit } i^2 = J/A$$

lassen in Diagonalform bringen, wenn die Nebendiagonalglieder verschwinden

$$e_1 e_2 = i^2 \, , \qquad e_1 = i^2 / e_2 \qquad (23.78)$$

Ist ein Abstand z.B. e_2 einer Fläche des Zweipunktquerschnittes vorgegeben oder gewählt, folgt der Abstand der anderen Fläche e_1 nach (23.78). Mit dem Höhensatz können wir e_1 nach (23.78) auch graphisch bestimmen (Bild 23.19). Wir tragen in der Querschnittsebene e_2 rechtwinklig zur Querschnittsebene im Schwerpunkt den Trägheitsradius i auf.

Der Halbkreis um M durch die Endpunkte von e_2 und i schneidet die Querschnittsebene erneut im Abstand e_1.

Aus (23.77) wird mit (23.78)

$$N_1 = \frac{EAe_2}{f} \varepsilon_1 = EA_1 \varepsilon_1, \qquad A_1 = \frac{Ae_2}{f}$$

$$N_2 = \frac{EAe_1}{f} \varepsilon_2 = EA_2 \varepsilon_2, \qquad A_2 = \frac{Ae_1}{f} \qquad (23.79)$$

so daß die Ersatzflächen A_1, A_2 im Abstand f den Balken mit den Querschnittswerten A, J ersetzen. Sind N und M gegeben, so berechnen sich N_1, N_2 aus (23.76) und ε_1, ε_2 aus (23.79). Wegen (23.75) bestimmen

ε_1 und ε_2 die Querschnittsebene des Balkens in der verformten Lage, so daß man aus (23.75) oder an der geradlinigen Verbindung von ε_1 und ε_2 die Verformungen ε, $\varkappa$ des Balkens ablesen kann (Bild 23.19). Eine Multiplikation der Verteilung der Dehnungen über die Querschnittshöhe mit dem Elastizitätsmodul E liefert die Verteilung der Spannungen über den Querschnitt, so daß man das Spannungsdiagramm durch geradlinige Verbindung der Ordinaten

$$\sigma_j = E\,\varepsilon_j = \frac{N_j}{A_j} \ , \quad j = 1,\,2 \qquad\qquad (23.80)$$

erhält. Jetzt ist die ursprüngliche Deutung Busemanns der Diagonalisierung (23.77) (23.79) möglich: Die Lage der Ersatzflächen des Zweipunktquerschnitts wird so gewählt, daß die Normalkraft in einer Ersatzfläche keine Spannungen in der anderen hervorruft. Bei dieser Erklärung geht verloren, daß die Gegenseitigkeit der Spannungen eine Folge der Symmetrie der Elastizitätsgleichungen (23.77) nach dem Satz von Betti-Maxwell ist.

23.6.4.2 Verbundquerschnitt als Zweipunktquerschnitt

Bei einem Verbundquerschnitt sollen die Teilquerschnitte Stahl und Beton jeweils in einen Zweipunktquerschnitt mit den aus (23.78) folgende Eigenschaften (23.79), (23.80) ungewandelt werden. Für jeden Teilquerschnitt existiert jeweils eine Gleichung (23.78) für die beiden vom Schwerpunkt des einzelnen Teilquerschnitts aus gemessenen Abstände der Ersatzflächen, also insgesamt zwei Gleichungen.

$$e_{1\,\mathrm{st}}\,e_{2\,\mathrm{st}} = i^2_{\mathrm{st}} \ , \qquad e_{1\,\mathrm{b}}\,e_{2\,\mathrm{b}} = i^2_{\mathrm{b}} \qquad\qquad (23.81)$$

Mit der Forderung, daß die Ersatzflächen der Zweipunktquerschnitte für Beton und Stahl an derselben Stelle im Querschnitt liegen

$$e_{2\,\mathrm{st}} = e_{2\,\mathrm{b}} - a \ , \qquad e_{1\,\mathrm{st}} = e_{1\,\mathrm{b}} + a \qquad\qquad (23.82)$$

und daher die gleichen Dehnungen besitzen, ergeben sich vier Gleichungen für vier Unbekannte $e_{1\,\mathrm{st}}$, $e_{2\,\mathrm{st}}$, $e_{1\,\mathrm{b}}$, $e_{2\,\mathrm{b}}$, die sich nach dem Höhensatz durch die im Bild 23.20 gezeigte, gegenüber Bild 23.19 erweiterte Konstruktion graphisch lösen lassen. Das Mittellot auf der Verbindung der Endpunkte der in S_{st} und S_{b} rechtwinklig zur Querschnittsebene aufgetragenen Trägheitsradien i_{st}, i_{b} schneidet die Querschnittsebene im Mittelpunkt M des Halbkreises. Die Schnittpunkte des Halbkreises mit der Querschnittsebene liefern die Orte der Ersatzflächen für beide Zweipunktquerschnitte. Diese Orte werden aus einem später zu erörternden Grunde Kriechfasern genannt.

Die Elimination von (23.82), (23.81) führt auf eine quadratische Gleichung für den Abstand einer Kriechfaser z.B.

$$e_{2\,\mathrm{st}} = \frac{i^2_{\mathrm{st}} - a^2 - i^2_{\mathrm{b}}}{2\,a} \pm \sqrt{\, i^2_{\mathrm{st}} + \left(\frac{i^2_{\mathrm{st}} - a^2 - i^2_{\mathrm{b}}}{2\,a}\right)^2 } \qquad (23.83)$$

Die Lage der anderen Kriechfasern ergibt sich aus (23.82), (23.81).

Sind in einem elastischen, statisch bestimmten Stabwerk die Schnittkräfte N_g, M_g mit den ideellen Querschnittswerten berechnet, so erhalten wir aus (23.76) die Normalkräfte in den Kriechfasern $N_{j,\,g}$, die auf die Ersatz-

flächen von Stahl und Beton $A_{j\,st}$, $A_{j\,b}$, $j = 1,2$ verteilt werden müssen.
Aus den Elastizitätsgleichungen (23.79) für Beton und Stahlquerschnitt

$$N_{j\,st} = E_{st}\,A_{j\,st}\,\epsilon_j \;, \qquad A_{1\,st} = \frac{A_{st}\,e_{2\,st}}{f} \;, \quad A_{2\,st} = \frac{A_{st}\,e_{1\,st}}{f}$$
$$j = 1,2$$
$$N_{j\,b} = E_b\,A_{j\,b}\,\epsilon_j \;, \qquad A_{1\,b} = \frac{A_b\,e_{2\,b}}{f} \;, \quad A_{2\,b} = \frac{A_b\,e_{1\,b}}{f}$$

und den Gleichgewichtsbedingungen

$$N_{j\,st} + N_{j\,b} = N_{j,g} \;, \quad j = 1,2 \tag{23.84}$$

ergeben sich nach dem Weggrößenverfahren die ϵ_j

$$\epsilon_j = \frac{N_{j,g}}{E_{st}\,A_{st} + E_b\,A_b} \;, \quad j = 1,2 \tag{23.85}$$

und die Verteilungsgrößen

$$N_{j\,st} = \frac{E_{st}\,A_{j\,st}}{E_{st}\,A_{j\,st} + E_b\,A_{j\,b}}\,N_{jg} \;, \quad N_{j\,b} = \frac{E_b\,A_{j\,b}}{E_{st}\,A_{j\,st} + E_b\,A_{j\,b}}\,N_{j,g} \;, \quad j = 1,2 \tag{23.8}$$

wie für zwei zentrisch belastete Betonprismen mit den Stahl- und Beton-
flächen $A_{j\,st}$, $A_{j\,b}$ (Abschnitt 23.4.3.2). Multipliziert man die ϵ_j' mit E_{st}
oder E_b erhält man die Stahl- und Betonspannungen in den Kriechfasern
und durch lineare Verbindung der $\sigma_{j\,st}$ oder $\sigma_{j\,b}$ die Spannungsverteilung
in den Teilquerschnitten (Bild 23.20).

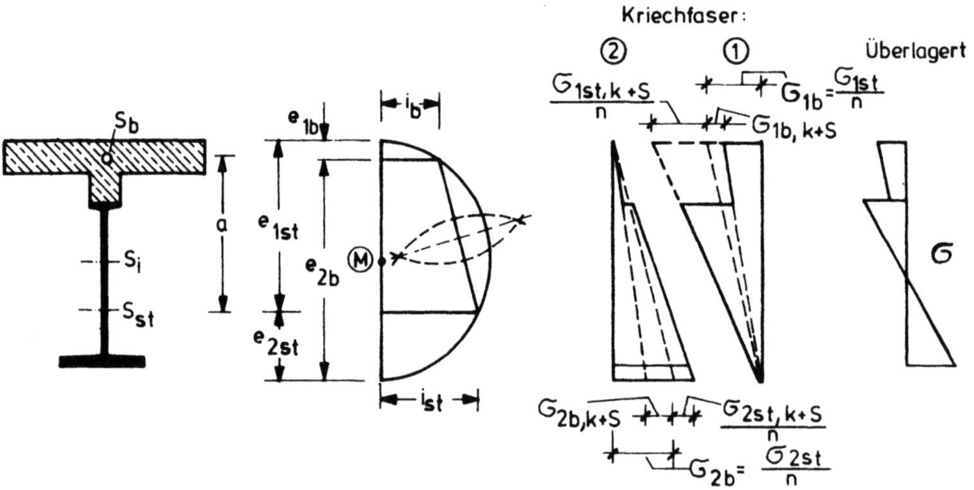

Bild 23.20   Verbundquerschnitt als Zweipunktquerschnitt

Auch die Umlagerungsgrößen lassen sich so einfach wie beim zentrisch
belasteten Betonprisma bestimmen. Aus (23.68)

$$N_{j\,st,k+S} = E_{st}\,A_{j\,st}\,\epsilon_{j,k+S} \;, \qquad j = 1,2 \tag{23.87}$$

$$N_{j\,b,k+S} = \frac{E_b\,A_{j\,b}}{1 + \rho\varphi}\,\epsilon_{j,k+S} - N_{j\,b}\,\frac{\varphi}{1 + \rho\varphi} - \frac{\epsilon_S\,E_b\,A_{j\,b}}{1 + \rho\varphi}$$

und den Gleichgewichtsbedingungen für die Änderungen der Normalkräfte

$$N_{j\,st,k+S} + N_{j\,b,k+S} = 0 \tag{23.87}$$

erhalten wir das Gleichungssystem für die $\varepsilon_{j,k+S}$, in dem nur die Hauptdiagonalglieder besetzt sind

$$\left(E_{st}A_{j\,st} + \frac{E_b A_{j\,b}}{1+\rho\varphi}\right)\varepsilon_{j,k+S} = N_{j\,b}\frac{\varphi}{1+\rho\varphi} + \frac{\varepsilon_S E_b A_{j\,b}}{1+\rho\varphi}, \quad j=1,2, \tag{23.88}$$

so daß sich einfache Formeln für die Umlagerungsgrößen angeben lassen.

$$N_{j\,st,k+S} = \frac{E_{st}A_{j\,st}}{E_{st}A_{j\,st} + \frac{E_b A_{j\,b}}{1+\rho\varphi}}\left(N_{j\,b}\frac{\varphi}{1+\rho\varphi} + \frac{\varepsilon_S E_b A_{j\,b}}{1+\rho\varphi}\right), \quad j=1,2 \tag{23.89}$$

$$N_{j\,b,k+S} = - N_{j\,st,k+S}$$

Aus den Änderungen der Normalkräfte berechnen sich die Änderungen der Spannungen in den Kriechfasern und durch ihre geradlinige Verbindung die Verteilung der Spannungsänderungen über den Querschnitt (Bild 23.20).

Da sich in den nach (23.81) (23.82) bestimmten Zweipunktquerschnitten die Umlagerungen infolge Kriechen unabhängig voneinander berechnen lassen, hat Busemann die Bezeichnung "Kriechfasern" vorgeschlagen. Wegen der Unabhängigkeit der ε_j in (23.88) bieten die Kriechfasern auch bei statisch und geometrisch unbestimmten Stabwerken aus Stäben mit stark bewehrten Betonquerschnitten oder Verbundquerschnitten Vorteile [1, 40, 49].

23.6.5 Kraftgrößenverfahren für die Umlagerungsgrößen

Zur Berechnung der Umlagerungsgrößen in den Kriechfasern haben wir mit (23.87) bis (23.89) das Weggrößenverfahren benutzt. Die Gleichungen sind jedoch so einfach, daß man auch das Kraftgrößenverfahren im Querschnitt benutzen kann (Bild 23.21).

$$\delta_{j\,11}^{*} = \frac{1+\rho\varphi}{E_b A_{j\,b}} + \frac{1}{E_{st}A_{j\,st}}, \quad \ell = 1, \quad j=1,2$$

$$\delta_{j\,10}^{*} = -\left(\frac{N_{j\,b}\varphi}{E_b A_{j\,b}} + \varepsilon_S\right), \quad \delta_{j\,10}^{*} + \delta_{j\,11}^{*} X_{j,k+S} = 0$$

$$\tag{23.90}$$

$$N_{j\,st,k+S} = X_{j,k+S} = \frac{E_{st}A_{j\,st}}{\left(E_{st}A_{j\,st} + \frac{E_b A_{j\,b}}{1+\rho\varphi}\right)}\left(N_{j\,b}\frac{\varphi}{1+\rho\varphi} + \frac{\varepsilon_S E_b A_{j\,b}}{1+\rho\varphi}\right)$$

An Stelle der beiden Kräfte X_j in den Kriechfasern kann man die Kraft Y_1 und das Moment Y_2 in der Fuge zwischen Betonplatte und Stahlträger als statisch Unbestimmte wählen [50] (Bild 23.21).

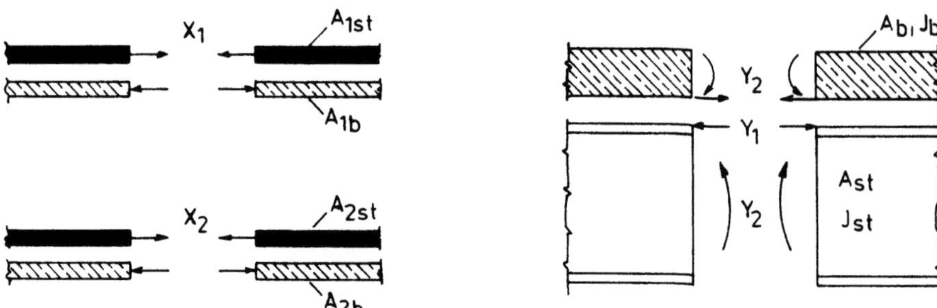

Bild 23.21   Statisch Unbestimmte im Verbundquerschnitt

Dadurch benutzt man mit den Y_j Linearkombinationen der X_i als Unbekannte und als Gleichungssystem nach dem Kraftgrößenverfahren Linearkombinationen der beiden Gleichungen (23.90). Das Gleichungssystem ist ähnlich wie (23.72) im allgemeinen Fall voll besetzt, so daß wir hier nicht darauf eingehen wollen.

24. Nachweis des Grenzzustandes der Tragfähigkeit mit dem Traglastverfahren

24.1 Vorbemerkung

Alle Spannbeton-Normen verlangen neben Spannungsnachweisen Nachweise der Tragfähigkeit oder Bruchsicherheit, die für Biegung bisher in folgender Form geführt wurden (vgl. Kap. 18.2, Gleichung 18.7):

$$\boxed{M_u > \nu\, M_{g+p} + \nu'\, M'_v}$$

Diese Betrachtungsweise ist grundsätzlich unbefriedigend oder sogar falsch, da sie einen Einfluß der Zwangsschnittgrößen stipuliert, der wissenschaftlich nicht begründet werden kann, denn letztere sind nur im Gebrauchszustand nach der Elastizitätstheorie in den bisher gerechneten Größen vorhanden.

Es hat sich daher, wenn auch nur zögernd und noch längst nicht überall, die Erkenntnis durchgesetzt, daß der Nachweis der Tragfähigkeit mit Hilfe des auf der Plastizitätstheorie basierenden Traglastverfahrens geführt werden sollte, bei dem nicht mehr die einzelnen Querschnitte, sondern das Tragwerk als Ganzes betrachtet wird. Die Frage des Einflusses von Zwangsschnittgrößen wird dabei überflüssig, da dies - theoretisch einwandfrei - durch die Betrachtung der im Grenzzustand der Tragfähigkeit möglichen Umlagerung der inneren Kräfte ersetzt wird [51 , 52].

24.2 Annahmen und Voraussetzungen

24.2.1 Allgemeines

Im allgemeinsten Fall sollten solche Nachweise der Grenzzustände für die gleichzeitige Wirkung aller im Bauwerk auftretenden Schnittkräfte erfolgen. Dies würde aber eine genaue Kenntnis aller maßgeblichen Interaktionen von Biegemomenten, Normalkräften, Querkräften und Torsionsmomenten sowie deren Einfluß auf die Schnittkraftumlagerungen erfordern; Kenntnisse, die heute erst in Ansätzen, aber noch nicht umfassend vorhanden sind.

Aus diesem Grunde versucht man, die einzelnen Beanspruchungsarten oder -gruppen beim Nachweis der Grenzzustände getrennt zu behandeln, wie dies übrigens bei der herkömmlichen Bemessung schon immer der Fall war.

Für die meisten praktischen Fälle ist diese vereinfachte Betrachtungsweise durchaus vertretbar, indem man z.B. gerade, durchlaufende Balken auf Schub derart bewehrt, daß sich für die Traglast der meist maßgebliche Biegemechanismus ausbilden kann.

Auf längere Sicht wird es aber notwendig sein, die Forschung in Richtung einer verallgemeinerten Plastizitätstheorie voranzutreiben, um in komplizierteren Fällen den wirklichen Grenzzustand der Tragfähigkeit einwand-

frei erfassen zu können. Als Beispiel für diese Notwendigkeit seien stark
gekrümmte Durchlaufbalken genannt: Hier führt jede Ausbildung eines
Biegefließgelenkes zwangsläufig zu einer beträchtlichen Umlagerung der
Torsionsbeanspruchung und umgekehrt.

Im folgenden begnügen wir uns aber im wesentlichen mit vornehmlich auf
Biegung beanspruchten Tragwerken unter der Annahme, daß andere Ver-
sagensursachen, wie Schub infolge Querkraft oder Torsion, Knicken, Kip-
pen u.a.m. durch eine entsprechende (meist zu reichliche) Bemessung
nicht kritisch werden.

24.2.2 Theoretische Grundlagen des Traglastverfahrens

Die nachstehend aufgeführten Fundamentalsätze des Traglastverfahrens
wurden aus der Kontinuumsmechanik abgeleitet [53, 54, 55] und ermöglichen den Nachweis, ob bei gegebener Last die Tragfähigkeit eines
als starr-plastisch angenommenen Kontinuums erschöpft ist.

Erster Grenzwertsatz:

> Jede Belastung P, zu der sich ein stabiler, statisch zulässiger
> Spannungszustand angeben läßt, ist kleiner oder gleich wie die
> Traglast $P_u : P \leqq P_u$.

Ein statisch zulässiger Spannungszustand ist dann vorhanden, wenn äußere und innere Kräfte in jedem Teil des Systems im Gleichgewicht sind.

Die Belastung P stellt also eine <u>untere Schranke</u> (lower bound)
der Traglast dar, und die zu deren Ermittlung benützte Methode wird
STATISCHE METHODE genannt.

Beispiel:

a)

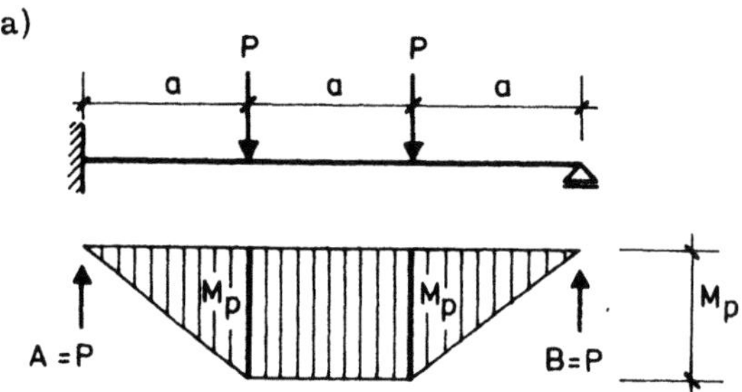

M_p = Grenztragfähigkeit des
entsprechenden Quer-
schnittes

Die in Beispiel a) angenommene Momentenverteilung und der zugehörige
Spannungszustand wird sich zwar in Wirklichkeit nicht einstellen, ist aber
stabil (Gleichgewichtsbedingung erfüllt) und statisch zulässig ($M \leqq M_p$ und
damit $\sigma \leqq \sigma_p$).

$$M_p = P \cdot a \qquad P = \frac{M_p}{a}$$

ist also eine untere Schranke.

Für das gleiche Beispiel können beliebig viele andere zulässige Spannungszustände d.h. hier Momentenverteilungen angenommen werden, z.B.

b)

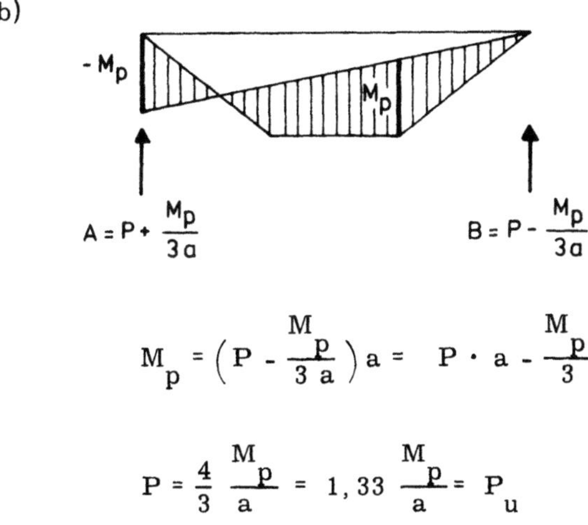

$$M_p = \left(P - \frac{M_p}{3a} \right) a = P \cdot a - \frac{M_p}{3}$$

$$P = \frac{4}{3} \frac{M_p}{a} = 1,33 \frac{M_p}{a} = P_u$$

Von allen möglichen Momentenverteilungen führt die Annahme b) zur
größtmöglichen Traglast (sie liegt um 33 % höher als nach a)), sie stellt
daher gemäß den Voraussetzungen der Plastizitätstheorie die wirkliche
Traglast dar.

Es sei noch darauf hingewiesen, daß das auf Querschnittsbemessung beschränkte Traglastverfahren nach DIN 1045 (früher als n-freie Bemessung bezeichnet), bei dem von der elastisch ermittelten Schnittkraftver-
teilung ausgegangen wird, auch einen unteren Grenzwert der wirklichen
Traglast liefert.

Zweiter Grenzwertsatz:

> Jede Belastung P, zu der sich ein kinematisch zulässiger Bewe-
> gungszustand (Verformungszustand) angeben läßt, liegt höher oder
> ist gleich der Traglast P_u : $P \geqq P_u$.

Als kinematisch zulässigen Bewegungszustand bezeichnet man einen mit
den Bindungen verträglichen Bewegungszustand, den ein System nach
Ausbildung einer Anzahl von Fließgelenken aufweisen kann.

Diese Belastung P stellt also eine <u>obere Schranke</u> (upper bound)
der Traglast dar, und die zugehörige Berechnungsart wird mit MECHA-
NISMEN-METHODE oder METHODE DER FLIESSGELENKE bezeichnet.

Beispiel:

c)

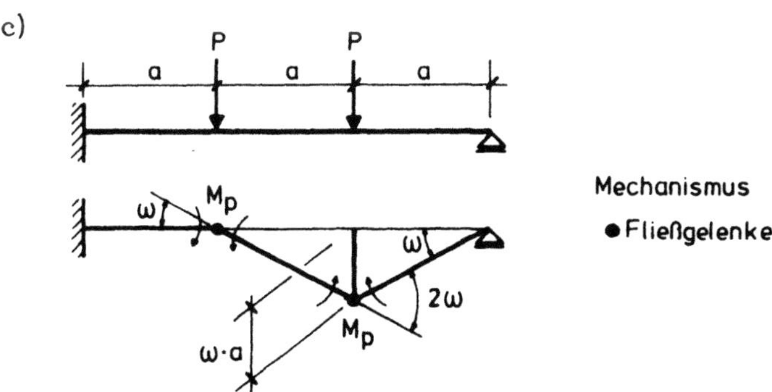

Ermittlung von P aus der Arbeitsgleichung, wobei die elastische Form-
änderungsarbeit außerhalb der Gelenke vernachlässigt wird.

Arbeit der inneren Kräfte:

$$A_i = M_p \cdot \omega + M_p \cdot 2\,\omega = 3\,M_p \cdot \omega$$

Arbeit der äußeren Kräfte:

$$A_a = P \cdot \omega \cdot a$$

$$A_i = A_a \quad \rightarrow \quad P = 3\,\frac{M_p}{a}$$

Dies ist offensichtlich ein viel zu großer Wert, da zwar ein kinematisch zulässiger, aber sich in Wirklichkeit nicht einstellender Mechanismus angenommen wurde.

Die richtige Wahl des wahrscheinlich kritischen Mechanismus ist das Hauptproblem der an sich eleganten Mechanismenmethode: falls nicht der kritische Mechanismus gewählt wird, kann die Traglast wesentlich überschätzt werden.

Für das vorliegende Beispiel ist leicht einzusehen, daß der Mechanismus d) zur niedrigsten Traglast (wirkliche Traglast) führt, die folgerichtig gleich groß ist wie der größtmögliche Wert nach der statischen Methode (Beispiel b)).

d)

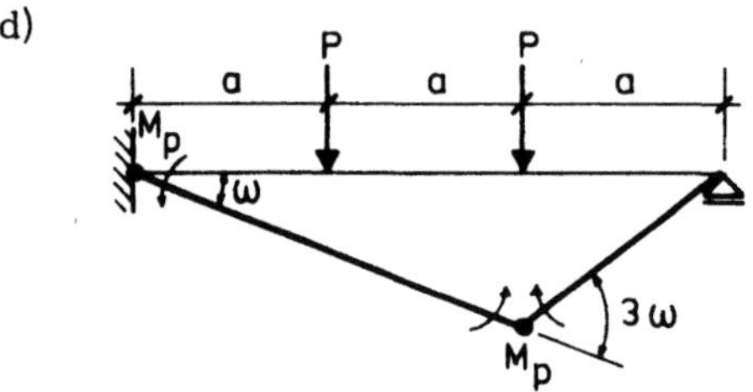

Arbeitsgleichung: $4 \cdot \omega \cdot M_p = 3\,\omega \cdot P \cdot a$

Daraus $P = \dfrac{4}{3}\dfrac{M_p}{a} = 1,33\,\dfrac{M_p}{a} = P_U$

Bei manchen in der Praxis auftretenden Fällen ist es nicht leicht, den kritischen Mechanismus auf Anhieb zu finden (z.B. bei Spannbeton-Tragwerken mit komplizierter Spanngliedführung, bei Rahmen oder Platten). Es müssen daher oft mehrere Möglichkeiten untersucht werden.

24.2.3 Rotationsfähigkeit

Die vielerorts noch vorhandenen Bedenken gegen die Anwendung der Plastizitätstheorie im Stahlbeton und Spannbeton fußen vor allem auf zwei ernst zu nehmenden Argumenten: Einerseits wird bezweifelt, daß der oft als spröde angesehene Baustoff Beton sich genügend plastisch verformen könne, das heißt, daß die Rotationsfähigkeit der Querschnitte ausreichend sei, um die theoretisch vorausgesetzten Kräfteumlagerungen ohne vorzeitiges örtliches Versagen zu gewährleisten. Andererseits erscheint es vielen als unzulässig, Berechnungsmethoden anzuwenden, die keinerlei Aussagen über die zu erwartenden Verformungen zulassen. Auf diese beiden Punkte sei daher im folgenden kurz eingegangen:

Umfangreiche theoretische und experimentelle Untersuchungen haben gezeigt, daß ein voller Momentenausgleich nach der Plastizitätstheorie auch
in extremen Fällen dann erreicht wird, wenn die ideal plastische Rotationsfähigkeit θ_{pl} eines Querschnittes etwa drei- bis viermal größer ist
als θ_{el}

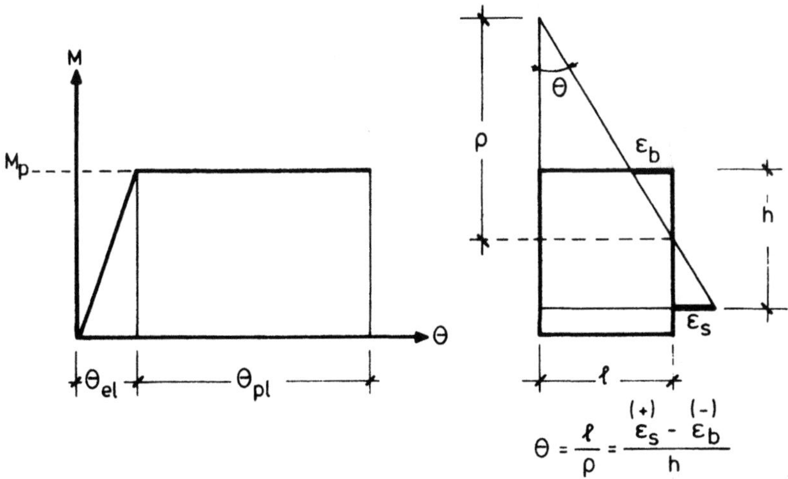

Momenten-Rotations-Diagramm

Wie aus der Definition (rechts im Bild) hervorgeht, ist die Rotation pro-
portional zu $\epsilon_s^{(+)}$ und $\epsilon_b^{(-)}$. Da die σ-ϵ-Diagramme von Stahl, aber auch
die von Beton beträchtliche plastische Bereiche aufweisen, ist die ein-
gangs genannte Bedingung i.a. erfüllt, sofern nicht ein Material - Stahl
oder Beton - versagen kann, bevor das andere voll plastifiziert ist.

Ein Versagen des Stahls ohne vorherige Plastifizierung der Betondruckzone kann nur bei sehr schwach bewehrten Querschnitten auftreten, dann
nämlich, wenn die Zugkraftkapazität der Bewehrung kleiner ist als die
gesamte Zugfestigkeit des Beton-Zugspannungskeils. Dieser Fall wird
durch die Regeln der M i n d e s t b e w e h r u n g ausgeschlossen, die natürlich auch bei einer Bemessung nach der Plastizitätstheorie zu beachten sind.

Der weit kritischere Fall eines vorzeitigen Versagens der Betondruckzone bedarf besonderer Beachtung und muß durch geeignete Regelungen
vermieden werden (vergleiche auch [0], Teil 4, Kap. 8.3).

Am häufigsten wird dazu eine o b e r e B e w e h r u n g s g r e n z e festgelegt, die sich aus Verformungs- und Gleichgewichtsbedingungen leicht
herleiten läßt. Diese Grenze hängt in sehr starkem Maß von den Mate-
rialfestigkeiten ab (die Zugfestigkeit des Spannstahls liegt bis zu viermal höher als diejenige der schlaffen Bewehrung), so daß es etwas schwie-
rig ist, sich für den täglichen Gebrauch einfach Zahlenwerte zu merken.

In den meisten Fällen genügt es jedoch, den ideellen Bewehrungsgrad μ_i
wie folgt zu beschränken:

$$\mu_i = \mu_s + \mu_z \frac{\beta_{z,0,2}}{\beta_{s,S}} < 2\ \% \ .$$

Eine andere Möglichkeit, ein vorzeitiges Versagen der Betondruckzone
auszuschließen, besteht darin, die Höhe der Druckzone (bzw. die Lage
der Neutralachse x) zu beschränken:

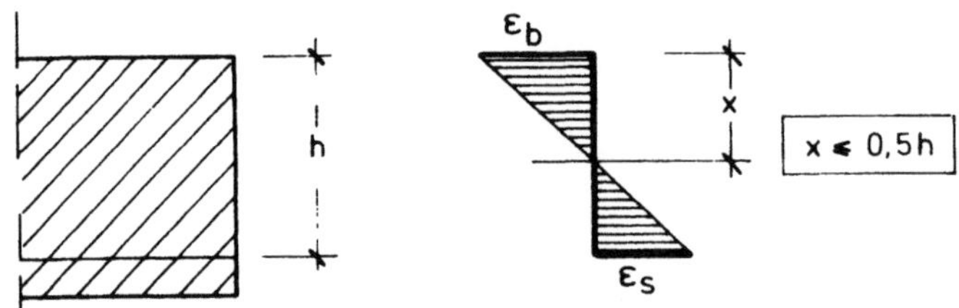

Nach DIN 1045 ist die Bruchdehnung des Betons bei Biegung festgelegt zu $\epsilon_b = 3,5\ ‰$. Obige Bedingung besagt demnach, daß $|\epsilon_s| > |\epsilon_b| = 3,5\ ‰$, daß also die schlaffe Bewehrung die Streckgrenze überschritten hat. Diese, von den Materialeigenschaften unabhängige, geometrische Bedingung ist sehr einfach und zweckmäßig. Sie gilt allerdings nur für reine Biegung, nicht aber für Biegung mit Normalkraft.

Wie aus diesen Ausführungen hervorgeht, ist eine ausreichende Rotationsfähigkeit in den meisten praktisch vorkommenden Fällen gewährleistet; den Bewehrungsgrad von $\mu_i > 2\ \%$ wird man schon aus konstruktiven Gründen kaum je wählen.

24.2.4 Verformungen und Rißbeschränkung

Für den hier behandelten Nachweis der Tragfähigkeit spielt es offensichtlich keine Rolle, daß die dazu vorgeschlagene Plastizitätstheorie keinen Anhaltspunkt über Verformungen und Risse gibt, denn für letztere wird ja eine primäre Bemessung über die Spannungsnachweise durchgeführt, die - da man sich im elastischen Bereich befindet - auch eine Berechnung der Verformungen erlaubt. Die Elastizitätstheorie ist das geeignete Mittel zur Erfassung des Gebrauchszustandes, die Plastizitätstheorie dagegen ein solches zur Ermittlung der Tragfähigkeit.

Würde allerdings die Plastizitätstheorie als primäres Bemessungskriterium gewählt, so stellt die Ungewißheit über die im Gebrauchszustand zu erwartenden Verformungen und Risse ein ernstes Problem dar, das allerdings durch Einhalten bewährter konstruktiver Regeln maßgeblich gemildert oder gar behoben werden kann. In der Regel sind jedoch gesonderte Nachweise der Gebrauchszustände unerläßlich.

24.2.5 Zwangsschnittgrößen

Wie aus den Grundlagen der Plastizitätstheorie hervorgeht, haben die statisch unbestimmten Schnittgrößen keinen Einfluß auf die Tragfähigkeit eines Bauwerkes. Dies gilt insbesondere auch für Zwang aus Vorspannung, ebenso wie für einen solchen aus Setzungen, Temperatur, Schwinden und Kriechen.

Diese allgemeine Aussage ist allerdings dann nicht mehr gültig, wenn der Zwang selbst bereits zur Bruchursache wird, oder wenn er bereits einen derart bedeutenden Teil der Verformungskapazität in Anspruch nimmt, daß für den plastischen Ausgleich nicht mehr genug übrig bleibt, was aber kaum je der Fall ist. Praktisch tritt dies nur bei sehr großen Setzungen, z.B. in Bergsenkungsgebieten, auf.

24.3 Anwendung des Traglastverfahrens auf Spannbeton-tragwerke

24.3.1 Stabtragwerke

Die im Abschnitt 2 aufgezeigten Grenzwertsätze können direkt auf Spann-beton-Stabtragwerke angewandt werden. Das nachstehende Beispiel soll das Vorgehen für die Ermittlung des Grenzzustandes der Tragfähigkeit und der zugehörigen Sicherheit erläutern.

<u>Statisches System</u>

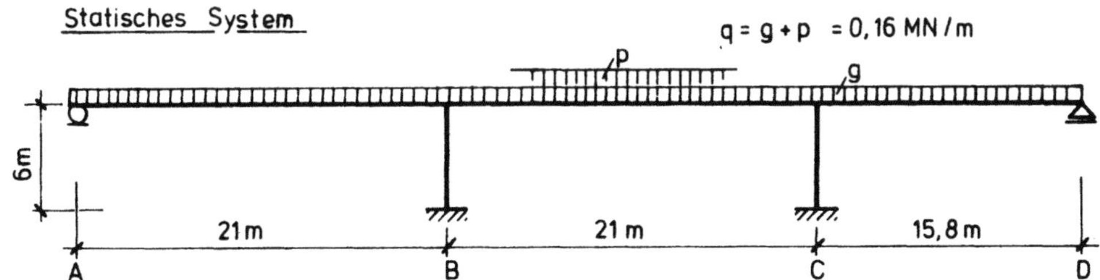

<u>Spanngliedführung, Spannkräfte in Feldmitte</u>

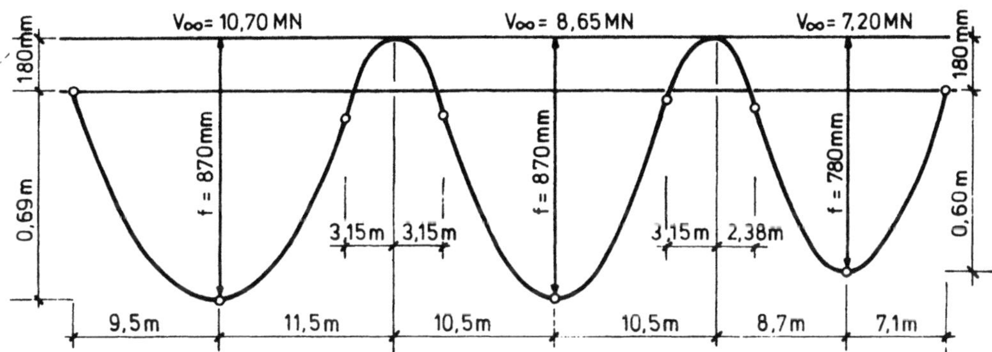

<u>Querschnitt und plastische Momente</u>

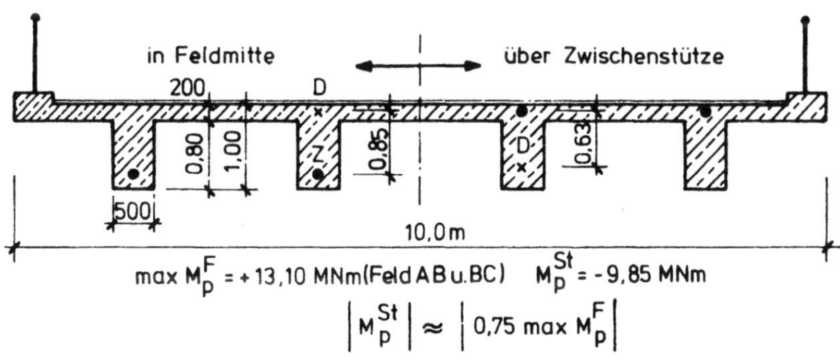

$$\max M_p^F = +13,10 \text{ MNm (Feld AB u. BC)} \qquad M_p^{St} = -9,85 \text{ MNm}$$

$$\left| M_p^{St} \right| \approx \left| 0,75 \max M_p^F \right|$$

Im vorliegenden Beispiel ist das Feld A B kritisch.

Statische Methode

Das Seilpolygon (M_0-Linie) der äußeren Kräfte ist zufolge der angenom-menen Gleichlast eine quadratische Parabel mit einer Pfeilhöhe von $\dfrac{p_u \cdot \ell^2}{8}$, wobei p_u als gesuchte Größe zunächst noch unbekannt ist. Zu diesem Seilpolygon muß nun eine Schlußlinie derart gefunden werden, daß

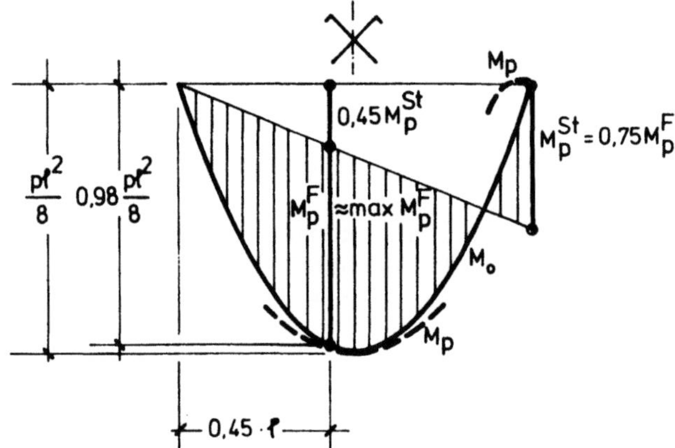

nirgends das aufnehmbare plastische Moment (Grenzmoment) überschritten wird. Dabei ist zu beachten, daß das aufnehmbare plastische Moment M_p sich mit der Spanngliedlage ändert. Durch Iteration findet man die dargestellte günstigste Schlußlinienlage, bei welcher - was meistens der Fall ist - das maßgebende plastische Feldmoment M_p^F im Berührungspunkt mit der M_o-Parabel praktisch gleich max M_p^F ist.

Daraus ergibt sich die graphisch oder analytisch ermittelte Gleichgewichtsbedingung zu

$$0,98 \frac{P_u \ell^2}{8} = M_p^F + 0,45 \, M_p^{St} = 1,34 \, M_p^F$$

und somit ein Grenzzustand der Tragfähigkeit von

$$P_u = \frac{8 \cdot 1,34 \cdot M_p^F}{0,98 \cdot \ell^2} = \frac{8 \cdot 1,34 \cdot 1310}{0,98 \cdot 441} = 0,318 \text{ MN/m}$$

d.h. eine Sicherheit von

$$\nu = \frac{P_u}{q} = \frac{0,318}{0,16} = 1,99$$

<u>Mechanismen-Methode</u>

Wie meistens bei Spannbeton-Stabtragwerken ist hier ein Balken-Mechanismus maßgebend und zwar mit Fließgelenk im Feld A B, wobei lediglich die genaue Lage des plastischen Gelenks im Feld offensteht. Als erste Näherung nehmen wir an, daß sich dieses Gelenk in Feldmitte bilde.

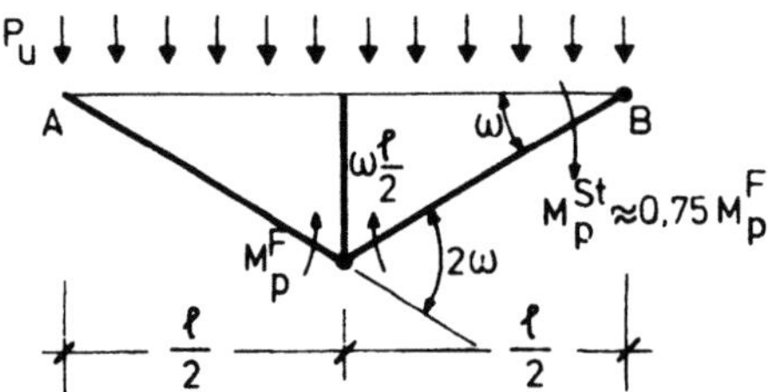

Arbeitsgleichung:

$$A_i = 0,75\ M_p^F \cdot \omega + M_p^F \cdot 2\,\omega = 2,75\ M_p^F \cdot \omega$$

$$A_a = \frac{1}{2}\,p_u\,\ell \cdot \omega \cdot \frac{\ell}{2} = \frac{p_u \cdot \ell^2}{4}\,\omega$$

$$p_u = \frac{4 \cdot 2,75 \cdot 13,10}{441} = 0,326\ \ \mathrm{MN/m}$$

Sicherheit gegenüber dem Grenzzustand der Tragfähigkeit:

$$\nu = \frac{p_u}{q} = \frac{0,326}{0,16} = 2,04$$

p_u ist etwas zu groß (obere Schranke der wirklichen Traglast), da das
Fließgelenk nicht genau an der kritischen Stelle gewählt wurde und M_p^F
an der Stelle des Fließgelenkes etwas kleiner ist als max M_p^F (vgl. Spanngliedführung).

24.3.2 Gegenüberstellung des bisherigen Sicherheitsnachweises und des Traglastverfahrens

Bei den bisher verwendeten Formeln für den Sicherheitsnachweis der
Tragfähigkeit statisch unbestimmter Stabtragwerke wie etwa

$$\text{①}\quad M_u \geq \nu\,M_{g+p} + M'_v \qquad\qquad \text{(DIN 4227)}$$

oder

$$\text{②}\quad M_u \geq \nu\,M_{g+p} + 1,3\,M'_v \qquad \text{(Vorschlag Rüsch/Kupfer oder SIA-Richtlinie 34)}$$

ging man bewußt oder unbewußt von der Annahme aus, daß die Zwängungsmomente M'_v in den kritischen Schnitten (meist Schnitte über den Zwischenstützen) günstig wirken, was bei T- oder Kastenquerschnitten auch
der Fall ist.

Wendet man diese Formeln jedoch auf eine Trogbrücke an, so führen sie
zu völlig unglaubwürdigen Ergebnissen, wie das folgende praktische Beispiel zeigt.

Längsschnitt

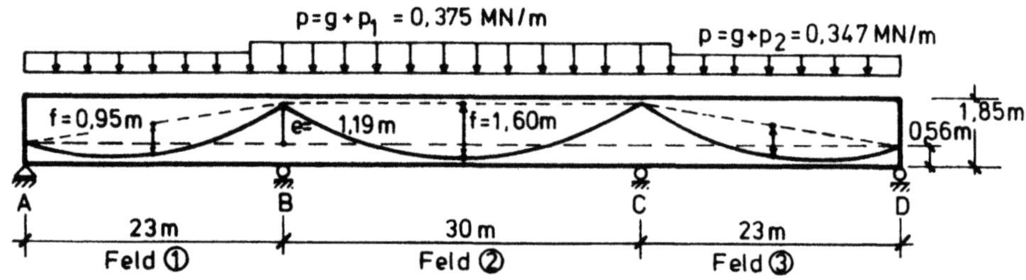

Querschnitt

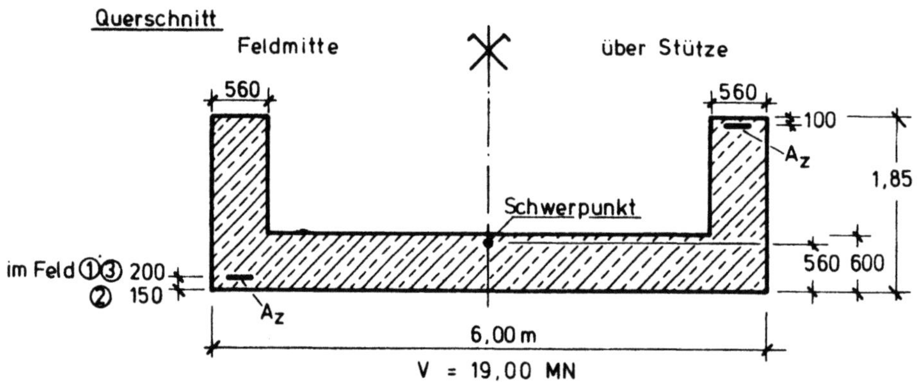

Gebrauchslastmomente M_{g+p}

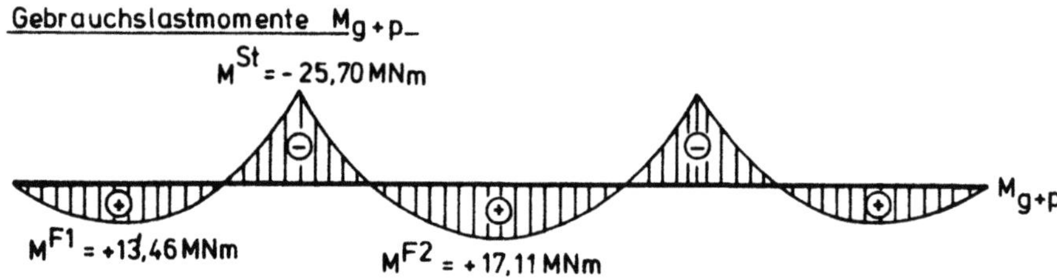

Zwängungsmomente aus Vorspannung M'_v

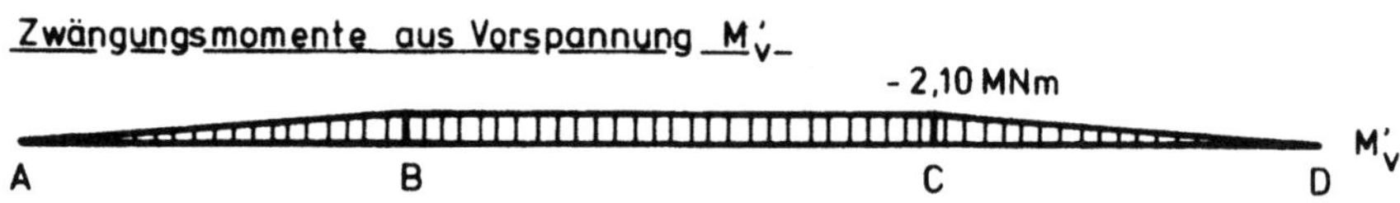

Rechnerische Sicherheit nach den verschiedenen Ansätzen:

		Feld 1	Stütze B	Feld 2
nach	M_u (MNm)	+ 31,76	- 41,00	+ 31,00
DIN 1045	$\nu = \dfrac{M_u - M'_v}{M_{g+p}}$	2.13	1.51	1.94
Rüsch/ Kupfer	$\nu = \dfrac{M_u - 1,3\,M'_v}{M_{g+p}}$	2.15	1.49	1.98
Trag- lastverf.	$\nu = \dfrac{P_u}{p}$	1.90		1.70

Die negativen Zwängungsmomente wirken günstig im Feld und ungünstig
über den Stützen. Dies ergibt zu große Sicherheiten im Feld und zu kleine Sicherheiten über den Stützen. Offensichtlich ist der U-Querschnitt
jedoch für die Aufnahme der negativen Momente besser geeignet als für
positive, wo nur eine geringe Druckzone zur Verfügung steht.

Die Ansätze ① und ② sagen aber gerade das Gegenteil aus. Allein die
Anwendung des Traglastverfahrens (ohne Berücksichtigung der Zwängungsmomente aus Vorspannung) liefert die richtigen, effektiv vorhandenen Sicherheiten gegenüber dem Grenzzustand der Tragfähigkeit für alle
Tragwerkssysteme und -querschnitte.

Für derartige Sicherheitsbetrachtungen erscheint es daher unerläßlich,
dazu die theoretisch einwandfreie Plastizitätstheorie heranzuziehen.

24.3.3 Flächentragwerke (Platten)

Die Fragwürdigkeit des bisherigen sogenannten Bruchsicherheitsnach-
weises unter Berücksichtigung der Zwängungskräfte wird besonders bei
vorgespannten Plattentragwerken augenfällig, denn hier kann schon von
der Theorie her gar nicht mehr zwischen Primär- und Zwängungsmomen-
ten aus der Vorspannung unterschieden werden. Man kann lediglich die
durch die Vorspannung erzeugten Biege- und Scheibenspannungszustände
ermitteln, die aber keinen direkten Schluß auf den Grenzzustand der Tragfähigkeit erlauben.

Deshalb hat man auch meist den bisher geforderten Bruchsicherheitsnachweis bei Platten stillschweigend unterlassen.

Die Plastizitätstheorie gestattet es aber auch hier, eine zutreffende Aussage über die Grenzzustände der Tragfähigkeit zu machen, und zwar sowohl nach der statischen Methode als auch nach der kinematischen Methode, die hier allgemein als Bruchlinientheorie bezeichnet wird [0, 56,
57, 58].

Der Unterschied zwischen schlaff bewehrten und vorgespannten Platten
besteht dabei lediglich darin, daß für letztere die höhere Festigkeit des
Spannstahls berücksichtigt wird. Dies kann z.B. über einen ideellen Bewehrungsgrad

$$\mu_i = \mu_s + \mu_z \, \frac{\beta_{z,0,2}}{\beta_{s,S}}$$

geschehen, soweit Spannglieder mit hoher Verbundgüte verwendet werden. Andernfalls müßte der Spannungszuwachs $\Delta\sigma_z$ über $\sigma_{z,v}$ hinaus von der Verbundgüte abhängig vermindert werden. Die Größe von $\Delta\sigma_z$ müßte jedoch für die Anwendung der Plastizitätstheorie noch experimentell überprüft werden.

Schrifttumverzeichnis

0   Leonhardt, F.; Mönnig, E.:   Vorlesungen über Massivbau. Erster Teil: Grundlagen zur Bemessung im Stahlbetonbau.
2. Auflage, Berlin, Springer,1973
Zweiter Teil: Sonderfälle der Bemessung im Stahlbetonbau.
2. Auflage, Berlin, Springer, 1975
Dritter Teil: Grundlagen zum Bewehren im Stahlbetonbau.
3. Auflage, Berlin, Springer, 1977
Vierter Teil: Nachweis der Gebrauchsfähigkeit, Rissebeschränkung, Formänderungen, Momentenumlagerungen und Bruchlinientheorie im Stahlbetonbau.
2. Auflage, Berlin, Springer, 1978
Sechster Teil: Grundlagen des Massivbrückenbaues.
Berlin, Springer, 1979

1   Leonhardt, F.:   Spannbeton für die Praxis.
3. Auflage, Berlin, Wilhelm Ernst & Sohn, 1973

2   Rehm, G.:   Korrosion von Spannstählen.
FIP-Symposium, Madrid, 1968

3   Walther, R.; Soretz, St.: Versuche über den Einfluß der Kornzusammensetzung des Betons auf den Verbund.
Beton- und Stahlbetonbau 62 (1967), H. 5, S. 121 - 127

4   Birkenmaier, M.: Verbundprobleme bei Spannbettvorspannung.
Schweizer Bauzeitung, Heft 26, Juni 1977

5   Leonhardt, F.; Koch, R.; Rostásy, F.S.: Schubversuche an Spannbetonträgern.
DAfStb., H. 227, Berlin, W. Ernst & Sohn, 1973

6   Thürlimann, B.; Caflisch, R.: Berichte Nr. 6504, 1970 - 71.
Institut für Baustatik, ETH Zürich

7   Bachmann, H.: Versuche über den Einfluß geneigter Spannglieder auf das Schubtragverhalten teilweise vorgespannter Betonbalken.
Der Bauingenieur 51 (1976), H. 7, S. 251 - 258

8   Thürlimann, B.; Lüchinger, P.: Steifigkeit von gerissenen Stahlbetonbalken unter Torsion und Biegung.
Beton- und Stahlbetonbau 68 (1973), H. 6, S. 146 - 152

9   Bachmann, H.: Vortrag auf dem Betontag 1979 in Berlin

10   Walther, R.; Etienne, C.; Müller, A.: Étude expérimentale du comportement des dalles continues en béton armé et en béton précontraint dimensionnées selon les théories de l'élasticité et de la plasticité.
Ecole Polytechnique Fédérale de Lausanne, Institut de Statique des Constructions. ISTACO No 505-1

11   Thürlimann, B.; Caflisch, R.: Teilweise vorgespannter Beton .
Vorträge Betontag 1969. Deutscher Beton-Verein e.V., S. 142-168

12   Walther, R.; Niprendra, Singh Bhal: Teilweise Vorspannung (vorgespannter Stahlbeton). Übersicht und Beurteilung der bisherigen Entwicklung.
DAfStb., H. 223, Berlin, W. Ernst & Sohn, 1973

13   Rehm, G.; Frey, R.; Nürnberger, U.: Korrosion von Bewehrungen im Spannbetonbau.
Deutsche Bauzeitung, 1978, H. 11, S. 76 - 90

14   Schießl, P.: Admissible crack width in reinforced concrete structures.
Preliminary Reports Tome II of IABSE-FIP-CEB-RILEM-IASS-Colloquium Liège, June 1975

15   Schütt, K.:   Zur Bestimmung wirklichkeitsnaher Reibungsbeiwerte für Spann-
                           glieder durch Großmodellversuche.
                           Dissertation, Technische Hochschule Aachen, 1978

16   Rehm, G.; Nürnberger, U.; Patzak, M.: Keil- und Klemmverankerungen für dy-
                           namisch beanspruchte Zugglieder aus hochfesten Drähten.
                           Der Bauingenieur 52 (1977), S. 287 - 297

17   Benz, G.H.:   Einpreßmörtel für Spannkanäle.
                           Chemische Fabrik Grünau, 7918 Illertissen

18   Collonnetti, G.:   Scienza della construzioni. Einaudi, 1941

19   Rose, E.A.; Hofmeister, G.: Praktische Hinweise zur Berechnung des Lastfalles
                           Vorspannung mit Momentenausgleichsverfahren.
                           Beton- und Stahlbetonbau 57 (1962), H. 4, S. 85

20   A state of the art report on materials for prestressing and reinforcement for use
                           under cryogenic conditions. FIP Notes 80, May, June 1979

21   Rostásy, F.S.:   Belastungsversuche und Korrosionsversuche an teilweise vor-
                           gespannten Balken.
                           Forschungsbericht des Institutes für Baustoffkunde und Stahlbeton-
                           bau der TU Braunschweig, September 1977

22   Versuchsbericht VB 1-72.02 - Nr. 22/73 des Institutes für Massivbau der TH Aachen

23   Herberg,W.:   Spannbetonbau, Teil 2
                           B.G. Teubner Verlagsgesellschaft, Leipzig, 1957

24   Patzak, M.:   Die Bedeutung der Reibkorrosion für nicht ruhend belastete Ver-
                           ankerungen und Verbindungen metallischer Bauteile des konstruk-
                           tiven Ingenieurbaus.
                           Sonderforschungsbereich 64, Mitteilungen 53/1978

25   CEB, FIP: Mustervorschrift für Tragwerke aus Stahlbeton und Spannbeton,
                           Band 2, 3. Ausgabe 1978, Anhang e

26   Rüsch, H.; Jungwirth, D.: Stahlbeton - Spannbeton, Band 2, Berücksichtigung von
                           Kriechen und Schwinden auf das Verhalten der Tragwerke.
                           Werner-Verlag, Düsseldorf, 1976

27   Neville, A.M.:   Creep of Concrete: Plain, Reinforced and Prestressed,
                           North-Holland Publishing Company, Amsterdam, 1970

28   Bažant, Z.P.:   Theory of Creep and Shrinkage in Concrete Structures: A Précis
                           of Recent Developments, in Mechanics Today, Volume 2,
                           Pergamon Press Inc., New York, Toronto, Oxford, Sydney,
                           Braunschweig, 1975

29   Trost, H.:   Auswirkungen des Superpositonsprinzips.
                           Beton- und Stahlbetonbau 61 (1967), S. 230 - 238, S. 261 - 269

30   Zerna, W.:   Spannungs-Dehnungs-Beziehung für Beton bei einachsiger Bean-
                           spruchung. Aus Theorie und Praxis des Stahlbetonbaus, Franz-
                           Festschrift, Berlin, München, Düsseldorf, W. Ernst & Sohn, 1969

31   Bažant, Z.P.:   Prediction of Concrete Creep Effects Using Age Adjusted Effective
                           Modulus Method,
                           Journal of American Concrete Institute 69 (1972), S. 212 - 217

32   Trost, H.:   Zur Auswirkung zeitabhängigen Betonverhaltens unter Berück-
                           sichtigung der neuen Spannbetonrichtlinien, Konstruktiver Ingenieur-
                           bau in Forschung und Praxis.
                           Zerna-Festschrift, Düsseldorf, Werner-Verlag, 1976

33   Schade, D.:   Alterungsbeiwerte für das Kriechen von Beton nach den Spannbeton-
                           richtlinien,
                           Beton- und Stahlbetonbau 72 (1977), S. 113 - 117

34   Birkenmaier, M.:   Berücksichtigung der Einflüsse Kriechen und Schwinden bei der
                           Berechnung von Betonkonstruktionen. Institut für Baustatik und
                           Konstruktion ETH Zürich, Bericht Nr. 62, Mai 1976,
                           Birkhäuser Verlag Basel u. Stuttgart

35   Zerna, W.:   Vereinfachte Berücksichtigung der Einflüsse des zeitabhängigen
                           Verformungsverhaltens von Beton.
                           Seminarvortrag am Institut für Massivbau, Universität Stuttgart,
                           1.2.1979

36 Haas, W.: Über ein für die EDV geeignetes Verfahren zur Erfassung des Kriechens und Schwindens von Beton. Dissertation, Universität Stuttgart, 1974

37 Rüsch, H.; Kupfer, H.: Bemessung von Spannbetonbauteilen. Betonkalender 1978, Teil I, W. Ernst & Sohn, Berlin, München, Düsseldorf

38 Schweizerischer Ingenieur- und Architekten-Verein: Norm für die Berechnung, Konstruktion und Ausführung von Bauwerken aus Beton, Stahlbeton und Spannbeton. SIA, Technische Norm 162, 1968

39 Zerna, W.: Zur Berechnung des Einflusses von Kriechen und Schwinden beim Beton. Konstruktiver Ingenieurbau, Berichte, Heft 7, Vulkan-Verlag, Essen, 1970

40 Mader, H.: Beitrag zur Berechnung von felderweise hergestellten durchlaufenden Balken- und Plattenbalkenbrücken unter besonderer Berücksichtigung der Momentenumlagerung infolge Kriechen. Der Bauingenieur 51 (1976), S. 303 - 305

41 Sattler, K.: Theorie der Verbundkonstruktionen. Bd. 1, 2 2. Auflage, W. Ernst & Sohn, Berlin, 1959

42 Sattler, K.: Verbundbauweise, Stahlbauhandbuch. Bd. 1 2. Auflage, Stahlbau Verlag, Köln, 1971

43 Trost, H.; Mainz, B.: Zur Berechnung von Spannbetontragwerken im Gebrauchszustand unter Berücksichtigung des zeitabhängigen Betonverhaltens. Beton- und Stahlbetonbau 66 (1971), S. 220 - 225, S. 241 - 244

44 Trost, H.: Zur Berechnung von Stahlverbundträgern im Gebrauchszustand auf Grund neuerer Erkenntnisse des viskoelastischen Verhaltens von Beton. Der Stahlbau 37 (1968), S. 321 - 331

45 Mainz, B.; Wolff, H.J.: Zur Berechnung von Spannungsumlagerungen in statisch unbestimmten Stahlverbundtragwerken. Der Stahlbau 41 (1972), S. 45 - 48

46 Haensel, J.: Praktische Berechnungsverfahren für Stahlträgerverbundkonstruktionen unter Berücksichtigung neuerer Erkenntnisse zum Betonzeitverhalten, Mitteilung Nr. 75-2, März 1975 Techn.-wissenschaftl. Mitteilungen, Institut für konstruktiven Ingenieurbau, Ruhr-Universität Bochum

47 Busemann, R.: Kriechberechnung von Verbundträgern unter Benützung von Kriechfasern. Der Bauingenieur 25 (1950), S. 418 - 420

48 Busemann, R.: Anwendung des Kriechfaserverfahrens bei statisch unbestimmten Systemen mit veränderlichen Verbundquerschnitten. Der Stahlbau 23 (1954), S. 201 - 206

49 Hahn, V.; Holz, R.: Berechnung des Einflusses von Kriechen und Schwinden bei statisch unbestimmten Betontragwerken mit Hilfe des Momentenausgleichsverfahrens von Kani. Beton- und Stahlbetonbau 55 (1960), S. 274 - 284

50 Mehmel, A.: Vorgespannter Beton. 3. Auflage, Springer Verlag, Berlin, Heidelberg, New York, 1973

51 Walther, R.: Spannbeton - Ausgewählte Kapitel I . Vorlesungsmanuskript, Universität Stuttgart, 1973

52 Walther, R.: Behandlung von Zwangsschnittgrößen beim Bruchsicherheitsnachweis. Sicherheit von Betonbauten. S. 181 ff., herausgegeben vom Deutschen Beton-Verein e.V., Wiesbaden, 1973

53 Drucker, D.C.; Greenberg, H.J.; Prager, W.: The Safety Factor of an Elastic-Plastic Body in Plate Strain. Journal of Appl. Mech. 18, 371 (1951)

54 Prager, W.; Hodge Jr., P.G.: Theory of Perfectly Plastic Solids. John Wiley & Sons, New York (1951). Ins Deutsche übertragen von Chmelka, F.: Plastizitäts-Theorie. Springer Verlag Wien (1954), S. 213 und 249 ff.

55   Drucker, D.C.; Prager, W.; Greenberg, H.J.: Extended Limit Design Theorems
          for Continuous Media.
          Quart. Appl. Math. 9, 381 (1952)

56   Wolfensberger, R.: Traglast und optimale Bemessung von Platten.
          Technische Forschungs- und Beratungsstelle der Schweizerischen
          Zementindustrie, Wildegg (1964)

57   Nielsen, M.P.: Limit analysis of reinforced concrete slabs.
          Acta Polytechnica Scandinavia, Civil Engineering and Building
          Construction Series 26 (1964)

58   Gvozdev, A.A.: Sur le calcul par la méthode des lignes de rupture des dalles en
          béton armé pour une disposition quelconque des armatures.
          Bulletin d'Information No 56, CEB (1966), S. 152 - 155